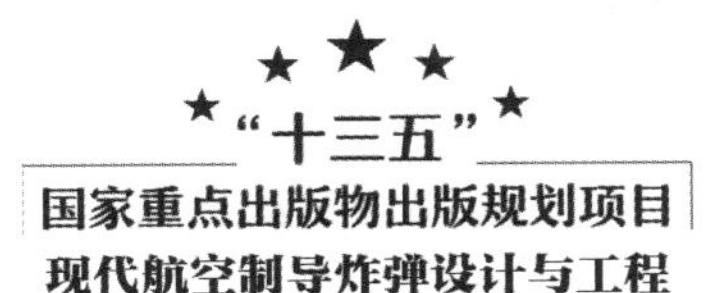

制导炸弹结构动力学与强度分析

Structure Dynamics And Strength Analysis of Guided Bomb

侯小平 许 昌 王 珊 著

西北工业大学出版社
西 安

【内容简介】 本书共分为8章，主要内容包括绪论，制导炸弹弹体结构设计、静载荷计算、静强度设计、结构动力学分析、气动弹性设计、热环境和热强度设计，以及制导炸弹结构强度试验设计。其中，对制导炸弹动力增程技术、折叠弹翼、振动与冲击防护技术和热环境工程分析进行了专门介绍。

本书可作为高等院校飞行器设计、工程力学和机械工程等相关专业的教材，也可供从事制导武器设计的工程技术人员参考。

图书在版编目(CIP)数据

制导炸弹结构动力学与强度分析 / 侯小平，许昌，王珊著. —西安：西北工业大学出版社，2020.12

ISBN 978-7-5612-7487-3

Ⅰ.①制… Ⅱ.①侯… ②许… ③王… Ⅲ.①制导炸弹-结构动力学 ②制导炸弹-强度-分析 Ⅳ.①TJ414

中国版本图书馆CIP数据核字(2020)第259800号

ZHIDAO ZHADAN JIEGOU DONGLIXUE YU QIANGDU FENXI

制导炸弹结构动力学与强度分析

责任编辑：张　潼　　**策划编辑**：杨　军

责任校对：王玉玲　　**装帧设计**：李　飞

出版发行：西北工业大学出版社

通信地址：西安市友谊西路127号　　邮编：710072

电　　话：(029)88491757，88493844

网　　址：www.nwpup.com

印 刷 者：陕西奇彩印务有限责任公司

开　　本：710 mm×1 000 mm　　1/16

印　　张：21.375

字　　数：419千字

版　　次：2020年12月第1版　　2020年12月第1次印刷

定　　价：118.00元

《国之重器出版工程》编辑委员会

李伯虎 中国工程院院士

李应红 中国科学院院士

李春明 中国兵器工业集团首席专家

李莹辉 国际宇航科学院院士

李得天 国际宇航科学院院士

李新亚 国家制造强国建设战略咨询委员会委员、中国机械工业联合会副会长

杨绍卿 中国工程院院士

杨德森 中国工程院院士

吴伟仁 中国工程院院士

宋爱国 国家杰出青年科学基金获得者

张　彦 电气电子工程师学会会士、英国工程技术学会会士

张宏科 北京交通大学下一代互联网互联设备国家工程实验室主任

陆　军 中国工程院院士

陆建勋 中国工程院院士

陆燕荪 国家制造强国建设战略咨询委员会委员、原机械工业部副部长

陈　谋 国家杰出青年科学基金获得者

陈一坚 中国工程院院士

陈懋章 中国工程院院士

金东寒 中国工程院院士

周立伟 中国工程院院士

郑纬民　中国科学院院士
郑建华　中国科学院院士
屈贤明　国家制造强国建设战略咨询委员会委员、工业和信息化部智能制造专家咨询委员会副主任
项昌乐　中国工程院院士
赵沁平　中国工程院院士
郝　跃　中国科学院院士
柳百成　中国工程院院士
段海滨　“长江学者奖励计划”特聘教授
侯增广　国家杰出青年科学基金获得者
闻雪友　中国工程院院士
姜会林　中国工程院院士
徐德民　中国工程院院士
唐长红　中国工程院院士
黄　维　中国科学院院士
黄卫东　“长江学者奖励计划”特聘教授
黄先祥　中国工程院院士
康　锐　“长江学者奖励计划”特聘教授
董景辰　工业和信息化部智能制造专家咨询委员会委员
焦宗夏　“长江学者奖励计划”特聘教授
谭春林　航天系统开发总师

《现代航空制导炸弹设计与工程》

编 纂 委 员 会

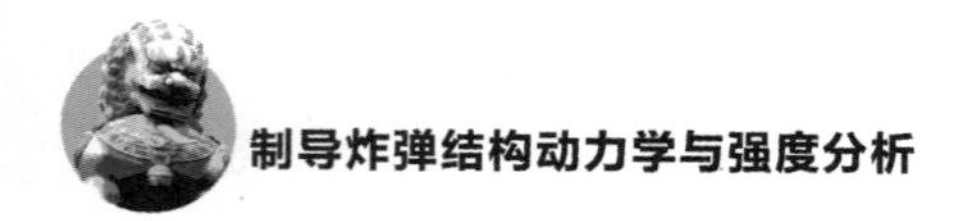

前言

随着国内外军事、政治形势的变化，现代战争向着信息化、智能化、体系化方向发展，军方对精确制导武器的性能要求越来越高，对远程精确打击、高速机动突防、智能毁伤等需求也愈发强烈，因而对工程设计人员的知识能力、设计思想和前瞻性视野均提出了非常高的要求。精确制导武器设计人员需要有良好的系统思维、优秀的专业素养和强烈的创新意识，不仅要掌握总体设计、制导控制、结构、电气、动力和引战等分系统的知识，更要面向专业化、工程化、规范化方向发展，以便最大限度地提高专业能力，实现精确制导武器性能的快速提升。

精确制导武器从作战方式和攻击模式角度划分，可分为空空导弹、空地/舰导弹、地/舰空导弹、地地导弹、潜地导弹、精确制导炸弹等。其中制导炸弹作为重要的空地精确打击武器，在应用范围、毁伤效果、精确打击方面作用越来越显著，在近年历次局部战争中均占据重要的位置。结构分系统作为制导炸弹工程设计的重要组成部分，起到了连接各部件、支承弹载设备、保持良好气动外形的作用。为了实现结构耐久性、轻量化和高侵彻性能，并适应制导炸弹任务期的热环境、振动环境和冲击环境等要求，结构强度和动力学专业的作用越来越明显。

结构强度与动力学作为制导炸弹工程设计的重要专业，在运输、储存、挂载、发射与投放、自由飞行等全寿命历程中均有涉及。随着制导炸弹的战技术性能不断提高，其已经由传统无动力滑翔攻击模式向动力增程、高速度和末制导攻击模式转变，可以说其总体战技术性能越来越接近导弹，因此在飞行载荷、结构强度和环境工程分析等方面，对工程设计人员专业知识的深度和广度要求越来越高。作为制导炸弹工程设计人员，在开展工程设计和实践工作时，需要掌握总体设计、结构力学、材料力学、机械设计、结构动力学、飞行力学、质量体系等多方面知识，这对于初学者而言往往有较大的困难。一名制导炸弹行业初入行的工程师，一般需要3～5年才能初步掌握制导炸弹的工程设计工作。希望本书能够为制导炸弹工程应用和技术推广提供一定帮助。

本书在编写方法上，一是确定了基本要求和设计准则，加强了基本概念、基本方法的介绍和应用，在此基础上给出了工程技术新思路；二是加强了理论知识在制导炸弹工程设计中的创新性应用，突出了制导炸弹未来发展的专业特色；三是注意引进新概念、新方法、新技术和新科技成果，把握最新的专业发展思维，反映现代分析方法、数值计算方法的发展思路。

本书较为系统地阐述了制导炸弹结构、载荷、强度和环境专业的理论知识、工程应用和试验基础等内容，以理论介绍、专业设计、工程应用的形式加以讨论和介绍。全书包括8章：第1章绪论，简要介绍结构强度与动力学分析内容、设计准则、研制程序、环境分析，讨论该专业的最新发展动态；第2章制导炸弹弹体结构设计，介绍制导炸弹弹体组成、结构总体布局形式，重点对弹体结构设计的特点进行说明；第3章制导炸弹静载荷计算，对理论知识和常用分析方法进行介绍，阐述弹体在寿命周期各个阶段的载荷分布，为剖析弹体结构的薄弱环节提供有力支撑；第4章制导炸弹结构静强度设计，介绍强度理论和应用方法，重点描述了增程组件、升力面、舱体结构的强度分析，提出新的工程应用方法；第5章制导炸弹结构动力学分析，详细介绍结构动力学分析方法、动力学环境预示与分析、结构固有特性设计与分析、结构振动和冲击防护设计，作为制导炸弹重点和难点专业，结构动力学需要在理论上继续加强创新型应用；第6章制导炸弹气动弹性设计，简要介绍气动弹性分析理论，对制导炸弹的模型简化方法、静气动弹性分析、颤振分析等内容进行讨论；第7章热环境和热强度设计，介绍环境温度分析方法，热设计的依据、内容、方法和程序，以及固体火箭发动机在制导炸弹的热防护设计；第8章制导炸弹结构强度试验设计，介绍制导炸弹几种典型的强度试验，重点阐述结构静强度试验和动强度试验设计方法、测试技术和数据分析与处理等内容。

在编写本书的过程中，本着由浅入深、通俗易懂的原则，以务实和应用为根本，着重介绍基本概念和原理，对工程应用的过程和实例进行详细说明，避免了烦琐的公式推导，以利于读者更好地理解相关知识。本书以制导炸弹工程应用为背景，力求以高效、实用为目的总结和提炼制导炸弹结构强度和动力学技术成果，是相关技术人员多年来理论知识和工程经验的结晶，可以作为初学者学习的工具书，也可以作为科研院所工程技术人员的参考书。

本书具体的编写分工如下：第 1、2、5～8 章由侯小平撰写，第 3 章由许昌、侯小平撰写，第 4 章由许昌、王珊、侯小平撰写。全书由侯小平负责统稿。

感谢有关专家和审校人员在百忙之中为本书的出版工作建言献策、贡献力量。特别感谢陈建国研究员、刘永超研究员、吴开胜研究员、冯谦研究员对本书编写工作的支持以及对本书提出的诸多宝贵意见。在编写过程中，参考了相关专业著作和研究成果，在此对相关文献的作者也一并表示感谢。

由于本书涉及面较广，加之笔者水平所限，书中不妥之处在所难免，敬请各位专家、读者批评指正。

著 者

2020 年 10 月

于北京

目 录

第1章 绪　论

1.1 概　　述

制导炸弹作为常用的机载空地制导武器，是精确制导武器的重要组成部分，是战斗轰炸机、强击机、歼击机等空中力量对地（水）面目标实施精确打击的重要手段。结构强度与动力学是制导炸弹的重要分系统专业之一，主要用于研究制导炸弹在经历运输、投放、作战使用等寿命期历程中，对静动力学环境的适应能力，研究内容主要包括地面载荷和飞行载荷计算，结构静强度、动强度和动响应分析，热力学环境和热强度设计，气动弹性设计，结构强度试验设计。一种高质量的结构强度和动力学设计方案，将有利于制导炸弹实现大过载飞行、多架次挂飞、环境适应性强、轻量化、低成本等目标，解决弹体小型化、新型材料和新型结构应用、载机多架次带弹起降、发动机热环境防护等问题，同时有利于提升制导炸弹的战术技术性能。

1.2 制导炸弹结构强度与动力学分析内容

1.2.1 载荷计算

弹体载荷计算数据是制导炸弹结构设计和强度计算的最原始输入数据，直接影响制导炸弹质量、作战性能、储运和挂飞安全。制导炸弹的寿命周期历程，可分为地面阶段和空中任务阶段，其中地面阶段的载荷计算包括运输、停放、吊装过程，空中任务阶段的载荷计算包括载机挂飞、投放或发射、自由飞行过程。

制导炸弹在地面的历程包括储存、维护、运输和装卸等。在储存和维护制导炸弹时必须设计足够多的支承点，且布置于适当的位置。在进行载荷计算时应考虑支承点对弹体的影响。制导炸弹的运输方式包括铁路运输、公路运输、水路运输和空中运输，通常采用装箱运输，在弹体下部布置若干支承点并紧固，进行载荷计算时应考虑轴向、横向、侧向的运输过载影响。铁路运输过载一般可取$-0.25g$～$2g$，公路运输过载可取$-2\ g$～$3.5g$。根据海况条件，水运过载可取$\pm 0.5g$。制导炸弹空运一般采用运输机，运输过载可取$1g$～$3g$。后勤保障可使用停弹车、运弹车、顶弹车等运输工具，将承受装卸、吊运等产生的过载，以及装卸时的局部冲击。正常装卸、吊运产生的过载一般不超过挂载状态机动飞行和起飞着陆时的过载。用升降车升降，在地面操作过载不大于$2g$。用吊车起吊未包装的制导炸弹时，在任何方向上过载不大于$2.5g$。

制导炸弹在空中阶段的历程包括载机带弹起降、空中挂飞、投放或发射、自由飞行等。在进行空中阶段载荷计算时，应考虑惯性力、重力和气动力的综合作用，根据制导炸弹在挂架上的挂装方式不同，还应分析防摆止动器、吊耳或滑轨、滑块及锁止机构的影响。在机弹安全分离阶段，制导炸弹可采用重力投放、强力投放或助推发射的方式，对于低速飞机挂装的制导炸弹可采用重力投放方式，对于高速飞机，特别是跨声速或超声速飞行的飞机，若制导炸弹无助推发动机，则必须采用弹射投弹方式。目前主流的察打一体型无人机的机动过载不超过$3.5g$，直升机的机动过载一般不超过$4g$，战斗机的机动过载一般不大于临界值($8g$～$10g$)，除弹射起飞和限动着陆外，载机起降时过载均小于机动飞行过载。

1.2.2 结构强度分析

结构强度是指结构承受外载荷作用的能力，即抵抗断裂、破坏、不容许变形的能力。制导炸弹结构强度设计的主要工作包括规定强度设计标准和确定强度判别原则。其主要内容是，在获得结构上作用的载荷数据后，细致而准确地进行结构分析，并根据强度判别原则和设计标准做出结构强度判断，计算剩余强度系数。

制导炸弹的弹体结构应该具备足够的强度、刚度，以满足全寿命周期中各种工况下的正常使用要求。结构分析工作可分为强度和刚度分析，以及根据具体工况对结构提出优化改进要求。结构分析的方法分为解析法、数值法和试验法三大类。解析法是根据材料力学、结构力学、弹塑性力学理论导出表征力学特征的微分方程并求其解析解。数值法是使用数值方法对微分方程求解，主要是指有限元法。

制导炸弹结构强度分析的内容主要包括以下两方面：

(1)结构静强度分析,包括弹身和舱段、弹翼和舵片、增程组件、全弹复合材料等结构的静强度和刚度分析。

(2)结构动强度分析,包括:①结构动态固有特性分析,包括弹体和关键设备安装板的各阶固有频率、固有振型等;②结构动态响应分析,包括结构瞬态响应分析、结构频率响应分析、结构冲击响应分析、结构随机振动响应分析;③结构疲劳寿命分析,指在随机振动和重复机动载荷作用下,开展弹体结构的耐久性分析。

1.2.3 热环境和热强度设计

制导炸弹为了实现远程打击目的,除了使用滑翔增程弹翼外,还常用低成本固体火箭发动机作为推进系统。固体火箭发动机是一种使用固体推进剂的化学火箭发动机,固体推进剂点燃后在燃烧室中燃烧,化学能转化为热能,产生高温高压的燃烧产物。燃烧产物流经喷管,在其中膨胀加速,热能转变为动能,以高速从喷管中排出,从而产生推力。

即使是对中小型固体火箭发动机,其热强度问题也由于传热量的增加和发动机壳体的变薄而变得更加突出,越来越被研究者、设计者重视。因此,掌握传热计算和热防护设计方法,对于提高固体火箭发动机的性能是十分重要的。

固体火箭发动机工作时会持续喷射出高温燃气,燃气除了把热量传给装药以保持其持续燃烧外,还通过燃烧室、尾喷管将热量传到弹体结构及弹上设备上,从而会导致这些部件的温度持续升高甚至失效。

因此,在制导炸弹的设计初期,就应将热设计的思想及工作纳入结构设计及发动机、弹上设备设计的过程中,避免发动机工作时产生的高温对弹上结构及弹上设备产生不利影响。

1.2.4 气动弹性设计

气动弹性力学研究的是结构与作用在其上的空气动力之间相互耦合而产生的各种动力学问题。飞行中的飞行器受到扰动后会发生振动,当飞行速度较小时,振动是衰减的。当速度增加到某一值时,扰动引起振动的振幅刚好维持不变,这一速度便是颤振临界速度。当飞行速度超过颤振临界速度时,振幅和结构中的动应力可能急剧增加,导致结构被迅速破坏。在研制制导炸弹的过程中,需要开展气动弹性设计,特别是对超声速或跨声速大展弦比的制导炸弹,其气动弹性问题主要包括发散及颤振。

制导炸弹的弹体结构应该保证在全部规定的飞行状态下且当量飞行速度直到 1.15 倍的极限速度(V_{el})时都不会发生发散和颤振。在制导炸弹极限速度包线的所有点上,考虑各主要误差因素后,在等马赫数和等高度线的两个方向,提高 15%当量空速不会发生颤振,如图 1-1 所示。

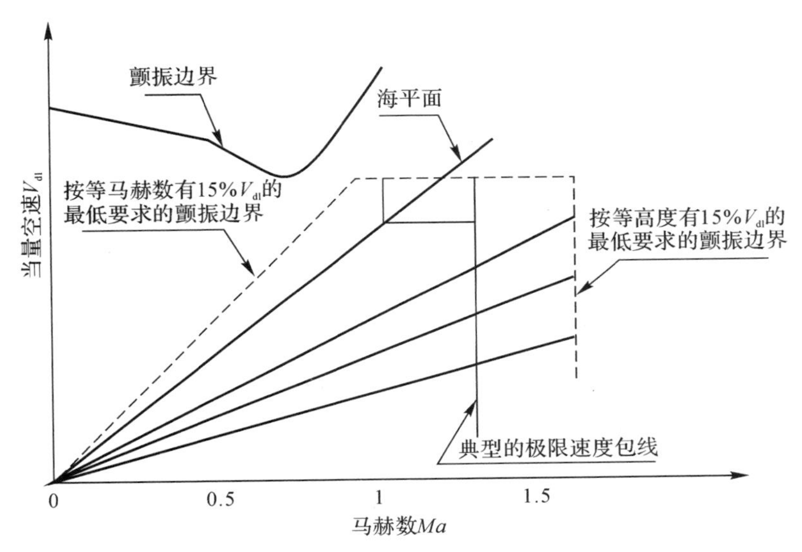

图 1-1 最低要求的颤振余量图

制导炸弹在所有高度上,飞行速度(除零值附近外)直到极限速度 V_{el},任何颤振模态的阻尼系数 g 至少应为 0.03,如图 1-2 所示。

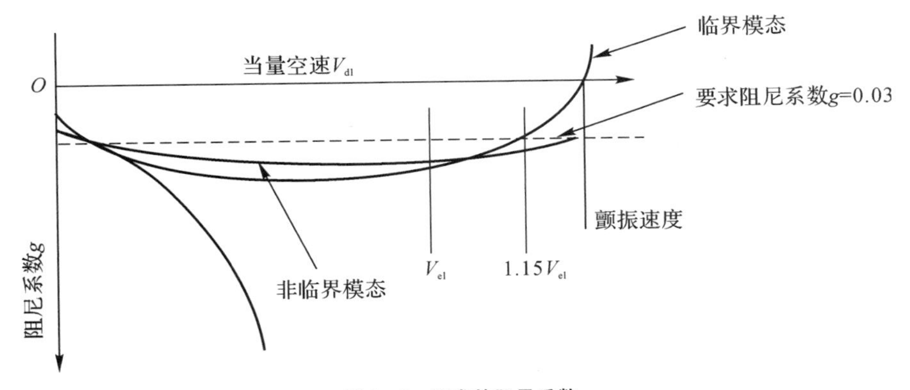

图 1-2 要求的阻尼系数

1.2.5 结构强度试验设计

为了评估制导炸弹的结构强度、刚度、动态响应和疲劳性能是否满足设计要求，并为改进结构的设计、验证或修正强度计算方法提供依据，制导炸弹在工程研制阶段需开展静强度和动强度试验，在鉴定和定型阶段还需再次开展动强度试验。制导炸弹的结构强度试验包括静力试验、振动试验、冲击试验和加速度试验，其中加速度试验可通过载荷计算等效转换，并通过静力试验方式对其进行考核。

制导炸弹静力试验以载荷计算数据作为输入条件，确定加载方案、测量方法，设计试验工装，完成数据处理和试验总结报告，评估弹体结构在使用载荷和设计载荷作用下，能否满足结构静强度和刚度要求。

制导炸弹动强度试验包括振动试验、冲击试验和模态试验，对于部分型号还需开展噪声试验和气动升力面展开试验。振动试验用于评估结构动刚度、模态频率、振动响应和疲劳寿命是否满足设计要求，冲击试验用于评估结构冲击响应、冲击强度是否满足设计要求。制导炸弹结构动强度试验条件推荐采用实际任务过程中的实测数据，若无实测数据，则可根据 GJB 150.16A—2009《军用装备实验室环境试验方法　第 16 部分：振动试验》、GJB 150.18A—2009《军用装备实验室环境试验方法　第 18 部分：冲击试验》来确定试验条件。结构动强度试验应确定试验条件、试验方案、测量方法，设计试验工装，完成数据处理和试验总结报告，最终评估试验结果是否合格。

1.3 制导炸弹结构设计准则

制导炸弹作为批量装备、大规模使用的常规战术空地制导武器，在总体设计之初即要考虑到其结构简单、使用方便、射程远、命中精度高、造价低、效费比高等设计目标，在开展结构强度与动力学分析时，遵循结构简单紧凑、动力学响应低、疲劳寿命高、轻量化、成本低等设计原则。

弹体结构在使用过程中应能承受静载荷、动载荷、瞬态载荷、热载荷或它们的综合作用，满足在停放、运输、起吊、挂飞、发射或投放、飞行过程中的使用载荷作用要求，并在设计载荷作用下保持结构完整性。弹体结构强度设计应选择上述历程中受载最严重的情况，要求在设计载荷作用下结构不被破坏，在使用载荷作用下结构的角位移和线位移不超过设计值，并力求使结构具有最小质量。对于热强度要求，在作战使用过程中，不允许各部段、组件产生热皱损或者影响飞

行性能的热变形。

制导炸弹结构静强度分析在保证结构强度、刚度和可靠性的前提下，应取较小的安全因数，建议选取安全因数在1.3～2之间。由于制导炸弹需跟随载机完成多架次战备飞行任务，要求弹体结构具有较高的疲劳寿命，对于关键舱段的连接螺钉进行动强度分析时，可选取安全因数为2，舱体蒙皮、设备安装板、战斗部等部件可取较小的安全因数。

载机在带弹起降时的地面载荷、空中湍流气动载荷、发动机噪声激励、气体分离引起的抖振等均为外部环境引起的动载荷，制导炸弹自身装备的火工作动装置、弹翼和舵片展开机构、弹体分离机构、发动机等也会产生严酷的动载荷，因此制导炸弹在开展结构设计时，要充分评估结构动态响应并采取相应的防护措施，如对惯性测量单元、飞行控制器等关键设备应进行减振设计，并且惯性测量单元安装板的固有频率一般应为其工作带宽的2倍以上，对于弹体内高速运动机构和火工作动装置等均应采取降冲击或冲击防护措施。

1.4 制导炸弹环境分析

在开展制导炸弹结构强度与动力学分析时，需详细了解制导炸弹的寿命期剖面和环境剖面。军用装备的寿命期剖面（见图1-3）是指装备自出厂到寿命终结的过程中有关事件和条件的时间历程，一般包括运输、储存/后勤供应、执行任务/作战使用三种状态事件。环境剖面（见图1-4）指与装备寿命期剖面对应的环境种类及其时序的描述，包括自然环境和力学环境，例如温度、湿度、振动、气压、加速度、冲击等类型。

制导炸弹的力学环境复杂，是进行环境工程分析时的重点。制导炸弹的力学环境包括振动、冲击、噪声和加速度。振动和加速度与制导炸弹的使用环境有关，发射方式、载机类型和作战任务剖面对振动和加速度影响很大，在确定其振动谱和加速度值时要充分考虑。

制导炸弹的振动环境主要由运输振动、载机挂飞振动、自由飞行振动组成。制导炸弹一般由喷气式飞机、直升机、螺旋桨飞机和无人机进行挂飞和投弹，挂飞期间的振动环境主要是由载机发动机工作及气流引起的振动。制导炸弹脱离载机后的自由飞行主要受高速气流引起的振动，在有发动机的条件下，弹上发动机振动将对弹产生一定影响。制导炸弹可采用公路运输、铁路运输、水运和空运，运输振动主要由运载工具类型、路况或海况决定。

制导炸弹的冲击环境主要来源于载机带弹降落、发射/强力投放、运输和装卸等阶段，制导炸弹落地瞬间冲击量值极大，对部分遥测设备提出冲击适应性要

求。其他类型制导武器的冲击值主要取决于运载工具和发射方式。冲击试验一般分为功能性冲击、坠撞安全和工作台操作冲击，对于系统级和多数设备级产品，只进行功能性冲击试验，对于引战系统和发动机，还需要做坠撞安全试验，也可称为跌落试验，对于包装箱，需要做坠撞安全试验/跌落试验和斜面冲击试验。

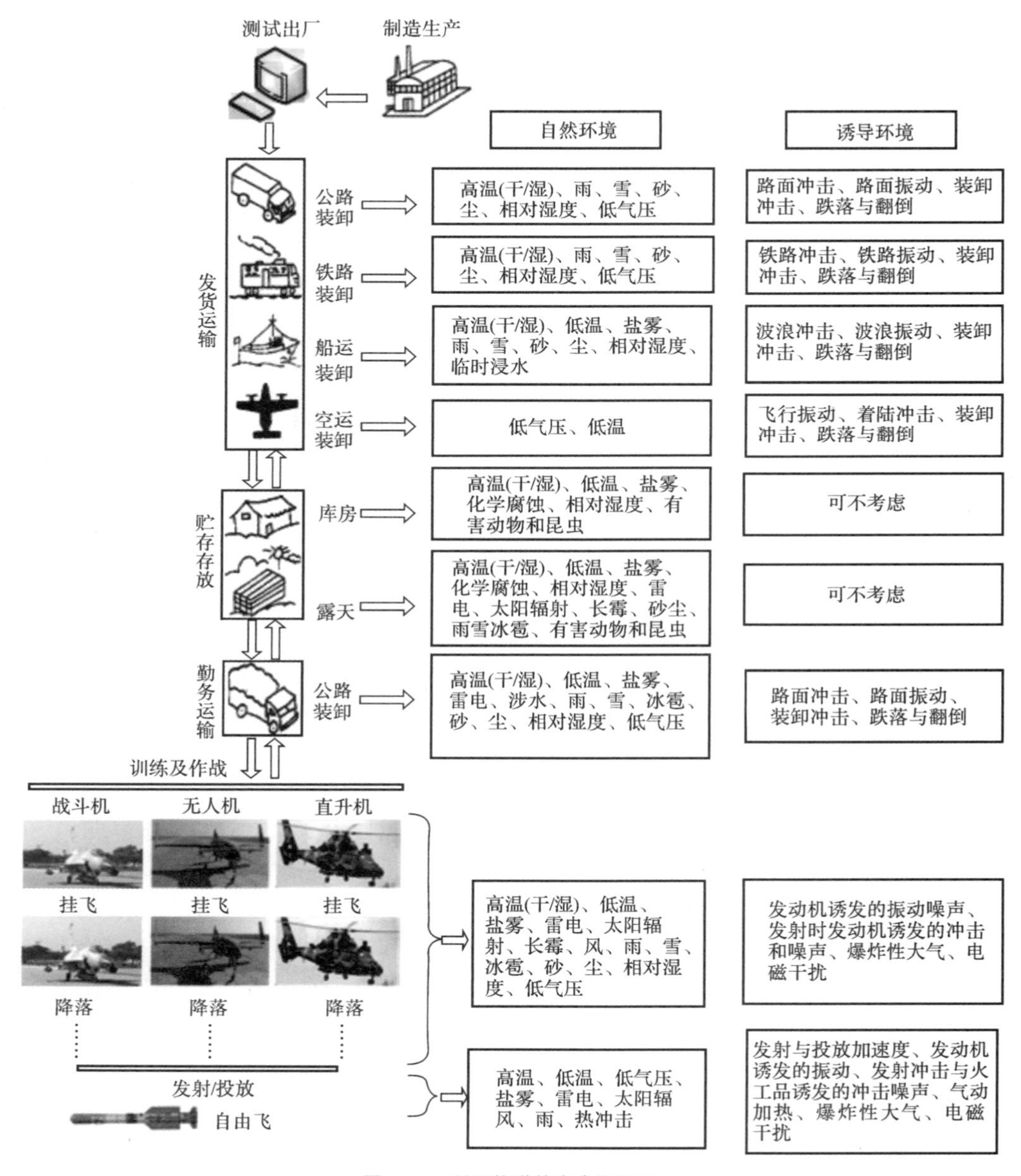

图 1－3 制导炸弹的寿命期剖面

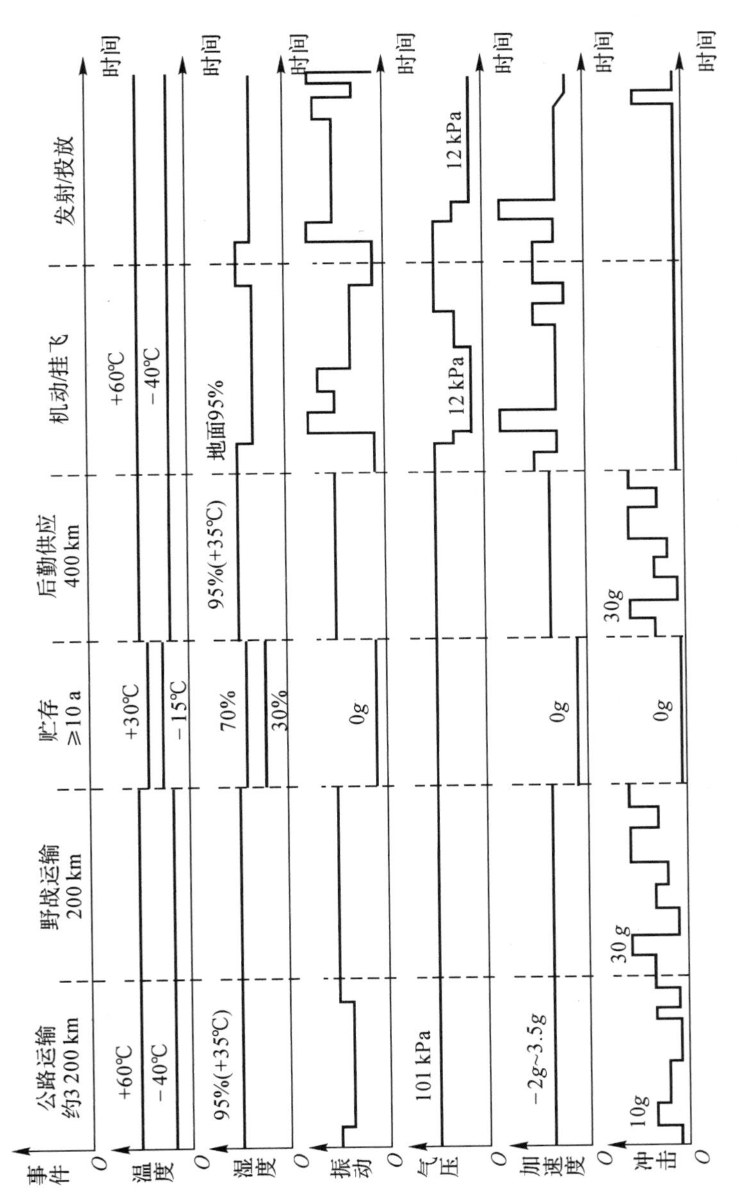

图1-4 制导炸弹的典型环境剖面示例

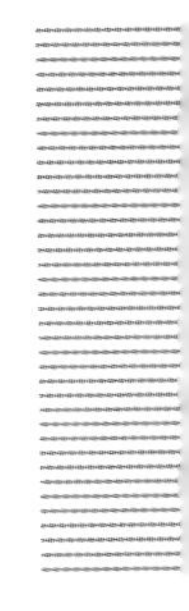

制导炸弹的结构分系统在使用过程中可能遇到的载荷主要如下：

(1)制导炸弹在大气运动时所受的空气动力；

(2)与制导炸弹及其部段的质量有关的质量力，即重力、轴向加速度、法向加速度和横向加速度；

(3)发射和着陆时所受的空气动力和冲击载荷；

(4)发动机所作用的载荷；

(5)大气水平阵风和垂直阵风所引起的载荷；

(6)载机挂飞或运输过程中运载工具作用于弹上的载荷；

(7)自由飞行异常时的非正常载荷。

根据制导炸弹载荷作用状态、性质和分布形式，作用在制导炸弹上的载荷有以下几种分类方式：

(1)按载荷作用的状态可分为静载荷和动载荷；

(2)按载荷的分布形式可分为集中载荷和分布载荷；

(3)按载荷的性质可分为与质量有关的质量力和与质量无关的外力，即空气动力、发动机推力、发动机加热和气动加热引起的温度载荷，由地面和载机引起的冲击力和支反力，发动机噪声引起的声载，各部件和发射装置之间的相互作用力等。

1.5 制导炸弹结构强度与动力学研制程序

制导炸弹研制阶段一般包括论证阶段、型号方案阶段、工程研制阶段和定型(鉴定)阶段。对于技术基础较好、技术成熟度较高且关键技术已突破的型号，经相关部门审查与批准，可合并甚至跨研制阶段开展研制工作。

制导炸弹结构强度与动力学研制工作一般在型号方案阶段启动，根据型号总体方案的要求，开展力学环境分析，为结构设计提出初步意见。结构强度与动力学大部分研制工作在工程研制阶段完成，明确分系统任务书，提出静载荷、动载荷和热载荷要求，开展全弹载荷计算、静强度/刚度分析、屈曲分析、模态分析、振动和冲击响应分析、振动和冲击防护设计和结构疲劳分析，为结构优化设计提供改进意见，并进行结构静强度试验、模态试验、振动试验、冲击试验、弹翼和舵片展开试验考核，必要时，如对内埋式挂飞的制导炸弹，还需开展噪声试验，完成结构模型的迭代和优化工作，确定最终产品结构模型。制导炸弹结构静强度和动力学研制程序如图 1-5 和图 1-6 所示。

在定型(鉴定)阶段，原则上制导炸弹弹体结构不再有变动，但根据定型(鉴定)试验考核要求,弹体结构可能需要做出一定改进,该阶段主要目的在于固化弹体结构的技术状态,为产品批量生产做准备。

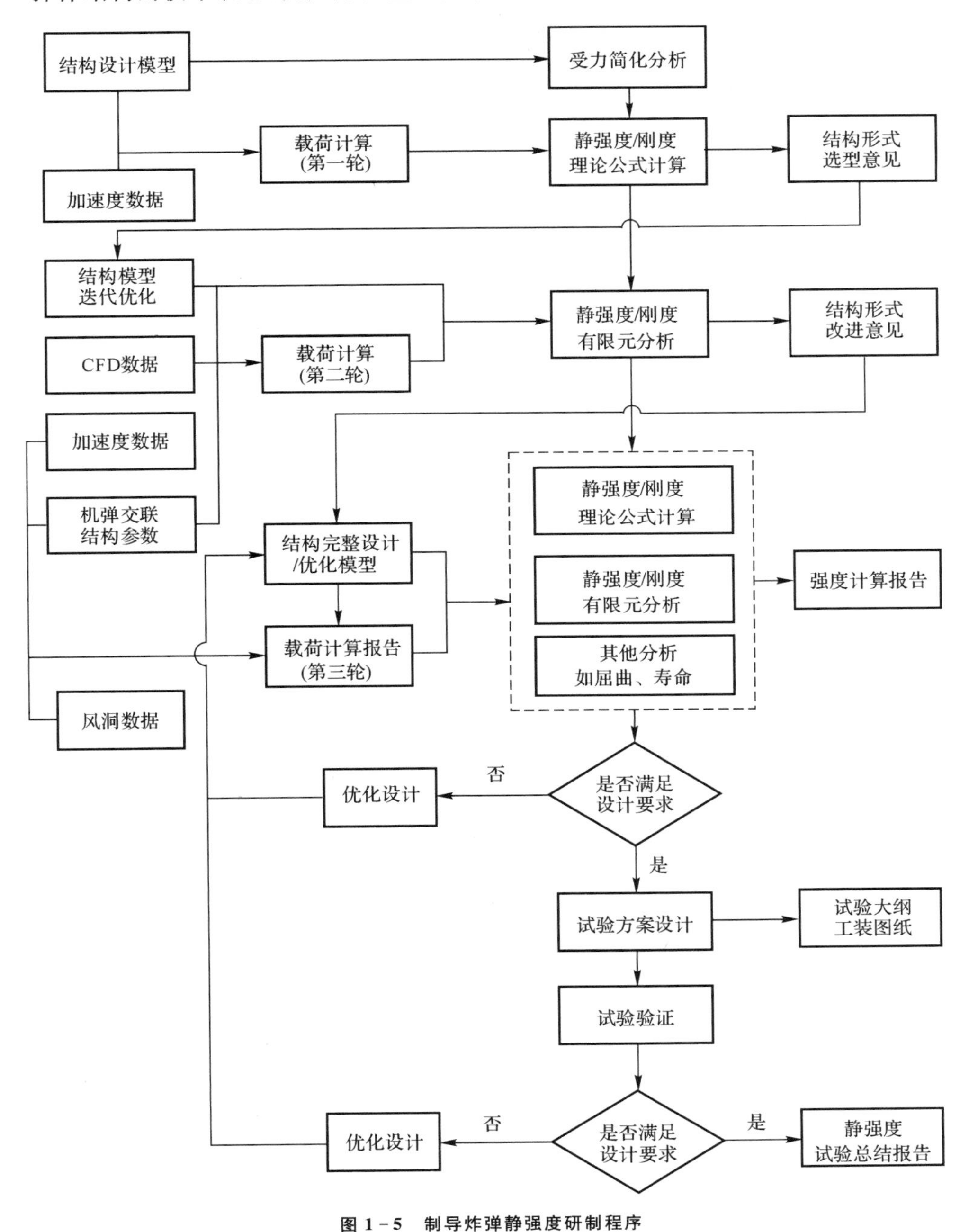

图 1-5 制导炸弹静强度研制程序

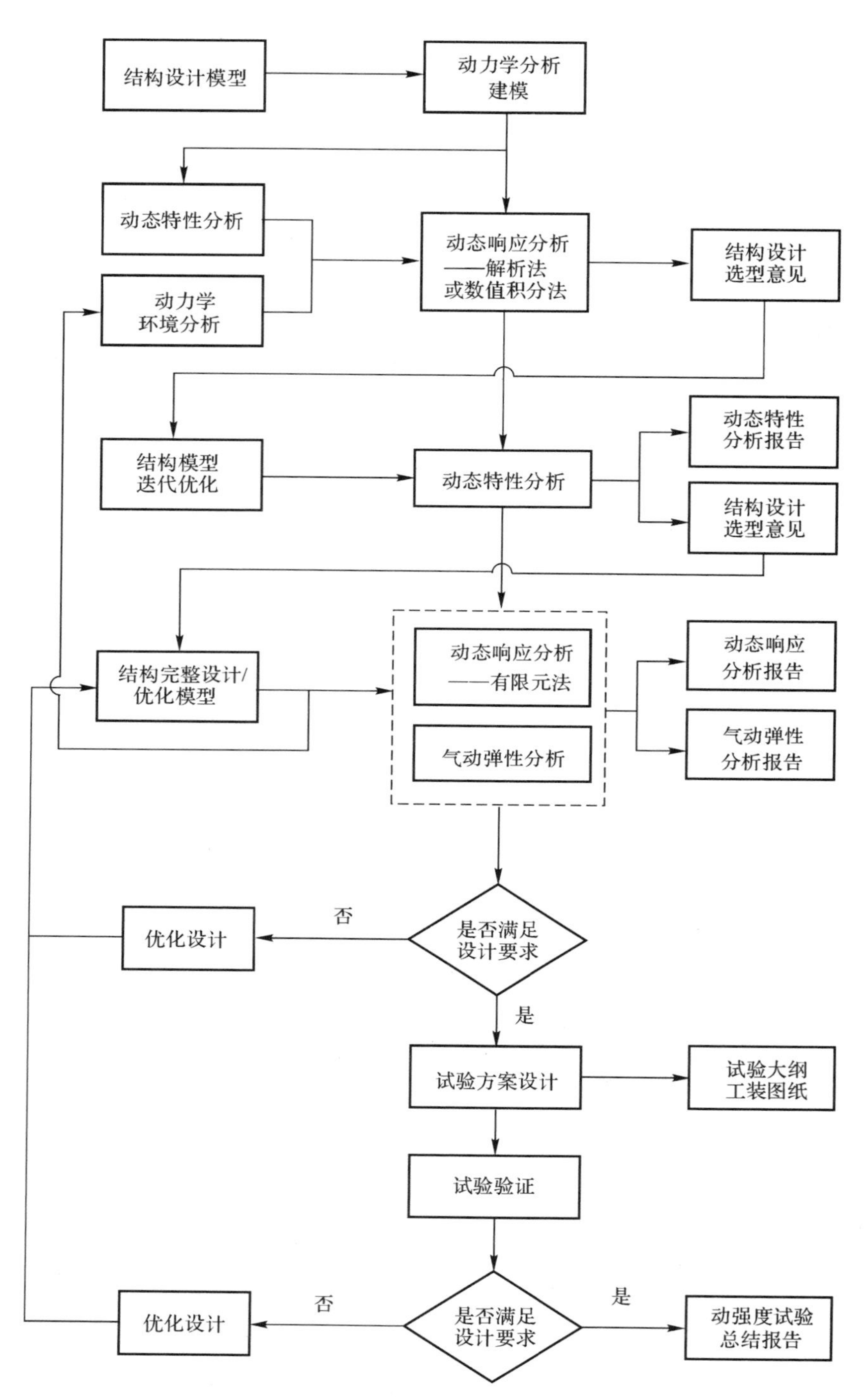

图 1-6　制导炸弹动力学研制程序

1.6 制导炸弹结构强度与动力学发展

随着科技进步、理论创新和精确制导武器技术的发展，制导炸弹也进入快速化发展阶段，高速度、远射程、小型化、载机平台和发射方式多样化等均与结构系统相关。制导炸弹在结构强度和动力学方面，出现了大载荷、大变形、大阻尼，以及严重的结构非线性、严重的热环境、严重的动力学环境，刚度和动力学稳定性问题也更趋严重。于是，新材料和新结构形式得到了快速发展和应用，除了由传统金属材料向高强度、高模量、耐高温材料发展外，复合材料、多孔纳米材料、高阻尼材料也得到广泛应用；结构设计方面出现了夹层结构，折叠式、收放式和分离式结构，以及高阻尼新结构形式。

由于飞行速度、挂飞架次要求的提高，以及要满足机载武器内埋式挂飞和投放要求，制导炸弹在作战使用中的动态载荷和动力学环境愈发恶劣。小型化、轻量化和优良的气动外形等要求，又使结构尺寸、材料性能、设计裕度的可设计、可选择空间越来越小，弹身和气动升力面柔性增大，结构动态响应和颤振危险性增加，因此需要由传统的以静强度为主的设计准则，转向结构静力学和动力学并行设计。

近年来，制导炸弹等精确制导武器的结构强度和动力学在工程应用和理论创新上有了较快发展，下面就该专业的现状和进展进行探讨。

1.6.1 有限元法和建模技术

建立数学模型是结构分析的核心，有限元法则是建模的基本方法。近些年来，计算机辅助设计日益完善，有限元法也已经达到相当完善和成熟的程度，大型商业化有限元软件，如 ABAQUS、MSC NASTRAN/PATRAN、ANSYS 等，在制导炸弹结构分析中得到广泛应用，结构静力学、动力学、热分析、疲劳寿命分析、噪声分析等利用有限元软件均能得到很好的处理，但对于某些强非线性问题，如高速撞击、爆炸冲击、弹体侵彻等，有限元法仍无法完全解决，需进一步发展，试验技术依然是重要的验证和辅助手段。

1.6.2 动态测试和试验建模

有限元法的发展使结构分析建模趋于完善，但在工程上很多复杂模型用有限元建立数学模型求解分析仍有困难。如制导炸弹常见的可拆翼面与弹身连接部、可拆舵片与舵轴接头、折叠翼面和舵片、舱段对接分离面等,它们的结构参数不但取决于材料和结构尺寸,还受接触面、间隙、摩擦因数、阻尼等因素影响。目前工程上应用的有效途径是以动态测试为基础的物理参数识别法,以此建立或修改数学模型,称之为"试验建模"。

试验建模和物理参数识别在制导炸弹设计中的应用,重点是结构结合部的刚度参数识别,可以解决弹体和翼面模态参数有限元计算与试验相差较大的问题。除结构结合部的研究工作外,还应重视复杂结构系统结构物理参数的矩阵的识别和有限元模型修改方法在型号设计中的应用。

1.6.3 动力响应与载荷识别

动态载荷分析和动态响应计算是动力学设计的基础。目前,国内制导炸弹设计主要以静态设计为主,动力响应分析工作为辅。结构强度问题和环境条件制定主要依靠对实测的动力响应数据进行统计和归纳,以规范和标准的形式指导。通常动态系数较大,设计保守裕度较大。因此,研究和推广动态响应分析方法是向动力学设计转变的重要思路。

动力响应分析方法有很多,发展较为成熟,如与有限元法密切结合的直接积分法和模态叠加法,近年来在众多商业有限元软件上均有这两种分析模块。常见的还有传递函数法、广义响应变换法、状态空间法和数值仿真等。

动力响应分析的主要困难是外力的确定,过去常用实测方法解决,对制导炸弹进行实测效率低、代价较大。近年来载荷识别技术为结构动力学发展提供了新途径。载荷识别方法有很多,主要通过传递函数矩阵求广义逆、求外载荷。此外,逆瞬态响应法、广义冲击谱法也是预计动载荷的重要方法。由于它们需要事先知道传递函数模型,因此,加强传递函数分析和测试是开展载荷识别工作的先决条件。

1.6.4 随机结构分析和可靠性设计

结构力学的研究重心已由确定性问题向非确定性问题转移。制导炸弹设计存在较多的随机介质和随机结构,不同批次、不同来源的同一种材料的物理性能可能存在一定的散布范围,而复合材料的随机性是最为常见的。加工工艺、公差的不同,甚至操作人员的变化均会引起结构参数变化。尤其是带有间隙和内摩擦的结构,如可拆弹翼和舵片、折叠翼和折叠舵、舱段对接部位等,其固有频率可

能在十几赫兹甚至几十赫兹范围内变化，随机结构分析将为此类问题提供有效解决途径。

制导武器的结构可靠性是指其在运输、挂机飞行、发射或投放、飞行过程中不出现断裂或变形的概率，其主要指标是结构强度和所受载荷（应力）。其中结构强度由结构材料及生产工艺来决定，而应力是表征其结构内力水平的一个指标。目前，在制导武器工程设计领域不包含随机结构分析的可靠性设计方法十分成熟，随机结构分析则允许用分析方法，为这些可靠性设计提供随机参数中最关键的结构强度和动力学特性的统计学描述，将随机结构分析和可靠性设计结合，会使可靠性设计迈上新的高度。

第 2 章

制导炸弹弹体结构设计

2.1 制导炸弹功能组成

制导炸弹的部分型号是在普通航空炸弹上加装制导控制组件来实现制导功能，近年来更多的则是采用全新功能组成单元来形成新型空地制导武器。这些组成单元一般包括导引头、引信、战斗部、设备舱、增程组件、发动机等，根据总体技术要求和用户作战需求，可将导引头、增程组件、发动机定为可选装功能单元。制导炸弹的大部分弹上设备均安装于设备舱，包括飞行控制器、舵机、惯性测量装置、卫星制导模块、热电池等。

弹体结构是制导炸弹重要的组成部分，由弹身、气动升力面、弹上机构、连接部件、悬挂装置和各种必需的外部零件组成，主要包括以下几部分。

(1)舱段含天线罩舱、设备舱、战斗部舱、发动机舱、舵机舱等，这些舱段有些有自身特殊的要求和功能，是各种分系统的组成部分，也是弹体结构的一部分。如发动机舱可看作具有双重作用的舱段，它既是动力舱，也用于支承舱段的外形和承受外部载荷。

(2)升力面含弹翼、舵面、边条翼、尾翼等，气动操纵面通常采用“X”形常规布局，主升力面通常采用大展弦比平直翼或后掠翼，部分型号也会采用小展弦比的短翼。

(3)弹上机构含操纵机构、折叠机构、分离机构等。

(4)外部零件含电缆整流罩以及悬挂装置，包括吊耳或滑块。

弹体各组成单元的功能如下：弹身用于为全弹提供良好的气动外形，安装各种设备和机构，并作为承载系统；气动升力面为全弹飞行过程提供升力和控制力；弹上机构用于气动升力面的折叠、展开或实时运动，以及舱体或部件的分离；悬挂装置实现了制导炸弹与载机挂架的机械交联；各连接部件完成了各组成单元的机械连接。

制导炸弹根据作战需求和总体方案不同，由多种类型和弹体类型组成，常见的制导炸弹包括基本型、动力末制导型、滑翔增程型和动力增程型四种，如图 2-1～图 2-4 所示。

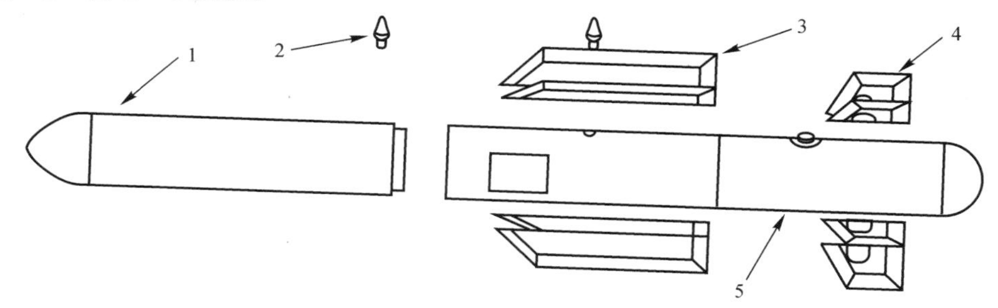

1—战斗部； 2—吊耳； 3—边条翼； 4—舵片； 5—设备舱

图 2-1　基本型制导炸弹弹体分解

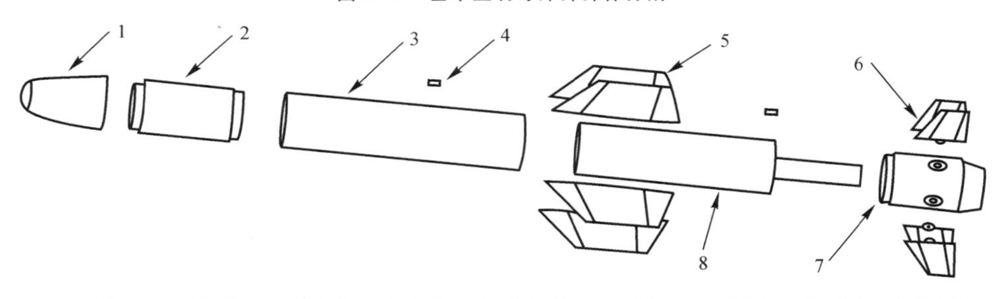

1—导引头； 2—战斗部； 3—设备舱； 4—滑块； 5—边条翼； 6—舵片； 7—舵机舱； 8—固体火箭发动机

图 2-2　动力末制导型制导炸弹弹体分解

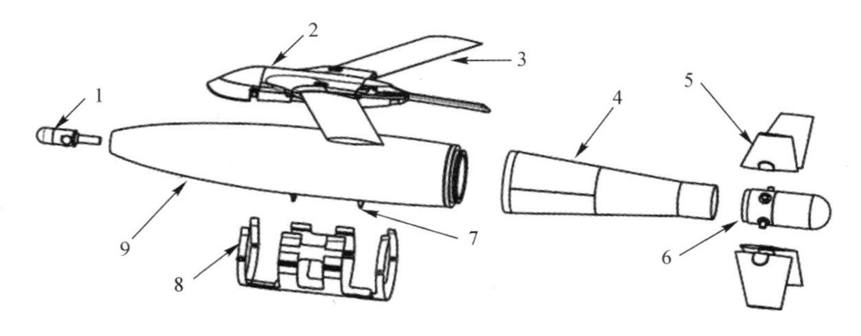

1—引信； 2—增程组件； 3—弹翼； 4—设备舱； 5—舵片； 6—舵机舱； 7—吊耳； 8—箍带； 9—战斗部

图 2-3　滑翔增程型制导炸弹弹体分解

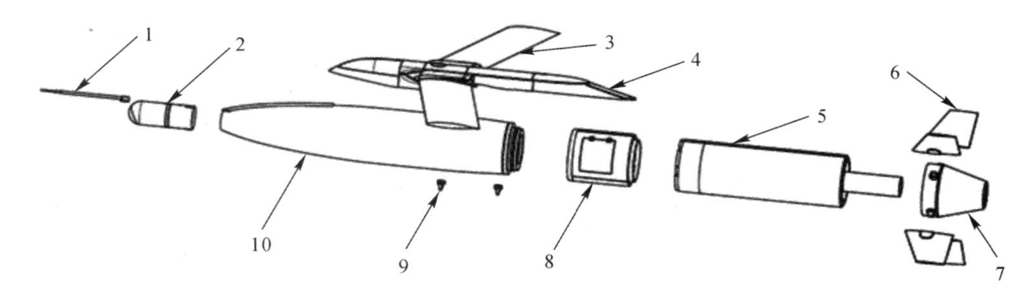

1—大气测量系统； 2—导引头； 3—弹翼； 4—增程组件； 5—固体火箭发动机；
6—舵片； 7—舵机舱； 8—设备舱； 9—吊耳； 10—战斗部

图 2－4 动力增程型制导炸弹弹体分解

2.2 制导炸弹结构总体布局

制导炸弹各组成单元具体设计要求如下：

(1)保证制导炸弹在整个飞行过程中,满足炸弹总体对稳定性和操纵性的要求；

(2)保证弹上各种设备及装置具有良好的工作条件,以使它们具有良好的工作性能；

(3)保证制导炸弹在作战使用中的高效与便捷性,使用维护方便；

(4)使导弹结构简单、紧凑、质量轻、工艺性好。

2.2.1 战斗部

制导炸弹的通用战斗部包括爆破战斗部、杀伤爆破战斗部、侵彻爆破战斗部、聚能穿甲战斗部、子母战斗部和云爆战斗部,大多数战斗部置于头部,需安装导引头或考虑破甲需求时,战斗部可以放置于中部,将头部位置留给导引头。

对付装甲目标和地面有防护目标的导弹,安排战斗部时需要考虑战斗部前方舱段的环境。例如聚能破甲战斗部为了保证破甲时金属流对目标的有效杀伤,或使战斗部穿入目标内爆炸,战斗部多位于头部,或者在战斗部前方的舱段给聚能射流预留一个通道。对付地面目标的杀伤战斗部,若采用触发引信,为了减少杀伤破片被地面土壤吸收,提高杀伤效应,战斗部有时放在尾部。

战斗部是一个危险部件，一般在作战前才安装到制导炸弹上，部分战斗部也会随制导炸弹长期储存，因此应保证安装、拆卸方便，便于长期储存。当战斗部与制导炸弹组装在一起不便拆卸时，特别在与引信装配在一起时，要有严格的安全措施和防射频处理。

2.2.2 引信

近炸引信应安装于战斗部前部，以避免其他外部结构件对天线的遮挡，且尽量靠近战斗部，减小电路损耗和干扰，以免影响战斗部起爆。触发引信应安置在结构强度高的地方，如战斗部或舱体的连接框上。

2.2.3 导引头

对于雷达型和光学型导引头，要求导引头正前方具有开阔的视野，以对目标进行搜索、捕获和跟踪，因此要求导引头安装于制导炸弹头部，与战斗部连接，通过舱体外部走线槽或穿舱电缆与控制系统实现通信交联。

2.2.4 增程组件

制导炸弹为了实现防区外远程打击，可加装含大展弦比弹翼的增程组件，以提升全弹升阻比，达到增加射程的目的。由于受载机挂装空间限制，并需满足全弹操纵性和稳定性要求，因此增程组件通常采用弹翼折叠形式，可将其置于全弹质心后部的弹体处，并尽量安装于全弹结构强度、刚度最高的舱体附近。

2.2.5 设备舱

设备舱是用于安装控制系统、遥测系统等分系统的主要仪器设备，基本型制导炸弹的设备舱位于战斗部后部，动力型制导炸弹的设备舱位于战斗部和发动机之间，其舵机系统和操纵系统一般置于发动机尾部。

设备舱内弹上设备对安装部位有一定要求，例如：所有弹上设备应远离弹翼展开和锁定时的撞击位置；惯性器件需准确感受制导炸弹质心位置的运动参数，最好将其安装于质心附近，并远离振动源；舵机应尽可能靠近舵面转轴，这样可以降低铰链力矩和简化操纵机构，提高控制准确度；角速率陀螺对弹体的弹性振动较为敏感，应将其置于远离安装板振动节线的波峰或波谷处（见图 2-5），避免或减小弹体振动引起的角速度信号失真和共振，并提高陀螺安装板的刚度，以使固有频率尽量避开陀螺的工作带宽。

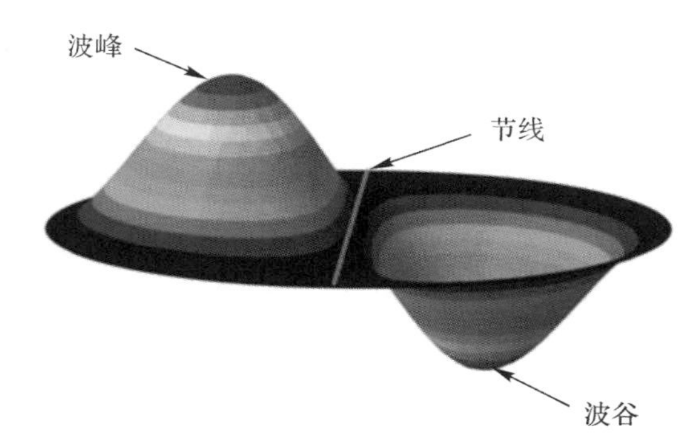

图 2-5　振动的节线、波峰和波谷示意图

2.2.6　发动机

制导炸弹为了降低技术难度和研发成本，一般采用固体火箭发动机作为动力系统。制导炸弹作为近射程的战术武器，发动机工作后的质心变化对全弹影响相对较小，因此可将其安装在制导炸弹尾部，通过长尾喷管将喷口置于弹体尾部，使燃气流从弹身尾部排出，以减小弹体底部阻力。由于燃烧室燃气流温度高达数千摄氏度，而舵机系统等弹载设备安装于尾喷管周围，因而对于长航时发动机，需在尾喷管上采取热防护措施，以改善设备安装区域的热环境，必要时，应对燃烧室外壁面或穿舱电缆采取热防护措施。

对于固体火箭发动机来说，为解决质心靠后的问题，常采用长尾喷管的方案，即长尾喷管的作用是为了调整制导炸弹质心随燃料质量消耗的变化，或为了满足其他总体要求。对于液体火箭发动机，则要求燃料和氧化剂箱尽量对称安置在质心附近，以减少推进剂消耗给质心移动带来的影响。

2.3　质量、质心和转动惯量计算

计算制导炸弹在运输、起吊、挂机飞行、投放或发射、自由飞行等各种状态下的质量、质心位置和转动惯量，也是结构分系统的一项重要设计内容。质量、质心和转动惯量计算结果，可以用作弹道计算、气动特性计算、载荷计算、稳定性和操纵性计算、结构设计、挂弹架设计、机弹兼容性和运输保障装备设计的依据。

在工程研制阶段，质量、质心位置和转动惯量由初步估算，经与实物对比及多次反复修正，最终以定型或鉴定阶段制导炸弹的实际质量和质心、转动惯量的实际测量值为准。

2.3.1 坐标系

计算质量、质心和转动惯量的关键是先要确定坐标系。为了计算方便，一般选取战斗部前端的理论尖点作为坐标原点，对于部分战斗部为了安装头部引信，前端无实际尖点的情况，可以选择前端平面的几何中心作为坐标原点。X 轴指向弹体尾部；Y 轴在弹体纵对称面上，向上为正；Z 轴与弹体水平面重合，由"右手坐标系"确定，顺航向向左为正，如图 2－6 所示。

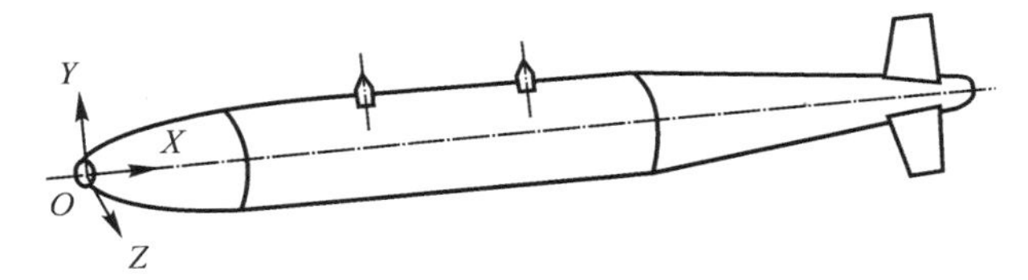

图 2－6　弹体参考坐标系

有时为了得到对某一特定位置（如质心）的转动惯量，可以利用平行移轴定理。

2.3.2 质量分析

质量分析的目的是建立制导炸弹挂机飞行、投放或发射后总质量与主要设计参数之间的关系，分析各部分质量对制导炸弹挂机飞行和射程的影响及各参数之间的联系，以便合理选择参数进行分析，使制导炸弹满足挂机飞行要求，以及射程、弹道设计的要求。在型号的初始设计阶段，由于没有实物作为参考，只能根据数字模型先近似估算全弹质量，随着研究的深入，各分系统的质量数据统计量逐渐增多，再逐步较为精确地计算全弹质量。

1. 全弹质量

为了计算制导炸弹的挂机飞行和自由飞行质量，可将弹的质量分为以下几部分。

（1）弹体结构质量，包括弹身、弹翼、尾翼、舵片及操纵系统的质量。

（2）推进系统质量，包括发动机和助推器的质量。发动机质量又包括发动机本体（含进气道）、推进剂、附件和推进剂输送系统的质量；固体燃料助推器的质量包括壳体、装药和辅助部件的质量。

(3)战斗部及引信质量。

(4)弹上设备质量,主要由制导控制设备、电气设备、能源设备组成。

(5)当配有遥测系统时,各舱段或分系统还必须计入遥测设备和电缆的质量。

2.质量估算方法

(1)用相对质量系数求解质量。

这种方法往往以战斗技术要求作为原始数据,相对质量系数表达式由已知的质量统计数据拟合得出。

(2)按弹体长度及直径估算全弹质量。

这种方法是在飞机设计中广泛使用的回归方法,用设计初期的已知参数(如弹体长度及直径)表示制导炸弹的总质量或部件质量。还有一种近似的方法是,从已知型号统计出制导炸弹各部分的平均密度,然后由平均密度及弹体参数来估算总质量。

3.分系统质量估算

(1)战斗部质量。战斗部质量与其类型、威力、制导炸弹射程、突防要求及性能等有关系,可参考同类型炸弹的质量威力比、装药与壳体质量比等有关资料和预先研究成果,与战斗部设计单位协商确定。一般情况下,战斗部质量是作为技术指标要求提出的,在研制任务书中予以明确。

(2)设备舱质量。控制系统、电气系统、能源系统和遥测系统的主要设备均安装在设备舱内,末制导系统的光学或电磁辐射设备位于战斗部前部,设备的质量由制导精度要求、各系统及弹体结构的技术方案、电子元器件及惯性器件的技术水平决定,除了能源系统外,设备质量基本与制导炸弹设计参数无明显关系,其质量可参考同类制导炸弹的设备舱质量和技术发展水平。同样,可确定上述各系统和伺服机构等分布在其余舱段内的质量。

(3)弹体结构质量。弹体结构质量与结构方案及所采用的材料性能有关,在方案论证阶段,可根据同类制导炸弹的统计数据和具体结构方案确定,通过数字模型往往也可以获得较为理想的质量计算结果。

(4)发动机质量。固体火箭发动机的质量等于推进剂装药量、辅助附件和发动机结构质量之和。在推进剂装药量确定之后,发动机的总质量主要取决于发动机结构质量的大小。发动机推进剂装药量等于有效推进剂质量与剩余残药量之和,即

$$m_{f0}=m_f+\Delta m_f \tag{2-1}$$

式中:m_{f0} 为推进剂的总质量;m_f 为有效推进剂的质量;Δm_f 为推进剂剩余残

药量。

推进剂装药药型对残药量有影响，剩余残药量一般远低于 1%，在近似计算中可以忽略。

发动机的结构质量可表示为

$$m_{结} = m_c + m_p + m_d + m_z \tag{2-2}$$

式中：m_p 为喷管质量；m_d 为点火装置质量；m_z 为总装直属件质量；m_c 为发动机燃烧室质量，包括壳体、内绝热层、外隔热层、烧蚀层和包覆层等的质量。

发动机研制部门要根据推进剂类型、装药量、热环境、发动机质量比和性能指标等的要求选择发动机结构方案和材料，进行优化设计，使发动机的结构质量最小。

2.3.3 质心计算

质心的位置设计要满足挂机飞行要求，以及自由飞行的静稳定性、操纵性和机动性要求。质心的计算基本依据部位安排图，随着部位安排的改变，质心计算也需要重复进行，直到各系统的质心及部位安排位置固定不变。

在进行质心计算时，为便于检查和调整质心，可采用表 2-1 所示的列表计算方法。

表 2-1　质心列表计算方法

项　目	不变质量 M_{mi}	不变质量坐标 X_{mi}	可变质量 M_{ni}	可变质量坐标 X_{ni}	质量静矩 $M_{mi}X_{mi}$ 或 $M_{ni}X_{ni}$
弹身	●	●	—	—	●
弹翼	●	●	—	—	●
弹头	●	●	—	—	●
⋮	⋮	⋮	⋮	⋮	⋮
燃料	—	—	●	●	●
合计	$\sum M_{mi}$	$\sum X_{mi}$	$\sum M_{ni}$	$\sum X_{ni}$	$\sum M_{mi}X_{mi} + M_{mi}X_{mi}$

注：● 表示属于该项目，— 表示不属于该项目。

全弹在三轴方向的质心位置可由下式计算得到：

$$\left.\begin{aligned}X_g &= \frac{\sum_{i=1}^{j} M_{mi} X_{mi} + \sum_{i=1}^{k} M_{ni} X_{ni}}{\sum_{i=1}^{j} M_{mi} + \sum_{i=1}^{k} M_{ni}} \\ Y_g &= \frac{\sum_{i=1}^{j} M_{mi} Y_{mi} + \sum_{i=1}^{k} M_{ni} Y_{ni}}{\sum_{i=1}^{j} M_{mi} + \sum_{i=1}^{k} M_{ni}} \\ Z_g &= \frac{\sum_{i=1}^{j} M_{mi} Z_{mi} + \sum_{i=1}^{k} M_{ni} Z_{ni}}{\sum_{i=1}^{j} M_{mi} + \sum_{i=1}^{k} M_{ni}}\end{aligned}\right\} \tag{2-3}$$

式中：X_g 为全弹 X 轴向的质心位置；Y_g 为全弹 Y 轴向的质心位置；Z_g 为全弹 Z 轴向的质心位置；j, k 分别表示不变质量、可变质量的零部(组)件数量。

制导炸弹的质量、质心的变化是由于弹翼或舵片折叠与展开、推进剂燃烧所致。对于结构运动部件来说，根据运动规律可以较为精确地估算质心变化，由于运动部件质量占比较小，因此对全弹质心影响一般较小；对于固体推进剂来说，这一变化是相当大的，因此在研制初始阶段，可根据现有成熟型号发动机参数、发动机任务书规定的质量指标进行初步估算。

2.3.4 转动惯量计算

转动惯量是弹体的主要结构参数，其值直接影响制导炸弹的运动特性。计算转动惯量之前，应先对各零部件简化，确定计算模型，求出各零部件绕弹体坐标系的转动惯量，再通过平行移轴定理，计算对质心或全弹各轴的转动惯量。同样，可将不变质量和可变质量部分分别计算，也可采用列表的方法。

在已经确定质心的基础上，计算绕 Z 轴转动惯量，则计算公式为

$$\left.\begin{aligned}J_{ZC} &= \sum J_{Zi} - MX_g^2 \\ J_{Zi} &= J_{io} + M_i X_i^2\end{aligned}\right\} \tag{2-4}$$

式中：J_{ZC} 为全弹绕过质心的 Z 轴转动惯量；J_{Zi} 为 i 设备对全弹理论顶点的转动惯量；J_{io} 为 i 设备对自身质心的转动惯量；X_i 为 i 设备质心离全弹理论顶点的 X 轴坐标；M_i 为 i 设备的质量；M 为全弹质量。

当式(2-4)利用发动机空载质量、质心坐标计算时，则求得空载转动惯量；当用满载质量、质心坐标计算时，则求得满载转动惯量。相对于 X、Y 轴的转动

惯量，也可以利用式(2－4)的方法进行相应计算。

2.4 制导炸弹结构设计

弹体结构用于把制导炸弹各分系统，如引战分系统、动力分系统、控制分系统、电气分系统、结构分系统等连接成一个整体，为它们提供可靠的工作环境，使其具有良好的气动外形，维持制导炸弹的完整性，并承受在地面操作、空中作战使用阶段的外力作用。

2.4.1 增程组件

增程组件是为了提高制导炸弹的升阻比、实现远程打击能力，而在制导炸弹相应部位增加的含大展弦比弹翼的结构组件。其主要功能在于实现弹翼、展开机构、组件基体与弹身的机械连接，并承受制导炸弹在自由飞行阶段的载荷作用。增程组件应满足弹翼折叠、展开、锁定等功能要求，以及气动载荷、振动和冲击等力学环境综合作用，在开展增程组件结构设计时，应遵循以下基本原则：

(1)工艺性较好，生产成本较低；

(2)组件质量小，尽量使用轻量化材料；

(3)弹翼展开和锁定机构简单；

(4)运动部件撞击部位采取降冲击措施；

(5)设计必要的安全防护装置，防止弹翼误展开。

制导炸弹增程组件常用的形式包括可折叠式大展弦比后掠翼、平直翼和"菱形背"弹翼(见图2－7，图2－8和图2－9)，根据载机挂装空间和控制系统要求，可采用上单翼或下单翼气动布局，展弦比一般取值为4～9。增程组件与弹身连接形式可采用捆绑式和固定安装式，可利用金属箍带和结构件实现增程组件的紧固和安装。

增程组件弹翼展开可采用电动、弹簧或燃气作为作动装置。电动式作动装置速度平稳，但展开机构较为复杂、速度较慢，并且需要弹载电池提供较大的能源；弹簧式作动装置的展开机构简单，但速度较慢，并且难以适应大展弦比弹翼展开时的瞬间大推力需求；燃气式作动装置输出速度快、推力大，但对展开机构和增程组件冲击损伤较大，一般需要采取冲击防护措施，比如在弹翼锁定末位增加软性材料，在作动装置内部采用气体或液压缓冲方式，或者在弹翼展开行程中增加阻尼减速材料。

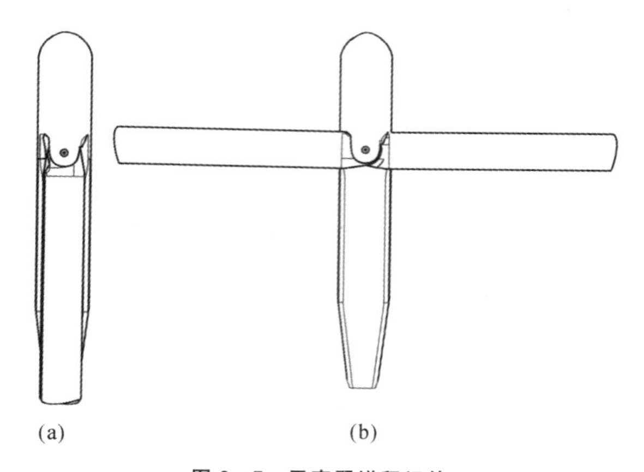

图 2-7 平直翼增程组件

(a)弹翼折叠状态；(b)弹翼展开状态

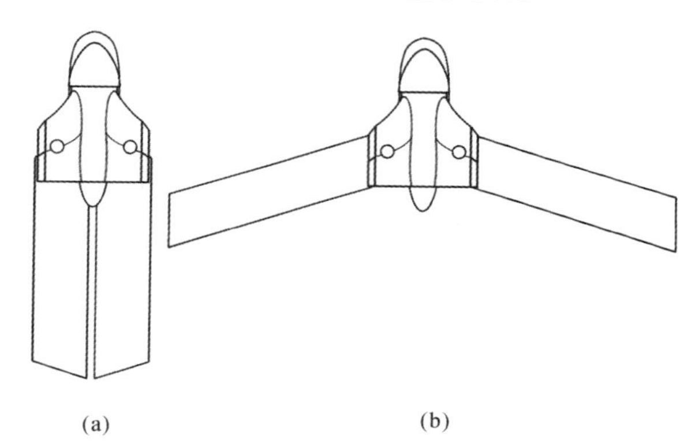

图 2-8 后掠翼增程组件

(a)弹翼折叠状态；(b)弹翼展开状态

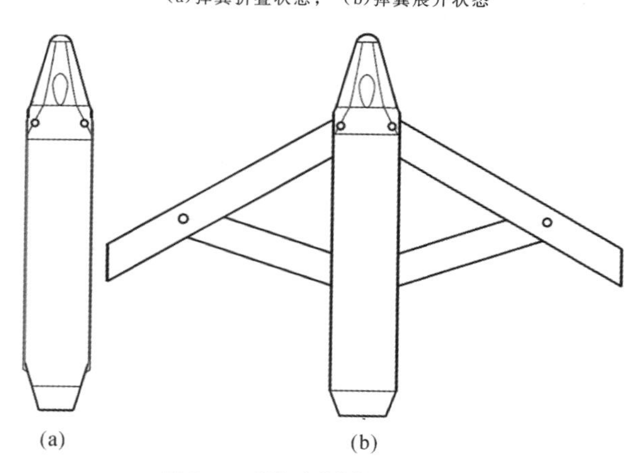

图 2-9 “菱形背”弹翼增程组件

(a)弹翼折叠状态；(b)弹翼展开状态

制导炸弹的折叠弹翼一般采用旋转展开方式，弹翼可绕转轴旋转展开。弹翼在初始部位可利用剪切销或弹性插销完成初始锁定，在末位锁定阶段，可利用压缩弹簧和锥销实现末位锁定（见图 2-10）。

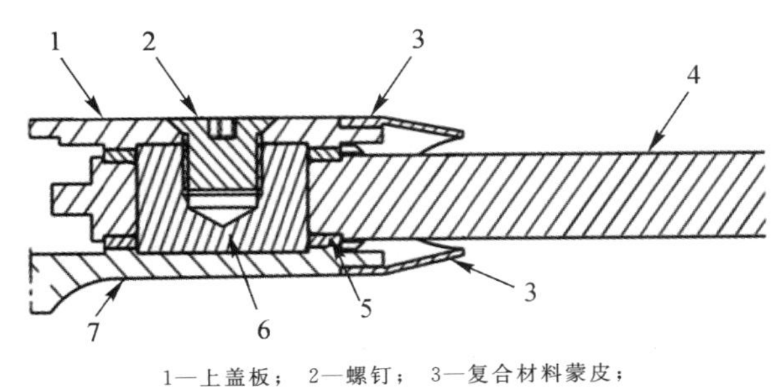

1—上盖板； 2—螺钉； 3—复合材料蒙皮；
4—折叠弹翼； 5—推力轴承； 6—转轴； 7—底座

图 2-10 典型的折叠弹翼安装形式

对大展弦比弹翼，在使用载荷下，翼梢相对翼根的变形应满足

$$f=\frac{y_{\max}\cos\chi}{s}\leqslant 0.08 \tag{2-5}$$

式中：$y_{\max}$ 为最大变形；s 为半展长；χ 为后掠角。

对制导炸弹的大展弦比弹翼开展结构设计和刚度设计时，以相对变形原则来定义刚度设计要求。在使用载荷下，翼梢相对翼根的变形应满足式（2-5）的要求。若在气动弹性、操纵品质等方面有其他要求的，相对变形值可高于式（2-5）的要求。

2.4.2 设备舱

制导炸弹设备舱内安装大部分的弹上设备，包括制导控制设备、遥测设备、能源设备等。设备舱舱体作为弹身的主要组成部分，主要作为弹上设备的安装基础和防护外壳、控制和操纵载荷的传递路径、气动载荷的作用界面。对于无动力的基本型制导炸弹，设备舱也称为制导控制尾舱，对于动力增程型制导炸弹，设备舱、发动机舱和舵机舱的组合体统称为制导控制尾舱。

制导控制尾舱在开展结构设计时，应遵循以下基本原则：

（1）工艺性较好、生产成本较低；

（2）质量小，尽量使用轻量化材料；

（3）结构疲劳性能较好；

（4）关键设备的安装板刚度较高；

(5)舱段连接标准件尽可能采用轴向形式,并尽可能由舱体承载;

(6)在满足维修性、保障性前提下,设备舱段和舱口数量应尽量少。

1. 舱段对接形式

近年来,随着军方作战要求不断提高,以及无人机作战体系兴起,制导炸弹小型化、高机动性、高疲劳寿命、多用途化需求愈发强烈,舱体结构日趋整体化,例如发动机外壳也可作为承载的弹身部分,设备安装支架可作为舱体的加强筋,小展弦比弹翼与弹身整体成形。舱段之间连接形式多样,制导炸弹常用的舱体连接形式包括径向螺钉套接、轴向盘式连接、楔块连接、间断环齿连接、花键连接等。

径向螺钉套接形式需将对接的两个相邻舱段加工成内外圆柱形表面,利用二者的配合面实现套接,用沿圆周排布的径向螺钉实现舱段套接,可在内舱段的套接部位上加工图 2-11 所示的螺纹,或在内舱段的套接部位加工"V"形环槽,利用图 2-12 和图 2-13 所示的形式实现舱段连接。舱段径向螺钉套接形式适合于承载较小、对疲劳寿命要求较低、舱段对接操作简单的情况。当螺钉预紧力产生的摩擦力无法承受外载荷时,径向螺钉将承受剪切力,因此径向螺钉沿周向的布局推荐采用如图 2-14(a)所示的形式,应尽量避免采用如图 2-14(b)所示的形式。

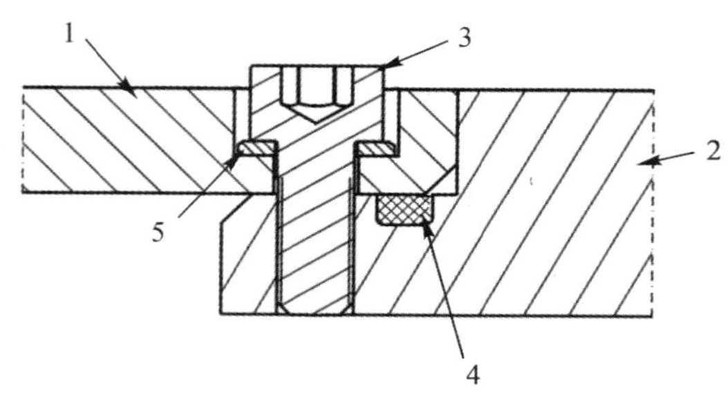

1—舱段 A; 2—舱段 B; 3—螺钉; 4—密封圈; 5—弹平垫

图 2-11 径向螺纹式螺钉连接

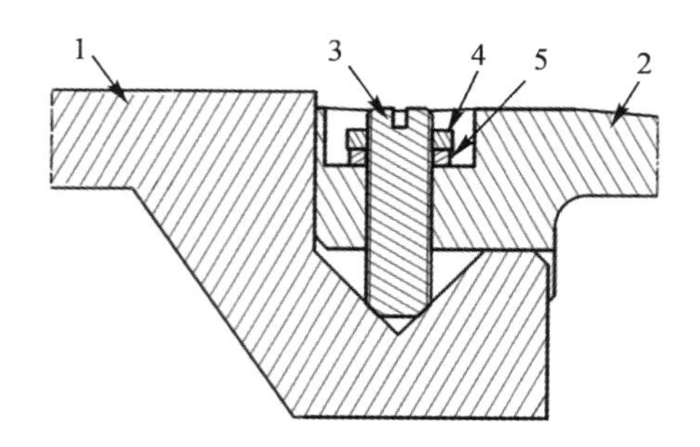

1—舱段 A; 2—舱段 B; 3—螺钉; 4—薄螺母; 5—弹平垫

图 2-12 径向槽式螺钉连接

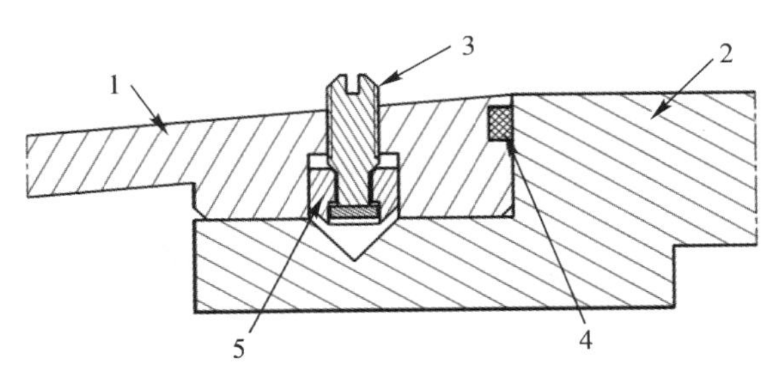

1—舱段 A； 2—舱段 B； 3—螺钉； 4—密封圈； 5—楔形块

图 2－13 径向楔形块连接

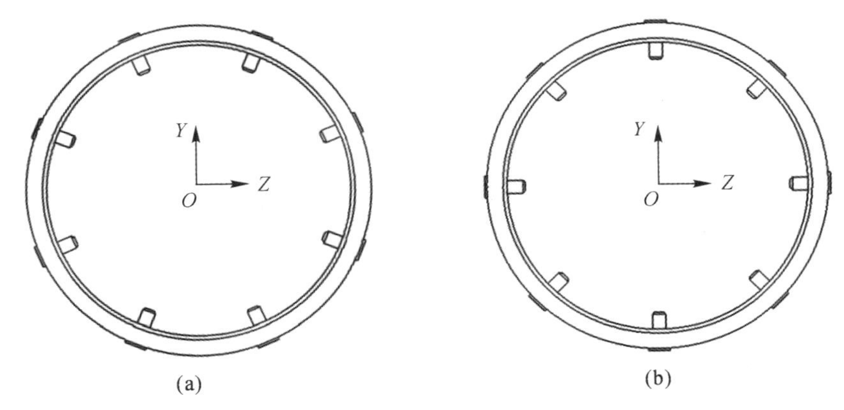

图 2－14 径向螺钉布局

轴向盘式螺钉连接（见图 2－15）需要在相邻的对接框上加工圆周向的螺钉孔。孔的轴向与弹体轴向平行，利用沿弹体轴向的圆周排布螺钉实现舱段对接。为了使舱体有较高的对接精度，可在对接面上安装定位销钉。舱段承受剪切力时，若螺钉预紧力产生的摩擦力无法承受，将由螺钉承受剪切力；舱段承受弯矩时，由螺钉受拉和对接面挤压来传递载荷。轴向盘式螺钉连接适用于外径较大、外部载荷较大的舱段，要求在对接框上加工螺钉安装槽，这样会增加对接框的质量和尺寸。

间断环齿连接指在舱段的圆周方向加工 3～4 个间断的环形齿，利用环齿之间的错位实现相邻舱段的对接和旋转，采用径向螺钉和楔形块实现舱段的定位和紧固，如图 2－16 所示，要求在舱段外套接面加工内环齿，内套接面加工外环齿。间断环齿连接的径向螺钉承载较小，主要由环齿承受外部载荷，刚度和强度较大，适用于舱段承受大载荷、结构疲劳寿命要求较高的情况，但对加工精度要求较高。

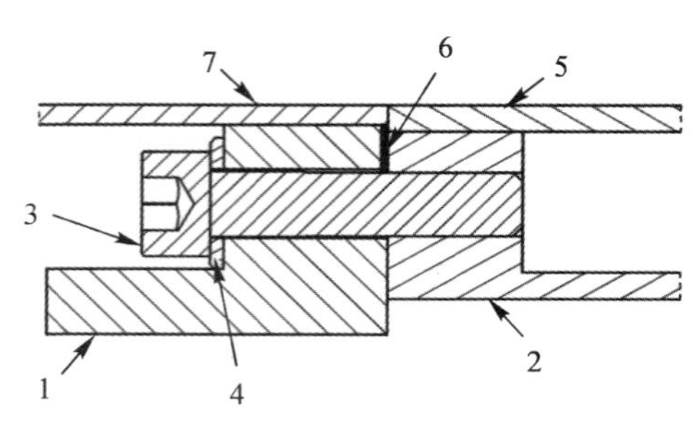

1—舱段 A； 2—舱段 B； 3—螺钉； 4—弹平垫； 5—舱体外蒙皮 A； 6—密封垫

图 2-15 轴向盘式螺钉连接

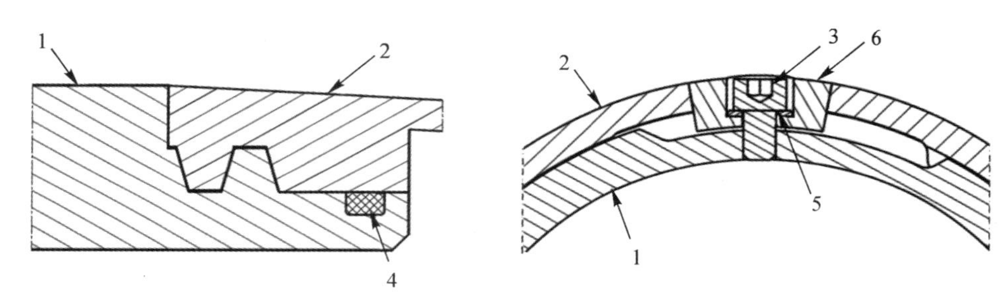

1—舱段 A； 2—舱段 B； 3—螺钉； 4—密封圈； 5—弹平垫； 6—楔块

图 2-16 间断环齿连接

2.舱体结构形式

制导炸弹设备舱需要安装大量的精密电子设备，部分配装火箭发动机的动力舱可与设备舱共用舱体结构。设备舱要求强度、刚度好，结构连接形式紧凑，具有较好的结构动强度和动态响应性能，承受热环境的设备舱还需具有一定的耐热和隔热性能。

根据制导炸弹的直径、维护和保障要求，以及成本控制要求和设备布局要求，可采用蒙皮桁梁式、一体铸造加筋式或等厚圆筒式舱体，如图 2-17～图 2-19 所示。蒙皮桁梁式舱体适用于较大弹径的制导炸弹，飞行载荷主要由桁梁承受，蒙皮起保形作用，厚度一般为 1～2 mm，方便拆卸，有利于设备安装与维护，也能较大降低舱体加工成本，设备应安装于桁梁上。一体铸造加筋式舱体适用于中等直径的大批量制导炸弹，材料一般可采用铸铝。等厚度圆筒式舱体适用于小直径制导炸弹，可采用金属机械加工或复合材料一体成形方式。

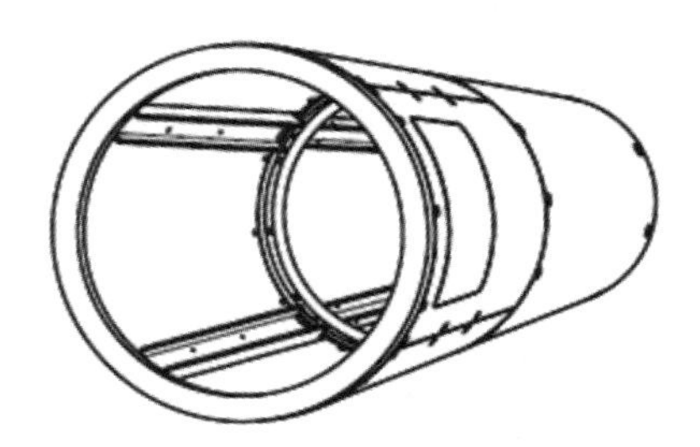

图 2－17 蒙皮桁梁式舱体

图 2－18 一体铸造加筋式舱体

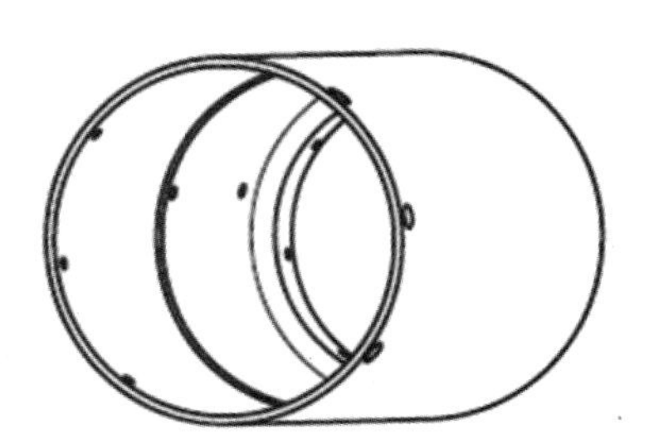

图 2－19 等厚度圆筒式舱体

2.4.3 发动机舱

制导炸弹为了增加射程，从成本和维护角度综合考虑，一般会配装固体火箭发动机。从结构总体布局上来看，发动机舱可以自成舱段，由发动机外壁承担结构连接和承载功能，外部铺设电缆和走线槽；或由发动机与其他设备共同组成舱段，外部安装蒙皮结构来实现连接和承载功能。

固体火箭发动机推进剂舱又是燃烧室，它是发动机最重要的组成部分，在弹体长度上占很大比例。发动机喷管通常被弹体结构所包围，而且发动机外部通常还会安装一些弹载设备，与相关舱段还有对接和接口关系。

1. 发动机主要结构参数设计

在制导炸弹直径已确定的情况下，若发动机舱体长度增加，固体推进剂就装得更多，能使射程增加。若喷管长度增加，则发动机比冲增加，也使最大射程增加，但发动机长度受制导炸弹气动外形限制。

发动机燃烧室长度与其邻近部段壳体长度是紧密相关的，在保证最紧凑地安装弹载设备的前提下，并在选定级间段结构形式后，先初步确定发动机邻近舱段所必需的最小长度，然后定出发动机壳体的最大允许长度。另外，还需注意发动机前、后封头伸入邻近舱段的结构尺寸对设备安装空间的影响。对于多级发动机，由于其喷管出口端面靠近下一级的发动机前封头，因此必须保证喷管端面与发动机之间有足够距离，以使发动机点火后排气通畅。

结构设计需要确定的发动机结构参数，还包括前后裙长度、喷管长度、外径和出口直径，对于多喷管发动机还应确定多个喷管的分布圆直径和分布角度等。

2. 设备或结构件在发动机上的安装

根据弹载设备总体布局方案和设备安装空间结构，有些设备需安装在发动机裙部、封头上、燃烧室壳体外部或喷管外部，为了实现发动机前后舱体的电气和通信交联，有时还需考虑电缆的穿舱形式，为此需考虑以下主要问题：①安装项目、位置和安装方案；②安装结构形式和连接结构尺寸。

为了节约弹载设备布局空间，制导炸弹火箭发动机通常采用长尾喷管形式，舵机系统安装在长尾喷管外部，采用对称或均匀分布，具体安装形式根据发动机舱特点而定。喷管外壁通常为温度最高区域，因此对尾喷管外壁应采取温度控制措施，或对舵机系统采取热防护措施。

对于发动机与其他设备共同组成舱段的情况，连接各舱段设备的电缆可以在发动机外部采取穿舱形式；对于发动机自成舱段的，设备连接电缆安装在发动机外壁上，并安装走线槽起整流作用。

3. 发动机舱与相邻舱段的连接

在全弹各舱段对接结构已确定，并已完成连接强度计算的基础上，需开展发动机舱结构连接设计。由于发动机为薄壁件，而且与其他舱段对接面的载荷较大，因此发动机舱的连接设计较为关键。

轻小型制导炸弹因结构空间所限，火箭发动机舱通常采用径向螺钉连接，必要时可增加销钉以提高连接强度。对于重量级较高的火箭发动机，通常采用多个螺栓沿弹轴方向连接，以充分利用材料的拉伸强度。由于发动机裙部为薄壁

件且尺寸较小，难以安装托板螺母，而且托板螺母难以承受长时间往复振动，因此一般在发动机端框上制出螺纹盲孔，也可以将带径向螺纹孔的法兰盘通过环键安装在发动机端框外壁上。

4. 维护和保障结构设计

在维护、保障和装配过程中，还需确定发动机舱和发动机的支点、吊点位置。由于发动机舱或发动机多为薄壁件，因此通常采用包带起吊，在结构设计时需要预留起吊、停放、转运的支承部位。

2.4.4 升力面与操纵面

制导炸弹的升力面与操纵面用来产生附加空气动力，提高制导炸弹的升力，提供控制力和控制力矩，保持其操纵性和稳定性，常见的升力面为弹翼和边条翼，如大展弦比的平直翼或后掠翼，常见的操纵面为全动舵片。制导炸弹的升力面与操纵面的设计应遵循以下原则：①强度和刚度要高，可承受气动弯矩，不发生颤振、共振现象，对于大展弦比弹翼，左右弹翼应具有较好的刚度一致性；②铰链力矩较小，这有利于降低舵机的功率和质量；③舵片效率要高，通过选择高气动效率的翼型、合理布置升力面位置，来提高舵片作用效率。

制导炸弹舵片与舵轴之间的连接形式，根据舵片承载性能、结构安装空间、载机挂装要求，可采用固定安装式或折叠式，常见的舵片、舵轴安装形式如图 2 - 20所示。

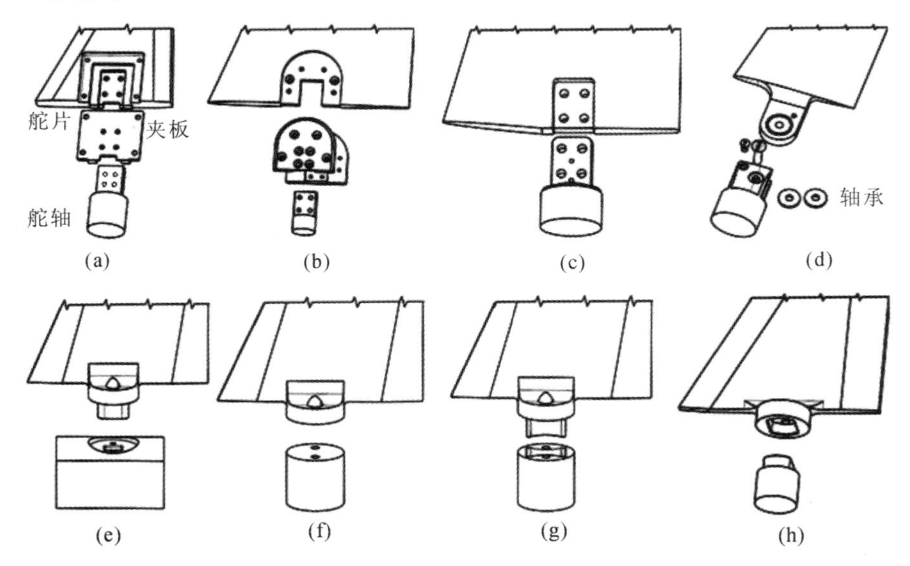

图 2 - 20 舵轴和舵片常用的安装形式

制导炸弹的边条翼用于提高全弹的升力，一般使用较小的展弦比结构形式，可选用六边形翼型、对称或不对称双弧线型翼型、层流翼型。边条翼与弹身的连接形式一般可采用夹板式、盘式、箍带式、一体成型式等，结构如图 2-21 所示。

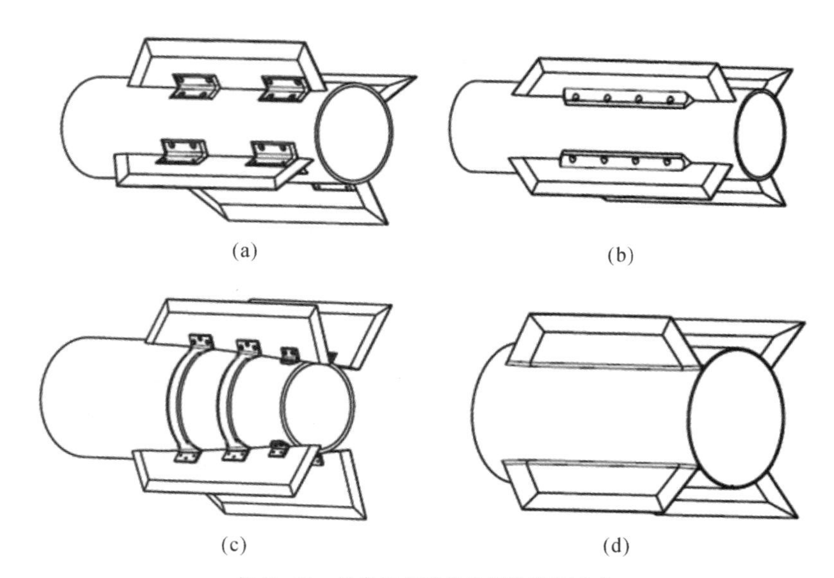

图 2-21　边条翼与弹身常用的安装形式

(a)夹板式接头；(b)盘式接头；(c)箍带式接头；(d)一体成型式接头

制导炸弹的舱体在承受任务阶段的静载荷时，尾部变形应限制在舱段长度的 0.3%～1%。对边条翼、舵片等升力面，在使用载荷作用下，翼梢相对翼根的变形应满足

$$f=\frac{y_{\max}\cos\chi}{s}\leqslant 0.045 \tag{2-6}$$

对鸭式舵，在使用载荷下，翼梢相对翼根的变形应满足

$$f=\frac{y_{\max}\cos\chi}{s}\leqslant 0.07 \tag{2-7}$$

式中：$y_{\max}$ 为最大变形；s 为半展长；χ 为后掠角。

第 3 章

制导炸弹静载荷计算

3.1 概　　述

导弹的外载荷是导弹在储存、吊运、地面运输、载机挂飞与自由飞行等工作过程中，施加在导弹上的各种作用外力的总称。导弹的静载荷不同于导弹的动载荷。静载荷是不随时间变化的稳定力，但是从运动的观点看，没有绝对静止的稳定力。一般来讲，如果载荷作用时间比承力结构自然振动最大周期大 3 倍以上，就可视为静载荷。对于周期性的交变载荷，如果交变力的变化周期大于承力结构自然振动最大周期 3 倍以上，在工程设计中可以把它当作静力学问题处理。例如气动力、发动机推力、燃料箱内压力、导弹飞行加速度产生的惯性力等。制导炸弹的弹体固有频率一般在 50 Hz 以上，而大部分机动载荷的作用时间均大于弹体固有周期。制导炸弹的静载荷是指制导炸弹在储存、吊运、地面运输、载机挂飞与自由飞行时弹体承受的内力。该载荷是由外载荷与弹体自身惯性相互作用的结果。为了保证制导炸弹的结构设计满足使用要求，必须在研制早期确定炸弹的静载荷，作为结构设计的输入条件。静载荷设计是制导炸弹设计的重要环节。

本章主要阐述制导炸弹静载荷计算的基本概念、基本方法、基本假设、理论基础和在不同使用状态下的计算方法。

3.2 常用概念

1. 过载

过载是在对制导炸弹的载荷进行研究时引入的一个度量载荷大小的概念，是一个矢量，其数值又称为过载系数，作用在飞行器上的气动力和发动机推力的合力与飞行器的重力之比称为过载，通常用 $\boldsymbol{n}$ 表示：

$$\boldsymbol{n}=\frac{\sum \boldsymbol{F}}{mg} \tag{3-1}$$

式中：$\sum \boldsymbol{F}$ 为矢量，表示全部气动力和发动机推力的矢量和；m 为飞行器质量。

当研究对象为制导炸弹时，一般会设定一个研究的直角坐标系，沿弹体轴向为 x 轴，沿弹体吊耳或者滑块的方向为 y 轴，按照右手定则确定弹体的 z 轴。那么，在弹体 $Oxyz$ 坐标系中的弹体的过载可以表示为以下的分量形式：

$$\left.\begin{aligned}\boldsymbol{n}_x&=\frac{\sum \boldsymbol{F}_x}{mg}\\ \boldsymbol{n}_y&=\frac{\sum \boldsymbol{F}_y}{mg}\\ \boldsymbol{n}_z&=\frac{\sum \boldsymbol{F}_z}{mg}\end{aligned}\right\} \tag{3-2}$$

式中：$\sum \boldsymbol{F}_x$、$\sum \boldsymbol{F}_y$、$\sum \boldsymbol{F}_z$ 分别为 x 轴、y 轴、z 轴方向的全部气动力和发动机推力的矢量和。

对于制导炸弹来说，其过载系数还可以由常用的其他表达式求解得到。假设弹体受的外载荷为气动力 $\boldsymbol{F}_q$、挂弹架的约束力为 $\boldsymbol{F}_r$，质量力包含弹体的重力 $\boldsymbol{G}$ 和惯性力 $\boldsymbol{F}_g$，根据达朗贝尔原理，外力与弹体本身的惯性力应平衡，其平衡方程如下：

$$\boldsymbol{F}_q+\boldsymbol{F}_r+\boldsymbol{G}+\boldsymbol{F}_g=0 \tag{3-3}$$

而根据牛顿第二定律，加速度的表达式如下：

$$\boldsymbol{a}=\frac{\boldsymbol{F}_q+\boldsymbol{F}_r+\boldsymbol{G}}{m} \tag{3-4}$$

联立式(3-3)和式(3-4)，并考虑 $\boldsymbol{G}=m\boldsymbol{g}$，可以得到过载系数

$$\boldsymbol{n}=\frac{\boldsymbol{a}}{\boldsymbol{g}}-1 \tag{3-5}$$

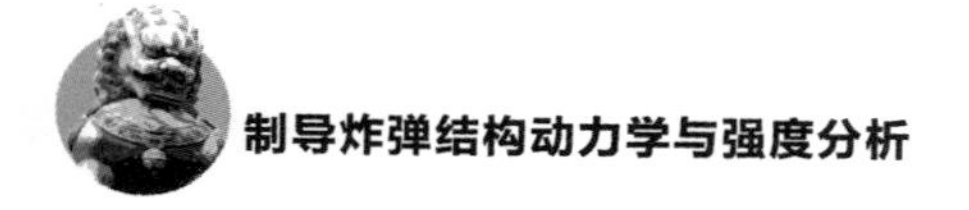

2. 马赫数

飞行器在空气中的运动速度与该高度前方未受扰动的空气的声速之比，称为飞行马赫数，马赫数是没有量纲的。

马赫数的计算公式为

$$Ma = \frac{v}{c} \tag{3-6}$$

式中：v 为飞行器相对空气的飞行速度；c 为当地未受扰动的空气声速，大气中声速是随着大气温度变化而变化的。

大气中声速的计算公式为

$$c = \sqrt{kRT} \tag{3-7}$$

在空气中，$k \approx 1.4$，$R \approx 287$；T 为当地的大气温度，单位为 K。

3. 攻角

攻角是指飞行器飞行过程中弹体轴向方向与弹体飞行速度方向在纵向对称面内的夹角，攻角示意图如图 3-1 所示。

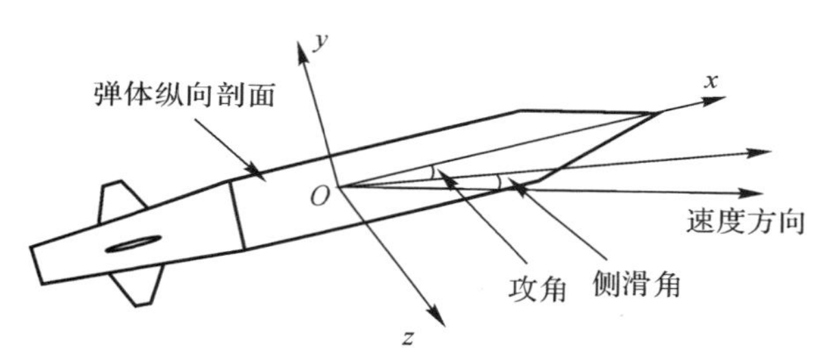

图 3-1　弹体攻角示意图

4. 侧滑角

侧滑角是指飞行器飞行速度矢量与纵向对称平面之间的夹角，速度矢量在对称平面的右侧，对应侧滑角为正，反之为负。侧滑角示意图如图 3-1 所示。

5. 展弦比

展弦比表示机翼翼展与平均气动弦长之比，计算公式为

$$\mathrm{AR} = \frac{L}{b} = \frac{L^2}{S} \tag{3-8}$$

式中：L 为机翼翼展；b 为几何弦长；S 为机翼面积。

6. 动压

动压，又称速压，是相对于静压而言的，动压的计算公式为

$$q = \frac{1}{2}\rho v^2 \tag{3-9}$$

式中：v 为气流的相对运动速度；ρ 为当地空气密度。

7. 雷诺数

雷诺数是用来表征流体流动情况的无量纲数。当雷诺数较小时，黏滞力对流场的影响大于惯性，流场中的流速的扰动会因黏滞力而衰减，流体流动稳定，为层流；雷诺数大时，惯性对流场的影响大于黏滞力，流体流动较不稳定，流速的微小变化容易发展、增强，形成紊乱、不规则的紊流流场。一般由层流转化为紊流的雷诺数约为 5×10^5，对于制导炸弹而言，一般为亚声速飞行，气动力计算时，其雷诺数一般取值为 $5\times10^5\sim8\times10^6$。

3.3 静载荷计算

3.3.1 计算内容

制导炸弹静载荷计算的内容主要包括：

(1)各种设计情况下制导炸弹的载荷分布；

(2)各种设计情况下制导炸弹整体的剪力、弯矩、轴向力、扭矩分布；

(3)局部设计情况下特定部位的受力计算；

(4)各种情况下制导炸弹薄壁件的压力分布；

(5)局部板壁结构的噪声疲劳载荷计算。

本章的静载荷计算主要研究(1)～(3)项的相关内容，即计算全弹沿弹体轴向的剪力、弯矩、轴向力、扭矩和特定部位的载荷情况，其他项目的分析可通过气动力分析和结构动力学分析得到。

3.3.2 计算方法

1. 设计数据处理

载荷计算中需分析大量原始数据，其中一部分可以直接取自有关设计报告，如气动力计算、弹道计算、结构设计和质量质心数据。另一部分则必须由设计人员选择性地进行计算，主要包括以下各种类型数据：

(1)总体设计数据。

1)制导炸弹的性能指标，如总体战术、技术指标，包括空域、机动性、工作环境和使用要求；

2)质量、质心、转动惯量计算,包括制导炸弹各部件和组件质量、质心位置、质量分布,各部件和外伸件绕自身质心的转动惯量,发动机燃料等消耗质量的变化规律;

3)制导炸弹弹载设备的质量力、传力路径;

4)制导炸弹三维模型和各部件安排,包括外形尺寸、舱段划分、质量重要特征;

5)各部件的初步设计外形尺寸、相对位置、主要受力点位置;

6)地面运输、吊运、储存的各种支承情况和支点位置。

(2)气动力计算数据。为了进行静载荷计算,不仅需要制导炸弹的总体气动参数,而且也需要各部件的气动力数据。制导炸弹的总体气动力数据和各部段的气动力数据包括:

1)C_x、C_y、C_z、$C_{y舵}^{\delta}$、$C_{z舵}^{\delta}$、$C_{y舵}^{\beta}$、$C_{z舵}^{\alpha}$ 随马赫数Ma、攻角α、侧滑角β、舵偏角δ的变化曲线与数据;

2) 角加速度ε、零升阻力系数 C_{x0} 随 Ma 的变化曲线与数据;

3) 参考面积 S_R。

(3) 弹道计算数据。制导炸弹的典型弹道和极限弹道,如最高、最低、最远、最近弹道和指定情况下的弹道,以及在上述弹道的飞行高度 H、速度 v、过载 n、动压 q、攻角 α、侧滑角 β 随飞行时间 t 的变化数据。

(4)动力系统数据。

1)发动机推力曲线,包括点火、熄火过程中的变化率;

2)推力系数;

3)推进剂或燃料消耗质量的变化规律曲线。

(5)其他设计条件。

1)限定过载的条件;

2)环境要求,如风速、温度等气候环境。

2.参数计算

根据总体设计参数、气动力计算数据、弹道计算数据、结构设计模型、动力系统数据和其他设计条件,代入各计算公式,分别计算制导炸弹整体和各部段的受力大小、飞行姿态和载荷分布情况。

3.受力分析

(1)运输与起吊载荷。

制导炸弹可经由公路、铁路、水路及空中运输,也可用专用拖车运输。制导炸弹运输时放置在停弹架上,通常由两点或多点支承。制导炸弹往载机挂弹点挂装时需要使用顶弹车顶起,也可看作是两点或多个支承的约束形式。承受多

点支承的制导炸弹的受力形式如图 3-2(a)所示，每个支承点可对弹体产生轴向与法向的集中作用力。制导炸弹在小范围区域内转运时可使用起重机或吊车吊运，起吊点通常为吊耳，每个起吊点可对弹体产生轴向与法向的集中作用力，如图 3-2(b)所示。运输起吊载荷的大小、力的作用位置与弹体过载和结构形式等因素有关。

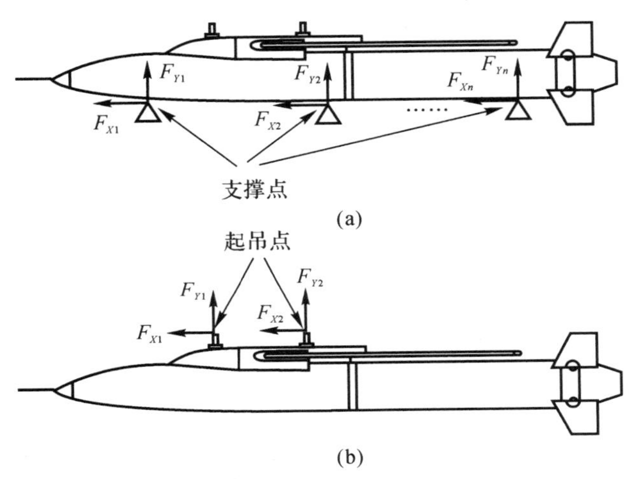

图 3-2 运输与起吊载荷(弹翼折叠)

(a)运输与顶弹； (b)起吊

(2)挂机飞行载荷。制导炸弹随载机挂装飞行时，静载荷主要包括气动力、惯性力及载机对制导炸弹的约束载荷。

弹体的气动载荷和惯性载荷形式与自由飞行状态类似，可视为轴向、法向和横向分布力。增程型制导炸弹随载机挂装飞行时，弹翼处于折叠状态，应考虑弹翼所受气动载荷和惯性力在弹翼与弹身连接处形成的等效载荷。等效载荷可简化为轴向集中力、法向集中力与集中弯矩，由于弹翼折叠后气动载荷较小，通常可忽略气动力影响。制导炸弹挂机飞行状态的气动力和惯性力示意图如图 3-3 所示。气动载荷和惯性力与载机飞行状态密切相关，q_i、p_i 分别为法向和轴向分布气动力，a_{xi}、a_{yi} 分别为轴向和法向分布加速度，其中 $i=1,2,3,\cdots,n$，n 为弹体离散分段数量。

载机通过导轨或挂架对制导炸弹施加约束力。通过滑块挂载的制导炸弹，载机通过将滑块与导轨法向压紧、轴向锁闭对弹体进行约束。载机对滑块的约束可视为轴向集中力与法向集中力，如图 3-4(a)所示。通过吊耳挂载的制导炸弹，载机通过吊耳与防摆止动器对弹体进行约束。吊耳约束力可视为法向集中力，防摆止动器约束力可视为轴向集中力与法向集中力，如图 3-4(b)所示。

制导炸弹挂机飞行的约束力、约束点位置与弹体过载，以及防摆止动器的预紧力等因素有关。

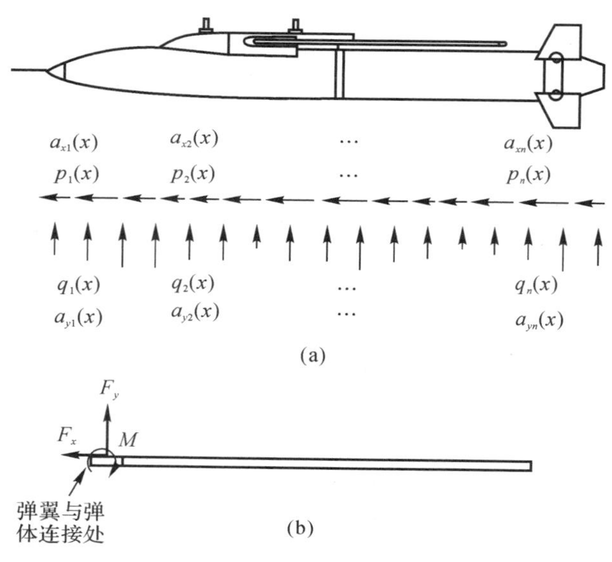

图 3-3　挂飞气动载荷和惯性载荷(弹翼折叠)

(a)气动力与惯性力；(b)弹翼安装点等效载荷

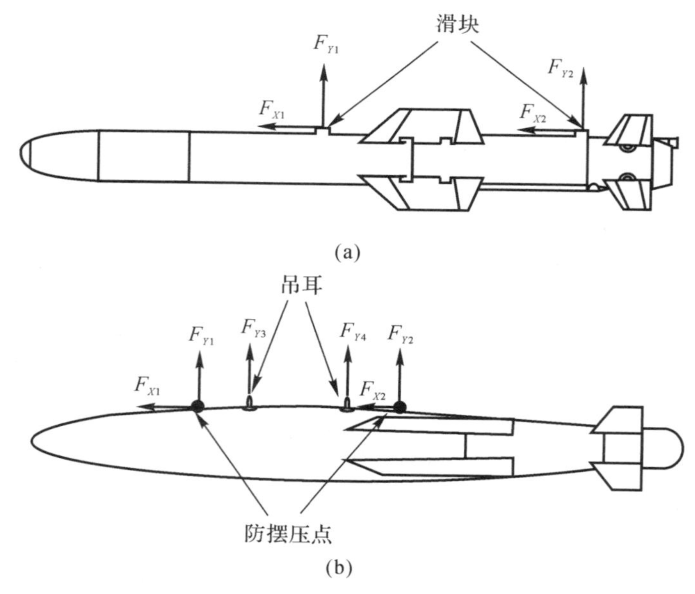

图 3-4　载机约束载荷

(a)载机对滑块的约束；(b)载机通过吊耳与防摆止动器对弹体的约束

制导炸弹的发射方式有导轨式发射、弹射式投放与重力式投放。导轨式发射制导炸弹在离机时,由发射发动机提供轴向发射载荷,载荷作用位置可视为发动机前端面,如图3-5(a)所示。发射载荷大小与发射发动机自身性能有关。弹射式发射的发射载荷为弹射力,如图3-5(b)所示。作用位置在强力弹射点,弹射载荷与挂架弹射装置性能有关。重力投放式依靠自身重力自由落体,无集中载荷作用效应。

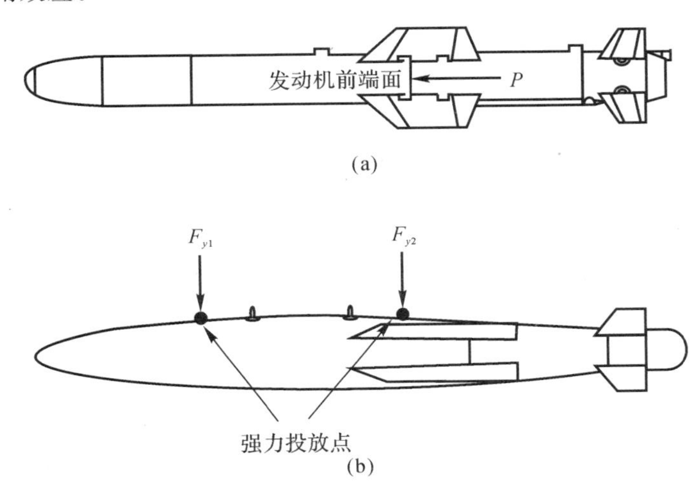

图3-5 发射与投放载荷

(a)导轨式发射; (b)强力弹射投放

(3)自由飞行载荷。基本型制导炸弹在自由飞行过程中,弹体、边条翼及舵片受到的气动力和惯性力可看作沿弹体长度方向的分布载荷,包括轴向分布力和法向分布力。气动力和惯性力示意图如图3-6(a)所示。增程型制导炸弹的弹翼在飞行时处于展开状态,是飞行状态下的主要升力部件,其承受的气动力通过弹翼与弹身的连接处传至弹体,可简化为作用在连接部位的轴向、法向等效集中力和等效集中弯矩,如图3-6(b)所示。气动载荷和惯性载荷与制导炸弹飞行的高度、速度、攻角、过载、侧滑角以及制导炸弹气动外形等因素有关。

对于带有助推发动机的制导炸弹,发动机的推力可视为轴向集中载荷,如图3-7所示。发动机推力大小与发动机自身性能有关。

4.理论方法

根据前文所述的载荷分析情况,可以计算出制导炸弹的各种力,在开展载荷分布计算时,主要把这些总的升力、阻力、力矩、推力、质量力等分解到各个部分,然后再沿弹体轴线或剖面方向进行叠加或作数值积分。

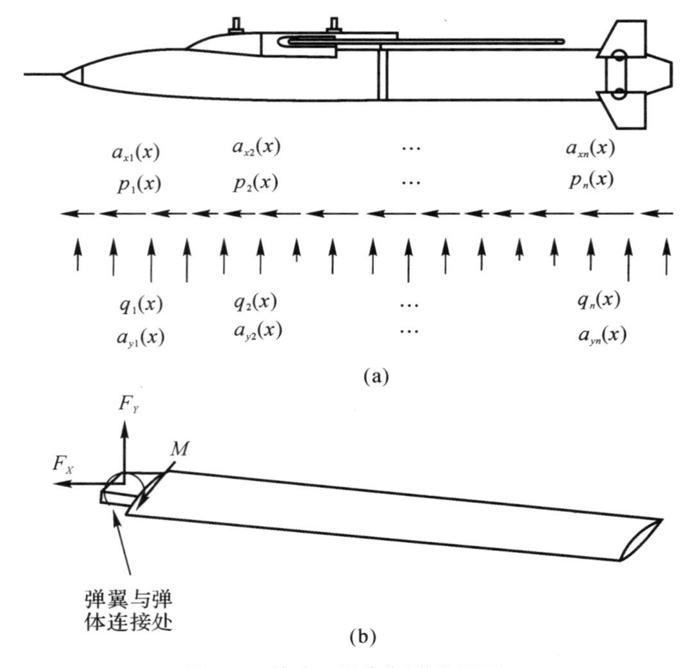

图 3－6　自由飞行载荷(弹翼展开)

(a)气动力与惯性力；(b)弹翼安装点等效载荷

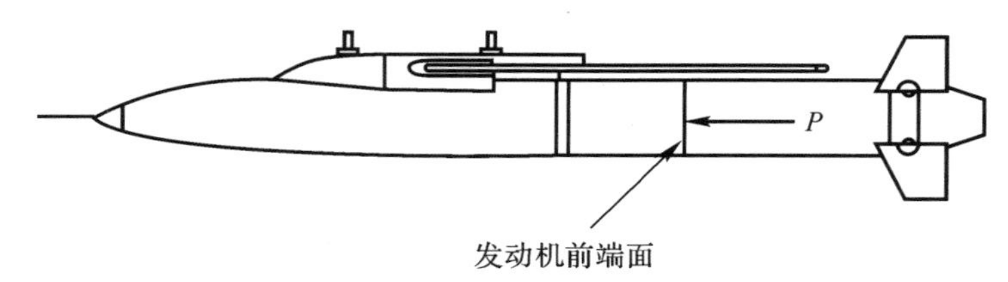

图 3－7　发动机推力(弹翼展开)

(1)轴向力计算。制导炸弹的轴向力计算公式为

$$T_x(n)=\sum_{i=0}^{n}\left[G_i n_x+X_i+\mu_i(x)n_x\Delta x_i+X(x)_i\Delta x_i-P_i\right]\quad(3-10)$$

式中：n 为分段数；$\mu_i(x)$ 为分段的单位长度上的质量分布，单位为 kg/m；$X(x)_i$ 为分段阻力分布(即单位长度上的阻力)，单位为 N/m；Δx_i 为分段的长度；G_i 为集中质量；X_i 为集中阻力；n_x 为轴向过载；P_i 为发动机推力。

也可以采用积分形式：

$$T_x(x)=\int_0^x[X(x)+\mu(x)n_x-P(x)]\,\mathrm{d}x+\sum_{i=0}^{n}(G_in_x+X_i-P_i) \tag{3-11}$$

(2) 横向力计算。制导炸弹的横向剪力计算公式为

$$Q(n)=\sum_{i=0}^{n}[G_in_{yi}+Y_i+\mu_i(x)n_{yi}\Delta x_i+y(x)_i\Delta x_i] \tag{3-12}$$

式中：Y_i 为集中横向力；$y(x)_i$ 为第 i 段横向力分布；n_{yi} 为第 i 段横向过载，其余参数同式(3-10)。

也可以采用积分形式计算横向剪力：

$$Q(x)=\int_0^x[y(x)+\mu(x)n_y(x)]\,\mathrm{d}x+\sum_{i=0}^{n}(G_in_{yi}+Y_i) \tag{3-13}$$

(3) 弯矩计算。制导炸弹弹体的弯矩计算公式为

$$M(j)=\sum_{i=1}^{j-1}\left[\frac{Q(i)+Q(i+1)}{2}\Delta x_i+M_i\right] \tag{3-14}$$

式中，M_i 为集中弯矩。

也可以采用积分形式计算弯矩：

$$M(x)=\int_0^xQ(x)\,\mathrm{d}x+\sum_{i=0}^{n}\Delta M_i \tag{3-15}$$

式中，ΔM_i 为第 i 段处的集中弯矩，如悬臂件的扭矩，舵片的铰链力矩。

制导炸弹在自由飞行阶段，横向载荷还可以采用如下公式计算：

$$\left.\begin{aligned}Q(n)&=\sum_{i=0}^{n}qS\alpha[C_{ni}^{\alpha}-N_1m_i-N_2(x_\mathrm{T}-x_i)m_i]\\M(n)&=\sum_{i=1}^{n}\Delta x_{i-1}Q(i-1)\end{aligned}\right\} \tag{3-16}$$

式中：q 为动压；α 为攻角；S 为横截面特征面积；$C_{n\alpha}$ 为法向力系数导数；C_{ni}^{α} 为第 i 段的法向力系数导数；m_i 为第 i 段的质量；x_T 为质心位置；J_y 为绕质心处 y 轴的转动惯量；x_g 为气动压力中心距理论尖点的距离；$\overline{M}$ 为弹体总质量。其中：$N_1=C_{n\alpha}/\overline{M}$；$N_2=C_{n\alpha}(x_\mathrm{T}-x_\mathrm{g})/J_y$；$C_{n\alpha}=\sum_{i=1}^{n}C_{ni}^{\alpha}$；$x_\mathrm{g}=\sum_{i=1}^{n}x_iC_{ni}^{\alpha}/C_{n\alpha}$。

制导炸弹载荷计算结果应满足

$$\left.\begin{aligned}Q(0)=Q(n)=0\\M(0)=M(n)=0\end{aligned}\right\} \tag{3-17}$$

即制导炸弹的两个自由端点处的剪力、弯矩均为零。

3.4 弹体静载荷

3.4.1 基本思路

弹体静载荷设计情况应尽可能反映制导炸弹寿命期内静力的载荷状态。根据目前的研究情况，主要包括制导炸弹的地面停放、起吊、转运、运输、地面模拟发射、载机挂飞、投放/发射、空中自由飞行。

综合考虑所有情况后，应选取各种状态下的极限条件进行载荷分析。一般而言，地面停放、起吊、转运、运输这几种状态主要考虑的是制导炸弹的过载、约束位置(停放支持位置、吊运点、在运输工具上的固定点等)。地面模拟发射条件下，需要考虑发射架对制导炸弹的约束情况、发射推力极值、发射角度。对于载机挂飞机动，应全面评估载机的设计飞行过载以及挂载作战武器后的机动性，包括动压、攻角、角速度、角加速度等。还应该考虑载机与制导炸弹之间的相对位置以及约束形式，一般包括滑轨约束、吊耳与止动器约束。每种约束都有特定的约束方式。没有目标载机的机动性飞机条件时，可以参照 GJB 1C—2006《机载悬挂物和悬挂装置接合部位的通用设计准则》中规定的高性能飞机机动性条件进行设计。制导炸弹发射后的自由飞行阶段，应该按照 GJB 540.2—91《飞航导弹强度和刚度规范　飞行载荷》规定的极限弹道设计方案选择极限弹道点。

3.4.2 载荷计算状态

1. 停放

制导炸弹置于停放架时，将承受停放架的反作用力与自身重力。一般而言，地面停放的过载只需要克服自身重力，因此载荷很小，但是地面停放时应注意将停放支承点尽量对称分布在弹体重心两侧，并且支承点不能位于弹体较薄的设备舱或者舱口盖附近，否则引起的局部集中载荷将造成弹体表面变形，严重时会引起塌陷。在地面停放、起吊、运输三个阶段，载荷计算的输入数据应包括：

(1)炸弹在停放、起吊、运输中的过载大小；

(2)约束位置、转运位置、运输时的固定位置。

2. 起吊

制导炸弹的起吊应有专门的吊点位置。一般起吊点选择炸弹的吊耳，也可

以设计专门的起吊工装，便于对制导炸弹进行固定和约束。起吊过程存在突然拉起、粗暴吊装的可能性，最大过载一般为 1.5g～2.0g。

3. 运输

(1)陆地运输。陆地运输通常包括高速公路运输、普通土路运输、野战运输等。最大过载的选择如表 3-1 所示。

(2)水路运输。水路运输主要是指运输至基地或者港口转运。运输工具一般为大型集装箱货轮，过载条件如表 3-1 所示。

(3)航空运输。航空运输主要是指通过运输机转运，运输环境相对严酷，过载条件如表 3-1 所示。

表 3-1 不同状态过载大小

计算状态		轴向过载/g	法向过载/g	侧向过载/g
停放	库房	0.0	1.15	0.0
吊运	码头/机场	0.5	2.0	0.5
运输	公路	1.5	2.0	0.5
	铁路	3.0	1.6	0.5
	海路	1.5	0.5	0.5
	野战	2.0	2.0	2.0
	空运	1.5	3.0	1.5
发射	发射架	由推力决定	—	—
挂飞	战斗机	2.0	10.0	4.0
	轰炸机	2.0	4.0	1.0
	直升机	1.5	2.0	1.0
	无人机	1.5	3.0	1.0
投放	重力投放	根据离机姿态计算		
	强力投放	—	根据弹射力	—
空中飞行	机动	根据姿态、速度、舵偏计算		
	突风	根据姿态、速度、舵偏、风速计算		

4. 地面发射

制导炸弹一般通过载机挂飞，高空投放或者发射，地面发射是在工程研制的早期阶段实施，目的是检验制导炸弹的地面模拟发射功能，考核发动机的推力参数、导发架的工作性能和制导控制系统的性能。在地面发射阶段，开展载荷计算需要提供的数据包括：①制导炸弹在地面发射时的姿态；②剪切销/锁定销或锁

闭机构的锁止力；③发射推力特性曲线。

5. 载机挂飞

(1)计算说明。载机挂飞是制导炸弹进行作战使用必然经历的载荷环境。一般来讲，由于挂载制导炸弹的载机多为轰炸机、对地攻击机、战斗轰炸机、战斗机等作战飞机，严酷的战场环境将导致载机历经最严酷的过载，此时制导炸弹也将跟随载机经历大过载环境。制导炸弹在随载机挂飞阶段，载荷计算需要提供的输入数据包括：

1)制导炸弹在载机上的挂载位置、载机过载大小和飞行姿态；

2)挂弹架/导发架的类型及其与制导炸弹的连接参数，包括前后吊耳或滑块间距、防摆止动器位置、防摆止动器预紧力、滑轨锁闭位置和预紧力；

3)严格意义上来说，需要根据载机的飞行姿态计算制导炸弹的气动力分布，但是制导炸弹随载机大机动飞行时，弹体惯性力一般远大于气动力，因此在某些情况下可以忽略挂飞的气动力。

根据第三代战斗机的作战性能，载机的过载极限一般达到 9.0g，最大可以达到 10.0g，而挂载在翼尖的武器装备一般将经历更大的过载，最大可能达到 16.0g。此外，载机挂飞时，需要将制导弹与载机挂弹架的预紧载荷同时考虑进去，质量越大的弹，预紧载荷越大，将使弹体局部出现极大的集中载荷。

世界主流战斗机飞行性能的参考指标如表 3-2、表 3-3 所示。

表 3-2　世界主流战斗机的参考性能指标

作战平台	飞行高度/m	飞行速度	质量/kg	过载/g
幻影 2000	≤18 300	低空：≥185 km/h 高空：Ma≤2.2	最大起飞重量： 17 000	正常：+9.0～−3.2 极限：+11.0～−4.5
阵风	≤17 000	低空：≤1 390 km/h 高空：Ma≤1.8	最大起飞重量： 22 200～24 500	正常：+9.0～−3.2
台风	≤16 764	Ma≤2.0	最大起飞重量： 23 500	挂载 4 枚 AIM-120 正常：+9.0～−3.0
F-2	≤18 000	低空：Ma≤1.1 高空：Ma≤2.0	最大起飞重量： 22 100	起飞重量 12 000 kg： +9.0～−3.0 起飞重量 22 100 kg： +4.4～−1.6
苏-27	≤18 000	低空：≤1 400 km/h 高空：Ma≤2.35	起飞重量： 16 380～33 500	限制过载：+9.0
苏-33	≤17 000	低空：≤1 300 km/h 高空：Ma≤2.17	最大起飞重量： 33 000	限制过载：+8.5

续表

作战平台	飞行高度/m	飞行速度	质量/kg	过载/g
苏-35	≤18 000	低空:≤1 400 km/h 高空:Ma≤2.25	最大起飞重量: 34 500	限制过载:+9.0
鹰狮	≤18 000	低空:Ma≤1.2 高空:Ma≤2.0	起飞重量: 12 500~14 000	—
F-15	>15 240	高空:Ma≤2.5	空重:12 973 最大起飞重量: 30 745	限制过载+9.0
F/A-18EF	>15 240	最大平飞: Ma=1.8	空重:15 000 最大起飞重量: 30 745	起飞重量 19 100 kg: +7.5/-3.0 最大起飞重量 29 937 kg:+4.8/-1.9 设计过载:+10.0
F-22	≤19 000	巡航:Ma=1.6 海平面最大平飞: 1 482 km/h	空重:19 700 最大起飞重量: 38 000	限制过载:+9.0
F-35A	≤18 000	高空:Ma=1.6 低空:Ma=1.1	最大起飞重量: 31 800	+9.0
F-35B	≤18 000		最大起飞重量: 28 000	+7.0
F-35C	≤18 000		最大起飞重量: 31 800	+7.5

表 3-3 高性能飞机的典型飞行过载和姿态

状态	动压 MPa	攻角 (°)		线加速度 g			最大角速度 rad/s			最大角加速度 rad/s^2		
退出俯冲	0.119 7	5	0	±1.5	±7.0	±1.0	—	—	—	±0.25	0	+0.5
退出俯冲	0.047 88	13	0	±1.5	+8.0	±1.0	—	—	—	±0.5	0	+0.5
退出俯冲	0.023 94	25	0	±1.5	+10.0	±1.0	—	—	—	±0.5	0	+0.5
带滚转 退出俯冲	0.031 12	6	±2	±1.5	+7.0	±0.5	+5.0	—	—	±11	±2.0	+3.0
带滚转 退出俯冲	0.119 7	3	±1	±1.5	+6.5	±0.25	+4.5	—	—	±13	±1.0	+1.0

续表

状态	动压 MPa	攻角 (°)		线加速度 g			最大角速度 rad/s			最大角加速度 rad/s^2		
带滚转退出俯冲	0.119 7	2	±1	±1.5	+6.0	±0.25	+4.5	—	—	±17	±1.0	+1.0
拦阻着陆	0.007 18	0	0	−4.0	+2.0	±1.0	—	—	—	0	±4.0	+6.0
最大速度着陆	0.007 18	0	0	−1.0	+4.0	±1.0	—	—	—	0	±2.0	+4.0
压坡度滚转	0.119 7	3	±1	±1.5	+6	±1.0	—	—	—	±1.0	±1.5	0
松开蹬舵	0.019 15	2	±10	±1.5	+1.0	±1.5	—	—	—	±1.0	±1.5	0
推杆	0.119 7	−2	0	±1.5	−1.0	±1.0	—	—	—	0	0	0
推杆	0.086 16	−4	0	±1.5	−3.0	±1.0	—	—	—	0	0	0
推杆	0.047 88	−6	0	±1.5	−6.0	±1.0	—	—	—	±0.5	0	0
盘旋	可参阅 GJB 67.2A—2008											
发动机在机身 a	—	—	—	0	+4.25	0	+3.5	+5		0	0	0
发动机在机身 b	—	—	—	0	−2.5	0	−3.5	+5		0	0	0
发动机在机身 c	—	—	—	0	+4.25	0	−3.5	+5		0	0	0
发动机在机身 d	—	—	—	0	−2.5	0	+3.5	+5		0	0	0
发动机在机翼 a	—	—	—	0	+1	0	+1.5	+3.5	±1.5	0	0	0
发动机在机翼 b	—	—	—	0	−1	0	−1.5	+3.5	±1.0	0	0	0
发动机在机翼 c	—	—	—	0	+1	0	−1.5	+3.5	±1.5	0	0	0
发动机在机翼 d	—	—	—	0	−1	0	+1.5	+3.5	±1.0	0	0	0

注:这些值都是最大值,不会同时出现。

(2)挂弹架的预紧。对于采用挂弹钩挂机飞行的制导炸弹,挂弹架通过止动器对制导炸弹施加预紧力,挂弹钩同时也会对制导炸弹施加载荷,再考虑重力的影响,从而构成一个超静定的平衡力系。在挂弹过程中,挂弹钩通过吊耳勾住制导炸弹,相对于吊耳等距的前、后止动器依次拧紧后,通过螺纹预紧力压紧弹体,一般止动器的数量为两对,共四个螺栓,止动器头部为万向节,与弹体接触面为平面或者球面,确保可以压紧弹体,图 3-8 所示为防摆止动器的基本结构形式。常见的挂弹架与弹体连接形式如图 3-9 所示。

吊耳与防摆止动器对弹体的约束如图 3-10 所示。

图 3-8　防摆止动器示意图

图 3-9　美国宝石路Ⅱ制导炸弹与挂弹架的连接

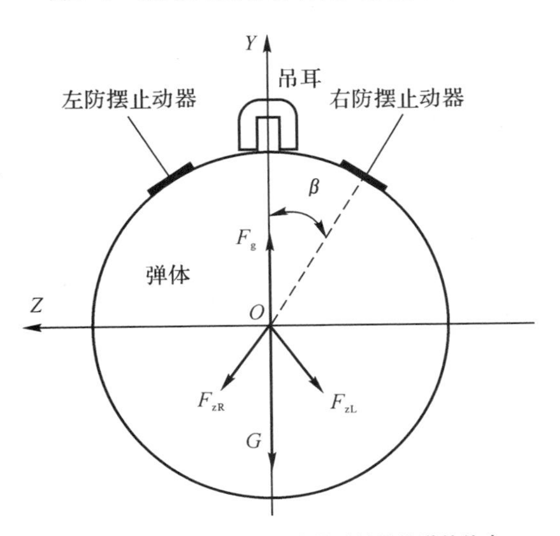

图 3-10　吊耳与防摆止动器对制导炸弹的约束

注：F_{zL}、F_{zR}分别为左、右防摆止动器压力，F_g 为吊耳压力，G 为弹体的重力。

根据制导炸弹不同的质量，推荐的止动器预紧力矩如表 3－4 所示。

表 3－4　止动器对制导炸弹的预紧力矩

制导炸弹质量范围/kg	预紧力矩/(N·m)
25～50	3～5
50～150	6～10
150～250	15～20
250～500	20～30
500～1 000	30～40

通过防摆止动器的预紧力矩为 M_y，根据螺栓拧紧力矩与预紧力的关系，可以得知预紧力 F_{yj} 为

$$F_{yj}=\frac{M_y}{\tan(\alpha+\rho)\dfrac{d_2}{2}+\dfrac{\mu(D^3-d_0^3)}{3(D^2-d_0^2)}} \tag{3-18}$$

式中：α 为防摆止动器螺栓螺纹上升角；d_0 是螺纹的大径；d_2 是螺纹的中径；ρ 是螺纹的摩擦角；D 是防摆止动器球铰头与球铰支承槽内表面接触面等效圆的直径；μ 是防摆止动器球铰头与球铰支承槽内表面之间的摩擦因数，如钢与钢表面的接触摩擦，摩擦因数一般取值 0.2。

实际上作用在制导炸弹表面除了法向力还有摩擦力，按照力的传递规律，制导炸弹表面的法向力通过炸弹几何中心轴，摩擦力与炸弹表面相切，止动器螺杆通过球铰支承在弹体表面，此处计算得到的 F_{yj} 即为摩擦力与法向力的合力，其方向与止动器螺杆轴线重合。

吊耳轴向与防摆止动器轴线在 YOZ 平面内的夹角是 β（见图 3－10），若挂弹架有四个防摆止动器，其预紧力矩 M_y 一般是相同的。那么，载机在地面停放或匀速平飞阶段，四个防摆止动器在制导炸弹纵向对称面内产生的 Y 向总载荷大小为

$$F_Y=4F_{yj}\cos\beta \tag{3-19}$$

制导炸弹随载机挂装飞行时，若在弹的质心位置已知的情况下，则挂弹架对制导炸弹预紧后的静力学平衡方程为

$$\left.\begin{aligned}\sum_{i=1}^{4} F_{Yi} + G_0 = 0 \\ \sum_{i=1}^{4} F_{Yi} L_i = 0\end{aligned}\right\} \tag{3-20}$$

式中：$F_{Yi}(i=1,2,3,4)$ 依次表示前止动器、前吊耳、后吊耳、后止动器的 Y 向合力；$L_i(i=1,2,3,4)$ 依次表示前止动器、前吊耳、后吊耳、后止动器在质心坐标系中的轴向坐标值；G_0 为制导炸弹所受的惯性力。

对于载机在地面停放或匀速平飞阶段，由式(3-20)可求解出挂弹架对制导炸弹的约束力。其中前、后防摆止动器的 Y 向预紧载荷为

$$F_{Y1} = F_{Y4} = \frac{2M_y}{\tan(\alpha+\rho)\dfrac{d_2}{2} + \dfrac{\mu(D^3 - d_0^3)}{3(D^2 - d_0^2)}} \cos\beta \tag{3-21}$$

前、后吊耳的 Y 向载荷为

$$F_{Y2} = \frac{F_{Y1}L_1 + F_{Y4}L_4 - (G_0 + F_{Y1} + F_{Y4})L_3}{L_2 - L_3} \tag{3-22}$$

$$F_{Y3} = \frac{-F_{Y4}L_4 - F_{Y1}L_1 + (G_0 + F_{Y1} + F_{Y4})L_2}{L_2 - L_3} \tag{3-23}$$

(3) 挂飞气动力。通常情况下，若不考虑机弹之间气动力的相互影响，从悬挂物的自由流气动力计算数据可得到机翼或者翼尖安装悬挂物的气动力，其中攻角与侧滑角可以从表 3-5 查得，动压 q 根据载机飞行状态可以计算得到。

表 3-5　机载悬挂物攻角和侧滑角

安装状态	攻角范围 /(°)	侧滑角范围 /(°)	飞行状态
机翼挂载	$0 \sim 1.819/q$	$\pm 0.144/q$	对称拉起
	$0 \sim -1.092/q$	$\pm 0.144/q$	对称推杆
	$+0.692/q^{1/2} \sim (0.728 + 0.692/q^{1/2})/q$	$\pm 0.622/q$	飞机滚转推杆
	$0 \sim (1.456 + 0.692/q^{1/2})/q$	$\pm 0.622/q$	带滚转退出俯冲
机身挂载	$0 \sim 1.819/q$	$\pm 0.622/q$	对称拉起
	$0 \sim -1.456/q$	$\pm 0.622/q$	对称推杆

注：悬挂的安装角应进行考虑(一般 0° ～ -3°)；动压单位为 MPa。

对于特定飞机(不含直升机)作为载机，制导炸弹在挂机飞行时，参数选用原则如下：

1)根据飞机的气动力特性曲线计算悬挂物气动载荷，若无实际使用飞机的气动力曲线，则可采用表 3-6 所示的典型值，攻角与侧滑角可参考表 3-7；

2)利用风洞或者飞行试验得到的相应流场干扰数据,应结合悬挂物长度进行局部流场分布计算;

3)采用预测分析法来计算悬挂物总的气动载荷,这个方法应预测干扰物对悬挂物长度分布的影响;

4)对于低速($\leqslant$563 km/h)的飞机,利用风洞数据确定悬挂物总载荷、攻角、侧滑角,可参考表 3-8。

表 3-6　典型载机的性能指标值

飞机类型	法向过载/g	侧向过载/g	滚转角/(°)	升力曲线斜率/$(°)^{-1}$	侧向力曲线斜率/$(°)^{-1}$
歼击机、强击机	8.0	1.0	4.7	0.05	0.010
巡逻机、反潜机	3.0	1.0	1.6	0.10	0.017

表 3-7　特定载机外挂物的攻角和侧滑角

安装状态	攻角范围/(°)	侧滑角范围/(°)	飞行状态
机翼挂载	$0\sim\alpha_{max}$	$\pm0.2\beta_{max}$	对称拉起
	$0\sim-0.6\alpha_{max}$	$\pm0.2\beta_{max}$	对称推杆
	$\alpha_R\sim-(\alpha_R+0.4\alpha_{max})$	$\pm\beta_{max}$	滚转推杆进入俯冲
	$\alpha_R\sim-(\alpha_R+0.8\alpha_{max})$	$\pm\beta_{max}$	滚转退出俯冲
参数	$\alpha_{max}=n_{ys}(0.204\,8W_A/S_A)\times(4.788\times10^5/C_{L\alpha}\times q)$ $\alpha_R=(0.000\,449R\varphi)/q^{1/2}$ $\beta_{max}=n_{zs}(0.204\,8W_A/S_A)\times(4.788\times10^5/C_{Z\beta}\times q)$ W_A是指飞机主要设计飞行总质量; S_A是指飞机参考面积; $C_{L\alpha}$是指飞机升力曲线斜率; $C_{Z\beta}$是指飞机侧向力曲线斜率		
机身挂载	$0\sim\alpha_{max}$	$\pm0.2\beta_{max}$	拉起
	$0\sim0.8\alpha_{max}$	$\pm\beta_{max}$	拉起
	$0\sim0.6\alpha_{max}$	$\pm0.2\beta_{max}$	推杆
	$0\sim-0.4\alpha_{max}$	$\pm\beta_{max}$	推杆
参数	$\alpha_{max}=n_{ys}(0.204\,8W_A/S_A)\times(4.788\times10^5/C_{L\alpha}\times q)$ $\beta_{max}=n_{zs}(0.204\,8W_A/S_A)\times(4.788\times10^5/C_{Z\beta}\times q)$		

注:应考虑悬挂的安装角(一般 0°~−3°);动压单位为 MPa。

表3-8 低速载机外挂物的攻角和侧滑角

安装状态	攻角范围/(°)	侧滑角范围/(°)	飞行状态
机翼挂载	0～0.718/q	±0.023 9/q	对称拉起
	0～−0.431/q	0.023 9/q	对称推杆
	±0.028 7/q～−0.383/q	±0.287/q	滚转推杆进入俯冲
	0～0.718/q	±0.287/q	滚转退出俯冲
机身挂载	0～0.076 6/q	±0.287/q	拉起
	0～−0.071 8/q	±0.287/q	推杆

注:应考虑悬挂的安装角(一般0°～−3°);动压单位为MPa。

对于直升机的悬挂物:①使用缩比模型的风洞试验测得力与力矩数据;②采用旋翼机飞行模拟程序,并结合结构规范计算出气动力与力矩数据;③利用三维流场程序计算出气动力与力矩数据;④利用客户认可的分析方法与动压计算出气动力与力矩数据。

6. 投放与发射

制导炸弹通过吊耳与挂弹架连接时,将采用强力弹射或重力方式投弹;若通过滑块与导发架连接时,将由发动机的推力使弹滑行离轨。在计算全弹静载荷时,需要提供载机投弹瞬间的过载大小、速度、姿态、弹射力、发动机推力等输入数据。

飞机挂装武器或其他悬挂物时,特别是携带大量的外挂物后,外挂阻力加大,机动性降低,会严重影响飞机的作战性能,而且还会改变飞机的气动外形、重心和压心,影响飞机的操纵性。外挂武器也会在飞机周围形成一个非均匀扰动流场,还会影响武器分离,扰动流场与外挂物形状以及飞行条件有关。不论是干扰力还是干扰力矩,作用在外挂物上的载荷可用自由流中的一个系数 C_s 与一个干扰系数表示:

$$C = C_s + C_f \tag{3-24}$$

式中,C_f 为干扰系数,大量数据表明,这个系数的大小随外挂武器与载机之间的距离 y 的变化以指数规律衰减,即

$$C_f = e^{-ky} \tag{3-25}$$

在 y 值较小的时候干扰尤其复杂,因此投弹时向外挂武器施加一个外力,从而产生初始分离速度,迫使其很快离开干扰区,这就是采用弹射投放的原因。

(1) 弹射力计算。由于弹射机构、悬挂物的种类、安装位置、飞行参数及外载荷等因素的不同,目前“弹射力-时间”曲线并没有完全统一的规范。一般来说,不同重量级的制导炸弹弹射力变化曲线如图3-11所示,若无参考数据和试

验数据时，可以作为计算弹射分离力的参考。

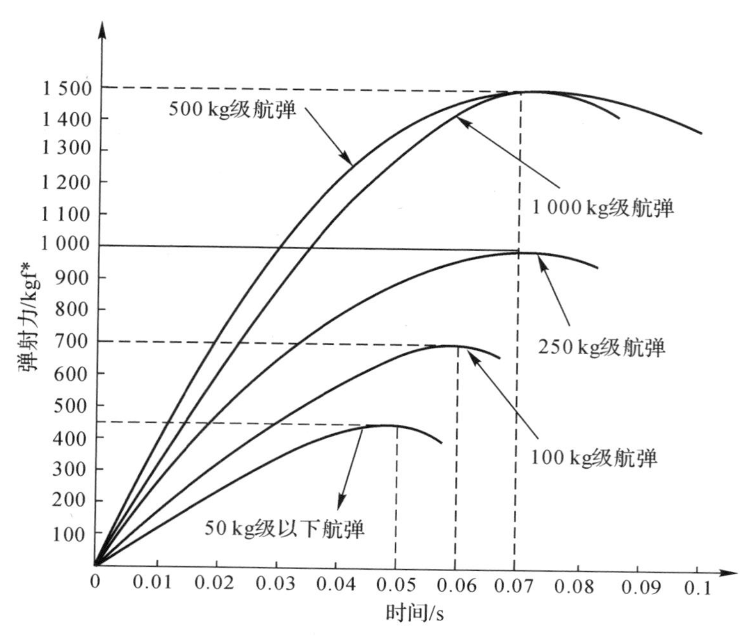

图 3-11　弹射力-时间曲线

开展全弹载荷计算，在计算投放载荷时，可按照图 3-11 选取弹射力大小。此外，弹射力加载到外挂物上时，应保证外挂物有合适的俯仰姿态和分离速度，从而使外挂物安全离机。对于各种重量级的外挂物，作用其上的最大弹射力均不得大于 10^5 N，外挂物上的压应力应不超过 103.4 MPa。

如果把弹射分离瞬间看作两个物体的弹性碰撞，根据动量守恒定律，在已知弹体质量、分离速度和弹射分离时间的情况下，也可采用式(3-26)来近似计算弹射力(这个弹射力是个平均值)：

$$F(t) = m\frac{\Delta V}{\Delta t} \tag{3-26}$$

式中：$F(t)$ 为弹射力，单位为 N；m 为弹体质量，单位为 kg；Δt 为弹射分离时间，通常取 $\Delta t = 0.06 \sim 0.08$ s；ΔV 为弹体的分离速度，单位为 m/s。

(2) 分离速度计算。采用弹射投放时，挂弹架内的火工品(抛放弹)或者气(液)压作动筒竖直向下强力推出制导炸弹，使其具有一个初始分离速度。目前尚无计算分离速度的系统性理论方法，而是依靠参考数据和试验(风洞试验和飞

* 1 kgf = 9.8 N。

行投放试验）验证方法初步确定数据。在无相关数据时，弹射投放分离速度也可采用间接计算法。

根据图 3－11 的曲线，依据制导炸弹的重量级查得弹射力 $F(t)$ 和弹射作用时间 t，并根据挂点不同确定挂点修正系数 φ：

1）弹舱或半埋式，$\varphi=1.0\sim1.2$；

2）机翼下外挂，$\varphi=1.0\sim1.1$；

3）机身下外挂，$\varphi=0.9\sim1.0$。

计算弹射分离速度为

$$V=\int_0^t[F(t)+mg]\frac{\varphi}{m}\mathrm{d}t \tag{3-27}$$

式中：V 为弹射分离速度，单位为 m/s；$F(t)$ 为弹射力，单位为 N；m 为弹体质量，单位为 kg；t 为弹射作用时间，单位为 s。

7. 自由飞行

（1）弹道特性。极限弹道应覆盖总体方案要求的弹道范围，提供给载荷计算的弹道一般包括典型、高远、高近、低远、低近弹道及随时间变化的弹道特性数据。

（2）发动机特性。制导炸弹投放后，发动机推力将使制导炸弹产生较大的轴向加速度，是引起制导炸弹轴向力变化的主要因素。同时，制导炸弹通过加速后，控制分析系统可以对制导炸弹实行机动飞行控制，从而引起弹身内力极值的变化。由于发动机推进剂燃烧，发动机质心会产生变化，因此还需要提供质量变化规律、发动机推力变化规律。

（3）气动特性。在自由飞行阶段，弹翼、舵片等升力面将对气动力起主导作用，气动力的分布将影响全弹载荷分布，因此需要提供全弹自由飞行的气动力特性数据。

3.4.3 计算假设

制导炸弹的静载荷计算主要采用牛顿定律对制导炸弹进行受力分析，得到沿弹长方向的内力分布，内力的种类包括轴力、剪力、弯矩，必要时需要计算出扭矩。

在进行载荷分析时，对弹体作如下基本假设：

（1）对弹体进行载荷分析时，采用后上左坐标系，如图 2－6 所示；

（2）将导弹看作刚体，即不考虑受载后的变形及载荷重新分布的影响。

3.4.4 处理方法

1. 平衡原则

计算某个状态的静载荷时，要确保弹体结构是平衡的。制导炸弹在运输、飞行等过程中不可能时刻处于静平衡状态，此时应根据达朗贝尔原理，将弹体的动态平衡状态考虑进来，尤其是制导炸弹处于大量级过载挂机或自由飞行状态时。

2. 质量力

质量力即惯性力，弹体处于大过载状态下，惯性力是引起弹体内力的主要原因。在竖直方向上，还应该考虑重力影响。

3. 弹体离散

求弹体的质量力分布规律时，首先应该确定质量力的分布截面。这些截面将弹体离散为 n 个分段，离散的思想就是化整为零。对于载荷沿弹体长度方向分布变化不大的区域，应考虑分成一块，对于设备安装点所在截面，应考虑为离散截面。外部集中载荷作用点所在弹体横截面，应考虑为离散截面或者分段的中心，并且附近区域的分段应尽量多一点，目的是尽可能得到沿弹体长度方向较为准确的分布载荷曲线。

3.4.5 计算方法

1. 弹身内力计算

(1)离散弹体，得到各分段长度矩阵和分段质量矩阵，并求解质心位置。

将弹体离散为 n 段，则分段长度矩阵

$$\boldsymbol{L}=[L_1 \quad L_2 \quad L_3 \quad \cdots \quad L_n] \tag{3-28}$$

各分段质量 M_i，用矩阵表示为

$$\boldsymbol{M}=[M_1 \quad M_2 \quad M_3 \quad \cdots \quad M_n] \tag{3-29}$$

求得弹体的质心位置为

$$X_c=\frac{\boldsymbol{ML}^{\mathrm{T}}}{\sum_{i=1}^{n} M_i} \tag{3-30}$$

一般而言，在工程允许范围内，离散弹体得到的质量与设计值相对偏差应小于 1%，质心位置与设计值相对偏差应小于 5%，否则应重新分段和计算。

(2) 计算质量力、气动力、约束力。根据过载、外部气动载荷和离散的弹体，将气动载荷(这里假设气动力已知) 分配到每一段。以计算轴向气动载荷为例，

第 i 个分段的气动力

$$F_{xqi}=C_{xi}qS \quad (i=1,2,\cdots,n) \tag{3-31}$$

式中：C_{xi} 为第 i 段轴向气动力系数；q 为飞行动压；S 为气动力计算时的面积。

轴向气动力矩阵

$$\boldsymbol{F}_{xq}=[F_{xq1} \quad F_{xq2} \quad F_{xq3} \quad \cdots \quad F_{xqn}] \tag{3-32}$$

同理可以获得法向的气动力、质量力、约束力矩阵

$$\boldsymbol{F}_{yq}=[F_{yq1} \quad F_{yq2} \quad F_{yq3} \quad \cdots \quad F_{yqn}] \tag{3-33}$$

$$\boldsymbol{F}_{ym}=[F_{ym1} \quad F_{ym2} \quad F_{ym3} \quad \cdots \quad F_{ymn}] \tag{3-34}$$

$$\boldsymbol{F}_{yr}=[F_{yr1} \quad F_{yr2} \quad F_{yr2} \quad \cdots \quad F_{yrn}] \tag{3-35}$$

这些力都通过等效处理后作用在分段的中心位置，这样的处理方式通常会存在一定的误差，但随着分段数不断增加，计算结果将无限逼近真实值。在工程误差允许的范围内，根据弹体长度和空间复杂程度，一般分段数控制在 10 ～ 30 为宜，分段数太多容易造成庞大的数据处理工作。

(3) 计算每个分段内力。根据达朗贝尔原理，对离散弹体计算每个分段的轴力、剪力、弯矩。

轴向力计算：

$$\left.\begin{aligned}&F_{x1}=0\\&F_{xj}=\sum_{i=1}^{j-1}(F_{xqi}+F_{xmi}+F_{xri}) \quad (i=1,2,\cdots n;j=2,3,\cdots n+1)\end{aligned}\right\} \tag{3-36}$$

式中：F_{x1} 为战斗部尖点的内力，该点载荷值为零；F_{xj} 为第 $j-1$ 分段后端点的轴向内力；$F_{x(n+1)}$ 为弹体尾部端点的轴向内力，该点载荷值为零；F_{xqi}、F_{xmi}、F_{xri} 依次为第 i 个分段几何中心的轴向气动力(依据图 2-6 的坐标系)、质量力、质心处约束力。

由式(3-36)可以计算出所有分段截面处的轴向内力。值得注意的是，在计算外载荷时，应严格按照规定的坐标系方向进行。

以第 $j-1$ 个分段的轴向受载分析为例，说明弹体内力的计算过程。图 3-12 所示为轴向内力分析图。

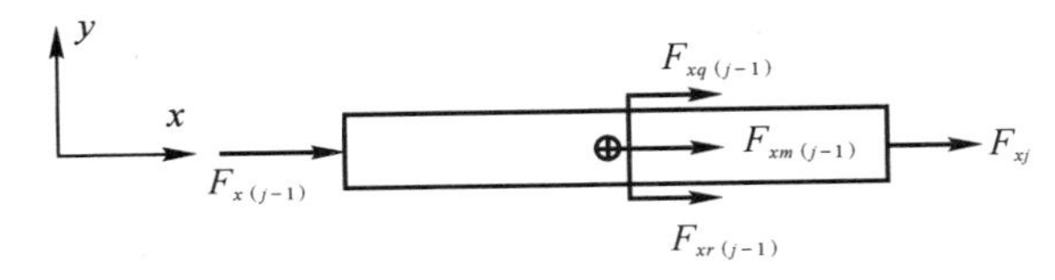

图 3-12　轴向内力分析图

根据 x 向受力平衡，得到

$$F_{xj}+F_{x(j-1)}+F_{xq(j-1)}+F_{xm(j-1)}+F_{xr(j-1)}=0 \tag{3-37}$$

同理可以得到弹体法向载荷、侧向载荷的计算式：

$$\left.\begin{aligned} &F_{y1}=0\\ &F_{yj}=\sum_{i=1}^{j-1}(F_{yqi}+F_{ymi}+F_{yri}) \end{aligned}\right\} \tag{3-38}$$

$$\left.\begin{aligned} &F_{z1}=0\\ &F_{zj}=\sum_{i=1}^{j-1}(F_{zqi}+F_{zmi}+F_{zri}) \end{aligned}\right\} \tag{3-39}$$

相关推导过程不再赘述，对于弹体的弯矩分布来说，是十分重要的计算结果。以计算弹体 z 向的弯矩为例，计算公式为

$$\left.\begin{aligned} &M_{z1}=0\\ &M_{zj}=\sum_{i=1}^{j-1}(M_{zqi}+M_{zri})+\sum_{i=1}^{j-1}\sum_{k=1}^{j-1}(F_{yqi}+F_{ymi}+F_{yri})L_k-\\ &\sum_{i=1}^{j-1}(F_{yqi}+F_{ymi}+F_{yri})\frac{L_i}{2} \end{aligned}\right\} \tag{3-40}$$

式中：M_{z1} 为战斗部尖点的弯矩，该点弯矩为零；M_{zj} 为第 $j-1$ 分段后端点的弯矩；$M_{z(n+1)}$ 为弹体尾部端点的弯矩，该点弯矩为零；M_{zqi}、M_{zri} 依次为气动力、约束力对第 i 个分段几何中心产生的 z 向弯矩；F_{yqi}、F_{ymi}、F_{yri} 为第 i 个分段几何中心的等效作用力，依次表示 y 向气动力（依据图 2 - 6 的坐标系）、质量力、约束力。

因此，在计算 z 向弯矩时，不仅需要考虑自身的弯矩分布情况，还需要考虑 y 向力（法向力）对弯矩的影响。对于轴向质量非均匀分布的弹体，由于分段的几何中心和质心不重合，式(3 - 40) 还应考虑分布质量力对几何中心作用弯矩的影响；若弹体离散分段数量较多时，从工程应用角度考虑，对于轴向质量非均匀分布的弹体，质量力对分段几何中心的作用弯矩往往也可以忽略。

2. 气动载荷计算

开展弹身的载荷计算需要利用全弹分段的气动载荷，气动载荷是载荷计算的输入条件，同时，升力面（弹翼、舵面）气动载荷也是设计输出。气动载荷的计算有多种方法，通常会采用 CFD 方法，如利用 FLUENT 等商业软件。这里将介绍另外两种计算思路。

在型号研制早期方案阶段，一般可采用 QJ 2118《飞航导弹气动力系数工程计算方法》、QJ 2238《地空导弹气动力系数工程计算方法》标准进行计算。使用标准规定的公式进行气动力计算时，应考虑标准的适用范围，例如 QJ2118 仅适

用于细长旋成体、中小型展弦比、薄翼(呈十字形布局、X形布局)、气动力系数与攻角在线性范围内(一般攻角与侧滑角不大于8°)、飞行马赫数应小于3、飞行高度大于50 m等。

在制导炸弹论证阶段,气动力工程系数也可以采用计算软件开展早期的气动力计算。VLAERO是一款适用于亚声速、超声速飞行器的基于平面涡格法气动力系数计算软件,用于气动力、控制稳定性参数、静气动弹性、惯性特性的快速计算,其主要的使用流程如图3-13所示。

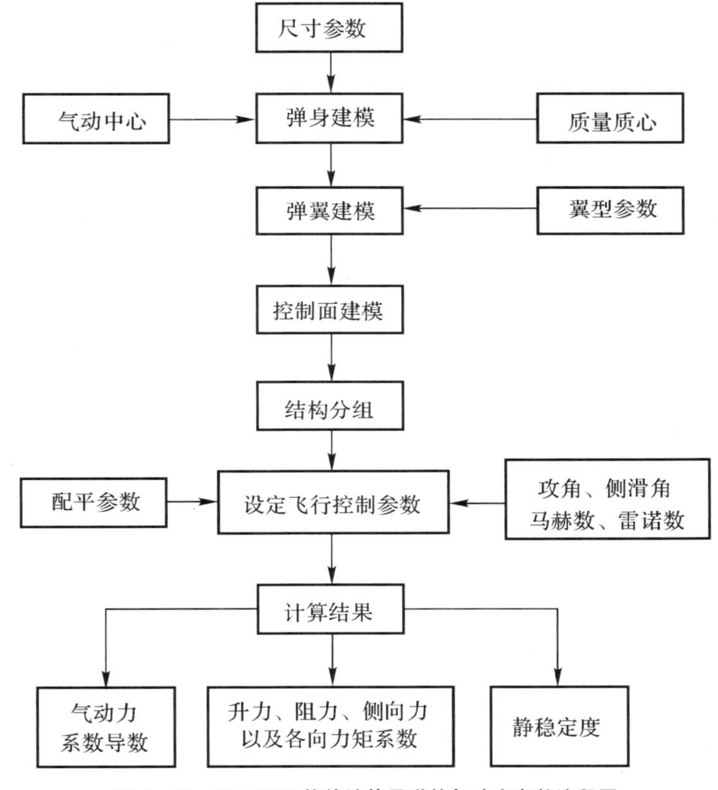

图3-13 VLAERO软件计算导弹的气动力参数流程图

软件的具体使用方法请参见VLAERO的使用文档,文档可以通过公开渠道获取。通过软件计算还有很多其他方法,比如美国MSC公司的Nastran软件包中的Flightloads模块,其计算原理是采用面元法计算弹身与升力面的气动力系数。

在工程研制阶段,一般采用FLUENT等气动力计算软件进行详细的气动力计算,并需要开展风洞试验,某型制导炸弹的风洞试验参数如下:

(1)弹体直径为 0.15 m；

(2)参考面积为 0.017 67 m^2；

(3)底部面积为 0.017 67 m^2；

(4)参考长度为 1.8 m；

(5)力矩参考点位置为 0.79 m；

(6)飞行速度为 78 m/s；

(7)雷诺数为 8.01×10^5；

(8)侧滑角为 0°。

在不同攻角的情况下，风洞试验结果与 VLAERO 计算结果的对比情况如图 3-14 所示。

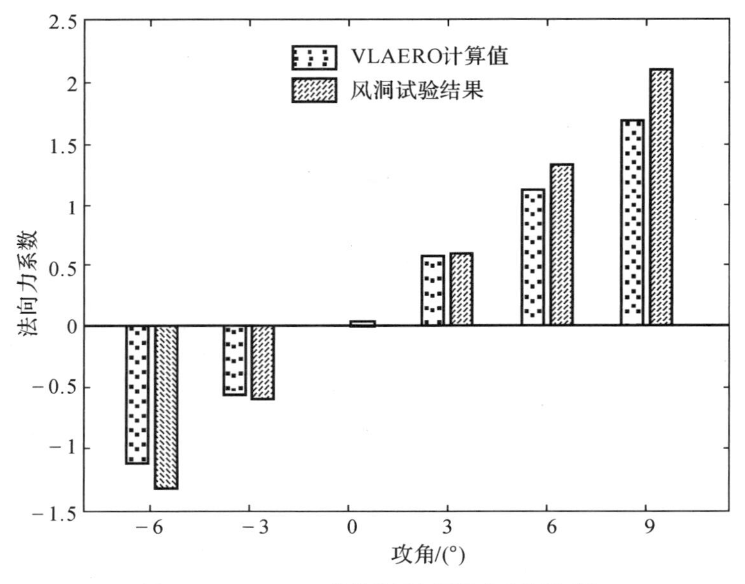

图 3-14 VLAERO 计算结果与风洞试验结果对比

采用 VLAERO 计算得到气动力系数，可以在建模阶段设置好分段的编号，后续得到的气动力系数即为分段的气动力系数，便于联合弹体分段长度矩阵、质量矩阵、外部约束力矩阵开展内力计算。

3.4.6 全弹静载荷计算

综合考虑所有外载与弹身惯性力的分量，可以得到弹身内力沿弹体长度方向的分布规律。对于制导炸弹而言，鉴于其大部分为轴对称的弹体结构，常用的

内力包括 x 向（轴向）拉压力、y 向（法向）剪力、z 向（侧向或横向）弯矩。

以某型制导炸弹挂飞状态的载荷计算为例，对载荷计算的过程进行说明。全弹总长约 3.95 m，分为战斗部、增程组件、设备舱、发动机、舵机等分系统，载荷计算采用图 2－6 所示坐标系，原点位于战斗部前端平面中心处。图 3－15 所示为弹体轴向基本尺寸。

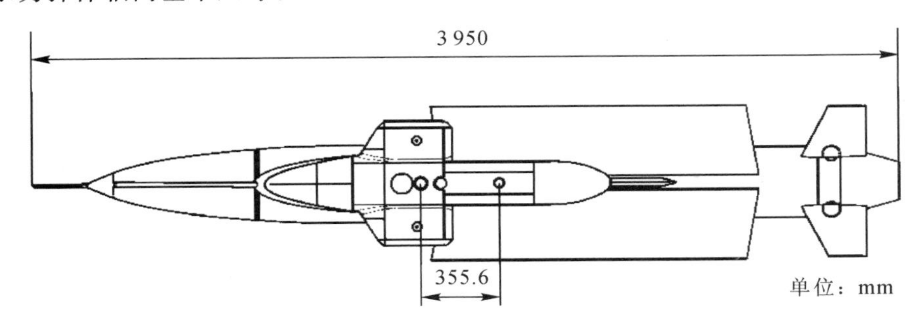

图 3－15　弹体轴向基本尺寸

对全弹结构按照战斗部前段、战斗部后段、增程组件、设备舱、发动机舱、舵舱进行初步质量分解。计算载荷时，应当根据各分段的具体情况进行进一步细化，例如有集中质量分布、质量分布沿长度方向变化较大、有外部集中载荷作用等情况，越详细的分段更能反映载荷的变化规律。

按照制导炸弹的基本组成对其进一步离散，按照作战流程将质量分布分成三个阶段，如图 3－16 所示。

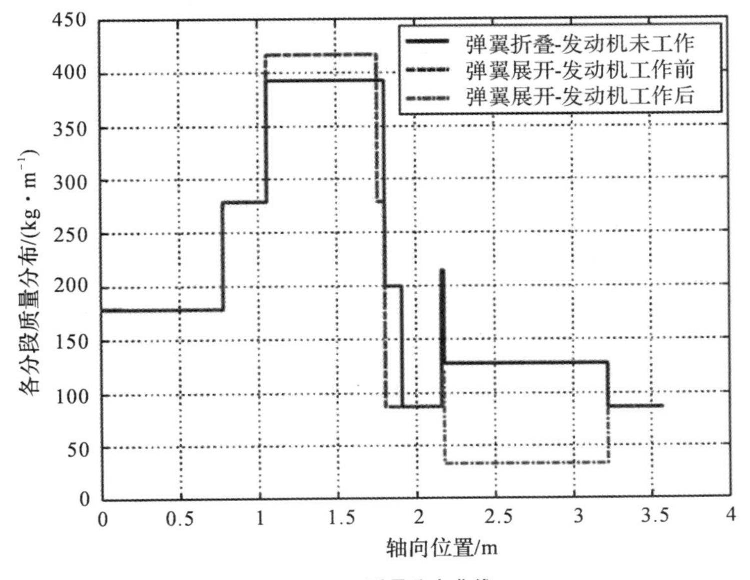

图 3－16　质量分布曲线

离散后的质量、轴向质心位置与设计值的对比情况如表 3-9 所示。

表 3-9　质量、质心数据比较

项目与参数		设计值	计算值	相对偏差
挂机飞行	质量	720 kg	720.1 kg	0.01%
	质心位置	1.576 m	1.526 m	3.2%
弹翼展开且发动机未工作	质量	720 kg	720.1 kg	0.01%
	质心位置	1.542 m	1.516 m	1.7%
弹翼展开且发动机工作后	质量	620 kg	620.1 kg	0.02%
	质心位置	1.352 m	1.326 m	1.9%

离散后的质量、轴向质心与设计值相对偏差较小，满足规定的设计要求，可以作为载荷计算的输入条件。

该型制导炸弹与载机挂弹架通过二级吊耳连接，其约束方式如图 3-17 所示。

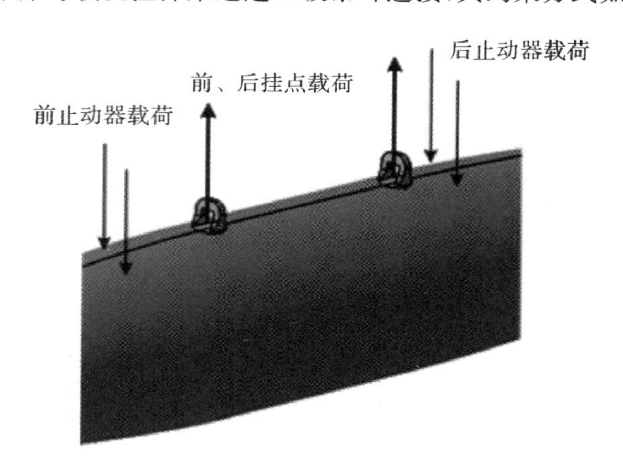

图 3-17　挂弹架与弹体连接受载示意图

防摆止动器对弹体表面的压紧力，除用式(3-18)较为精确地计算外，也可通过螺栓的预紧力经验公式得到，例如某型挂弹架上的防摆止动器螺杆为 M14，防摆止动器夹角约 60°，止动器的预紧力矩取 30 N·m，则预紧力

$$F=5\frac{T}{d} \tag{3-41}$$

式中：T 为预紧力矩；d 为防摆止动器螺杆公称直径。

载机的机动飞行状态，以及挂点相对载机的质心位置决定了制导炸弹的运动姿态。以制导炸弹挂装某型战斗机为例，挂载点相对载机质心坐标为

(−1 m,−1 m,±2 m),表3-10列出了两种极限飞行状态。

表3-10 载机极限飞行状态示例

状态参数	退出俯冲	极限爬升
马赫数	0.85	0.85
飞行高度/m	3 000	4 000
攻角/(°)	+6	+25
侧滑角/(°)	0	0
轴向线加速度/g	+1.5	+1.5
法向线加速度/g	+6.5	+9
侧向线加速度/g	0	0
轴向角速度/(rad·s^{-1})	+4.5	0
法向角速度/(rad·s^{-1})	0	0
侧向角速度/(rad·s^{-1})	0	0
轴向角加速度/(rad/·s^{-2})	+13	0
法向角加速度/(rad/·s^{-2})	0	0
侧向角加速度/(rad/·s^{-2})	+1	+0.5

载机在表3-10所示极限飞行状态下,考虑惯性力、气动力和挂载部位载荷的相互综合影响,计算制导炸弹的载荷分布,可以得到制导炸弹与止动器和吊耳的约束载荷,以及沿弹体长度分布的轴向力、法向剪力、弯矩分布,如图3-18~图3-20所示。

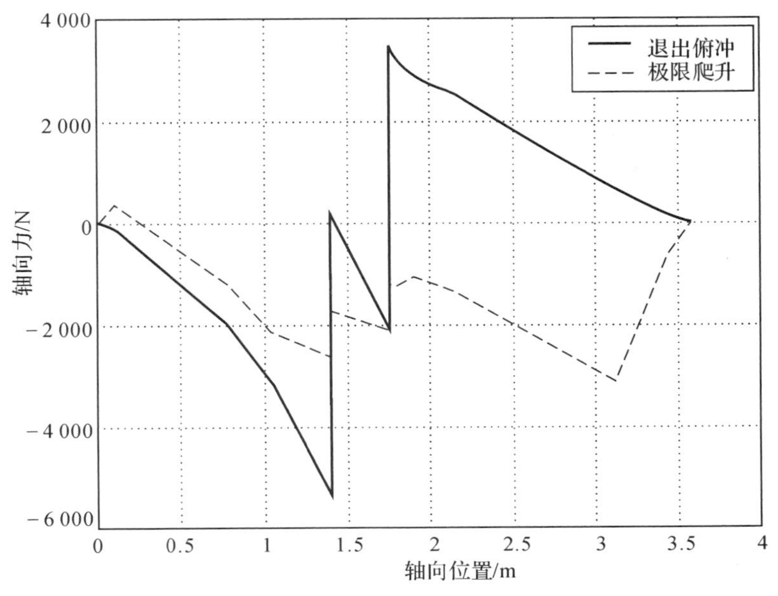

图3-18 轴向力分布

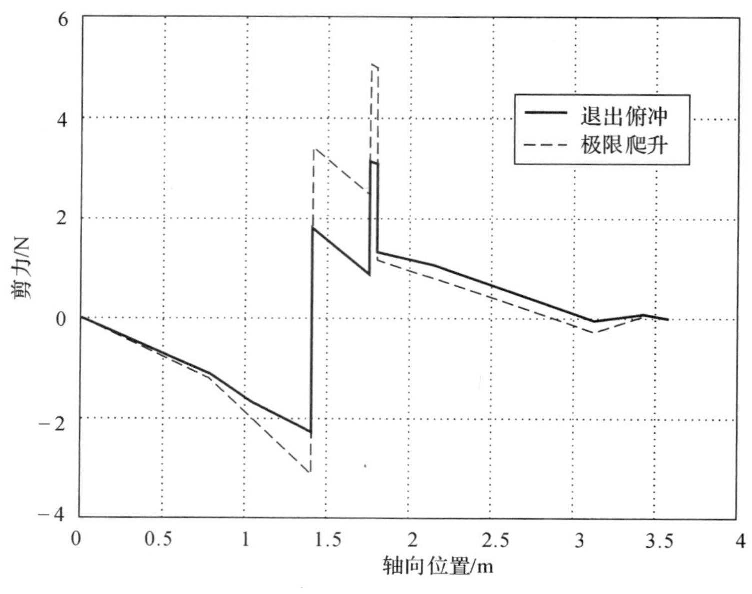

图 3-19　法向剪力分布

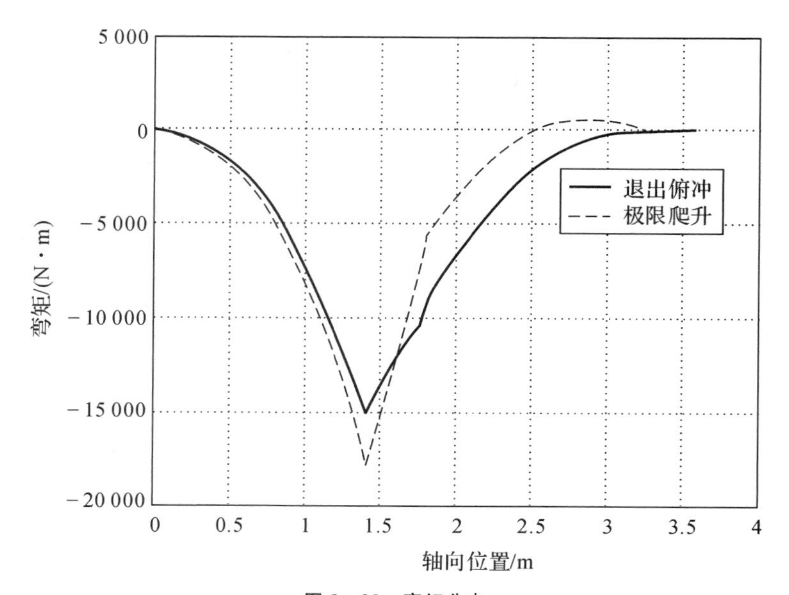

图 3-20　弯矩分布

3.5 箍带载荷

3.5.1 基本形式

目前，有一部分制导炸弹型号是通过对普通航弹的制导化改造而成的，例如美国的 JDAM 系列，大部分都在原航空炸弹的基础上增加边条翼、小型弹翼等气动组件，以提高炸弹的空气动力学特性。此外，由于制导化改造增加了精确制导尾舱的质量，整弹的轴向质心随之出现偏移，往往需要通过增加转接板转接吊耳，以改变吊挂点的位置，因此，箍带这种特殊的结构主要用在航弹的制导化改造方面，起着给气动组件定位和传导载荷的作用。国内相关制导炸弹型号如 FT－2(500 kg 级)、LS－6(500 kg 级)均是在原 500 kg 级航弹的基础上进行制导化改造后的产品，图 3－21、图 3－22 列举了两种常见的箍带设计方案。

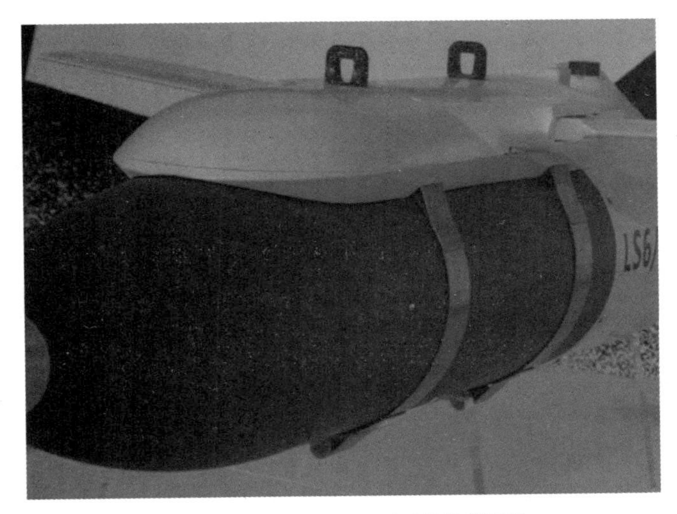

图 3－21　LS－6(250 kg 级)的箍带设计

通过箍带设计情况来看，LS－6(250 kg 级)制导化改造后的炸弹不使用原吊耳作为挂载点，箍带成为约束弹体的重要传递载荷对象。FT－2 采用原吊耳作为吊挂点，但是在自由飞行阶段，气动组件主要通过箍带将载荷传递到弹体。

图 3-22　FT-2 的箍带设计

3.5.2　设计情况

箍带的受载分析应以制导炸弹全寿命周期遇到的所有载荷条件作为输入，通过箍带转接后，挂弹架对制导炸弹一般有表 3-11 所示的几种约束形式。

表 3-11　挂弹架对制导炸弹的约束

序　号	受载形式
1	制导炸弹由载机挂飞时，传递气动组件的惯性力
2	制导炸弹由载机挂飞时，传递全弹的惯性力
3	制导炸弹自由飞行时，传递弹体的惯性力和气动力
4	箍带基本不受载或受载很小，主要载荷通过原吊耳传递

不管是哪种箍带设计形式，都是通过对称的几条箍带一起传递载荷。制导炸弹常见的四种箍带受载形式如图 3-23 所示。

制导化改造后的炸弹吊耳沿用原航弹吊耳，增加箍带固定气动组件。挂飞时，吊耳传递弹身的载荷，箍带传递气动组件的惯性力。

制导化改造后的制导炸弹吊耳不沿用原航弹吊耳，所增加的箍带一侧有吊耳安装座，另一侧与气动组件固定，这种情况比较少见。

受载形式一与受载形式三为同一结构形式。受载形式一为挂机飞行期间，箍带主要传递气动组件的惯性力；受载形式三为自由飞行期间，箍带主要传递弹身的惯性力与增程组件的气动力。

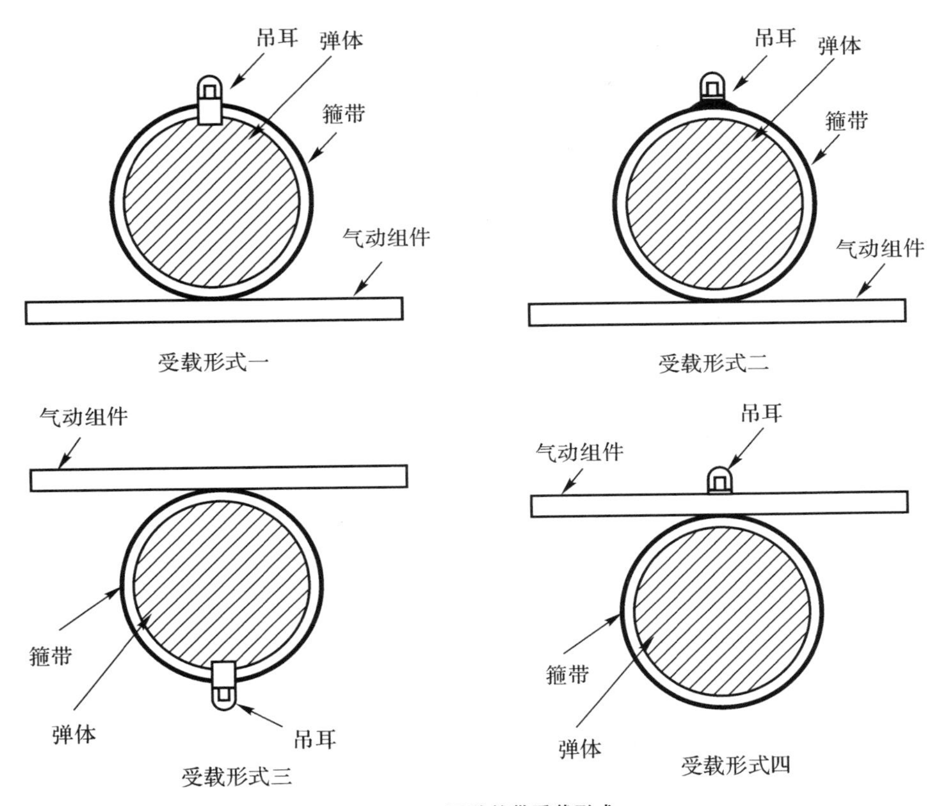

图 3 - 23 四种箍带受载形式

3.5.3 计算假设

对箍带进行载荷分析时,应对一些情况进行假设。由于箍带与弹体之间并不是 360°紧密贴合的,箍带与弹体之间的摩擦系数也并非固定的常数,而且一般情况下,与气动组件连接的箍带根数单侧应不少于 2 根,整个箍带的受载形式是超静定的,因此需要将计算对象进行如下假设:

(1)箍带关于制导炸弹的纵剖面是对称的,其受载也是对称的;

(2)箍带与弹体之间的摩擦力为零,全部载荷通过箍带本身来承担;

(3)箍带本身可以承担的绕弹体中心线的弯矩为零,箍带只承担沿圆柱形弹体周向的拉力,不承担沿圆柱形弹体周向的压力。

3.5.4 载荷输入

对箍带进行载荷分析时，应明确箍带的载荷来源。箍带的载荷来源主要包括以下两个方面：

(1)自由飞行时，气动力通过弹翼传递至增程组件，再传递给箍带；

(2)挂飞期间，由于弹体过载造成的约束力。

进行箍带载荷分析时，应明确箍带的使用状态，针对每种状态选取最严酷的使用环境进行载荷分析。

3.5.5 受载分析

1. 单根箍带

单根箍带是常见的形式，既便于生产，也适用于比较简单的连接场合。根据对箍带的假设，图 3-24 给出了单根箍带圆弧形截面的受载分析。

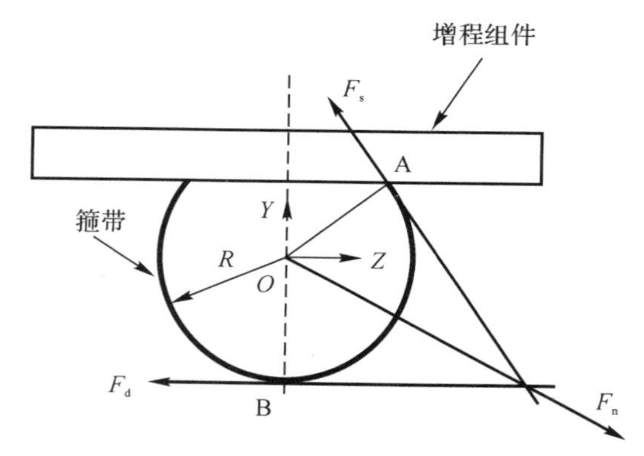

图 3-24 箍带的受载分析

图中 F_s 是指箍带受的载荷，F_d 是指箍带对称面上的载荷大小，F_n 是指箍带受的径向载荷。显然，在不考虑弹身摩擦力的条件下，有以下关系

$$F_s = F_d \tag{3-42}$$

采用同样的方法，可以得到箍带 AB 段及与之纵剖面对称的箍带载荷均为拉伸载荷，大小均为 F_s。

2. 组合式箍带

组合式箍带一般用于在现有战斗部上安装增程组件的情况，箍带兼具轴向定位的功能。增程组件受力情况比较复杂，下面以某型增程组件箍带的受载为例对其进行分析，如图 3－25 所示。

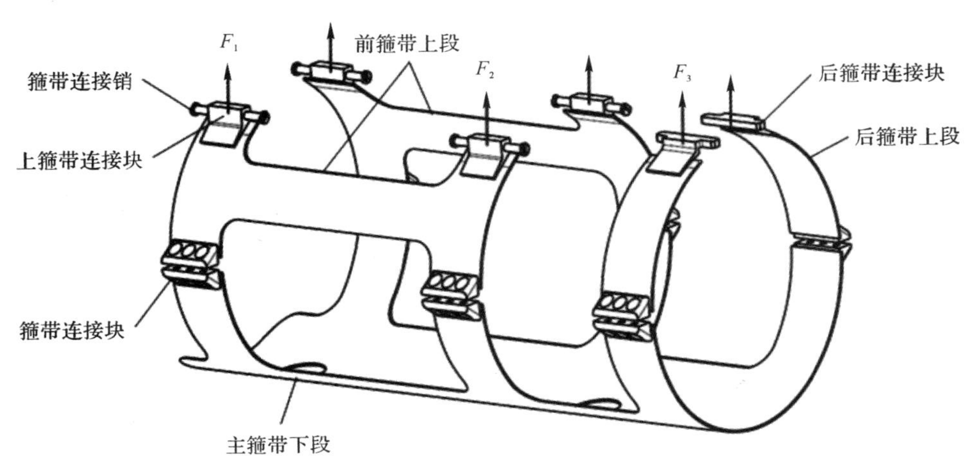

图 3－25　组合式箍带的受载分析

箍带部分包括主箍带、上箍带后部连接带和箍带连接块。设前主箍带和中主箍带分别承受 F_1 和 F_2 的载荷作用，上箍带后部连接带承受 F_3 的载荷作用，F_1、F_2、F_3 的方向均沿弹体法向。自由飞行时箍带受载形式如图 3－26 所示，弹体 $+Y$ 方向为吊耳头部的朝向。

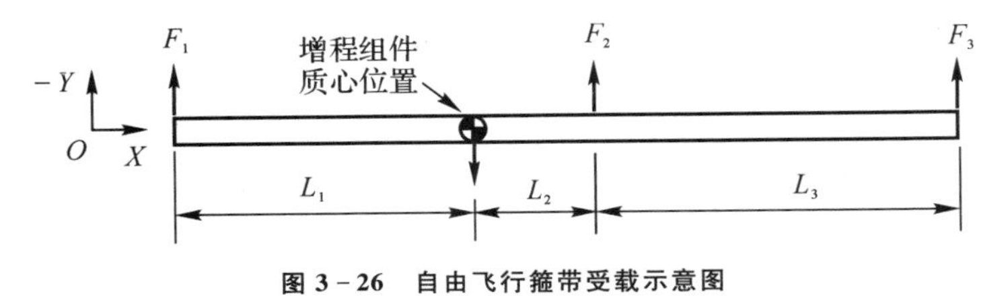

图 3－26　自由飞行箍带受载示意图

组合箍带的约束形式为超静定，由于箍带是薄壁结构，而且前后箍带之间存在相互作用，载荷形式比较复杂，因此一般采用有限元的方法开展计算。

第 4 章

制导炸弹静强度设计

4.1 概　　述

静强度分析是航空制导炸弹设计一个重要环节。在工程研制的初期阶段，由于无法准确定位强度薄弱部位，结构设计、材料或工艺不合理等，会出现局部强度不足、结构较为笨重等问题。静强度设计是装备在寿命周期内长时间恒定、稳定载荷作用下结构安全的基本保证。装备满足静强度设计要求，则在寿命周期内不会出现结构在稳定载荷下发生屈服、开裂、断裂等危险情况。

静强度设计采用材料力学、弹性力学等理论以及有关标准规定的经验公式，以静力学方法为基础进行理论计算，初步确定结构的应力分布、位移分布。对于关键部位、复杂曲面、受力复杂的结构，采用有限元方法进行计算，并与理论计算、经验公式计算的结果进行对比。对关键部件、系统级部件进行静力试验时，要使用应变计、位移计测量结构的响应。

本章主要阐述制导炸弹静强度计算的基本概念、基本方法、基本假设、理论基础，以及在不同使用状态下的计算方法。

4.2 常用概念和理论

4.2.1 安全因数

通常情况下，安全因数定义为设计载荷与使用载荷的比值。工程经验表明，影响安全因数的因素相当广泛，但归纳起来大致有以下四方面：

(1)载荷计算的精度；

(2)环境条件、应用场合和设计原始数据的选取方式;

(3)材料、工艺、缺陷等;

(4)塑性变形和刚度要求等。

在材料力学史上,安全因数最早取为2～3,后来逐步降低。在20世纪60年代,出现了美苏两国不同的取值趋势。一般美国人取的安全因数较小,但事实上,美国人的安全因数,是以抗拉极限作衡量依据,而苏联人则以屈服极限作衡量依据,从而出现了数值上的较大差别。如今大部分金属材料,抗拉极限与屈服极限的比值有缩小的趋势,对于高强度材料尤其如此,部分材料的σ_b/σ_s值甚至接近1.02～1.5。因此,随着材料工艺、设计水平和试验手段的进步,安全因数也在逐渐变小。

结合制导炸弹的载荷环境、使用场合和弹体结构的组成与连接形式,根据工程经验和实际使用情况,安全因数可以参考表4-1取值。

表4-1 安全因数参考值

阶段和场景	组成	典型对象	安全因数	强度判据
运输、贮存 停放、起吊	全弹	增程组件 制导控制尾舱	2	(1)使用载荷下应力不得高于屈服极限; (2)设计载荷下应力不得高于抗拉极限
挂机飞行	其他组件	舱体、增程组件	1.5	
	螺钉	舱段连接螺钉 舵片连接螺钉	2	
自由飞行	螺钉	舱段连接螺钉 舵片连接螺钉	2	
	组合结构	增程组件 制导控制尾舱	1.5	
	单个部件	舵片、舱体蒙皮、框架	1.3	
	复合材料	弹翼、保形蒙皮	1.5	利用各向异性材料强度理论

4.2.2 应力集中

1. 情况说明

应力集中是指物体中局部应力急剧增大的现象。一般出现在物体形状急剧变化的地方,如缺口、孔洞、沟槽以及有刚性约束处。应力集中能使物体产生疲劳裂纹,也能使脆性材料制成的零件发生静载断裂。在应力集中处,应力的最大值(峰值应力)与物体的几何形状和加载方式等因素有关。

2. 圆孔平板应力集中因数

带中心圆孔的无限大平板如图 4-1 所示,在圆孔的边缘应力最大,距离孔边越远应力越小,最后趋于平板截面平均应力。

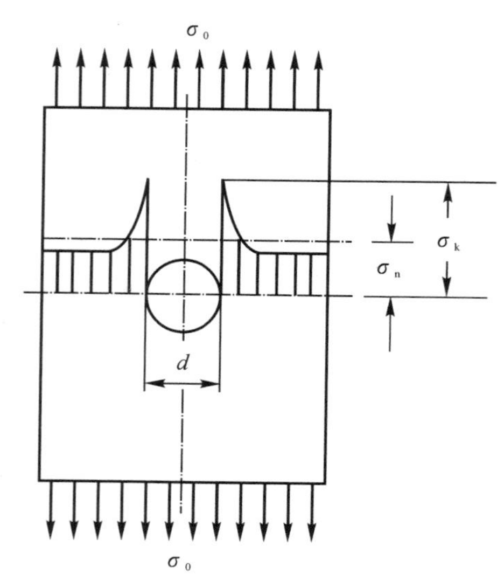

图 4-1　带圆孔平板的应力集中

对于带中心孔的无限宽板,弹性力学的解为

$$\left.\begin{aligned}\frac{\sigma_y}{\sigma_0}&=1+0.5\left(\frac{r}{x}\right)^2+1.5\left(\frac{r}{x}\right)^4\\\frac{\sigma_x}{\sigma_0}&=1.5\left(\frac{r}{x}\right)^2+1.5\left(\frac{r}{x}\right)^4\end{aligned}\right\}\tag{4-1}$$

式中:x 为距离圆孔中心的距离;r 为圆孔的半径;σ_x、σ_y 分别为 x、y 方向的应力分量。

在弹性范围内,当带中心孔平板受拉时,应力集中处的最大应力 σ_k 与名义应力 σ_n 的比值称为应力集中因数,即

$$K_t=\sigma_k/\sigma_n$$

K_t 一般取 3.0。

3. 缺口应力集中因数

由缺口引起的应力集中和对构件强度的影响称为缺口效应。

(1) 椭圆孔。带椭圆孔的无限大平板,最大应力出现在椭圆孔边的长轴端点处,应力集中分布如图 4-2 所示。应力集中因数为

$$K_t = 1 + \frac{2a}{b} \tag{4-2}$$

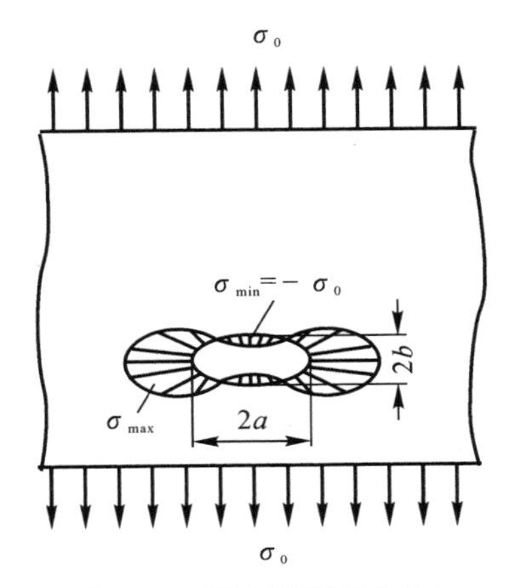

图 4－2　椭圆孔板的应力集中

(2) 裂缝。裂缝可以等效为极扁的椭圆孔，式(4－2)应用于极扁的椭圆孔时有

$$K_t = 1 + 2\sqrt{\frac{a}{\rho}} \approx 2\sqrt{\frac{a}{\rho}} \quad (\rho \ll a) \tag{4-3}$$

式中，$\rho = \dfrac{b^2}{a}$ 为椭圆左右端点处的曲率半径。

(3) V 形缺口。对于图 4－3 所示带 V 形缺口的无限大平板，也可以用式(4－2)近似计算其应力集中因数。

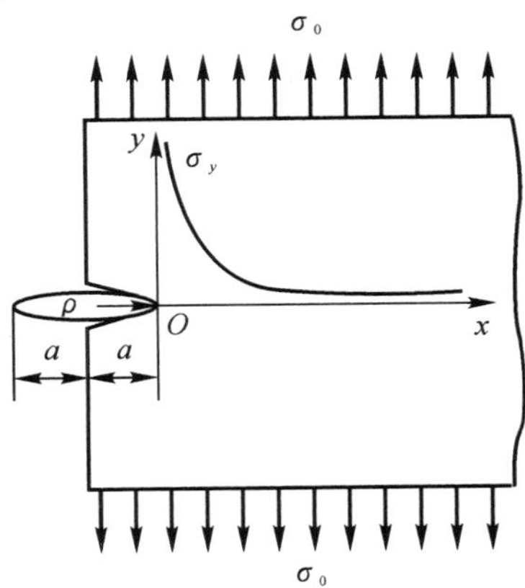

图 4－3　V 形缺口应力集中近似计算

4.2.3 摩擦

1. 说明

在两物体接触面上产生的阻碍它们之间相对运动的现象，称为“摩擦”。当物体间有相对滑动时，称为动摩擦；当物体间有滑动趋势而尚未滑动时，称为静摩擦。摩擦在制导炸弹的结果强度设计中是一项比较特殊的载荷，也是结构强度设计必须考虑的问题。

2. 滑动摩擦

对于制导炸弹结构设计，常用的金属材料之间的摩擦系数参考值见表4－2。

表 4－2 常用材料摩擦系数参考值

材料 A	材料 B	摩擦系数			
		静摩擦		动摩擦	
		无润滑	有润滑	无润滑	有润滑
钢	钢	0.15	0.1～0.12	0.1	0.05～0.1
钢	铝	0.17	0.02	0.17	0.02
铝	未淬火 T8 钢	0.18	0.03	0.18	0.03
铝	淬火 T8 钢	0.17	0.02	0.17	0.02

注：表中滑动摩擦系数是摩擦表面为一般情况时的试验值，由于实际工作条件和试验条件不同，表中数据只能作为参考值。

3. 滚动摩擦

建立如图4－4所示的滚动模型，由于接触区变形，使得以C点为中心的接触区域变形，以接触点C为中心的接触压力W产生偏移e，此反力对于接触点的力矩称为滚动摩擦力矩。

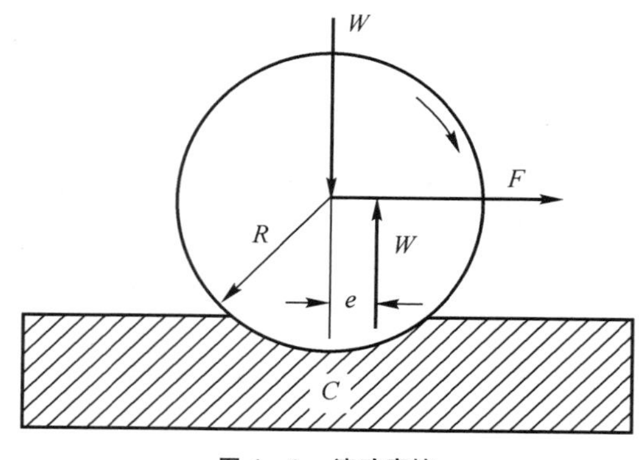

图 4－4 滚动摩擦

滚动摩擦系数与滑动摩擦因数不同，它是有量纲的量。滚动摩擦系数 k 定义为滑动摩擦力矩与法向载荷 W 之比，即

$$k=\frac{FR}{W}=e \tag{4-1}$$

式中，k 有长度量纲的含义，常用单位为 cm。

在常见的工业领域，几种常用的接触面滚动摩擦系数 k 的参考值见表4-3。

表 4-3 常用滚动摩擦系数参考值

摩擦副材料	k/cm
铸铁与铸铁	约 0.05
软钢与软钢	约 0.05
木材与钢	0.03～0.04
木材与木材	0.05～0.08
铸铁轮或钢轮与钢轨	约 0.05
圆柱形表面淬火轮与钢轨	0.05～0.07
钢板间的滚子(梁的活动支座)	0.02～0.07
淬火钢与淬火钢	0.001
钢轮与木面	0.15～0.25
橡胶轮胎与沥青路面	约 0.25
橡胶轮胎与混凝土路面	约 0.15

另外，也可以用无量纲的滚动阻力因数 f_r 来表征滚动摩擦的大小，其定义为滚动驱动力行驶单位距离所做的功与法向载荷之比。若圆柱滚过角度为 φ，滚过距离为 $R\varphi$，驱动力所做的功为 $FR\varphi$，则滚动阻力因数为

$$f_r=\frac{FR\varphi/R\varphi}{W}=\frac{F}{W}=\frac{k}{R} \tag{4-2}$$

滚动阻力因数的值一般较小，如钢对钢的滚动阻力因数为 10^{-4} 数量级。

Coulomb 最早用实验得出滚动摩擦定律：滚动阻力因数 f_r与滚动体半径 R 的乘积是一个常量，即滚动摩擦阻力因数或者偏心距为常量，它们取决于摩擦副的性质，与载荷大小无关。随后，Dupuit 提出了修正，通常称为 Dupuit 定律，即

$$f_r=\frac{k}{D} \tag{4-3}$$

式中，D 为滚动体直径。

4.2.4 各向同性材料强度理论

1. 第一强度理论

第一强度理论即最大拉应力理论。这一理论认为最大拉应力是引起断裂的主要因素,即认为无论是什么应力状态,只要最大拉应力达到与材料性质有关的某一极限值,材料就会发生断裂。

既然最大拉应力的极限值与应力状态无关,就可用单向应力状态确定这一极限值。铸铁等脆性材料在单向拉伸下,于拉应力最大的横截面发生断裂。脆性材料扭转时也是沿拉应力最大的斜面发生断裂。这些都与最大拉应力理论相符。这一理论没有考虑其他两个应力的影响,且对没有拉应力的状态(如单向压缩、三向压缩)无法应用。

该理论的强度判断准则为

$$\sigma_1 \leqslant [\sigma] \tag{4-7}$$

式中:σ_1 为单向拉伸应力状态下的轴向拉应力;$[\sigma]$ 为材料许用拉应力。

2. 第二强度理论

第二强度理论即最大伸长线应变理论。这一理论认为最大伸长线应变是引起断裂的主要因素,即认为无论什么应力状态,只要最大伸长线应变达到与材料性质有关的某一极限值,材料即发生断裂。

应变的极限值既然与应力状态无关,就可由单向拉伸来确定。根据广义胡克定律,将应变转换为应力的强度判断准则为

$$\sigma_1 - \mu(\sigma_2 + \sigma_3) \leqslant [\sigma] \tag{4-8}$$

式中:σ_1、σ_2、σ_3 为任意应力状态下三轴向主应力;μ 为泊松比。

依该理论,石料或混凝土等脆性材料受轴向压缩时,如在试验机与试块的接触面上加添润滑剂(以减小摩擦力的影响),试块将沿垂直于压力的方向裂开。

3. 第三强度理论

第三强度理论即最大剪应力理论。这一理论认为最大剪应力是引起屈服的主要因素,即认为无论什么应力状态,只要最大剪应力达到与材料性质有关的某一极限值,材料就发生屈服。

最大剪应力理论较为满意地解释了塑性材料的屈服现象。例如,低碳钢拉伸时,沿与轴线成 45° 的方向出现滑移线,是材料内部沿这一方向滑移的痕迹。

对于塑性材料(低碳钢等),强度准则为

$$\sigma_1 - \sigma_3 \leqslant [\sigma] \tag{4-9}$$

4. 第四强度理论

单元体的变形一方面表现为体积的增加或减小，另一方面表现为形状的改变，即由正方体变为长方体。因此，变形比能 u 也被认为由两部分组成。

(1) 因体积变化而储存的比能 u_v。体积变化是指单元体的棱边变形相等，变形后仍为正方体，只是体积发生变化的情况，u_v 称为体积改变比能。

(2) 体积不变，但由正方体改变为长方体而储存的比能 u_f 称为形状改变比能，计算公式为

$$u_f = \frac{1+\mu}{6E}\left[(\sigma_1-\sigma_2)^2+(\sigma_2-\sigma_3)^2+(\sigma_3-\sigma_1)^2\right] \tag{4-10}$$

这一理论认为 u_f 是引起材料屈服的主要原因。无论什么应力状态，只要 u_f 达到与材料性质有关的某一极限值，材料就发生屈服。

单向应力状态下导出的形状改变比能极限值

$$u_{fu} = \frac{1+\mu}{3E}\sigma_s^2 \tag{4-11}$$

整理得到任意状态下的强度判断准则为

$$\sqrt{\frac{1}{2}\left[(\sigma_1-\sigma_2)^2+(\sigma_2-\sigma_3)^2+(\sigma_3-\sigma_1)^2\right]} \leqslant [\sigma] \tag{4-12}$$

几种塑性材料如钢、铜、铝的薄管实验资料表明，形状改变比能屈服准则与实验资料相当吻合。

对于平面应力状态，单向拉伸或压缩以及剪切受力作用时，强度判断准则为

$$\sqrt{\sigma^2+3\tau^2} \leqslant [\sigma] \tag{4-13}$$

由式(4-13)可知，在单向应力状态下，正应力可作为判断金属材料破坏与否的依据。在剪切应力作用下，将应力乘以$\sqrt{3}$ 再与强度极限进行比较即可作为判断材料破坏与否的依据。

5. 应用说明

前文介绍了四种常用的强度理论。铸铁、石料、混凝土、玻璃等脆性材料，通常以断裂的形式失效，宜采用第一和第二强度理论；碳钢、铜、铝等塑性材料，通常以屈服的形式失效，宜采用第三和第四强度理论。

应该指出，不同材料固然可以发生不同形式的失效，但即使是同一材料，在不同应力状态下也可能有不同的失效形式。例如，碳钢在单向拉伸下以屈服的形式失效，但碳钢制成的螺钉受拉时，螺纹根部因应力集中引起三向拉伸，就会出现断裂。这是因为由屈服准则可以看出，当三向拉伸的三个主应力数值接近时，屈服将很难出现。又如，铸铁单向受拉时以断裂的形式失效，但如以淬火钢球压在铸铁板上，接触点附近的材料处于三向受压状态，随着压力的增大，铸铁

板会出现明显的凹坑，这表明已出现屈服现象。以上例子说明材料的失效形式与应力状态有关。无论是塑性还是脆性材料，在三向拉应力相近的情况下，都将以断裂的形式失效，宜采用最大拉应力理论；在三向压应力相近的情况下，都可引起塑性变形，宜采用第三或第四强度理论。

4.2.5 各向异性材料强度理论

1. 最大应力理论

以下五个等式同时满足时，材料是安全的，否则材料发生破坏。

$$\left.\begin{aligned}\sigma_1 &< X_t\\ \sigma_2 &< Y_t\\ -\sigma_1 &< X_c\\ -\sigma_2 &< Y_c\\ |\tau_{12}| &< S\end{aligned}\right\} \tag{4-14}$$

式中：σ_1 为 X 向拉应力，负号为压应力；σ_2 为 Y 向拉应力，负号为压应力；X_t、X_c 分别为 X 向材料拉伸强度、压缩强度；Y_t、Y_c 分别为 Y 向材料拉伸强度、压缩强度；τ_{12} 为 XY 向剪切应力；S 为 XY 向材料剪切强度。

式(4-14)中五个等式是独立的，表示五种损伤模式，使用时应将应力转化为纤维方向及垂直于纤维方向的应力。

偏轴拉伸条件下，先将应力转化为纤维方向的应力。

$$\left.\begin{aligned}\sigma_1 &= \sigma_x\cos^2\theta\\ \sigma_2 &= \sigma_x\sin^2\theta\\ \tau_{12} &= -\sigma_x\sin\theta\cos\theta\end{aligned}\right\} \tag{4-15}$$

2. 最大应变理论

以下五个等式是独立的，表示五种损伤模式，若同时满足时，材料是安全的，否则材料发生破坏。

$$\left.\begin{aligned}\varepsilon_1 &< \varepsilon_{Xt}\\ \varepsilon_2 &< \varepsilon_{Yt}\\ -\varepsilon_1 &< \varepsilon_{Xc}\\ -\varepsilon_2 &< \varepsilon_{Yc}\\ |\gamma_{12}| &< \gamma_S\end{aligned}\right\} \tag{4-16}$$

式中：ε_1 为 X 向拉应变，负号为压应变；ε_2 为 Y 向拉应变，负号为压应变；ε_{Xt}、ε_{Xc} 分别为 X 向材料最大拉伸应变、压缩应变；ε_{Yt}、ε_{Yc} 分别为 Y 向材料最大拉伸应

变、压缩应变；γ_{12} 为 XY 向剪切应变；γ_S 为 XY 向材料最大剪切应变。

最大应力理论和最大应变理论与试验结果都存在一定差异，对比情况如图 4-5 所示。

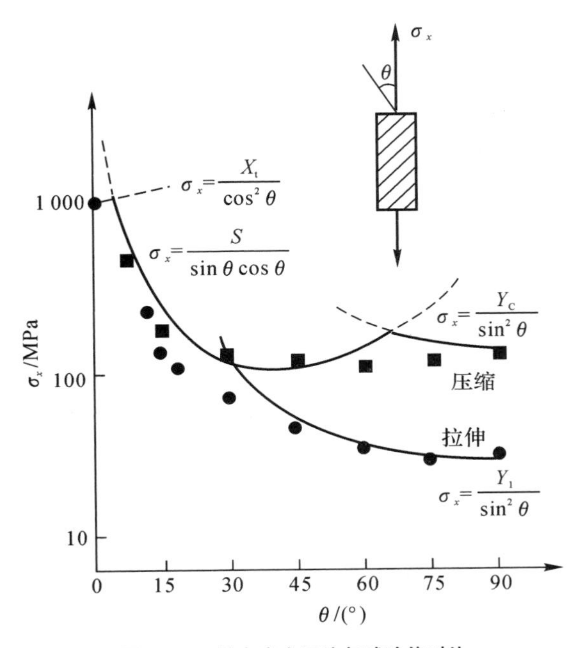

图 4-5　最大应力理论与试验值对比

图 4-5 中圆点表示拉伸试验数据、方块表示压缩试验数据，实线表示最大应力理论的失效曲线。

3. 蔡-希尔(Tsai-Hill) 准则

Tsai-Hill 准则是 Hill 于 1948 年提出的，该准则适用于单层复合材料，但是没有考虑拉、压强度的差异性。

$$\frac{\sigma_1^2}{X^2} - \frac{\sigma_1\sigma_2}{X^2} + \frac{\sigma_2^2}{Y^2} + \frac{\tau_{12}^2}{S^2} = 1 \tag{4-17}$$

式中：X、Y 为材料的纵横向(XY 向) 破坏强度；S 为材料的剪切强度。

图 4-6 所示为玻璃/环氧复合材料的单向拉伸试验验证情况。

Hoffman 考虑拉、压性能不同的材料，提出

$$\frac{\sigma_1^2}{X_t X_c} - \frac{\sigma_1\sigma_2}{X_t X_c} + \frac{\sigma_2^2}{Y_t Y_c} + \frac{X_c - X_t}{X_t X_c}\sigma_1 + \frac{Y_c - Y_t}{Y_t Y_c}\sigma_2 + \frac{\tau_{12}^2}{S^2} = 1 \tag{4-18}$$

式中：X_t、X_c 为 X 向材料拉伸强度、压缩强度；Y_t、Y_c 为 Y 向材料拉伸强度、压缩强度；S 为材料的剪切强度。

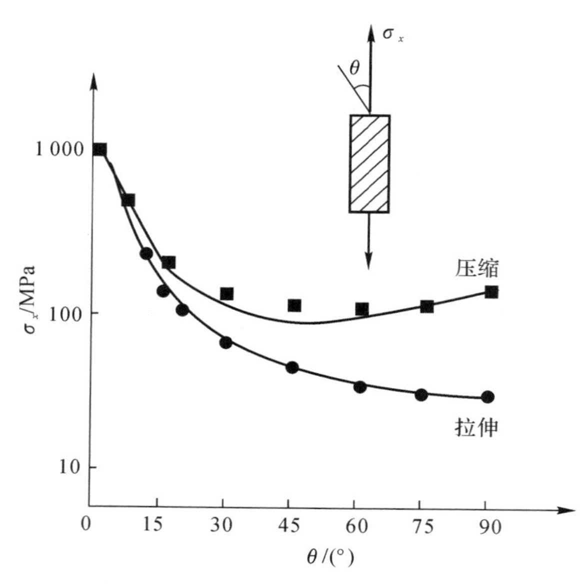

图 4-6 Tsai-Hiu 强度理论与试验值对比

4. 蔡-吴(Tsai-Wu)张量理论

蔡-吴张量理论将应力空间的破坏面表示为应力张量多项式的形式，即

$$F_i\sigma_i + F_{ij}\sigma_i\sigma_j + F_{ijk}\sigma_i\sigma_j\sigma_k + \cdots = 1 \quad (i,j,k\cdots = 1,2,\cdots,6) \tag{4-19}$$

对于平面应力状态下的正交各向异性单层材料，采用材料主轴系，式(4-19)可简化为工程上通用的蔡-吴二次式理论

$$F_1\sigma_1 + F_2\sigma_2 + F_{11}\sigma_1^2 + F_{22}\sigma_2^2 + \cdots + F_{66}\sigma_6{}^2 + 2F_{12}\sigma_1\sigma_2 = 1 \tag{4-20}$$

式中：F_i、F_{ij} 表征材料强度的二阶、四阶强度张量；σ_i 为对应方向的应力分量。

式(4-20)适用于平面应力状态下的正交各向异性材料，该准则中各项系数的取值如下：

$$\left.\begin{aligned}
F_1 &= \frac{1}{X_t} - \frac{1}{X_c} \\
F_{11} &= \frac{1}{X_t X_c} \\
F_2 &= \frac{1}{Y_t} - \frac{1}{Y_c} \\
F_{22} &= \frac{1}{Y_t Y_c} \\
F_{66} &= \frac{1}{S} \\
F_{12} &= \frac{1}{2\sigma_m^2}[1-(F_1+F_2)\sigma_m-(F_{11}+F_{22})\sigma_m^2]
\end{aligned}\right\} \tag{4-21}$$

式中：σ_m 为双向拉伸试验的破坏应力；F_{12} 的取值不能为 0，取 $F_{12} = -\frac{1}{2}\sqrt{F_{11}F_{22}}$。

通过式(4-21)可知，蔡-吴张量理论可以与试验值获得较好的一致性，验证情况如图 4-7 所示。

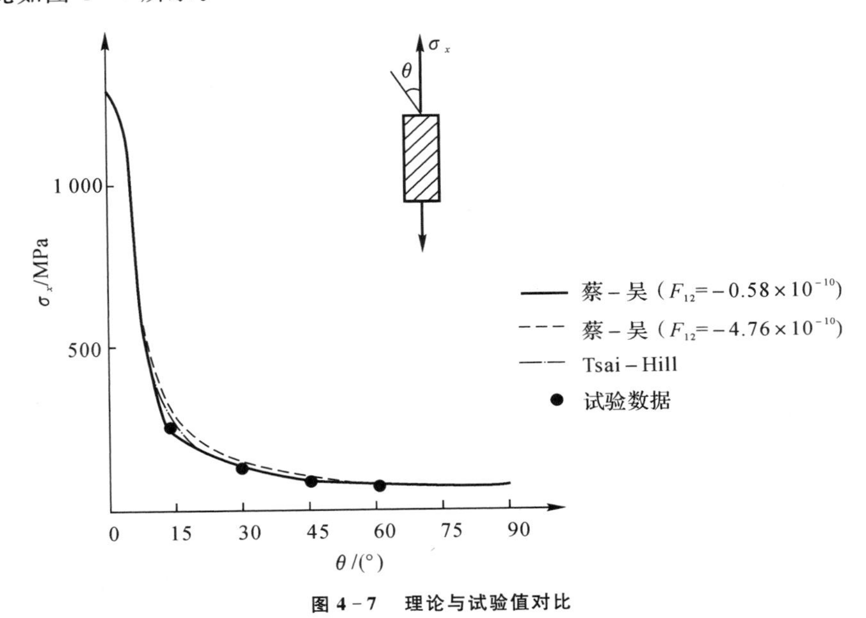

图 4-7　理论与试验值对比

4.2.6　结构弯曲描述

1. 抗弯刚度

弯矩一定时，衡量变形能力的指标为 EI。

2. 抗弯截面系数

弯矩一定的情况下，衡量应力的指标为

$$W = I_z / y_{\max}$$

3. 弯曲正应力

选取一段矩形梁截面及其坐标系，如图 4-8 所示。

横截面对 z 轴(中性轴) 的惯性矩

$$I_z = \int_A y^2 \mathrm{d}A \tag{4-22}$$

EI_z 称为梁的抗弯刚度，$1/\rho$ 是梁轴线变形后的曲率

$$\frac{1}{\rho}=\frac{M}{EI_z} \tag{4-23}$$

纯弯曲时正应力的计算

$$\sigma=\frac{My}{I_z} \tag{4-24}$$

抗弯截面系数

$$W=\frac{I_z}{y_{\max}} \tag{4-25}$$

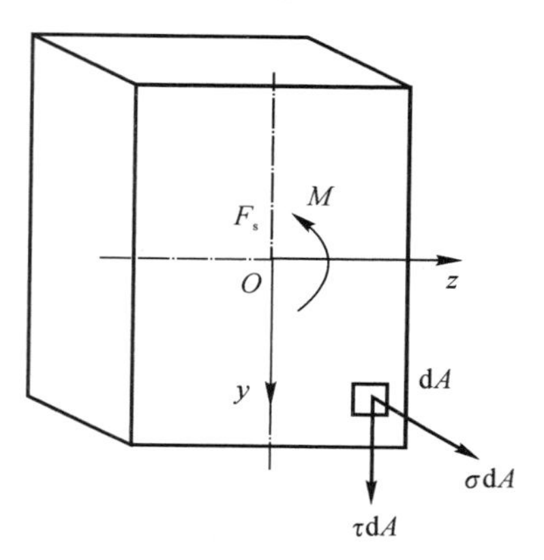

图 4-8　矩形截面梁的弯曲

4. 弯曲剪应力

(1) 矩形截面梁(如图 4-9 所示)。对中性轴的静矩,也就是距中性轴为 y 的横线 cd 以下的面积对中性轴的静矩,即

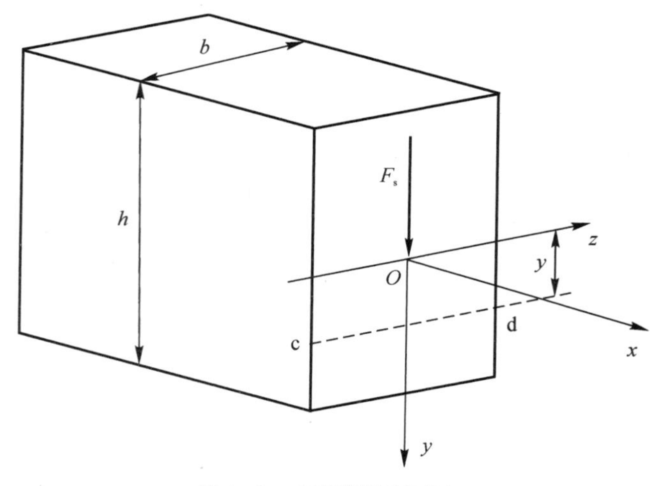

图 4-9　矩形截面梁的静矩

$$S_z^* = \int_{A_1} y\mathrm{d}A \tag{4-26}$$

弯曲剪应力为

$$\tau = \frac{F_s S_z^*}{I_z b} = \frac{F_s}{2I_z}\left(\frac{h^2}{4} - y^2\right) \tag{4-27}$$

当 $h > b$ 时，式(4－27) 的计算结果较为精确。

(2) 圆形截面。圆形截面剪应力分析如图 4－10 所示。

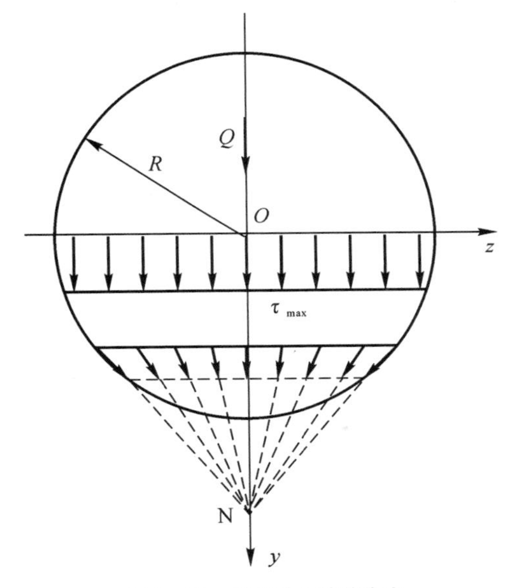

图 4－10　圆形截面的剪应力

最大剪应力发生在中性轴上，其值为 $\tau_{\max} = \frac{4}{3}\ \frac{Q}{\pi R^2}$，可见最大剪应力为平均剪应力的 4/3 倍。

5. 弯曲变形

梁承受弯矩为 M，则弯曲的近似微分方程为

$$\frac{\mathrm{d}^2 y}{\mathrm{d}x^2} = \frac{M}{EI} \tag{4-28}$$

悬臂梁长度为 l，在末端作用集中力 P，则最大变形为

$$y_{\max} = \frac{Pl^3}{3EI} \tag{4-29}$$

4.2.7 结构稳定性

薄壁结构、细长杆结构在承受如图 4－11 所示的压缩载荷时，往往容易发生失稳，从而产生屈曲现象。屈曲分析主要用于研究结构在特定载荷下的稳定性以及确定结构失稳的临界载荷。

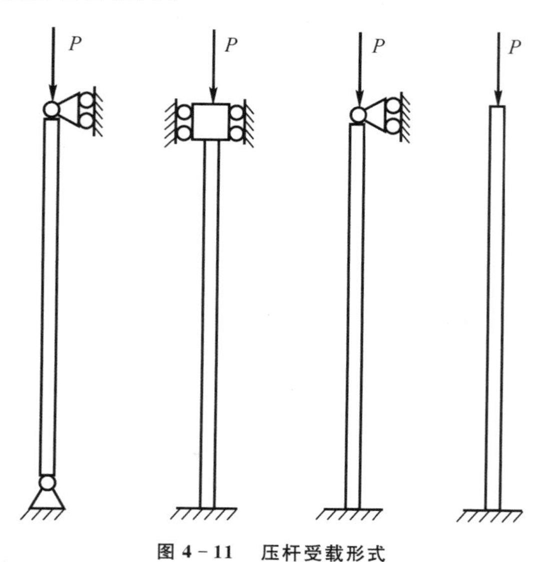

图 4－11 压杆受载形式

对于细长杆件，屈曲临界载荷和临界应力的计算式分别为

$$P_{cr}=\frac{\pi^2 EI}{(Cl)^2} \tag{4-1}$$

$$\sigma_{cr}=\frac{\pi^2 E}{\left(\frac{Cl}{i}\right)^2} \tag{4-2}$$

式中：i 为压杆的截面惯性半径，$i=\sqrt{I/A}$；I 为截面的惯性矩；A 为压杆的截面积；E 为材料的弹性模量；l 为压杆的长度；C 为压杆的长度系数，根据实际约束方式按照表 4－4 取值。

表 4－4 压杆长度系数取值

压杆约束方式	C 取值
两端简支	1.0
两端固支	0.5

续表

压杆约束方式	C 取值
一端简支、一端固支	0.7
一端自由、一端固支	2.0

式(4-30)和式(4-31)适用于较长的薄壁杆件，例如桁条、圆柱形杆件等，但是其剖面必须是等截面，而且变形仅限于弹性范围内，外载荷也必须在杆的轴向方向。

对于四边简支的等厚度薄板结构，在面内的压缩载荷作用下，薄板首先将弯曲成正弦曲线形式，载荷作用形式如图 4-12 所示。

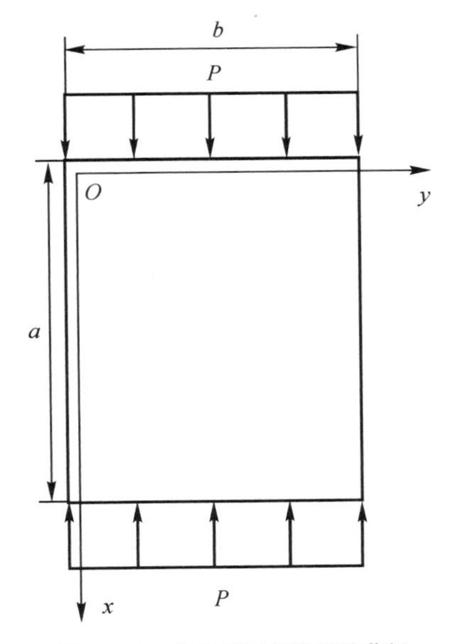

图 4-12 单边受压缩载荷的薄板

可知临界载荷为

$$P_{cr}=k\frac{\pi^2 D}{b^2} \tag{4-3}$$

$$k=\left(\frac{mb}{a}+\frac{a}{mb}\right)^2 \tag{4-4}$$

式中：$D=Et^3/[12(1-\mu^2)]$，为板的抗弯刚度；t 为板的厚度；μ 为泊松比；m 为板屈曲时在 x 方向的半波数。

对于四边简支薄板，当 $m=a/b$ 时，取 $k=4$ 可以得到最小临界屈曲载荷。在计算薄板的屈曲失稳时，式(4-32)仅限于弹性范围，而且载荷必须作用在薄板的面内。

4.3 结构静强度设计

4.3.1 设计过程

从以往研制经验来看，为了较快速地确定全弹模型，减少重复工作，一般将静强度分析工作分为下述三个阶段。

第一阶段为结构布局和结构形式的确定阶段。根据全弹结构布局、气动外形和载荷要求，选择几种(2～3种)结构布局和形式，开展分析工作，确定一种最佳的结构布局和形式。此阶段的分析工作主要为外载荷计算和较为粗略的有限元分析。

第二阶段为对结构连接部位、开口区、复合材料铺层等细节进行设计计算。此阶段一般采用材料力学、复合材料力学和结构力学等工程计算方法。

第三阶段为结构静强度后期分析阶段。对较为固化的结构进行静强度分析，要求对强度规范中所规定的设计情况均进行计算。有限元建模比第一阶段要精细，保证应力应变场与真实承力情况吻合。对结构细节部位亦要进行强度分析。一般情况下该阶段与动强度和疲劳强度计算同时开展，若不满足要求，则需修改设计至满足强度要求。

4.3.2 静强度设计要求

制导炸弹结构静强度设计要求如下：

(1)在使用载荷(环境)作用下，结构不应有残余的永久变形；

(2)在设计载荷作用下，结构不应发生破坏；

(3)载荷作用下的变形要求，即在各种使用载荷、疲劳载荷单独或共同作用下产生的弹性变形、永久变形和热变形的累积效应不得妨碍机械操作，影响飞行性能和导致部件更换或修理。

4.3.3 常见结构形式

1. 弹身开口

为了弹体内部操作方便，需要在弹身增加仪器操作或观察口，在大、中型舱口的开口部位，蒙皮、桁条甚至隔框均有可能被切断，构造上应采取补强措施，如梁式结构、开口处布置加强口框，或采用受力式口盖补偿削弱。

(1)受力式口盖强度计算。

1)由于口盖完全参与舱体受力，所以口盖和舱体可以看成一个整体，即口盖的各种承载能力可以按参与总体受力要求计算；

2)当口盖处于弯曲受拉状态时，要对螺钉进行强度计算；

3)当口盖处于受压状态时，要对端面进行挤压强度计算；

4)当口盖处于受剪状态时，要进行销钉(或螺钉)的剪切、挤压强度计算。

(2)非受力式口盖强度计算。

舱口加强方式采用口框时，初步强度计算应作口框的强度计算。

2. 舱段对接

(1)径向螺钉连接。制导炸弹结构设计时，通常采用舱段套接，内外径的公差和间隙控制为0.1～0.3 mm，螺钉布局形式以均布为主，螺钉数量以6、8、10最常见，如图4-13所示。螺钉承载计算公式如下，距离结合面对称轴最远的螺钉受力最大。

$$F_{\max}=\frac{ML_1}{2i(L_1^2+L_2^2+\cdots+L_n^2)} \tag{4-34}$$

式中：M为对接面所受弯矩；i为每行螺钉的数量；n为对称轴一侧螺钉的行数。

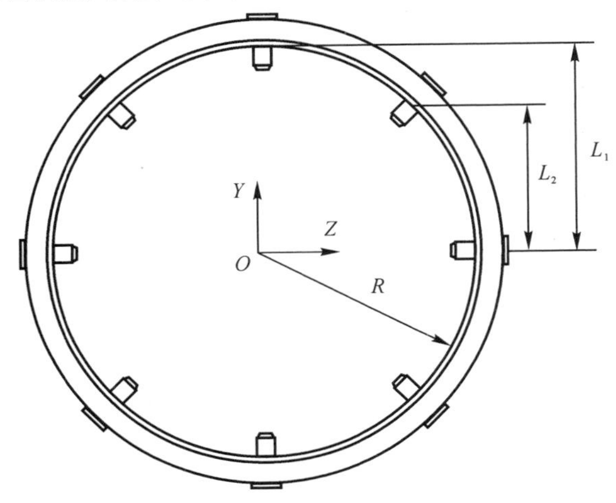

图4-13 径向螺钉连接对接面示意图

(2)轴向螺钉连接。这种连接形式,外弯矩由螺栓受拉和框的部分端面受挤压来传递,轴向压力由连接框的端面受挤压来传递。由于对接面间有摩擦力,当剪力大于其间摩擦力时,才能由螺栓来承剪。这种对接形式,一般应布置定位销钉,结构设计时优先选用轴向螺钉连接。

(3)斜向螺钉连接。连接螺栓相对于弹身轴线倾斜了一个角度,通常为15°～20°。该连接方式的优点是拆卸方便,缺点是螺栓受力形式较差,除受轴向力外,还可能出现弯矩。

(4)螺纹连接。两个舱段连接处分别加工出内、外螺纹,直接用螺纹进行连接,有时还用螺纹进行防松与固定。该结构形式构造简单、装卸方便、承力较大而均匀,适用于相对位置要求不严的小弹径,强度计算可参考螺纹强度计算方法。

3. 弹翼与弹身连接

制导炸弹弹翼与弹身常用的连接形式有以下几种:

(1)插入式接头;

(2)盘式接头,螺纹位于弹身,光孔位于弹翼,该结构对弹身加强框强度削弱较大;

(3)多榫头接头,将弹翼上的榫头(齿)插入弹身的矩形孔内;

(4)转轴和推力轴承压紧式接头;

(5)耳片式接头。

4.3.4 强度分布

从航空制导炸弹的常用结构布局来看,静强度分析时需要重点关注的部位如下。

(1)舱段对接部位、尾舱与战斗部对接部位:

1)紧固件强度计算方法;

2)螺纹强度计算;

3)孔挤压强度。

(2)弹翼翼柄及转轴部位。

(3)舵片与舵轴连接部位、舵轴与舱体紧固部位:

1)舵片与舵轴连接强度;

2)舵片一般可用2A12－T4、7075－T6铝材或碳纤维复合材料。

(4)复合材料蒙皮和金属蒙皮螺孔位置。

(5)含口盖的舱体部位、含孔的承力梁:

1)对于大中、展弦比机翼或中等以上长细比弹身,采用工程梁理论;

2)复杂结构则采用有限元分析和必要的研制试验。

(6)材料刚度特性差异较大的连接部位。

(7)强力弹射区和止动区。

(8)焊接部位,采用材料力学方法。

4.3.5 紧固件设计方法

根据以往使用经验,制导炸弹紧固件设计和布局应遵循以下原则:

(1)除弹载设备内部的紧固要求外,原则上螺钉应选用 M4 及以上,性能等级优先选用 8.8 级及以上;

(2)螺钉优先选用内六角圆柱头钉,其次选用内六角或十字头盘头钉,最后选用十字头沉头钉,孔边距不宜小于(1.5～2)d(d 为孔径);

(3)长期使用的铝件或是主承力铝件,应在螺纹孔内配置钢丝螺套;

(4)关键部位螺钉应钉预紧力矩,如弹翼转轴处、弯矩较大的舱段对接处、舵片和舵轴连接处、减振垫紧固螺钉等;

(5)结构设计时,螺钉应避免纯受剪切,优先选用轴向受拉布局。环向螺钉布局应优先选用图 4-14(a)的布局,避免采用图 4-14(b)的布局,图中 M_Z 表示绕 Z 轴弯矩。

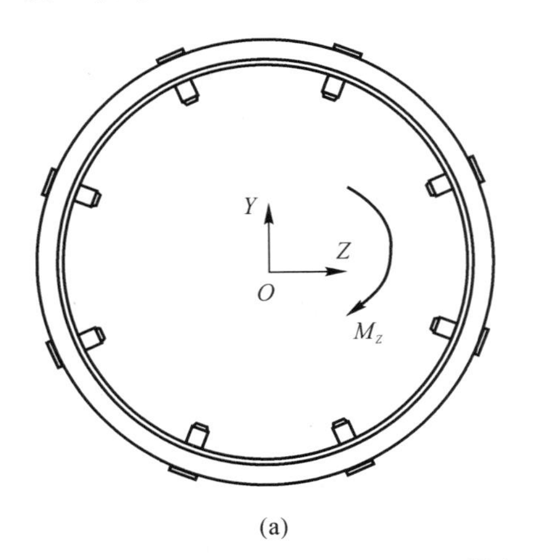

(a)

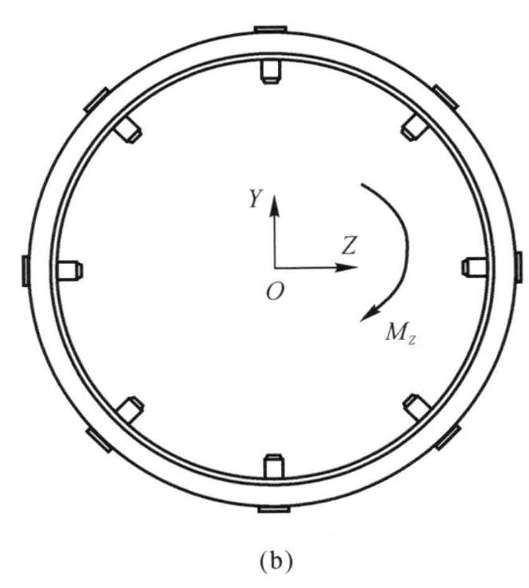

(b)

图 4-14 螺钉布局

螺钉的防松和紧固方法如下：

(1)螺钉紧固顺序：对角顺序紧固，例如上—下—左—右方式；

(2)螺钉防松优先选用弹垫，其次选用紧固胶，对于装配后无需再拆卸的螺钉也可以采用机械防松或铆冲防松。

4.3.6 常用处理工艺

除大量级载荷或有严格刚度要求的结构之外，建议多使用复合材料或铝材等轻量化材料，如弹体结构常用 2A12 - T4、ZL101、7075 - T6 等铝材，以及 T300、T700 等碳纤维复合材料，局部非主承载部位还可以使用玻璃纤维。复合材料与金属之间应采取防电化学腐蚀处理，铝件应采用表面阳极化处理工艺等，以增强材料表面硬度、耐磨性和耐腐蚀性。由于铝材焊接的工艺稳定性较差，对承受大量级载荷的铝材不建议采用焊接处理方式。

需要焊接的钢结构件建议选用 20 号、25 号、35 号等中低碳含量钢材，若无特殊说明，零件均应调质处理，表面再进行防锈处理。无需焊接的主要承力结构件，如自制吊耳、悬挂主梁等，建议选用 30CrMnSiA、35CrMnSiA 等高强度合金钢。对于瞬断零件，如剪切销，可采取淬火处理。

4.3.7 舱体厚度

从加工可实现性而言，非主承力部位的舱体厚度可选 2～3 mm，主承力部位舱体建议布置加强梁，舵机舱厚度可选 4～5 mm，其中又以铝材最常见。

4.3.8 复合材料

主承力件如弹翼、舵片等，可选碳纤维复合材料，保形蒙皮和舱体可选玻璃纤维，常见厚度为 2～4 mm。在复合材料的沉头孔或螺钉孔部位应嵌入金属，金属与复合材料之间应做防电腐蚀处理。

4.3.9 减重设计

由于作战使用要求，制导炸弹需严格控制质量，因此要考虑以下设计原则：

(1)组合结构(如框、梁的分段组合)的连接部位尽量选在其受力较小处；

(2)根据受力特点，在布置螺栓组时，应使紧固件的刚心与受力点最近，以减少扭矩产生的附加剪力；

(3)焊接宜采用承剪形式的焊缝，不宜设计成受拉焊缝；

(4)选择受力形式较佳的结构，如薄蒙皮密加筋比厚蒙皮稀加筋失稳临近应力高；

(5)尽量减少偏心受力状态，以减少附加力矩；

(6)提高零件整体性，如减少分段、减少材料或零件类型、减少舱口数量；

(7)在满足强度和结构设计的前提下，多使用轻质材料；

(8)根据应力分布，在应力较小部位设计减重槽，或去除材料。

4.4 结构静强度计算

4.4.1 概述

制导炸弹静强度计算的对象包括弹身、增程组件、箍带、气动升力面及其与弹身的连接部位。通过采用多种强度理论，分析上述结构件在使用载荷和设计载荷作用下，抵抗结构破坏和变形的能力。

4.4.2 常用处理方法

1. 铆接强度

制导炸弹尾舱舱体蒙皮和舱口盖通常采用铆接，在对铆钉进行强度分析时，作出如下假设：

(1)连接的横向力通过铆钉组形心，各铆钉受力相等；

(2)受旋转或偏心力作用时，根据变形协调条件求出受力最大铆钉的最大载荷；

(3)铆钉不受弯矩作用，被铆接结合面上的摩擦力忽略不计；

(4)被铆接危险截面上拉(压)应力、铆钉切应力，以及工作结合面上的挤压应都是均匀分布的。

铆钉剪切应力为

$$\tau=\frac{F}{mAZ} \tag{4-35}$$

式中：F 为表示外载；m 为每个铆钉的抗剪面数量；A 为铆钉的承剪面积；Z 为铆

钉的数量。

铆钉挤压应力为

$$\sigma_{\mathrm{p}}=\frac{F}{d_0\delta Z} \tag{4-36}$$

式中:d_0 为每个铆钉的抗剪面直径;δ 为被铆接件较薄的厚度。

2. 焊接强度

(1)焊接概述。焊接也称为熔焊,是一种以加热、高温或者高压的方式接合金属或者其他热塑性材料的制造工艺及技术。焊接的常见种类包括熔焊、压焊、钎焊,如图 4-15 所示。焊接在制导炸弹结构设计中应用较为广泛,例如箍带与连接座焊接、舱体蒙皮焊接、舱段之间焊接、大展弦比弹翼金属骨架焊接等,作为关键承载部位,以及较为复杂的载荷分布形式,焊接往往作为强度分析的重点研究对象。

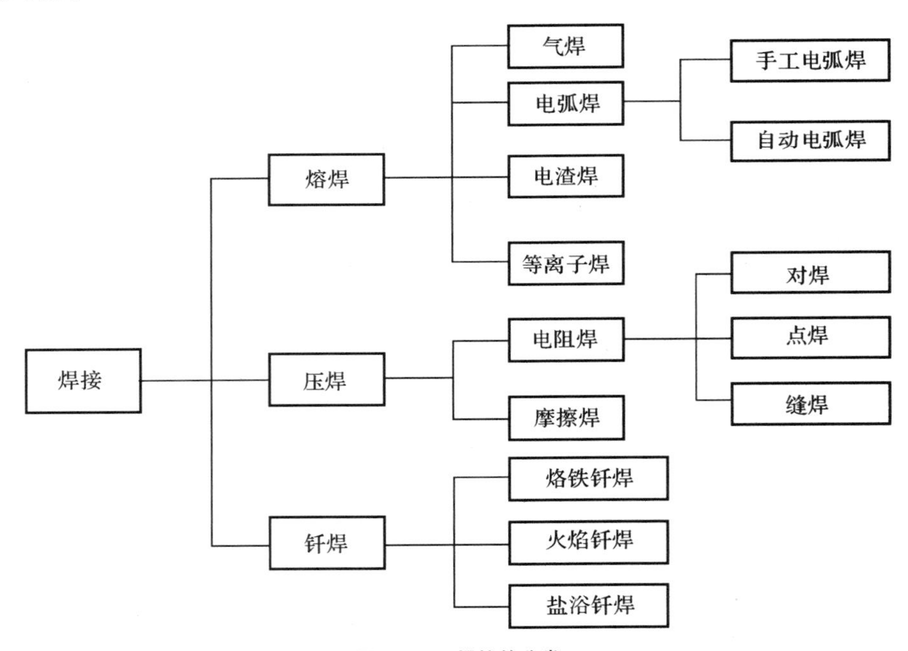

图 4-15 焊接的分类

焊接的优点是焊接接头强度高,螺栓连接和铆接都要在被连接件上钻孔,这反而削弱了连接的强度,而焊缝的强度可以达到甚至超过母材的强度。

焊接的缺点是容易产生变形和内应力。焊接件的应力集中容易导致结构疲劳破坏或裂纹,焊接接头性能不均匀。

(2)焊接强度的影响机理。焊接强度的主要影响因素包括力和材质因素,图

4－16描述了影响焊接强度的主要因素。力学方面的影响包括焊接缺陷、接头形状的不完整性、残余应力和焊接变形等。材质方面的影响包括焊接热循环引起的组织变化、热塑性应变循环产生的材质变化、焊后热处理和矫正变形引起的材质变化等。

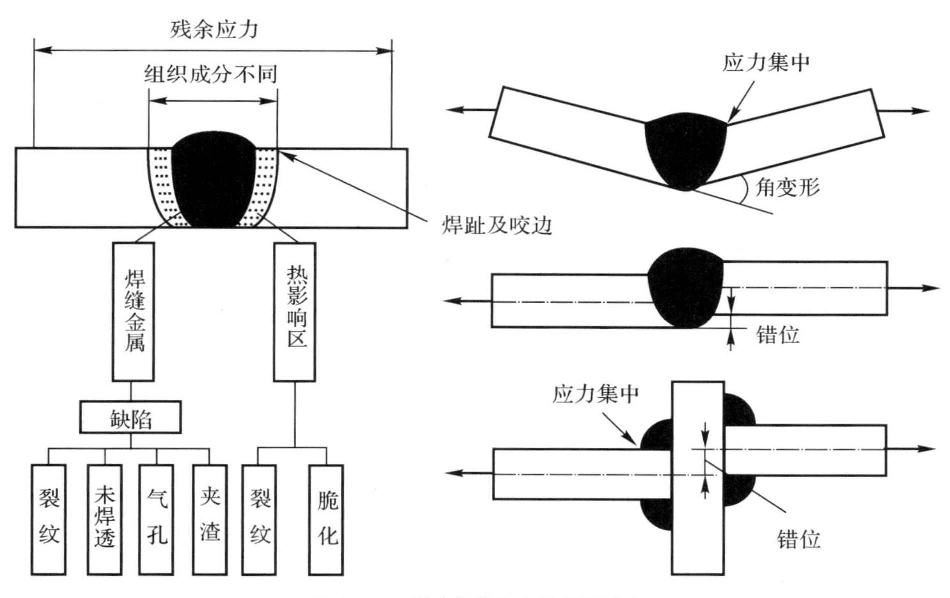

图4－16　影响焊接强度的主要因素

(3)焊接强度设计。制导炸弹弹体结构焊接强度计算的基本原则如下：

1)在结构设计合理、采用塑性材料、工艺过程保证质量的条件下，按静载校核其破坏强度时，不计焊缝残余应力及焊缝应力集中对结构强度的影响；

2)分析焊缝强度时，只考虑焊缝工作应力，由于焊着金属与基本材料同时变形而引起的结合应力，在决定强度时不必计算；

3)焊接件的计算厚度是取实际结构的最小厚度，所有焊缝的加强部分(如焊接垫板、焊缝加强高等)均不必计算；

4)焊缝长度应按焊缝的全长计算，对于不合理的焊缝，则需乘以0.4～0.8的形状削弱系数，具体的数值应由试验来确定；

5)在几种载荷的综合作用下，按力的叠加原理计算。

(4)焊接接头强度分析。

1)电焊接头。在焊接工艺中电阻焊接最为常见，焊接接头形式包括对焊、点焊、缝焊，其中点焊不要求气密、焊接变形小、工作效率高，开展强度分析时应基于焊点排布、数量和直径等参数。点焊和缝焊接头的强度计算公式如表4－5

所示。

表 4－5　电阻焊接头强度计算公式

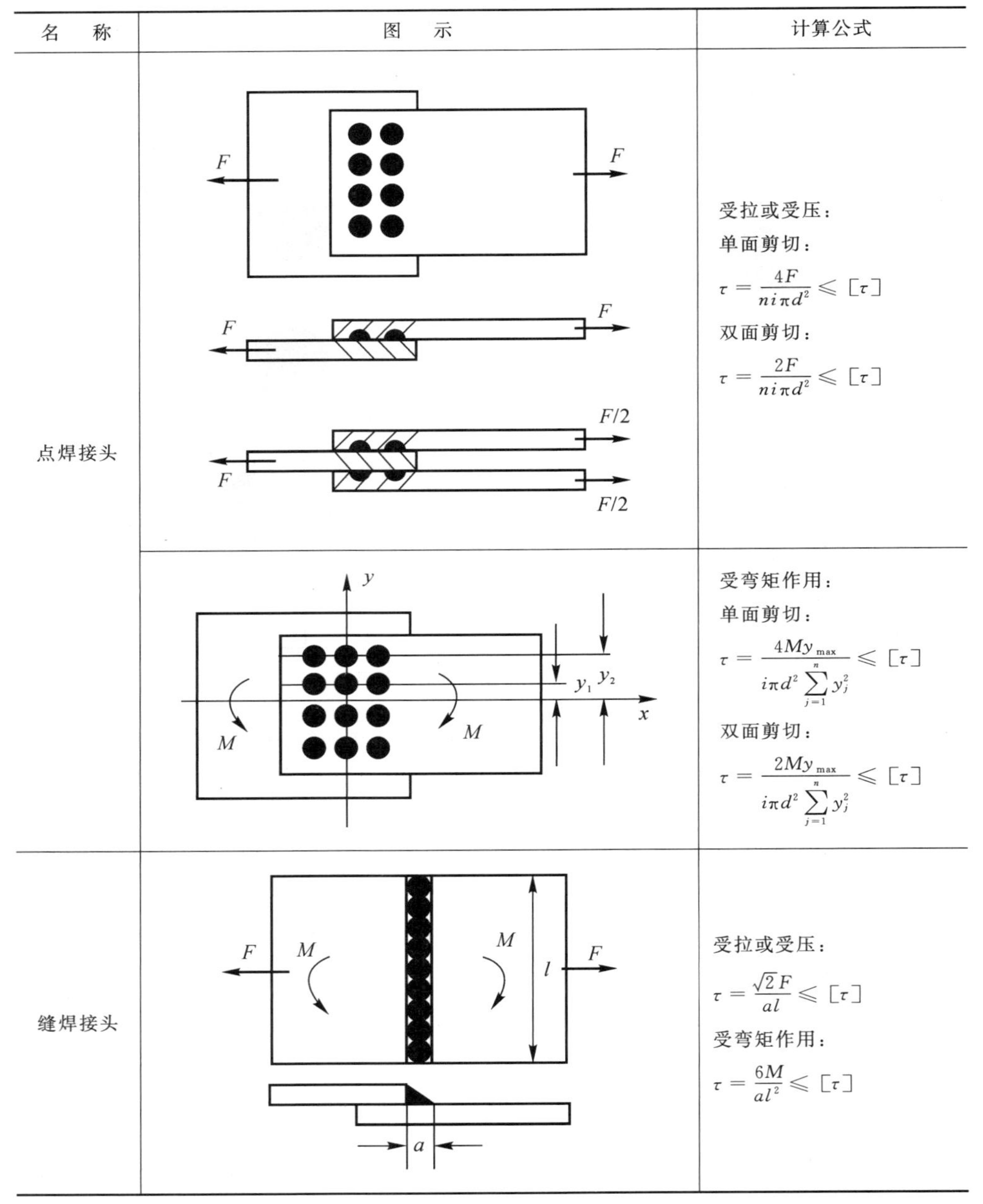

名　称	图　示	计算公式
点焊接头		受拉或受压： 单面剪切： $\tau=\dfrac{4F}{ni\pi d^2}\leqslant[\tau]$ 双面剪切： $\tau=\dfrac{2F}{ni\pi d^2}\leqslant[\tau]$
		受弯矩作用： 单面剪切： $\tau=\dfrac{4My_{\max}}{i\pi d^2\sum\limits_{j=1}^{n}y_j^2}\leqslant[\tau]$ 双面剪切： $\tau=\dfrac{2My_{\max}}{i\pi d^2\sum\limits_{j=1}^{n}y_j^2}\leqslant[\tau]$
缝焊接头		受拉或受压： $\tau=\dfrac{\sqrt{2}F}{al}\leqslant[\tau]$ 受弯矩作用： $\tau=\dfrac{6M}{al^2}\leqslant[\tau]$

注：$[\tau]$ 为焊点许用切应力；i 为焊点的列数；n 为每列焊点数；d 为焊点直径；$y_{\max}$ 为焊点距 x 轴最大距离；y_j 为第 j 个焊点距 x 轴的距离。

2）角接和对接焊缝接头。角焊缝和对接焊缝强度计算是金属结构焊接设计的重要内容。熔透对接接头的强度计算公式与金属母材的强度计算公式完全相同，焊缝的计算厚度取被连接的两板中较薄板的厚度，焊缝的计算长度一般取焊缝的实际长度。开坡口熔透的 T 形接头和十字接头，按对接焊缝进行强度计算，焊缝的计算厚度取板的厚度。一般情况下，按等强度原则选择焊缝填充金属为优质低合金结构钢和碳素结构钢的对接焊缝，可不进行强度计算，不熔透的对接接头应按角焊缝计算。

表 4－6　角焊缝接头强度计算公式

名　称	图　示	计算公式
搭接接头	l_5, l_4, l_3, l_2, l_1, F, F, a	受拉或受压： $\tau=\frac{F}{a\sum l}\leqslant[\tau]$
	M, O, M, x, h, l	分段计算法： $\tau=\frac{M}{al(h+a)+\frac{ah^2}{6}}\leqslant[\tau]$
	y, y_{max}, h, r_{max}, O, x, a, l	轴惯性矩计算法： $\tau=\frac{M}{I_x}y_{max}\leqslant[\tau]$
		极惯性矩计算法： $\tau=\frac{M}{I_p}r_{max}\leqslant[\tau]$

续表

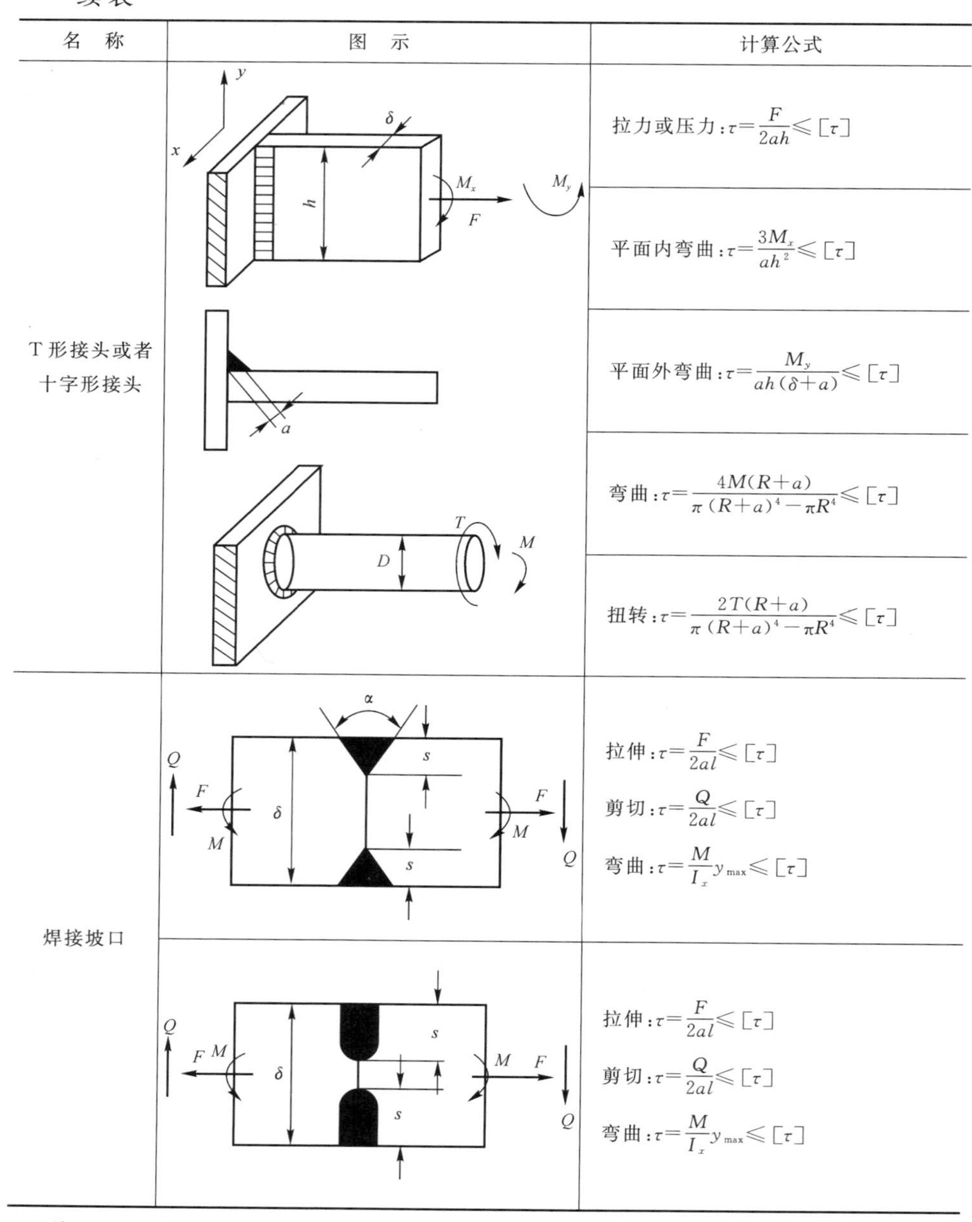

名 称	图 示	计算公式
T形接头或者十字形接头		拉力或压力：$\tau=\dfrac{F}{2ah}\leqslant[\tau]$
		平面内弯曲：$\tau=\dfrac{3M_x}{ah^2}\leqslant[\tau]$
		平面外弯曲：$\tau=\dfrac{M_y}{ah(\delta+a)}\leqslant[\tau]$
		弯曲：$\tau=\dfrac{4M(R+a)}{\pi(R+a)^4-\pi R^4}\leqslant[\tau]$
		扭转：$\tau=\dfrac{2T(R+a)}{\pi(R+a)^4-\pi R^4}\leqslant[\tau]$
焊接坡口		拉伸：$\tau=\dfrac{F}{2al}\leqslant[\tau]$ 剪切：$\tau=\dfrac{Q}{2al}\leqslant[\tau]$ 弯曲：$\tau=\dfrac{M}{I_x}y_{\max}\leqslant[\tau]$
		拉伸：$\tau=\dfrac{F}{2al}\leqslant[\tau]$ 剪切：$\tau=\dfrac{Q}{2al}\leqslant[\tau]$ 弯曲：$\tau=\dfrac{M}{I_x}y_{\max}\leqslant[\tau]$

注：(1)V形坡口，当$\alpha\geqslant60°$时，$a=s$；当$\alpha<60°$时，$a=0.75s$；

(2)U形、J形坡口，$a=s$，$I_x=al(\delta-a)^2$；

(3)I_x、I_y为焊缝计算截面对x轴、y轴的惯性矩；I_p为焊缝计算截面对O点的极惯性矩；$y_{\max}$为焊缝计算截面距x轴最大距离；$r_{\max}$为焊缝计算截面距O点最大距离；l为焊缝长度；$[\tau]$为焊缝的许用切应力。

3）缝焊接头。设计缝焊接头一般先根据焊件材质和板厚确定滚轮压痕的宽度，然后再确定搭接宽度，如图 4-17 所示。缝焊工作时焊缝受剪，其静强度计算公式为

$$\tau = \frac{F}{b_r l} \leqslant [\tau] \tag{4-37}$$

式中：F 为轴心拉压力；b_r 为焊缝宽度，可取滚轮压痕宽度；l 为焊缝长度；$[\tau]$ 为许用切应力，电阻点焊和缝焊的需用切应力取(0.3 ～ 0.5)$[\sigma]$，其中$[\sigma]$ 为低碳钢、低合金钢或铝合金的许用拉应力。

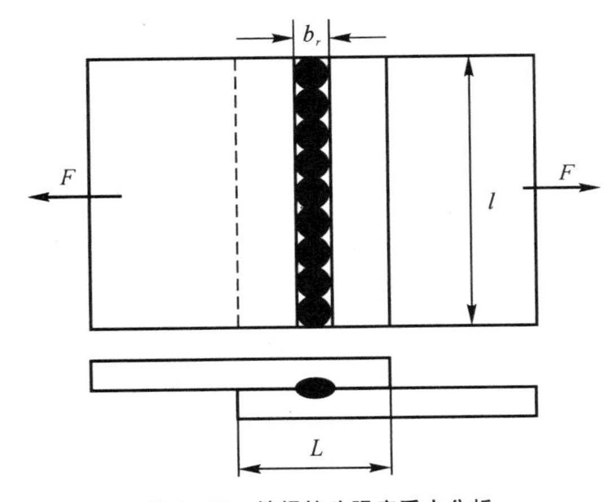

图 4-17 缝焊接头强度受力分析

缝焊焊缝宽度和最小搭接宽度是决定焊缝强度的重要因素，均应按缝焊设计规范的规定进行计算，在缺乏数据时，可按表 4-7 选取。

表 4-7 缝焊的滚轮压痕宽度和焊缝搭接宽度 单位：mm

板材厚度	滚轮压痕宽度 b_r			最小搭接宽度 L		
	结构钢	不锈钢	铝合金	铝合金	不锈钢	铝合金
0.3+0.3	3.0～4.0	3.0～3.5	—	8	7	—
0.5+0.5	3.5～4.5	3.5～4.0	5.0～5.5	9	8	10
0.8+0.8	4.0～5.5	5.5～6.0	5.5～6.0	11	12	12
1.0+1.0	5.0～6.5	6.0～7.0	6.0～6.5	13	14	13
1.2+1.2	—	—	6.5～7.0	—	—	14
1.5+1.5	6.0～8.0	8.0～9.0	7.0～8.0	16	18	16

续表

板材厚度	滚轮压痕宽度 b_r			最小搭接宽度 L		
	结构钢	不锈钢	铝合金	铝合金	不锈钢	铝合金
2.0+2.0	8.0～10.0	9.0～10.0	8.0～9.0	20	20	18
2.5+2.5	9.0～11.0	10.0～11.0	10.0～11.0	22	22	22
3.0+3.0	10.0～12.0	11.0～12.5	11.0～12.0	24	25	25
3.5+3.5	—	—	12.0～13.0	—	—	26

3. 应力集中因数

(1)对接焊缝接头。对接接头焊接的示意图如图 4－18 所示。

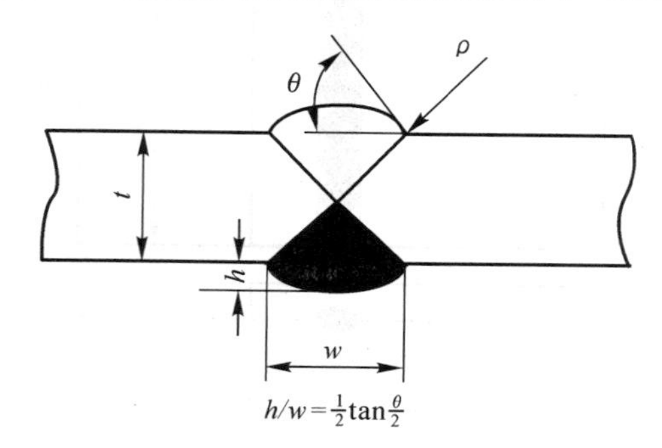

图 4－18　对接焊接

对接焊缝接头的应力集中因数为

$$K_t = 1 + 0.27\,(\tan\theta)^{1/4}\left(\frac{t}{\rho}\right)^{1/2} \tag{4-38}$$

式中，ρ 为焊缝与母材过渡处(焊趾)的曲率半径。

(2)T 形或十字接头。对于 T 形或十字接头的焊接示意图如图 4－19 所示。

焊缝与母材的过渡处(焊趾)会产生应力集中，T 形接头或十字接头焊趾处的应力集中因数为

$$K_t = 1 + 0.35\,(\tan\theta)^{1/4}\left[1 + 1.1\left(\frac{c}{l}\right)^{3/5}\right]^{1/2}\left(\frac{t}{\rho}\right)^{1/2} \tag{4-39}$$

T 形接头或十字接头焊根的应力集中因数为

$$K_t = 1 + 1.15\,(\tan\theta)^{-1/5}\left(\frac{c}{l}\right)^{1/2}\left(\frac{t}{\rho}\right)^{1/2} \tag{4-40}$$

(3) 搭接角焊。搭接角焊接的示意图如图 4－20 所示。

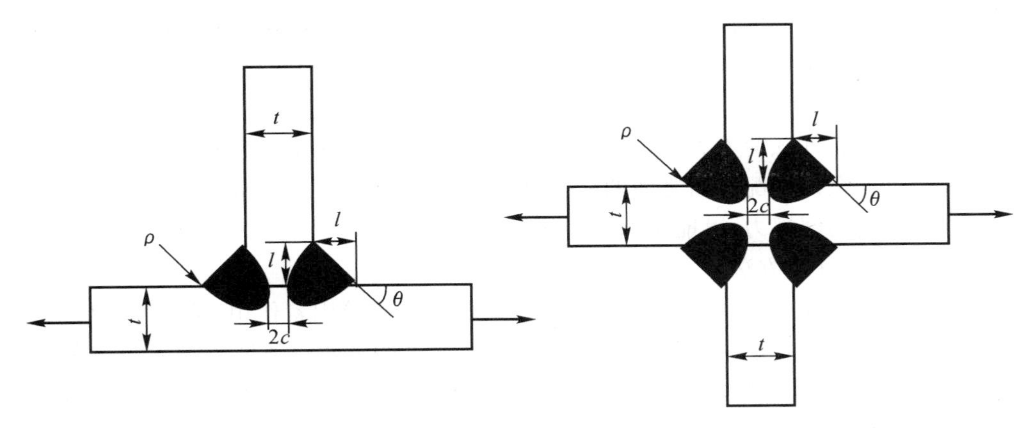

图 4-19 T形和十字焊接

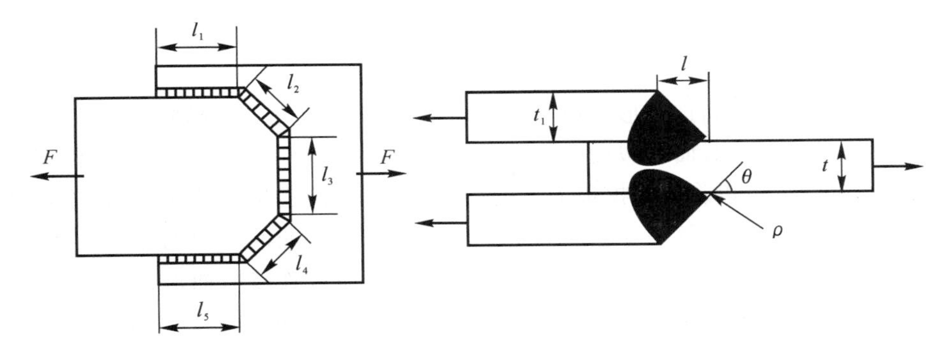

图 4-20 搭接角焊

搭接角焊接焊趾处的应力集中因数为

$$K_t = 1 + 0.6\ (\tan\theta)^{1/4} \left(\frac{t}{l}\right)^{1/2} \left(\frac{t}{\rho}\right)^{1/2} \tag{4-41}$$

搭接角焊接焊根的应力集中因数为

$$K_t = 1 + 0.5\ (\tan\theta)^{1/8} \left(\frac{t}{\rho}\right)^{1/2} \tag{4-42}$$

4.4.3 弹体连接强度

1. 舱段连接强度

弹体舱段间界面的连接强度分析是制导炸弹静强度设计中最重要的环节之一。这是因为弹体在载荷作用下，舱段间连接截面上的连接件常处于相对制导炸弹整体结构较高的应力水平。舱段间连接件通常包括螺栓、环齿、梁等。舱段连接截面可以全部使用螺栓作为连接件，环齿、梁则需要与螺栓配合使用。基于不同的舱段连接形式，传力复杂程度不同，与配合间隙、连接件和连接框的刚度大小有关。若外载荷不大，且配合面在螺栓预紧力作用下能紧密贴合，则舱段间的载荷可能全部由配合面之间的挤压摩擦和端面受挤压来传递；若外载荷大于配合面之间的摩擦力，可能全部由连接件受力来传递。

(1)理论计算方法。

制导炸弹在全寿命周期中由于载机挂载、气动力等因素作用，承受的载荷主要有轴力、剪力、弯矩、扭矩等，其中弯矩对舱段间连接截面强度影响尤为显著。因此，当对制导炸弹舱段连接截面进行强度计算时，常采用截面弯矩或等效弯矩作为主要载荷输入。舱段间的连接件根据具体结构特点抵抗截面弯矩，比如沿弹体轴向安装的螺栓在截面弯矩作用下承受拉力，沿弹体径向安装的螺栓横截面承受剪切力，螺杆侧面与螺孔之间有挤压力，对于均匀排布的径向安装螺钉抗弯强度计算可参考式(4-34)。

制导炸弹舱段间连接形式通常为不同材料、不同尺寸、非规则分布的一系列连接件构成的组合截面。假设舱段间载荷全部由连接件传递，考虑弯矩作用下的截面强度时，可以将问题模拟为梁的纯弯曲问题，用连接件的拉应力、连接件与舱体之间以及连接件相互之间的挤压应力模拟纯弯曲问题中的弯曲正应力。然而，不同于简单的对称均质截面的纯弯曲问题，舱段连接截面形式较为复杂，由于几何构型与材料性质的多样性，其截面中性轴常常并不位于弹体的对称轴，而是发生了偏移。这就要求必须先找到截面中性轴的真实位置，然后才能确定截面弯矩在各个连接件的分配，求出连接件的工作应力。

在梁的纯弯曲理论中，任意纯弯曲梁横截面，因为纵向纤维之间无正应力，所以每一纤维都是单向拉伸或压缩。当应力小于比例极限时，由胡克定律可知

$$\sigma = E\varepsilon \tag{4-43}$$

式中：σ、ε 分别表示应力与应变；E 为弹性模量。

对于距中性层为 y 的纵向纤维，应变与它到中性层的距离成正比。

$$\varepsilon = \frac{y}{\rho} \tag{4-44}$$

式中，ρ 为中性层的曲率半径。

将式(4-44)代入式(4-43)可得

$$\sigma = E\frac{y}{\rho} \tag{4-45}$$

这表明，在单一材料组成的横截面上，任意纵向纤维的正应力与它到中性轴

的距离成正比。

任意由不同力学性能材料构成的复合截面如图 4－21 所示，其中每种材料区域的形状和大小都是任意的。图 4－21 中 z 轴表示截面中性轴，z' 轴表示平行于中性轴的任意轴。在实际问题中，z' 轴通常表示舱段连接截面的对称轴。假设 z 轴相对 z' 轴的偏移量为 y_{na}。

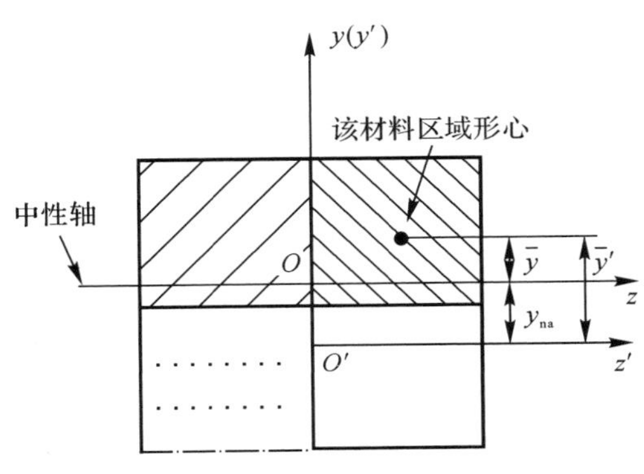

图 4－21 舱段横截面

截面上的微内力 σdA（沿 x 轴方向，通常表示弹体轴向）组成垂直于截面的空间平行力系，截面上平行于 x 轴的轴力 F 可表示为

$$F=\int_A \sigma dA \tag{4-46}$$

在纯弯曲情况下，轴力 F 满足

$$F=\int_A \sigma dA=0 \tag{4-47}$$

将式(4－45)代入式(4－47)，得

$$\int_A \sigma dA=\int_A E\frac{y}{\rho}dA=\frac{1}{\rho}\int_A EydA=0 \tag{4-48}$$

式(4－48)中 y 表示任一点在 Oyz 坐标系下的坐标。$1/\rho$ 是常量，不等于零，故必有

$$\int_A EydA=0 \tag{4-49}$$

假设截面由 N 种材料区域组成，则式(4－49)可改写为

$$\int_A EydA=E_1\int_{A_1} ydA_1+E_2\int_{A_2} ydA_2+\cdots+E_N\int_{A_N} ydA_N=0 \tag{4-50}$$

式(4－50)中 $E_i(i=1,2,\cdots,N)$ 表示第 i 种材料的弹性模量。第 i 种材料区域图形对 z 轴的静矩

$$S_{zi}=\int_{A_i} y\mathrm{d}A_i=A_i\bar{y}_i$$

则式(4－50)可改写为

$$E_1S_{z1}+E_2S_{z2}+\cdots+E_NS_{zN}=E_1A_1\bar{y}_1+E_2A_2\bar{y}_2+\cdots+E_NA_N\bar{y}_N=\sum_{i=1}^{N}E_iA_i\bar{y}_i=0 \tag{4-51}$$

式(4－51)中 A_i，$\bar{y}_i$ 分别表示第 i 种材料区域的面积及其在 Oyz 坐标系下关于 y 轴的形心坐标。

设各材料区域形心在 $O'y'z'$ 坐标系下关于 y' 轴的坐标为 $\bar{y}'_i$，则中性轴 z 轴相对于 z' 轴的平移量可表示为

$$y_{\mathrm{na}}=\bar{y}'_i-\bar{y}_i \tag{4-52}$$

即 $\bar{y}_i=\bar{y}'_i-y_{\mathrm{na}}$，将其代入式(4－51)得

$$\sum_{i=1}^{N}E_iA_i(\bar{y}'_i-y_{\mathrm{na}})=0 \tag{4-53}$$

将式(4－53)展开可得 y_{na} 表达式

$$y_{\mathrm{na}}=\frac{\sum_{i=1}^{N}E_iA_i\bar{y}'_i}{\sum_{i=1}^{N}E_iA_i} \tag{4-54}$$

式(4－54)就是复合截面中性轴位置公式。若 $y_{\mathrm{na}}>0$，表示 z 轴相对 z' 轴向 y' 轴正向平移；反之，若 $y_{\mathrm{na}}<0$，表示 z 轴相对 z' 轴向 y' 轴负向平移，平移距离为 $|y_{\mathrm{na}}|$。

纯弯曲问题中有关系式

$$\frac{1}{\rho}=\frac{M}{EI_z} \tag{4-55}$$

式中：$1/\rho$ 为中性层变形后的曲率；M 为截面弯矩；$I_z=\int_A y^2\mathrm{d}A$ 代表截面对 z 轴(中性轴)的惯性矩；EI_z 代表抗弯刚度。对某一特定截面而言，曲率 $1/\rho$ 为定值，由式(4－55)可知，弯矩与抗弯刚度成正比。进一步可知，对于由 N 种材料组成的复合材料截面，各材料区域的弯矩分配与其抗弯刚度成正比，即存在关系

$$\frac{M_1}{E_1I_{z1}}=\frac{M_2}{E_2I_{z2}}=\cdots=\frac{M_N}{E_NI_{zN}} \tag{4-56}$$

因此第 j 种材料区域上承受的弯矩为

$$M_j=\frac{ME_jI_{zj}}{\sum_{i=1}^{N}E_iI_{zi}} \tag{4-57}$$

在复合截面上的第 j 种材料区域内部，弯曲正应力服从线性分布，计算公式为

$$\sigma_j = \frac{M_j y}{I_{zj}} \tag{4-58}$$

将式(4－57)代入式(4－58)得到第 j 种材料区域的弯曲正应力

$$\sigma_j = \frac{M E_j y}{\sum_{i=1}^{N} E_i I_{zi}} \tag{4-59}$$

式(4－59)就是舱段间复合材料连接截面在弯矩作用下各连接件的正应力计算公式。式(4－59)不仅适用于贯穿复合截面内部以正应力形式承受截面弯矩的连接件的强度计算，还可用于处理连接截面某区域为两种材料的接触面，以接触面之间相互挤压应力形式承受截面弯矩的问题。这里需要指出的是，当以两种材料的接触挤压应力承受截面弯矩时，问题较为复杂。为简化问题，计算所采用的横截面积可取实际接触面积，所采用的弹性模量视具体情况而定。若两种材料弹性模量较为接近，可取二者的平均值；若两种材料弹性模量相差较大，可近似取为二者中较小者。工程应用表明，这样取值所计算出的应力值精度是可以接受的。式(4－59)不限定连接件形状、材料力学性能及其分布规律，具有一般性，可广泛应用于制导炸弹舱段间连接件在截面弯矩作用下的弯曲应力计算。

螺栓是制导炸弹舱段间最常见的连接件之一。在截面弯矩作用下，舱段连接螺栓的工作应力可根据梁的弯曲理论进行分析计算，即式(4－59)是适用的。

若舱段间连接件全部采用轴向螺栓，则舱段间的载荷全部由轴向螺栓受拉压以及部分舱体受压来传递。半径为 R，全部通过轴向螺栓连接的舱段截面如图 4－22(a)所示。考虑舱段间载荷全部由轴向螺栓传递的极限情形。由于轴向螺栓的横截面积远远小于舱段连接截面横截面积，可近似认为在螺栓横截面上正应力均匀分布。取轴向螺栓截面形心相对中性轴(z 轴)的偏移量 $L_j(j=1, 2, \cdots, N)$ 作为螺栓截面至中性轴的平均距离，第 j 个轴向螺栓正应力可表示为

$$\sigma_j = \frac{M E_j L_j}{\sum_{i=1}^{N} E_i A_i L_i^2} \tag{4-60}$$

式中，A_i 代表第 i 个轴向螺栓对应于小径的横截面积。相应地，轴力公式可表示为

$$F_j = \frac{M E_j A_j L_j}{\sum_{i=1}^{N} E_i A_i L_i^2} \tag{4-61}$$

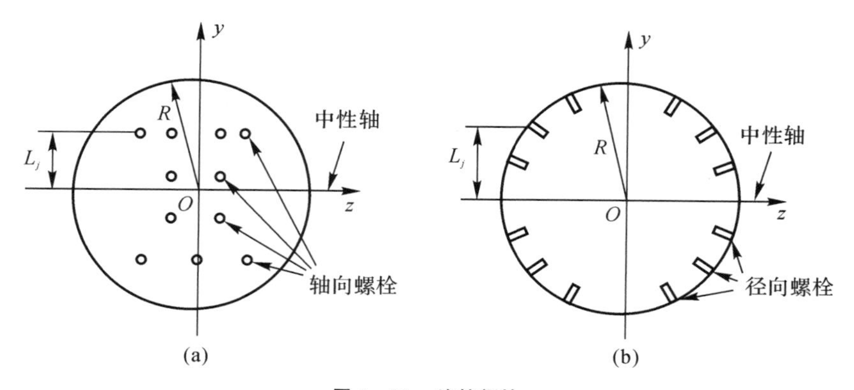

图 4-22　连接螺栓

(a) 轴向螺栓示意；(b) 径向螺栓示意

进一步地，若将距 z 轴距离同为 L_i 的轴向螺栓分成一组，该组螺栓数为 n_i，共分为 N_1 组，则式(4-60)、式(4-61)可改写为

$$\sigma_j = \frac{ME_jL_j}{\sum_{i=1}^{N_1} n_iE_iA_iL_i^2} \tag{4-62}$$

$$F_j = \frac{ME_jA_jL_j}{\sum_{i=1}^{N_1} n_iE_iA_iL_i^2} \tag{4-63}$$

式(4-62)、式(4-63)若考虑 L_j 的正负号，则中性轴两侧距离相等的螺栓所受正应力大小相等、符号相反。若不考虑 L_j 的正负号，可将距中性轴距离的绝对值相等的所有螺栓视为一组，先计算出共同的正应力绝对值，再根据截面弯矩方向判断正应力正负号。若所有轴向螺栓规格与材料都相同，即

$$\begin{aligned} A_1 &= A_2 = \cdots = A_{N_1} \\ E_1 &= E_2 = \cdots = E_{N_1} \end{aligned} \tag{4-64}$$

则式(4-62)、式(4-63)可简化为

$$\sigma_j = \frac{ML_j}{\sum_{i=1}^{N_1} n_iA_iL_i^2} \tag{4-65}$$

$$F_j = \frac{ML_j}{\sum_{i=1}^{N_1} n_iL_i^2} \tag{4-66}$$

径向螺栓多见于连接形式为套接的舱段连接截面。若套接截面上连接件全部采用径向螺栓，截面上的载荷由径向螺栓受剪及配合面的挤压摩擦力来传

递。考虑载荷大于配合面的挤压摩擦力，舱段间的载荷由全部径向螺栓受剪来传递的极限情形，半径为 R，全部采用径向螺栓连接的舱段截面如图 4－22(b) 所示。截面弯矩靠螺栓侧面挤压舱壁（螺孔）对截面中性轴（z 轴）产生的合力矩来平衡。径向螺栓侧面挤压舱壁的投影面积远远小于舱段连接截面的横截面积，可近似认为在挤压面上挤压应力均匀分布。因此，可以类似地采用式(4－54)、式(4－60)～(4－66) 计算中性轴位置及螺栓与舱壁之间的挤压应力。此时式中 E_j、A_j 分别代表第 j 个径向螺栓与舱壁材料弹性模量平均值或较小者，以及舱壁受螺栓挤压的等效投影面积。根据作用力与反作用力，舱壁所受挤压力即径向螺栓横截面所受剪切力，进而可计算出径向螺栓的工作剪应力。

与径向螺栓挤压螺孔类似，环齿也是通过侧面的相互挤压传递截面弯矩的，具体的处理方式可以参考径向螺栓的计算方法。计算复合截面上贯穿截面的梁结构在截面弯矩作用下的正应力时，横截面积与弹性模量即为梁的横截面积与弹性模量。除此之外，舱段复合连接截面上其他连接件在截面弯矩作用下的应力也都可以用本节介绍的方法计算。

(2) 径向螺栓连接算例。

某型号制导炸弹战斗部与尾舱对接截面如图 4－23 所示。舱段连接方式为套接，套接截面上均布 12 个规格为 M10 的径向螺栓，螺栓材料性能为 8.8 级。套接处内外舱段接触面半径 $R=120$ mm。对该导弹进行了法向（即 y 方向）静强度试验，对接截面最大弯矩为 14 400 N·m。试验结束后检查试件，发现 6、7 号螺栓产生了弯曲变形，其他螺栓均未产生显著塑性变形及破坏。

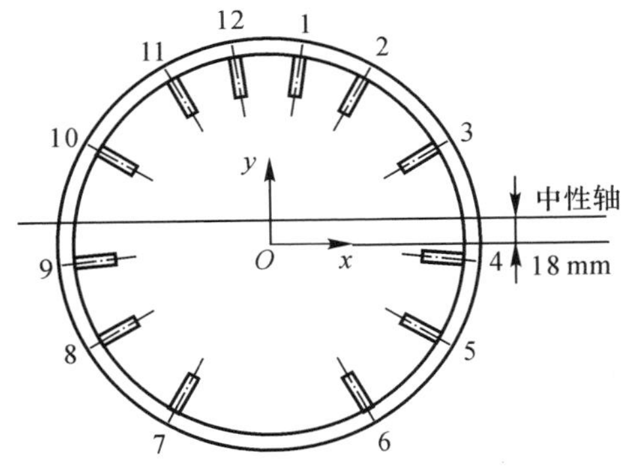

图 4－23 对接截面示意图

针对该试验现象展开理论分析。由组合图形形心坐标公式可计算出该截面中性轴位置位于 $\bar{y}=18$ mm 处，各螺栓受挤压侧面形心距离中性轴的距离见表 4－8，可见第 Ⅰ、Ⅱ、Ⅵ 组螺栓距离中性轴距离较远，因此所承受的弯曲应力也较大。利用本节介绍的强度计算理论，分析在弯矩作用下第Ⅰ、Ⅱ、Ⅵ组螺栓的应力，结果见表4－9。

表4－8　对接螺栓受挤压侧面形心至中性轴距离

组　号	螺栓编号	$\bar{y}_i$/mm
Ⅰ	1、12	100.2
Ⅱ	2、11	85.9
Ⅲ	3、10	42
Ⅳ	4、9	28.5
Ⅴ	5、8	78
Ⅵ	6、7	121.9

表4－9　8.8级对接螺栓应力　　单位：MPa

组　号	螺栓编号	σ	τ	σ_{eq}
Ⅰ	1、12	224	319.9	597.6
Ⅱ	2、11		274.4	525.4
Ⅵ	6、7		389.0	710.0

螺栓在拧紧时有一定的预紧力，规定螺栓预紧正应力为材料屈服极限的35%，即

$$\sigma = 0.35\sigma_s \tag{4-67}$$

式中：σ_s 为螺栓材料屈服极限。

由于径向螺栓同时受拉和受剪，应按第三或第四强度理论计算等效应力，从而分析螺栓的强度。径向螺栓峰值等效应力可按下式计算

$$\sigma_{eq} = \begin{cases} \sqrt{\sigma^2 + 4\tau^2} & (\sigma > \tau) \\ \sqrt{\sigma^2 + 3\tau^2} & (\sigma < \tau) \end{cases} \tag{4-68}$$

由表4－9计算结果可知，距离 z 轴最远的第Ⅵ组螺栓(6、7号)应力最大，峰值等效应力为710 MPa，大于8.8级螺栓的屈服极限，小于其强度极限，因此在试验中产生塑性变形。第Ⅰ、Ⅱ组螺栓的峰值等效应力均在8.8级螺栓的屈服极限以下，强度满足要求。

为提高舱段连接强度，将对接螺栓更换为10.9级。对更换完的螺栓进行静强度分析，结果见表4－10。

表4-10　10.9级对接螺栓应力　　单位:MPa

组　号	螺栓编号	σ	τ	σ_{eq}
Ⅰ	1、12	315	319.9	637.3
Ⅱ	2、11		274.4	632.7
Ⅵ	6、7		389.0	743.7

由表4-10计算结果表明,最大峰值等效应力发生在第Ⅵ组螺栓,应力值为743.7 MPa,小于10.9级螺栓的屈服极限,满足静强度要求。

对更换完螺栓的结构件重复进行静强度试验,试验结束后检查试件,所有螺栓均无显著塑性变形。

2. 滑块连接强度

动力增程型制导炸弹一般配装固体火箭发动机,可以采用滑轨式发射方式。在载机挂飞过程中,可能会受到轴向(x向)、法向(y向)、侧向(z向)过载或冲击作用,全弹挂装示意图和轮廓图如图4-24、图4-25所示。

滑轨与弹体一般采用一体成型或螺栓连接形式,其中螺栓连接形式使结构的受力情况更为严酷,因此螺栓和滑轨的"侧翼"往往成为强度薄弱位置。

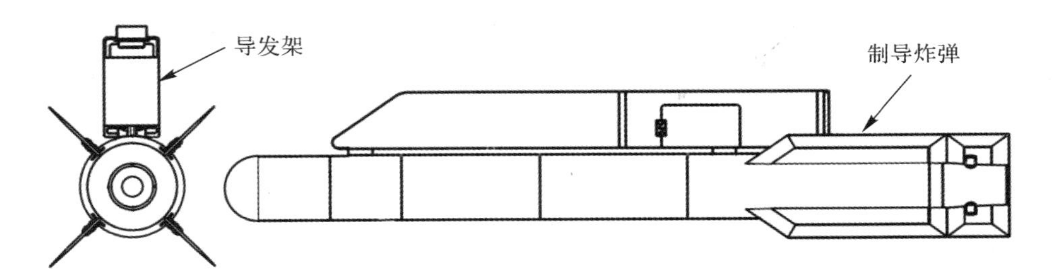

图4-24　全弹挂装示意图

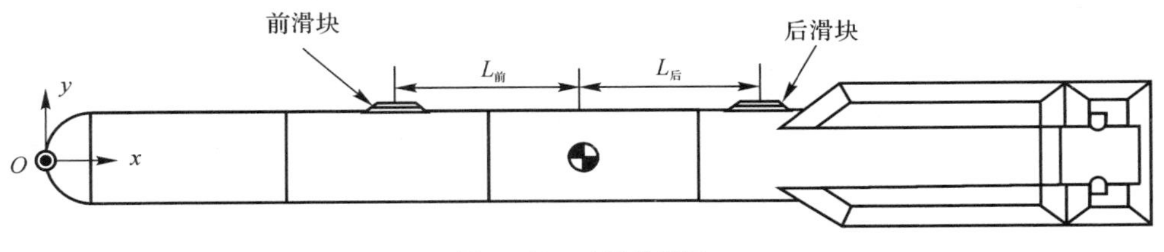

图4-25　全弹轮廓图

(1) 轴向过载或冲击。弹体受轴向过载或冲击时,滑块螺栓将受沿弹体法向及轴向的力作用,即分别使螺杆承受工作正应力和剪应力。

在轴向过载或冲击作用下，前、后滑块与弹体间作用力如图 4-26 所示。制导炸弹挂装时，导发架会轴向约束前滑块的前端面和后滑块的后端面，根据实际挂装情况，滑块约束形式可能会有不同。由于惯性效应和导发架约束使得滑块与弹体接触面有相对运动趋势，因而滑块螺栓在该接触面受剪切力或拉力作用。弹体对滑块的作用为正法向力时，滑块螺栓不承载；弹体对滑块的作用为负法向力时，滑块螺栓受拉力作用。

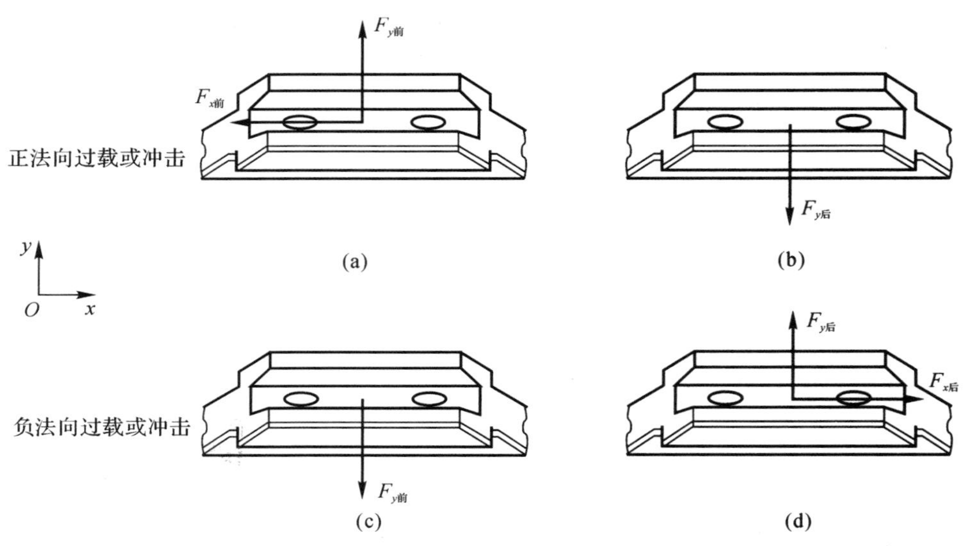

图 4-26　轴向过载或冲击时弹体对滑块作用力

(a) 前滑块；(b) 后滑块；(c) 前滑块；(d) 后滑块

在正轴向过载或冲击作用下，前、后滑块螺栓所受弹体对其 x、y 方向的作用力为

$$\left.\begin{aligned} &F_{x前}=\frac{mga}{n_{前}},\quad F_{x后}=0\\ &F_{y前}=0,\quad F_{y后}=\frac{mgaR}{n_{后}(L_{前}+L_{后})}\end{aligned}\right\}\tag{4-69}$$

式中：$F_{x前}$、$F_{x后}$ 为弹体对前、后滑块在 x 方向的作用力；$F_{y前}$、$F_{y后}$ 为弹体对前、后滑块在 y 方向的作用力；m 为全弹质量；g 为重力加速度；a 为过载系数或冲击峰值；R 为弹体半径；$n_{前}$、$n_{后}$ 为前、后滑块连接螺栓数量；$L_{前}$、$L_{后}$ 为前、后滑块相对质心的轴向距离。

在正轴向过载或冲击作用下，连接螺栓的正应力及剪应力分别为

$$\left.\begin{aligned}&\sigma_{前}=0,\quad \sigma_{后}=\sigma_{yj}+\frac{F_{y后}}{A}\delta\\&\tau_{前}=\frac{F_{x前}}{A}\delta,\quad \tau_{后}=0\end{aligned}\right\}\tag{4-70}$$

式中:$\sigma_{前}$、$\sigma_{后}$ 为前、后滑块螺栓正应力;$\tau_{前}$、$\tau_{后}$ 为前、后滑块螺栓剪应力;σ_{yj} 为螺栓预紧正应力;A 为螺栓横截面积(对应于小径);δ 为冲击放大系数,若弹体受过载作用则取 1,若受经典冲击脉冲作用时,可使用表 4-11 所示的推荐值。

表 4-11　冲击放大系数推荐值

冲击脉冲	推荐值
半正弦	1.8
矩形	2.0
后峰锯齿	1.275

在负轴向过载或冲击作用下,前、后滑块螺栓所受弹体对其 x、y 方向载荷大小为

$$\left.\begin{aligned}&F_{x前}=0,\quad F_{x后}=\frac{mga}{n_{后}}\\&F_{y前}=\frac{mgaR}{n_{前}(L_{前}+L_{后})},\quad F_{y后}=0\end{aligned}\right\}\tag{4-71}$$

在负轴向过载或冲击作用下,连接螺栓的正应力及剪应力为

$$\left.\begin{aligned}&\sigma_{前}=\sigma_{yj}+\frac{F_{y前}}{A}\delta,\quad \sigma_{后}=0\\&\tau_{前}=0,\quad \tau_{后}=\frac{F_{x后}}{A}\delta\end{aligned}\right\}\tag{4-72}$$

利用第四强度理论计算相当应力,作为材料失效判断准则。

(2) 法向过载或冲击。

弹体受过载或法向冲击时,滑块的螺栓将受沿弹体法向力作用,使螺栓承受工作正应力。在法向过载或冲击作用下,前、后滑块与弹体间作用力如图 4-27 所示。

在正法向过载或冲击作用下,前、后滑块螺栓所受弹体对其 x,y 方向的作用力为

$$\left.\begin{aligned}&F_{x前}=0,\quad F_{x后}=0\\&F_{y前}=\frac{mgaL_{后}}{n_{前}(L_{前}+L_{后})},\quad F_{y后}=\frac{mgaL_{前}}{n_{后}(L_{前}+L_{后})}\end{aligned}\right\}\tag{4-73}$$

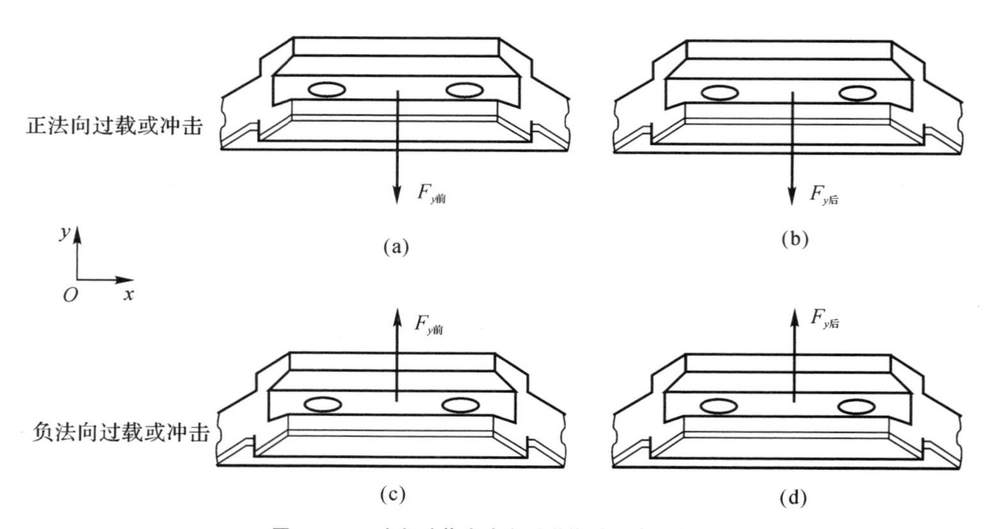

图 4－27　法向过载或冲击时弹体对滑块作用力

(a) 前滑块；(b) 后滑块；(c) 前滑块；(d) 后滑块

在该状态下，连接螺栓的正应力及剪应力分别为

$$\left.\begin{aligned}&\sigma_{前}=\sigma_{yj}+\frac{F_{y前}}{A}\delta,\quad \sigma_{后}=\sigma_{yj}+\frac{F_{y后}}{A}\delta\\&\tau_{前}=0,\quad \tau_{后}=0\end{aligned}\right\}\tag{4-74}$$

在负法向过载或冲击作用下，弹体对前、后滑块的螺栓在 x，y 方向无作用力，则螺栓的工作应力均由预紧力产生，即

$$\left.\begin{aligned}&\sigma_{前}=\sigma_{yj}\\&\sigma_{后}=\sigma_{yj}\end{aligned}\right\}\tag{4-75}$$

在法向过载或冲击作用下，前、后滑块的侧翼受到导发架支反力作用，侧翼根部受力较为严酷。前、后滑块与导发架的相互作用力如图 4－28 所示，作用区域为前、后滑块的外伸“侧翼”。

在法向过载或冲击作用下，滑块的侧翼所受挂架对其 y 方向作用力为

$$\left.\begin{aligned}&F_{y前翼}=\frac{mgaL_{后}}{2(L_{前}+L_{后})}\\&F_{y后翼}=\frac{mgaL_{前}}{2(L_{前}+L_{后})}\end{aligned}\right\}\tag{4-76}$$

侧翼可视为悬臂板结构，上下表面受法向面均布力，如图 4－29 所示，其中 $F_{y前翼}$、$F_{y后翼}$ 为分布力的合力。

侧翼根部受到板面外的弯矩 M_z、剪力 Q_z 共同作用。前滑块侧翼 M_z、Q_z 大小为

$$\left.\begin{aligned} M_z &= \frac{F_{y前翼} l_{前}}{C_{前}} \\ Q_z &= \frac{F_{y前翼}}{C_{前}} \end{aligned}\right\} \tag{4-77}$$

后滑块侧翼 M_z、Q_z 大小为

$$\left.\begin{aligned} M_z &= \frac{F_{y后翼} l_{后}}{C_{后}} \\ Q_z &= \frac{F_{y后翼}}{C_{后}} \end{aligned}\right\} \tag{4-78}$$

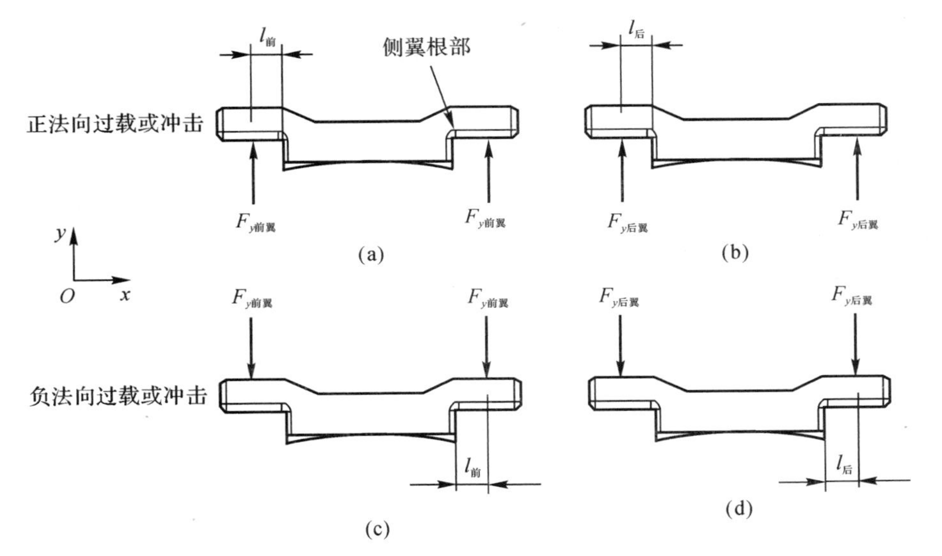

图 4-28　法向过载或冲击时导发架对滑块作用力

(a) 前滑块；(b) 后滑块；(c) 前滑块；(d) 后滑块

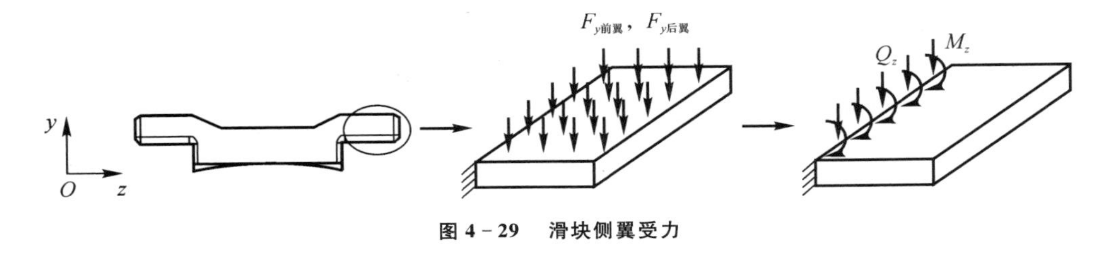

图 4-29　滑块侧翼受力

式中：$F_{y前翼}$、$F_{y后翼}$ 为挂架对前、后滑块侧翼在 y 方向上的作用力；$l_{前}$、$l_{后}$ 为前、后滑块侧翼表面压力中心至侧翼根部距离；$C_{前}$、$C_{后}$ 为前、后滑块侧翼长度；$c_{前}$、$c_{后}$ 为前、后滑块压力中心侧向距离，如图 4-30 所示。

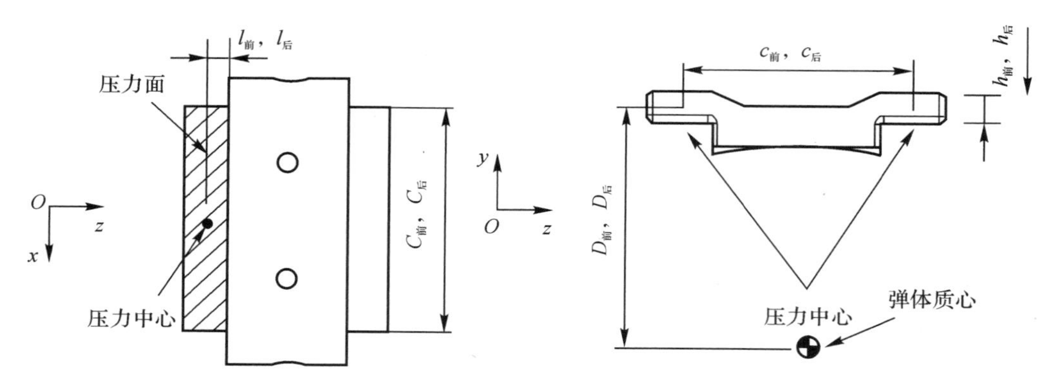

图 4-30　滑块侧翼受力图

静载荷 M_z 在侧翼根部引起的正应力在板的中性面为零，在板上下表面达到最大值，其值为

$$\sigma_M = \frac{6}{h^2} M_z \tag{4-79}$$

式中：$h(h_{前}、h_{后})$ 为前、后滑块的厚度。

静载荷 Q_z 在侧翼根部引起的剪应力在板的顶面和底面为零，在板的中性面达到最大值，其值为

$$\tau_Q = \frac{3}{2h} Q_z \tag{4-80}$$

在过载或冲击作用下，侧翼根部板表面的正应力、中性面的剪应力分别为

$$\left.\begin{aligned} \sigma &= \sigma_M \delta \\ \tau &= \tau_Q \delta \end{aligned}\right\} \tag{4-81}$$

利用第四强度理论计算相当应力，作为材料失效判断准则。

(3) 侧向过载或冲击。

弹体受侧向过载或冲击时，滑块螺栓将受沿弹体法向及侧向的力作用，即分别使螺杆承受工作正应力和剪应力。在侧向冲击作用下，前、后滑块与弹体间作用力如图 4-31 所示。

在侧向过载或冲击作用下，前、后滑块的单个螺栓所受弹体对其 y、z 方向作用力为

$$\left.\begin{aligned} F_{y前} &= \frac{mgal_{后} R}{n_{拉前}(l_{前}+l_{后})l'_{前}}, \quad F_{y后} = \frac{mgal_{前} R}{n_{拉后}(l_{前}+l_{后})l'_{后}} \\ F_{z前} &= \frac{mgal_{后}}{n_{前}(l_{前}+l_{后})}, \quad F_{z后} = \frac{mgal_{前}}{n_{后}(l_{前}+l_{后})} \end{aligned}\right\} \tag{4-82}$$

式中：$F_{z前}$、$F_{z后}$ 为弹体对前、后滑块在 z 方向的作用力；$l'_{前}$、$l'_{后}$ 为前、后滑块对

弹体压力中心与受拉螺栓的侧向距离；$n_{拉前}$、$n_{拉后}$ 为前、后滑块受拉螺栓数量。

滑块底部的压力面、压力中心和受拉螺栓如图 4－32 所示。

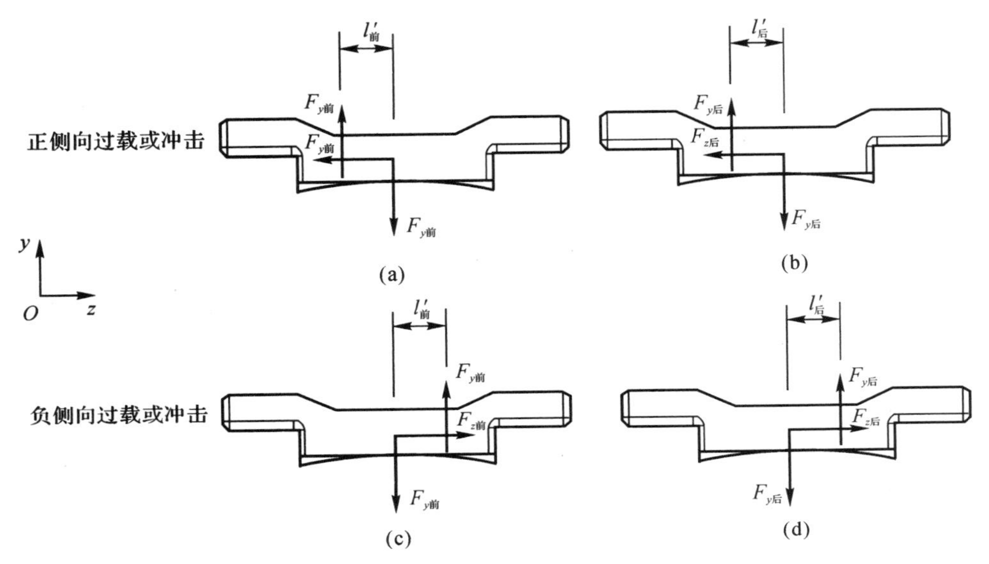

图 4－31 侧向过载或冲击时弹体对滑块的作用力

(a) 正侧向前滑块；(b) 正侧向后滑块；(c) 负侧向前滑块；(d) 负侧向后滑块

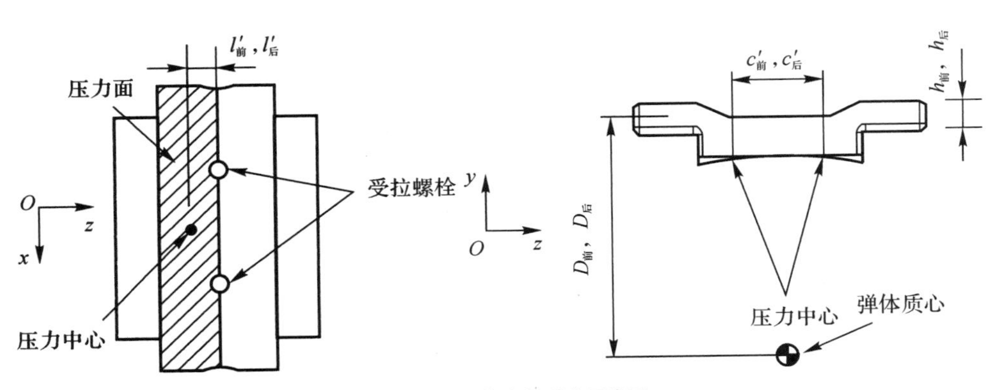

图 4－32 滑块底部受力示意图

在侧向过载和冲击作用下，螺栓的正应力及剪应力分别为

$$\left.\begin{aligned} \sigma_{前} &= \sigma_{yj} + \frac{F_{y前}}{A}\delta, \quad \sigma_{后} = \sigma_{yj} + \frac{F_{y后}}{A}\delta \\ \tau_{前} &= \frac{F_{z前}}{A}\delta, \quad \tau_{后} = \frac{F_{z后}}{A}\delta \end{aligned}\right\} \tag{4-83}$$

在侧向过载或冲击作用下，前、后滑块侧翼受到导发架支反力作用，侧翼根部受力较为严酷，前、后滑块与导发架的相互作用力如图 4－33 所示。

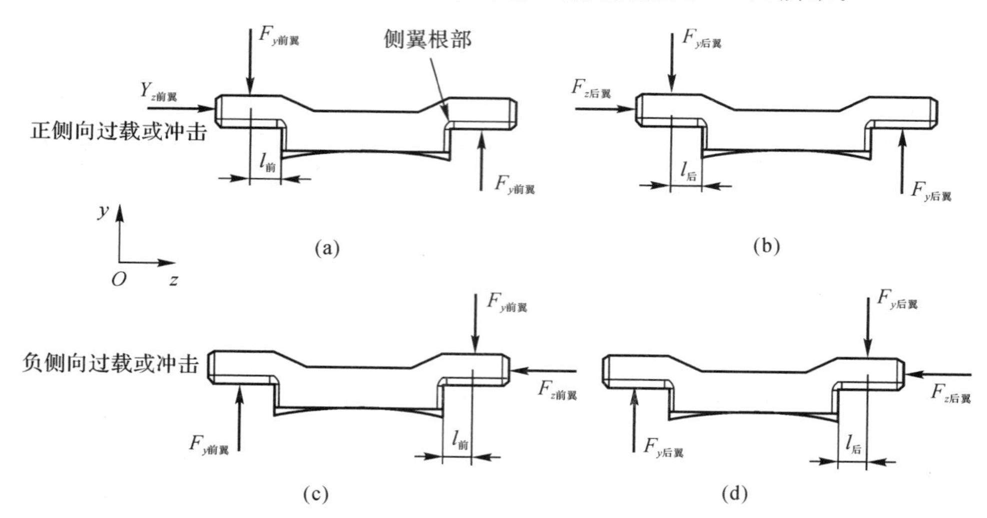

图 4－33　侧向过载或冲击时导发架对滑块作用力

(a) 正侧向前滑块；(b) 正侧向后滑块；(c) 负侧向前滑块；(d) 负侧向后滑块

在侧向过载或冲击作用下，前、后滑块侧翼所受挂架对其 y、z 方向作用力为

$$\left.\begin{aligned} F_{y前翼} &= \frac{mgal_后\ D_前}{(l_前 + l_后)c_前}, \quad F_{y后翼} = \frac{mgal_前\ D_后}{(l_前 + l_后)c_后} \\ F_{z前翼} &= \frac{mgal_后}{l_前 + l_后}, \quad F_{z后翼} = \frac{mgal_前}{l_前 + l_后} \end{aligned}\right\} \tag{4-84}$$

式中：$F_{z前翼}$、$F_{z后翼}$ 为挂架对前、后滑块侧翼在 z 方向的作用力；$D_前$、$D_后$ 为弹体质心相对前、后滑块侧翼的垂直距离；$c'_前$、$c'_后$ 为前、后滑块两侧翼压力中心侧向距离。

侧翼可视为悬臂板结构，上表面受法向面均布力，自由端部受侧向面均布力，如图 4－34 所示，图中 $F_{y前翼}$、$F_{y后翼}$、$F_{z前翼}$、$F_{z后翼}$ 为分布力的合力。

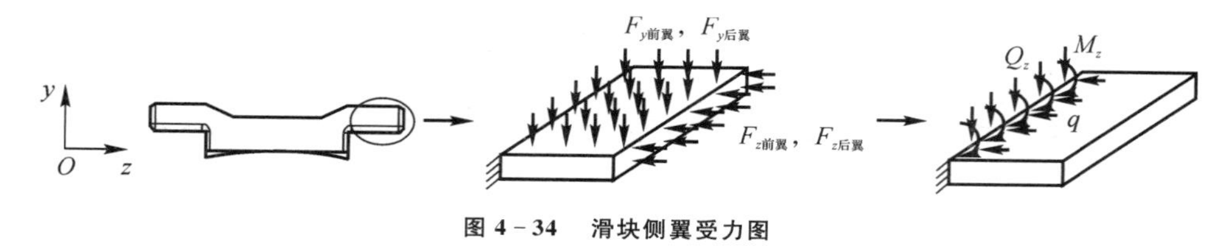

图 4－34　滑块侧翼受力图

滑块侧翼根部受到板面外的弯矩 M_z、剪力 Q_z 以及板表面内的载荷 q 共同作

用。前滑块侧翼 M_z、Q_z、q 大小为

$$\left.\begin{aligned} M_z &= \frac{F_{y前翼} l_{前}}{C_{前}} \\ Q_z &= \frac{F_{y前翼}}{C_{前}} \\ q &= \frac{F_{z前翼}}{C_{前}} \end{aligned}\right\} \tag{4-85}$$

后滑块侧翼 Mz、Q_z、q 大小为

$$\left.\begin{aligned} M_z &= \frac{F_{y后翼} l_{后}}{C_{后}} \\ Q_z &= \frac{F_{y后翼}}{C_{后}} \\ q &= \frac{F_{z后翼}}{C_{后}} \end{aligned}\right\} \tag{4-86}$$

静载荷 M_z 在侧翼根部引起的正应力在板的中性面为零，在板的上下表面达到最大值，其值为

$$\sigma_M = \frac{6}{h^2} M_z \tag{4-87}$$

静载荷 Q_z 在侧翼根部引起的剪应力在板的上下表面为零，在板的中性面达到最大值，其值为

$$\tau_Q = \frac{3}{2h} Q_z \tag{4-88}$$

静载荷 q 在侧翼根部引起的正应力沿板厚方向均匀分布，其值为

$$\sigma_q = \frac{q}{h} \tag{4-89}$$

侧翼根部由于过载或冲击产生的表面正应力、板中性面剪应力分别为

$$\left.\begin{aligned} \sigma &= (\sigma_M + \sigma_q)\delta \\ \tau &= \tau_Q \delta \end{aligned}\right\} \tag{4-90}$$

利用第四强度理论计算相当应力，作为材料失效判断准则。

4.4.4 舱体静强度

1. 舱体弯曲

制导炸弹的舱体包含圆柱形、圆锥形、近似矩形截面舱体，还包括头部或者尾部的半球或钝头舱体。

舱体壁厚一般小于 5 mm，大部分介于 2～4 mm 之间，都是典型的壳结构。

壳体结构具有十分优异的承载能力，在制导炸弹的应用中十分广泛，对于壳体结构的强度分析主要考虑舱体上的开孔(包括方形舱口、圆形接口等)、开槽(适合升力面)。制导炸弹典型的舱体建模如图 4-35 所示。

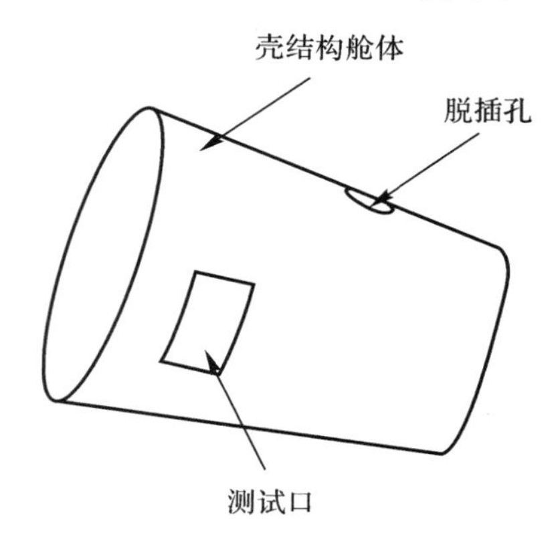

图 4-35　典型舱段强度分析模型

制导炸弹舱体一般采用整体铸造或者先铸造后机加的方式进行生产，强度设计应重点关注舱体上的开口部位。制导炸弹的舱体直径一般在 300 mm 以内，舱段长度一般为 200～300 mm 长，舱体厚度一般不大于 5 mm，大部分为 3 mm左右，少部分大重量级的制导炸弹结构参数会有所不同。制导炸弹上的测试口、载机交联口(脱插口)是造成强度削弱的主要部位，进行强度分析时应重点关注其应力集中情况。结构设计中对于矩形开口，应注意设置倒角，防止出现极为严重的应力集中现象。通常开展舱体强度计算时，对于螺钉孔等很小的舱体开口，可以忽略不计，专注于那些开口较大的舱口，因为在同等舱体厚度的情况下，开口大的位置应力情况一般比小孔严酷。

舱体的极限应力计算参照 4.2.6 节的内容开展，得到舱段的名义应力，然后根据舱口的应力集中系数得到常见舱口的极限应力。一般情况下舱体的应力状态比较复杂，尤其是形状比较复杂的舱体以及内部存在加强筋的舱体，对于这种比较复杂情况，开展有限元计算是比较合适的选择。舱体的有限元建模如图 4-36 所示。

局部网格加密可以获得比较准确的应力分布，但并非越密的网格获得的结果越令人满意，这其中除了需要考虑计算成本的问题，还需考虑网格加密对计算结果的影响，详见 4.4.6 节的相关内容。一般情况下，加密网格要保证结果是逐渐收敛的，网格加密一倍后，获得的计算结果差别在 5%以内是可以接受的，也表明没有必要再进一步加密网格进行计算。

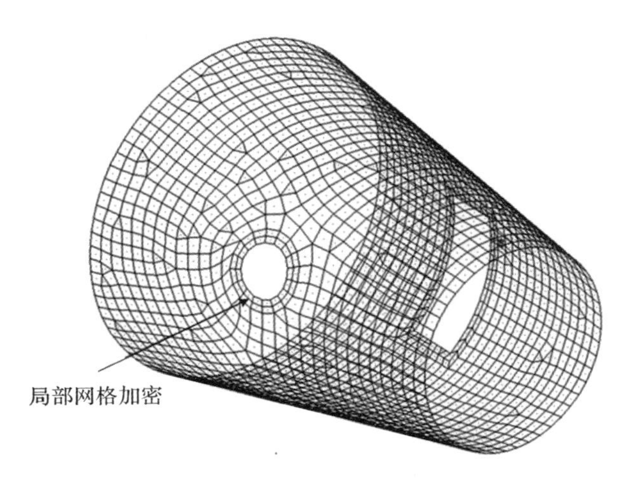

图 4-36 典型舱段的有限元网格模型

2. 压缩失稳

对于圆柱形舱段，尤其是长细比超过 20 的制导炸弹，存在舱段连接截面，这些截面一般经过特殊加强（套接、舱壁加厚处理等），以保证弹体的横向刚度，轴向压缩失稳难以出现。对于薄壁舱段的发动机壳体（尤其是对于长细比超过 10 的舱体），压缩强度也是引起结构产生破坏的主要原因。由于存在发动机推力的作用，舱体的轴向稳定性按照 4.2.7 节的压杆稳定性计算公式进行求解。此时，考虑初始的惯性载荷，等效压杆一端处于固支状态，另一端处于自由状态。

4.4.5 弹翼

1. 弹翼截面应力计算

弹翼是制导炸弹常用的升力面，包括大展弦比的平直翼和小展弦比的梯形翼，可采用金属、复合材料或二者混合设计形式，图 4-37、图 4-38 给出了制导炸弹常用的弹翼横截面。弹翼结构设计最基本的原则之一是满足强度和刚度要求，对于受压部位应检查其稳定性。对于大展弦比弹翼，由于刚度较低，还应检查其结构动力学特性，以满足振动特性和气动弹性对固有频率和振型的要求。

弹翼所受主要载荷为气动力，对于亚声速的制导炸弹，其气动力作用位置一般近似位于 1/4 弦长、1/2 展长位置，因此弹翼主要承受弯曲载荷，同时还承受一定的扭矩。

根据材料力学的弯曲应力计算方法可知：弹翼横截面的最大应力主要与横截面惯性矩大小相关，一般截面惯性矩计算如图 4-39 所示。

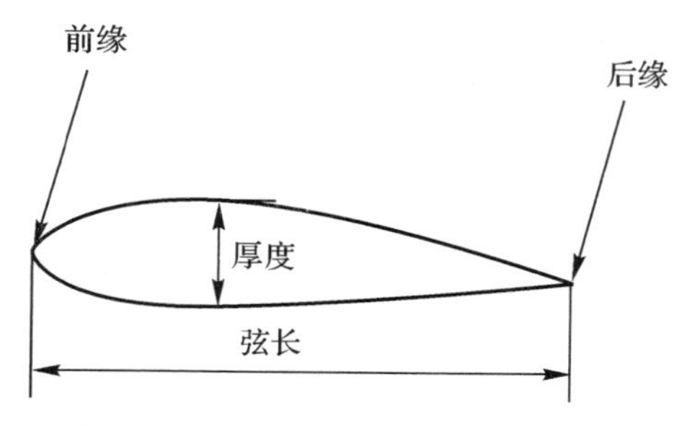

图 4-37 采用 NACA 翼型的弹翼横截面

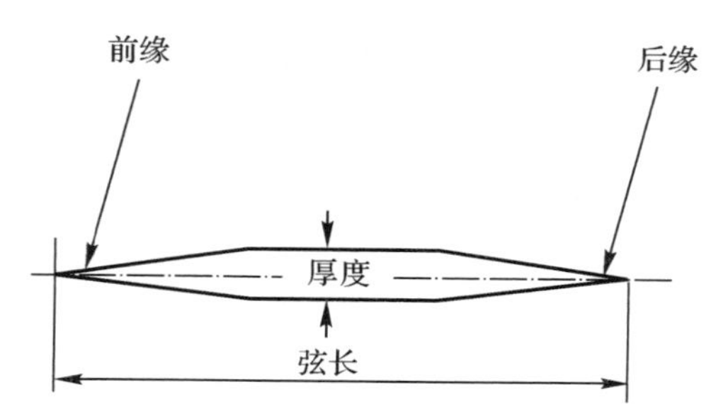

图 4-38 六边形对称翼型的横截面

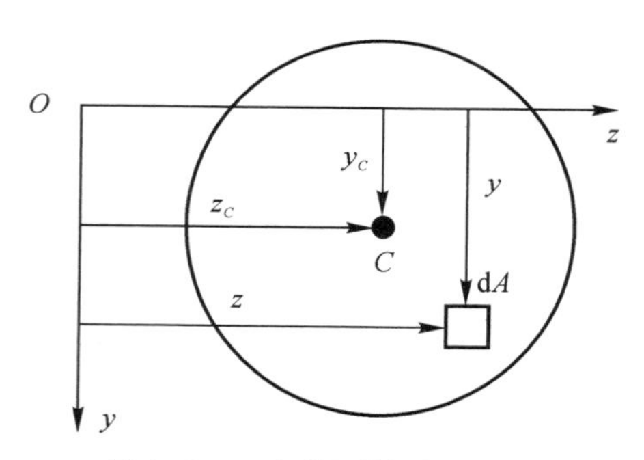

图 4-39 一般截面的惯性矩计算

截面惯性矩通用计算公式为

$$I_y = \int_A z^2 \mathrm{d}A \tag{4-91}$$

$$I_z = \int_A y^2 \mathrm{d}A \tag{4-92}$$

弹翼横截面惯性矩的计算，沿弹翼横截面外轮廓画一个矩形，长与宽（厚）分别记作 b 与 h。构造一个等效矩形，令该矩形的惯性矩与弹翼不规则横截面的

惯性矩相等,并令其长为 b,其宽记为 h_e,称为等效厚度。本计算目的在于找到等效厚度 h_e 与宽度 b(或厚度 h)之间的关系。弹翼横截面外轮廓矩形与等效矩形如图 4-40 所示。

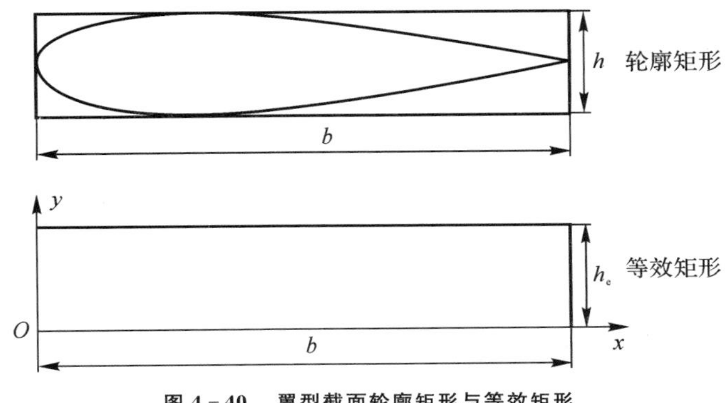

图 4-40 翼型截面轮廓矩形与等效矩形

由于弹翼横截面形状不规则,这里采用近似数值方法计算其惯性矩。将横截面沿边长 b 方向离散为一系列微段,每个微段看作一个狭长的矩形。由定义可知,横截面惯性矩可近似认为是每个微段惯性矩的累加。

$$I_x = \sum I_{xi} \tag{4-93}$$

设第 i 个微段沿长度与厚度方向的几何尺寸分别为 b_i 和 h_i,x 轴沿形心轴偏移量为 y_i,横截面惯性矩为

$$I_x = \sum \left(\frac{b_i h_i^3}{12} + b_i h_i y_i^2\right) \tag{4-94}$$

若将弹翼横截面等比例放大 n_1 倍,每个微段也将等比放大 n_1 倍,沿长度与厚度方向的几何尺寸分别为 $n_1 b_i$ 和 $n_1 h_i$,x 轴沿形心轴偏移量为 $n_1 y_i$,则横截面惯性矩为

$$I_{xn1} = \sum I_{x1,i} = \sum \left[\frac{n_1 b_i (n_1 h_i)^3}{12} + n_1 b_i (n_1 h_i)(n_1 y_i)^2\right] \tag{4-95}$$

若将等效矩形等比例放大 n_2 倍,则等效厚度放大 n_2 倍,即等效厚度变为 $n_2 h_i$,x 轴沿形心轴偏移量为 $n_2 y_i$,此时的等效矩形截面惯性矩为

$$I_{xn2} = \sum I_{x2,i} = \sum \left[\frac{n_2 b_i (n_2 h_i)^3}{12} + n_2 b_i (n_2 h_i)(n_2 y_i)^2\right] \tag{4-96}$$

比较式(4-95)与式(4-96),不难得出,当 $n_1 = n_2$ 时,$I_{xn1} = I_{xn2}$,即长度 b,厚度 h,等效厚度 h_e 应一致等比例缩放。

由以上举例说明计算过程,已知弹翼横截面上下轮廓各微段的横纵坐标,利用式(4-91)、式(4-92)可近似计算出惯性矩,数值计算结果如表 4-12 所示。

表 4-12　等效厚度数值计算结果　单位:mm

轮廓矩形尺寸		等效矩形尺寸	
宽度 b	厚度 h	宽度 b	等效厚度 h_e
100	10	100	7.968 5
200	20	200	15.937 0
300	30	300	23.905 4
330	33	330	26.296 0
400	40	400	31.873 9
500	50	500	39.842 4

惯性矩的计算解决了弹翼横截面应力的计算,但是对于一般弹翼的变形计算,以及考虑扭转状态的应力和位移分布,通常需要建立更加详细的模型开展计算,常用的方法为有限元计算。

有限元建模的基本步骤如下:

(1) 对弹翼的骨架建立详细的实体模型;

(2) 对弹翼蒙皮的壳结构建立壳单元模型;

(3) 在壳单元与骨架之间填充连接单元(一般为实体单元),填充物一般不参与承载,因此,关键在于处理蒙皮与骨架之间的载荷传递问题。

2. 复合材料弹翼设计

由于金属材料密度限制,加上其强度理论较为成熟,已不再将金属弹翼设计和强度分析作为全弹减重设计的重点和难点。复合材料具有比强度和比刚度高,以及材料各向异性等特性,在弹翼上的应用越来越广泛,其强度设计也逐渐成为重点和难点。复合材料弹翼设计应充分利用纤维轴向具有较高的强度和模量的特点,使纤维轴向与内力中的拉、压方向尽可能一致。合理选择纤维类型,优化铺层角度、铺层百分比和铺层顺序,设计完成后要利用各向异性材料强度理论进行强度分析。

(1) 弹翼铺层设计。

弹翼铺层设计,包括蒙皮铺层设计和骨架铺层设计。铺层设计关键在于各层的铺层角和铺层顺序的设计,要根据弹翼的受力特点和应力的分布水平及其工艺性来确定各层的纤维方向、铺层比和铺层顺序。骨架的布局位置主要考虑弹翼与弹身的接头位置、力的传递方向、气动力作用形式等因素。各层的纤维铺层方向和铺层顺序又直接影响力的传递和应力的分布,因此铺层设计与力的传递是相互制约的。在弹翼铺层设计中,一般在厚度方向应采用均衡对称铺层,以避免受力不均衡引起结构翘曲。

（2）弹翼接头设计。

弹翼与弹身连接通常采用螺钉形式，钉孔破坏了纤维的连续性，会影响纤维强度。为了不切断纤维，可以采取纤维绕过钉孔铺层的方式。对于承受大载荷、频繁拆卸或需含螺纹的孔，可采用预埋金属件的方式来提高孔的挤压强度和重复装配性能，此时应考虑不同材料间的电化学腐蚀问题。

在弹翼根部的接头区，采取不切断纤维而绕孔铺层时，在铺层中形成了很多空穴，很难实现规则有序的铺层，因此往往采取填充短纤维的方式。虽然短纤维强度很低，但若不采取纤维绕孔铺层方式，钉孔也将破坏纤维的连续性，从而使材料强度大大降低。总之，在弹翼连接部位，强度问题往往较为突出。

（3）弹翼根部连接强度设计。

拉伸强度设计要求为

$$\sigma=\frac{P}{(W-nd)t}\leqslant[\sigma_{\mathrm{b}}] \tag{4-97}$$

式中：P 为外界作用力；W 为弹翼连接区的宽度；d 为孔的直径；n 为孔的数量；t 为弹翼连接区的厚度；$[\sigma_{\mathrm{b}}]$ 为材料拉伸许用应力。

剪切强度设计要求为

$$\tau=\frac{P}{2net}\leqslant[\tau_{\mathrm{b}}] \tag{4-98}$$

式中：e 为孔边距；$[\tau_{\mathrm{b}}]$ 为材料剪切许用应力。

挤压强度设计要求为

$$\sigma_{\mathrm{p}}=\frac{P}{ndt}\leqslant[\sigma_{\mathrm{p}}] \tag{4-99}$$

式中，$[\sigma_{\mathrm{p}}]$ 为材料挤压许用应力。

（4）有限元分析。

制导炸弹的大展弦比弹翼通常采用经典的亚声速层流翼型，由于展向尺度较大，导致弹翼根部具有较大的弯矩，因此应尽量增加翼型的相对厚度，必要时可在内部布置金属骨架，以提高梁的抗弯刚度。开展有限元分析时，对复合材料蒙皮建立壳单元模型，骨架建立较为详细的实体单元模型，相互之间可采用节点融合或绑定节点的方式实现载荷传递。

对于边条翼和舵片来说，由于二者结构厚度比较小，普遍采用整体壁板硬壳式结构形式，因此弹翼没有明显的腹板和肋，只能布置加强筋。由于翼的结构高度小，蒙皮相对厚度比较大，蒙皮形成的抗弯刚度就比较小，特别是无法布置翼梁，因此只能增加蒙皮的厚度，则有限元计算模型必须考虑弹翼蒙皮的抗弯刚度。

弹翼有限元结构建模应根据弹翼载荷的形式、结构的传力特点及分析软件所能使用的单元类型，进行综合分析后方能确定。这一点与金属结构相同，不同的是复合材料结构建模还要兼顾工艺成型过程。以某型制导炸弹的边条翼为例，弹翼骨架简化为实体梁，蒙皮简化为板壳，采用各向异性壳单元。上、下蒙皮和骨架在对应位置上无相对位移，则采用 MPC 或节点融合。在弹翼主接头、辅助接头处节点采用固支边界条件。弹翼受到上、下翼表面气动压力作用，由于分布压力沿展向和弦向是变化的，一般按节点集中力的形式给出，如图 4－41 所示。

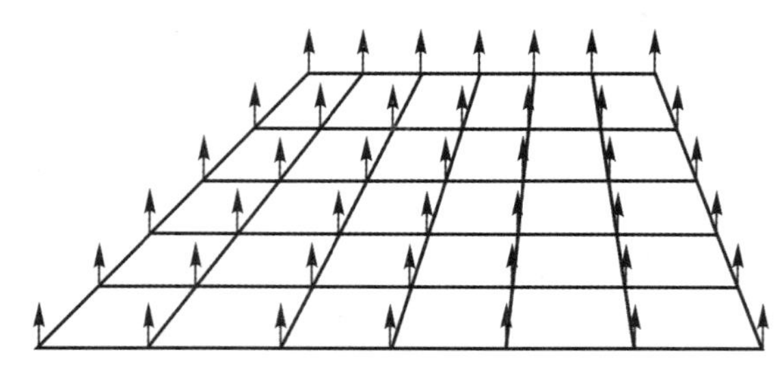

图 4－41　弹翼载荷分布形式

(5) 强度分析。

采用"层板效应"理论和"二次破坏"概念，进行复合材料弹翼强度分析，改善了复合材料结构强度分析结果偏于保守的状况。

1)"层板效应"理论。在过去的破坏分析中，引用复合材料单层板五个强度参数 X_t、X_c、Y_t、Y_c、S，这五个参数是单层板的试验结果，不存在相邻层的影响，且以前的各种破坏准则中均未考虑到相邻层的影响。实际上，层板中各单层板均受相邻层的影响。层压板试验破坏值比理论计算值明显偏高，计算值过于保守。因此，以层板中某一单层强度实际值 X'_t、X'_c、Y'_t、Y'_c、S' 取代 X_t、X_c、Y_t、Y_c、S。

2)"二次破坏"概念。复合材料层压板最先一层破坏的载荷值与试验破坏值相差很大。当理论上最先一层破坏时，实际整个结构还能继续承载。"二次破坏"概念认为复合材料层压板的破坏是一个瞬态的连续过程。结构某局部在给定内力作用下发生最先一层破坏后，此处局部刚度退化，但内力来不及重新分布，因而很快会发生第二次破坏。若此时破坏的层数与总层数之比达到一定的百分比，就认为在此载荷下，此层压板必然会继续破坏，以至于丧失承载能力。

使用蔡-吴破坏准则判别第 j 层的破坏情况如下：

$$F_i\sigma_i + F_{ij}\sigma_i\sigma_j = 1 \quad (i,j,\cdots=1,2,\cdots 6) \tag{4-100}$$

式中：F_i、F_{ij} 表征材料强度的二阶、四阶强度张量；σ_i 为对应方向的应力分量。

考虑"层板效应"后，以 X'_c、Y'_t、Y'_c、S' 取代 X_t、X_c、Y_t、Y_c、S。当 $F_i\sigma_i$ +

$F_{ij}\sigma_i\sigma_j < 1$ 时，终止计算，结构安全；若大于或等于 1，则须进行刚度退化处理。

4.4.6　有限元网格细化

1. 计算说明

在有限元计算问题中，网格细化与计算时间在计算过程中往往存在矛盾。在计算复杂结构时，存在结构突起，在进行有限元计算时，会出现奇异单元，甚至造成计算发散，细化网格难以达到计算收敛，然而在实际中这样的结构是不存在的，所以有必要找到一种合适的判据确定计算是否足够满足工程设计要求的精度。

2. 判据设计

(1) 理论收敛判据 —— 有限元分析结果的下限性质。

所分析结构的总势能为

$$\Pi = U - W = \frac{1}{2}\boldsymbol{q}^{\mathrm{T}}\boldsymbol{K}\boldsymbol{q} - \boldsymbol{P}^{\mathrm{T}}\boldsymbol{q} \tag{4-101}$$

式中：U 为应变能；W 为外力势；$\boldsymbol{q}$ 为节点位移矩阵；$\boldsymbol{K}$ 为刚度矩阵，$\boldsymbol{P}$ 为外力矩阵。

由最小势能原理 $\delta\Pi = 0$，可得到有限元分析求解的刚度方程

$$\boldsymbol{K}\boldsymbol{q} = \boldsymbol{P} \tag{4-102}$$

将式(4－102) 代入式(4－101) 得到

$$\Pi = \frac{1}{2}\boldsymbol{q}^{\mathrm{T}}\boldsymbol{K}\boldsymbol{q} - \boldsymbol{P}^{\mathrm{T}}\boldsymbol{q} = -\frac{1}{2}\boldsymbol{q}^{\mathrm{T}}\boldsymbol{K}\boldsymbol{q} = -U = -\frac{W}{2} \tag{4-103}$$

在平衡情况下，系统总势能等于负的应变能。只有真正的精确解才能得到真正最小的总势能 Π_{exact}，而实际问题中，由于采用离散方法得到总势能 Π_{appr}，则一定有 $\Pi_{\mathrm{exact}} \leqslant \Pi_{\mathrm{appr}}$，由式(4－103) 可知

$$U_{\mathrm{appr}} \leqslant U_{\mathrm{exact}} \tag{4-104}$$

根据应变能公式 $U = \frac{1}{2}\boldsymbol{q}^{\mathrm{T}}\boldsymbol{K}\boldsymbol{q}$，代入式(4－104) 经过推导可以得到

$$\boldsymbol{q}_{\mathrm{appr}}^{\mathrm{T}}\boldsymbol{P} \leqslant \boldsymbol{q}_{\mathrm{exact}}^{\mathrm{T}}\boldsymbol{P} \tag{4-105}$$

式(4－105) 说明基于近似解的应变能比精确的应变能要小，即近似解的位移总体上比精确的位移要小。可以这样理解，原连续体从理论上来说具有无穷多个自由度，而采用有限元的方法对原连续体进行离散，必然使得原系统的刚度增大，变得更加刚硬，故在外力相同的情况下，所求得的位移值在总体上将变小。

（2）控制误差和提高精度的方法。

1）h 方法：不改变各单元上底层函数的配置情况，只通过逐步加密有限元网格使结果向正确解逼近。

2）p 方法：保持有限元的网格剖分固定不变，增加各单元上基底函数的阶次，从而改善计算精度。

上面两个方法理论上都可以使结构更加收敛于精确值，但是对大型复杂结构进行细化并没有一个很适合的标准，一般要求能量范数的误差控制在5%以内。然而，对于工程技术人员来说，不可能花费很多的精力去理解能量范数并求出单元的能量范数。此外，网格细化一倍，两次应力差在5%以内，由于应力分布是由位移的梯度计算得到的，其分布相对分散，而且如果出现奇异单元，很难确定其大小。

（3）判据的提出。

在工程计算过程中，通常会面对网格细化与计算时间冲突的问题，基于有限元求解的精确度和求解时间的综合考虑，提出一种判据，用以作为网格细化的标准。该判据在求解复杂问题时，能很快计算出所求合适和合理的应力。

$$e_{\min}=\frac{U_{\text{new}}-U_{\text{old}}}{U_{\text{old}}} \tag{4-106}$$

式中：U_{old} 为网格细化前结构最大变形；U_{new} 为网格细化后结构最大变形。

该判据实质是考核位移的收敛，在有限元计算中，位移收敛具有很好的可靠性，如果以其他变量，如应力、应变，或是单元能量作为收敛准则的话，可能会导致求解发散。由于应力是位移微分插值得到的，为保证应力的准确，$e_{\min}$ 应保证在1%以内，则整体应力会接近真实应力水平。

3. 模型验证

（1）含孔托架验证。为了验证所给公式的正确性，进行一定的验证。

通过模型的三个特定结果来考察网格密度的影响：

1）孔底部的位移；

2）孔底部表面应力集中处的 Mises 应力峰值；

3）连接环与母体结构连接处的 Mises 应力峰值。

计算模型的约束条件如图4-42所示，具体要求如下：

1）根部固支；

2）在圆孔的底部施加50 kN的压力。

表4-13给出了使用 ABAQUS 软件计算的结果。

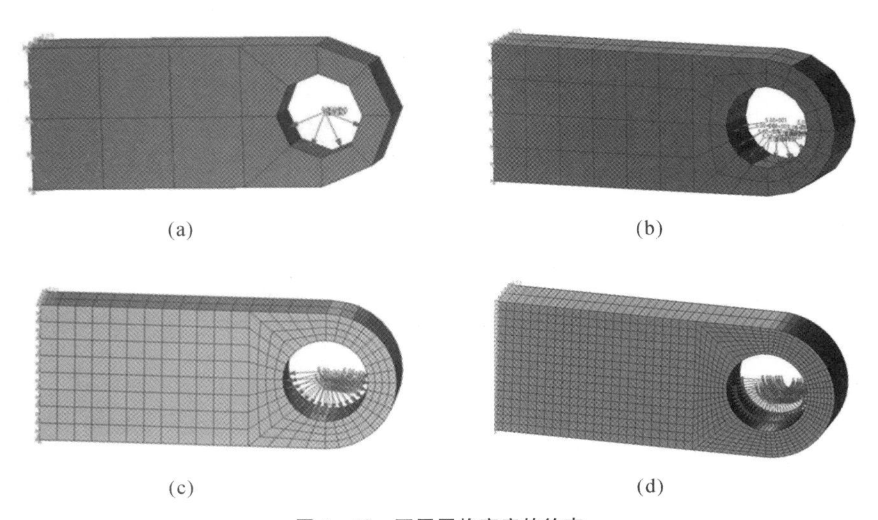

图 4-42 不同网格密度的约束

(a)粗网格； (b)正常网格； (c)细网格； (d)非常细的网格

表 4-13 ABAQUS 网格细化计算结果

网　格	孔底部的位移/m	孔底部的应力/MPa	连接处的应力/MPa
粗	2.01×10^{-4}	180	205
正常	3.13×10^{-4}	311	365
细	3.14×10^{-4}	332	426
很细	3.15×10^{-4}	345	496

表 4-14 给出了使用 NASTRAN 软件计算的结果。

表 4-14 NASTRAN 网格细化计算结果

网　格	孔底部的位移/m	孔底部的应力/MPa	连接处的应力/MPa
粗	3.03×10^{-4}	272	218
正常	3.13×10^{-4}	302	341
细	3.15×10^{-4}	330	415
很细	3.17×10^{-4}	340	497

由表 4-13、表 4-14 可以看出，ABAQUS 和 NASTRAN 的计算结果基本一致，可以认为计算结果是有效的。在计算结果中位移收敛很快，但应力集中处的应力并没有出现收敛现象，而是随着网格的细化，应力均出现增长趋势。结构越是突变处，随着网格不断细化，应力出现了激增现象，这也就无法判断使用哪个结果作为最终有限元分析结果。

利用式(4-106)计算，则判据结果如表 4-15 所示。

表 4-15　网格误差值

网格型式	e 的值
粗	—
正常	3.6%
细	0.8%
很细	0.1%

可以看出，单元为细网格时相对误差较小，说明其计算时间最小的情况下精度最高，则计算结果可以作为有限元分析结果。当单元网格很细时，e_{min} 值很小，然而在连接根部出现了应力突变，这说明单元出现应力奇异现象。

(2)舵片计算示例。

以制导炸弹的舵片为例，对其网格进行局部细化，比较其前后能量变化，验证结论的正确性。舵片的实体模型如图 4-43 所示。

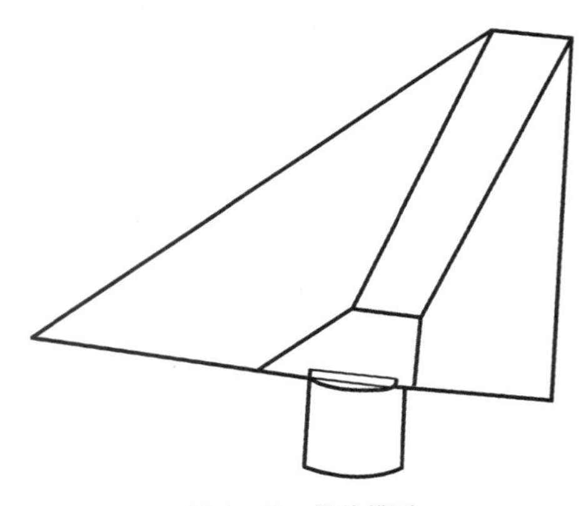

图 4-43　舵片模型

对舵片进行网格划分，局部细化网格，采用不同网格尺寸，图 4-44 给出了有限元模型。

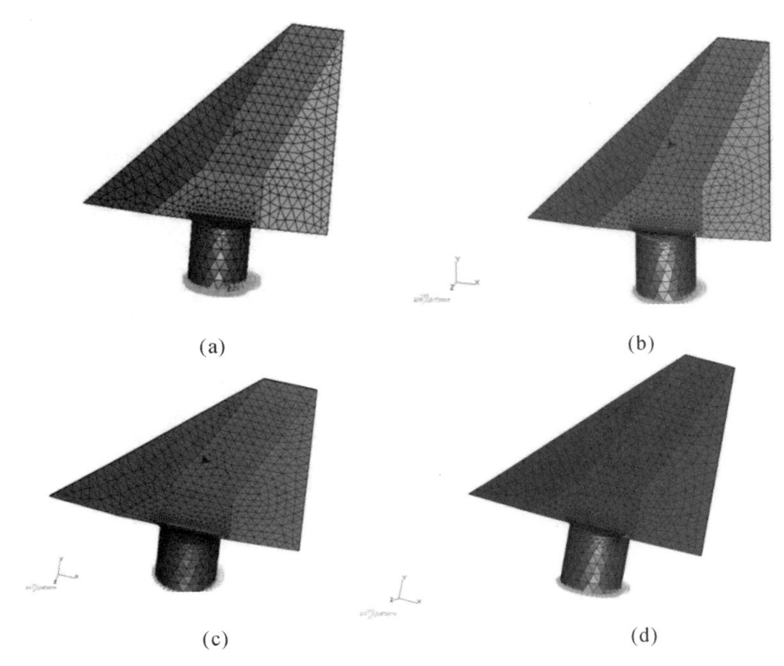

(a) (b) (c) (d)

图 4-44 不同尺寸的网格

(a) 8 508 个单元(1 mm)； (b)13 496 个单元(1 mm)； (c)15 190 个单元(0.5 mm)； (d)17 214 个单元(0.25 mm)

约束条件为根部固支，载荷为 1 876 N，加载位置为 MPC 处，计算结果 Mises 应力见图 4-45。

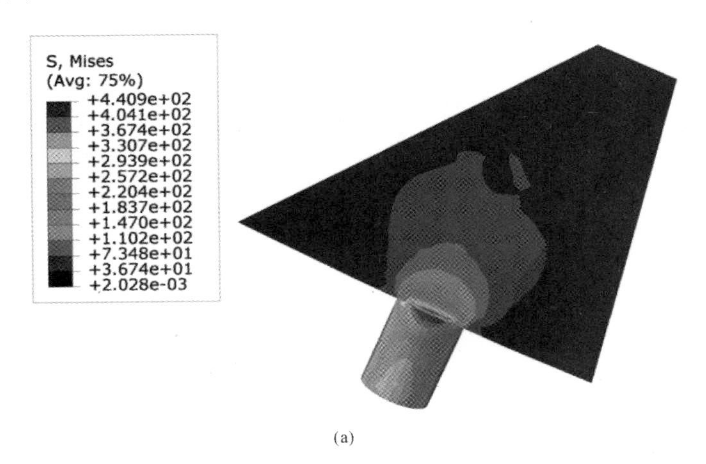

(a)

图 4-45 不同单元个数 Mises 应力图

(a) 8 508 个单元

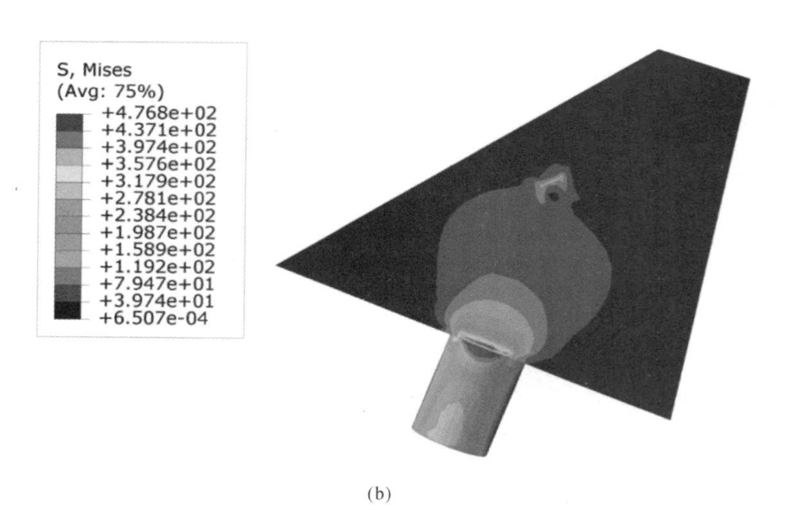

(b)

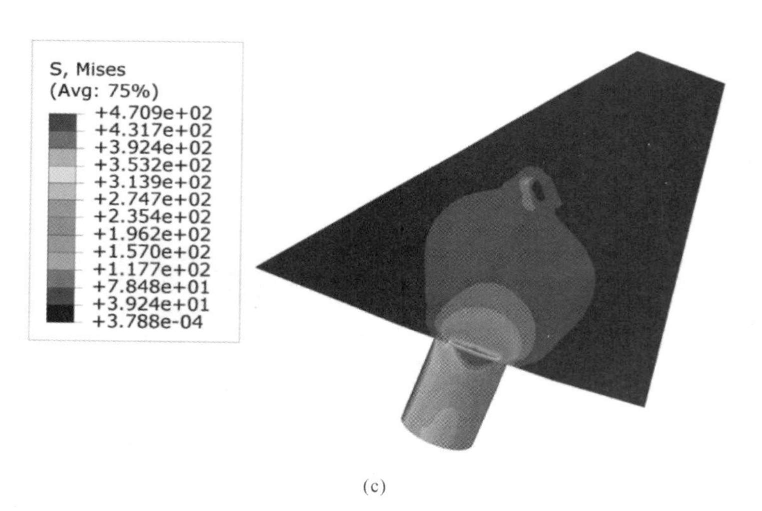

(c)

续图 4－45　不同单元个数 Mises 应力图

(b)13 496 个单元；（c)15 190 个单元

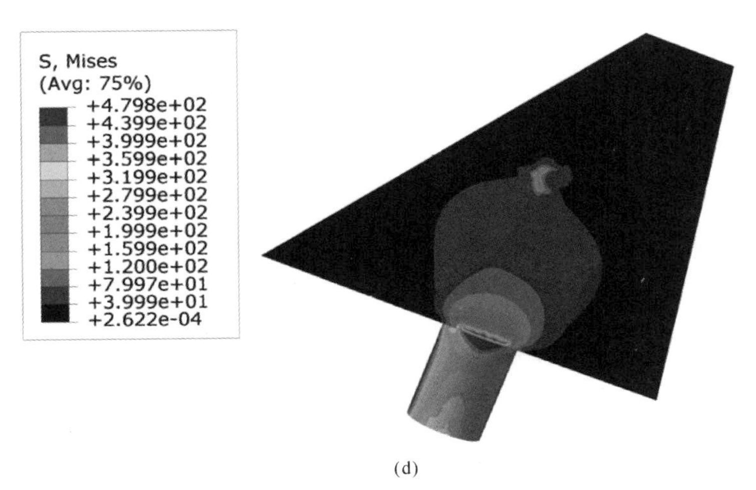

(d)

续图 4-45 不同单元个数 Mises 应力图

(d)17 214 个单元

总的应变能及其差值比较见表 4-16,可以看出在第二次细化后其应变能基本保持不变,说明此时位移已经达到极限,结构的应力分布应是接近理论解的。

表 4-16 不同网格应变能比较

网 格	应变能/J	比 较
8 508 个单元(2 mm)	546.89	—
13 496 个单元(1 mm)	558.49	2.12%
15 190 个单元(0.5 mm)	558.18	-0.05%
17 214 个单元(0.25 mm)	557.99	0.03%

第 5 章

制导炸弹结构动力学分析

5.1 概　　述

动力载荷是一个幅值、方向和作用点随时间而变化的载荷，结构动力学就是研究结构在动力载荷作用下的动态特性和动态响应。如果载荷已知为时间的函数，该载荷就叫确定性载荷。在进行结构计算时，若结构的几何尺寸、材料性能以及所受的载荷均是确定的，则称为确定性分析。如果该载荷的时间历程并不是完全清楚，而只知道其统计含义时，那么载荷就是随机载荷。

结构动力学在两个重要方面不同于静载荷问题。第一，根据定义，动力学问题具有随时间而变化的性质。由于载荷和响应随时间变化，动力学问题显然不像静力学问题那样有唯一的解，而必须建立响应时域内所需的全部解答。因此，动力学问题比静力学问题更复杂且更消耗时间。第二，就是加速度会在结构动力学问题中起主要作用。图 5-1(a)表示在静载荷作用下的简支梁，它的挠度与内应力直接取决于载荷 P。图 5-1(b)表示同一根简支梁承受一个时变载荷 $P(t)$，则梁的加速度引起一个分布的惯性力，如果惯性力对结构的挠度和内应力有显著影响，就需要研究它的动力学问题了。

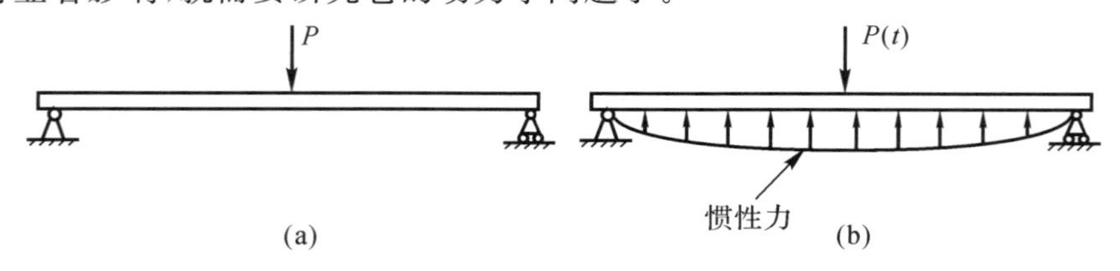

图 5-1　简支梁承受外载荷

(a)静载荷；(b)动载荷

制导炸弹在使用、运输、储存等阶段面临多种动载荷环境，在开展结构设计和动力学分析时主要从以下几方面进行考虑。

(1)外激励的分析与确定。制导炸弹所处的环境是比较复杂而恶劣的，一方面表现在激励源多而复杂，其主要的激励源有发动机推力、载机噪声与振动、附面层噪声、控制力、阵风、飞行阶段的转换，以及运输、装卸造成的激励。这些激励有规律性的，也有随机性的。另一方面，由于实际环境往往由几种激励同时作用在制导炸弹上，因此为了保证结构安全可靠，应对制导炸弹承受动载荷比较严重的一些情况加以研究，分析这些外载荷的性质、大小和变化规律，以确定设计时所必需的动载荷。

(2)结构动态特性分析。无论是动态响应分析、结构动稳定性分析，还是结构与其他分系统(例如控制系统、动力系统)的耦合干扰分析，往往都是以结构动态特性为基础的。结构固有特性分析的基本内容是，在拟定结构动态分析模型的基础上进行结构固有频率以及相应振型的计算，此项工作的精度在一定程度上影响着许多设计环节的有效性。

(3)结构动态响应分析。在制导炸弹设计过程中，这项工作是反复进行的。其主要内容是确定结构在外激励下产生的输出。这种激励的输出可以是力、应力、位移、加速度。掌握这些参量在制导炸弹使用过程中随时间变化的规律，是对结构进行动强度、刚度及舱内设备空间余量设计的必要条件，同时也在很大程度上影响舱内敏感部件固定方式与合理位置的确定。

(4)气动弹性分析。此项研究的目的，是使制导炸弹避免发生结构动不稳定现象，这些现象中最有代表性的是颤振现象。当制导炸弹在飞行过程中受到外激励的作用产生振动时，随着弹性变形的不断变化，必然会引起附加的空气动力。在空气动力、变形所引起的弹性恢复力和振动所引起的惯性力联合作用下，当飞行速度达到某一特定值时，会出现气动升力面振幅迅速扩大而在短时间内导致破坏的危险现象。我们把这种自激振动称为颤振。动力不稳定现象是有害的，制导炸弹设计必须避免出现这种现象。

归纳起来说，制导炸弹的各种动力学分析内容可以归为下述四个方面的研究课题：①动力学设计问题，即已知动力学设计输入，要求设计系统的动力学特性，使得它的动态特性满足设计要求；②动力学环境预计问题，即已知系统的动态特性和输出，研究其输入特性，分析输入动态条件；③系统识别问题，即根据已知的输入和输出来识别系统本身的动态特性与物理参数；④动力响应分析问题，即已知系统的特性和输入，求系统的输出。它常常用来为制导炸弹设计消除有害的动力学响应而服务。

5.2 动力学环境预示与分析

振动是指描述系统状态的参量(如位移、电压)在其基准值上下交替变化的过程。通常振动是指机械振动,即机械(力学)系统中的振动。构成力学系统的基本要素包括惯性元件、弹性元件和阻尼元件。惯性元件(如质量块)储存系统的动能,弹性元件(如弹簧)储存系统的势能,而阻尼元件则消耗系统的能量。机械冲击是指系统受到瞬态激励,其力、位移、速度或加速度发生突然变化的现象。冲击是瞬时的、剧烈的能量释放、能量转换和能量传递,冲击的持续时间短暂,冲击过程一次完成,呈现非周期性。制导炸弹动力学设计主要包括振动、冲击设计,对于采用内埋式挂飞和投放的制导炸弹,还需考虑噪声激励的影响。图5-2所示为振动的类型与分类。

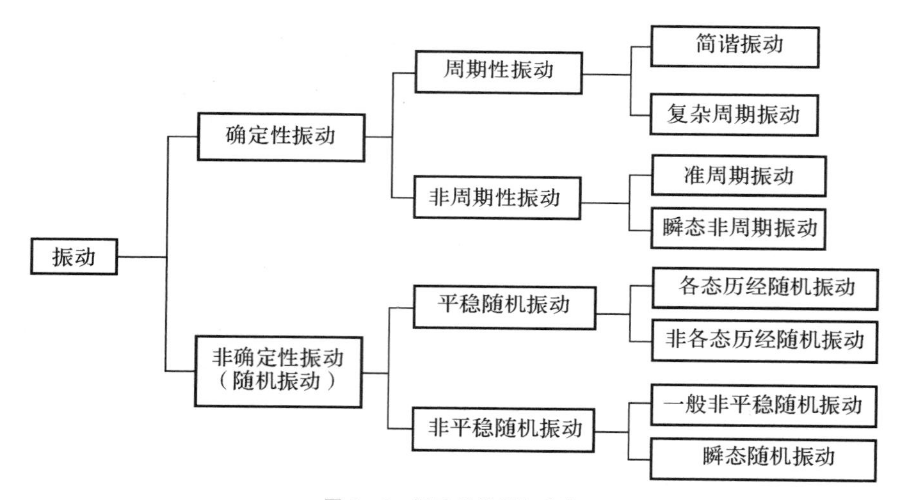

图5-2　振动的类型与分类

制导炸弹动力学环境预示是一个逐步逼近的过程。在方案论证阶段,主要靠过去成功型号的实测数据、其他数据以及有关资料和文献,结合该型号的具体参数对环境进行初步的预示。在工程研制阶段,随着模样产品的生产与地面试验工作的开展,有了地面试验数据和理论分析结果,它可对预示的环境进行第一次修正。在这一阶段,通过地面试验可以获得结构的统计特性及发动机噪声、气动噪声、结构的传递特性等。随着定型(鉴定)阶段的结束,可以获得少量但是特别宝贵的飞行遥测数据,用它来检验预示方法的准确性,改进预示方法并为后续

型号提供更好的预示方法和数据。

制导炸弹的动力学环境主要包括载机带弹挂飞、起降、投放或发射，以及炸弹自由飞行和运输过程中出现或者可能出现的环境。为了开展制导炸弹动力学环境分析与预示，需采用一定的激励函数来描述制导炸弹及其组成结构的动力响应，其激励函数类型如表 5-1 所示。

表 5-1 制导炸弹结构动态激励类型

激励类型	制导炸弹动力学环境
低频瞬态激励	运输、火箭发动机点火过压、助推发射、弹上发动机推力瞬变、机动飞行、飞行过程中的操纵动作、弹随载机弹射起飞和着陆
低频随机激励	运输、外部风和湍流影响
准周期激励	运输、弹上发动机间歇燃烧、火箭发动机压力振荡
外声场噪声引起的激励	载机发动机声场产生的噪声
外气动噪声引起的激励	外部空气动力产生的噪声
内声场噪声引起的激励	弹上发动机声场产生的噪声
结构传播型引起的激励	载机产生的振动、弹上发动机产生的振动、弹上设备产生的振动
高频瞬态引起的激励	折叠弹翼和舵片展开、强力弹射投放

5.2.1 振动环境预计

振动环境预计在振动分析中是很重要的一个环节，特别是对新研制的制导炸弹，主要有两个方面的作用：①为各分系统研制单位提供环境技术要求，作为弹载设备研制的依据；②为新工艺、新结构以及新设计的构件、部件做研制性的振动试验提供条件。若预计过高，将使制导炸弹包括弹载设备在内的研制成本大大提高，难度提高，周期延长；若预计过低，则在实际使用中会使制导炸弹或弹载设备产生故障，甚至被破坏。

制导炸弹在作战使用阶段的振动环境包括载机挂飞振动、自由飞行振动，在地面还包括运输振动。在确定制导炸弹振动环境条件时，推荐使用实测振动数据，或者采用载机总体单位提供的振动环境条件，否则应开展振动环境预示工作。

对于振动环境预示的要求，可以采用一般统计法，即收集已有各种飞机、航空制导武器挂机飞行和自由飞行的振动实测数据，以作为产品的振动环境。国外飞机和航空制导武器的振动测试结果可以参考相关资料，国内飞机和航空制导武器的振动测试结果可以通过飞行试验收集得到。振动环境预示也可以采用统计推断法，用数据统计的方法进行推断。飞行振动环境往往是很多因素影响的一个综合结果，然而在各个因素中，会有某些因素起主导作用。例如，对于喷气或火箭发动机为动力装置的飞机和战术导弹，发动机的喷气噪声是对飞行器造成振动环境的一个重要因素；又如飞行动压是气动力诱导振动响应的一个重要因素。喷气噪声和气动力激励对振动环境的影响是随机的，对这些随机性的关系，我们可以利用已有实测数据，借助统计这个数学工具，预示制导炸弹新的振动环境。最常用的是一元线性回归法，通过分析可以知道影响新产品振动环境的主要因素是什么，例如对于喷气噪声或飞行动压，我们将其视为 x，即为可以控制或精确观察的变量，再建立线性回归方程得到预示的随机变量 y。

除了用统计方法可以预示振动环境外，还可以用经验公式或参考相关标准规范的经验数据来预示制导炸弹的振动环境。

1. 载机挂飞振动

制导炸弹一般由喷气式飞机、直升机、螺旋桨飞机、无人机进行挂飞和投弹。在挂飞期间的振动环境主要由载机发动机工作以及气流引起振动，振动环境可参照 GJB 150.16A—2009《军用装备实验室环境试验方法　第 16 部分：振动试验》来制定。

(1)喷气式飞机。

制导炸弹在喷气式飞机上采用外部挂装飞行时，经受的振动来源于下述四个方面：①喷气发动机噪声的激励；②外挂物受外部的气流扰动；③由于飞机的机动飞行、气动抖振、着陆、滑行等引起的振动；④弹载设备和运动机构产生的振动。其中制导炸弹的挂飞振动环境主要由前三个因素决定。

制导炸弹在喷气式飞机上采用内埋式弹舱挂飞时，弹舱内的外挂在舱门关闭和打开时，经历的是两种振动环境。有大攻角机动飞行能力的飞机易经历抖振。由于抖振是机械地传递给外挂，因而舱室不能提供保护。对内部挂飞的制导炸弹开展振动环境分析，应考虑下述影响因素：制导炸弹在舱门关闭时振动环境一般很小，因为制导炸弹受到了防护，因而不受喷气式发动机噪声和气动湍流的影响，并且与飞机的振动隔离；如果机舱在飞行时打开，就会发生空腔共鸣，并能导致机舱内的高量级湍流，这是个宽带的湍流，会在频谱带内产生很高的尖峰。湍流的低频部分对制导炸弹影响不明显，高频部分对其影响很明显。许多现役飞机湍流的声学特性，以及它引起的噪声最好用噪声来模拟。

制导炸弹振动频率与其壁厚、特征半径、截面及其挂载方式有关；振动功率谱密度与飞行动压、气动外形、是否有助推发动机等因素有关，振动环境如图

5－3和表 5－2 所示。

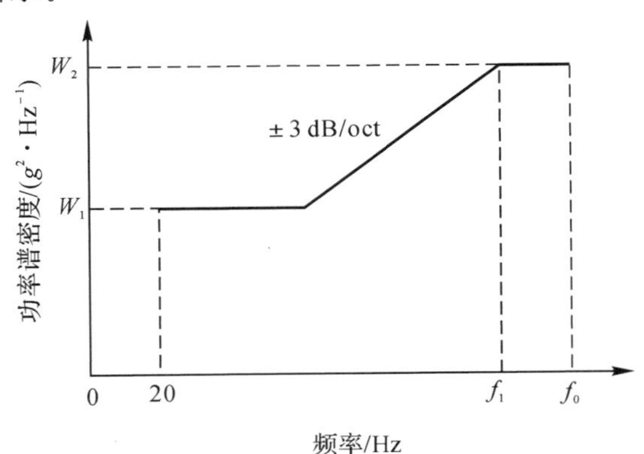

图 5－3 喷气式飞机外挂振动环境

表 5－2 喷气式飞机外挂振动环境计算

$$W_1 = 5\times10^{-3} K A_1 B_1 C_1 D_1 E_1\text{;}(g^2/\text{Hz})^{a}$$

$$W_2 = H(q/\rho)^2 K A_2 B_2 C_2 D_2 E_2\text{;}(g^2/\text{Hz})^{a}$$

$$Ma \leqslant 0.90, K=1.0\text{;}0.90 \leqslant Ma \leqslant 1.0, K=-4.8\times Ma+5.32\text{;}Ma \geqslant 1.0, K=0.52^{b}$$

$$f_1 = 10^5 C(t/R^2), (\text{Hz})^{c,d,e}\text{;}f_2 = f_1+1000, (\text{Hz})^{c}\text{;}f_0 = f_1+100, (\text{Hz})^{f,g}$$

技术状态	因子		技术状态	因子	
气动外形良好	A_1	A_2		B_1	B_2
单个外挂	1	1	带动力的导弹的后半部分	1	4
并联外挂	1	2	其他外挂的后半部分	1	2
在其他外挂之后携带的外挂	2	4	所有外挂的前半部分	1	1
气动外形不良[h]	C_1	C_2			
单个外挂和并联外挂	2	4		D_1	D_2
在其他外挂之后	1	2	外场组装的钢板鳍/尾部	8	16
其他外挂	1	1	整流锥的设备		
	E_1	E_2	带动力的导弹	1	1
燃烧弹(充满燃烧物)	1/2	1/4	其他外挂	4	4
其他外挂	1	1			

注：a. 如果外挂参数超过给定值，可参考有关资料；b. 马赫数修正；c. f_1 限制在 $100 \leqslant f_1 \leqslant 2\,000$ Hz；d. 带尾翼的自由下落外挂，$f_1=125$ Hz；e. 将 (t/R^2) 限制在 $0.040 \leqslant \rho \leqslant 0.787$；如果计算值落在极限值的外边，则使用这些极限值；f. 对于非圆形或椭圆形截面 $f_0=500$ Hz；g. 如果 $f_0>1\,200$ Hz，则采用 $f_0=2\,000$ Hz。

表中：Ma——马赫数；

H——常值，$H=5.59$；

C——常值，$C=2.54\times10^{-2}$；

q——飞行动压，单位为 kN/m^2；

ρ——外挂质量密度，单位为 kg/m^3；取值限制在 $641\leqslant\rho\leqslant2\ 403$；

R——外挂（结构）的特征半径，单位为 m（外挂长度上的平均）。

制导炸弹可采用吊耳挂装重力投放、强力投放，或者采用滑轨助推发射方式。根据载机作战体系要求，制导炸弹可采用单枚悬挂，以及双联装、三联装、四联装等复式悬挂方式，对于 1 000 kg 以上的各型制导炸弹通常是采用单枚悬挂形式的（见图 5-4 及图 5-5）。相对于飞机轴向方向，可实行单排串联式或前后并排式挂弹，相对于飞机横向方向可实行对称或非对称挂弹，以提高战机的单次作战攻击能力。

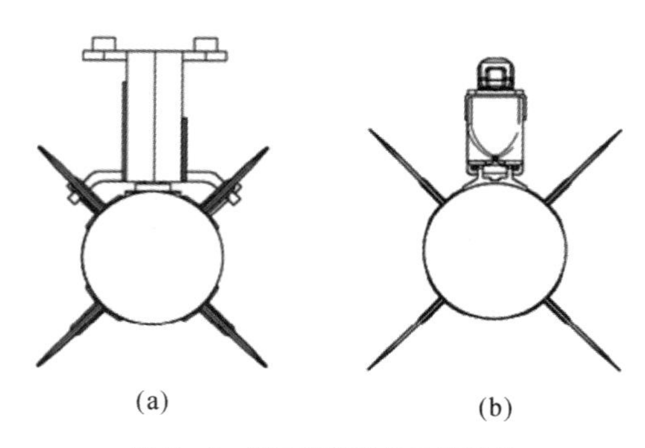

图 5-4　制导炸弹单枚悬挂形式

(a)吊耳挂装式；(b)滑轨发射式

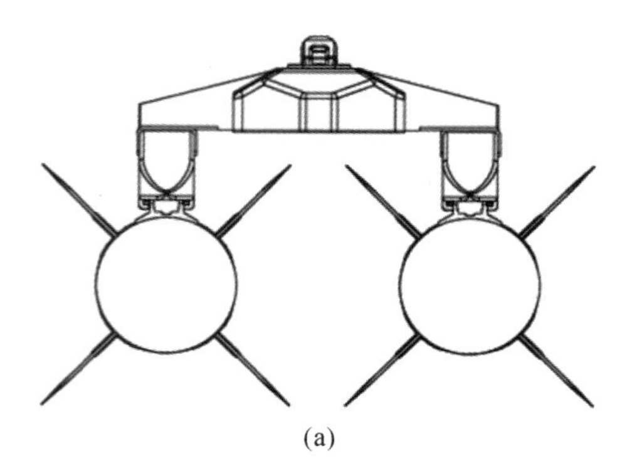

图 5-5　双联装和四联装制导炸弹挂装形式

(a)双联装挂装式；

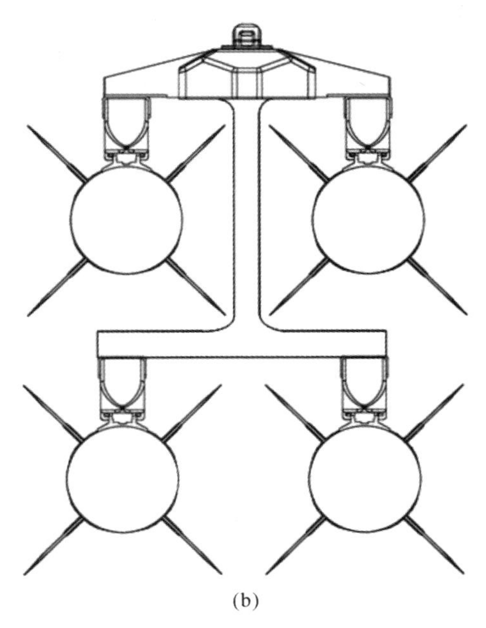

(b)

续图 5-5 双联装和四联装制导炸弹挂装形式

(b)四联装挂装式

根据制导炸弹的结构特性、气动外形、挂装形式、动力性能，可确定制导炸弹的振动环境条件，典型的振动条件见表 5-3。

表 5-3 喷气飞机挂装制导炸弹典型的振动环境条件

质量级别	振动参数				均方根加速度 g
	功率谱密度 g^2/Hz		频率 Hz		
	w_1	w_2	f_1	f_0	
100 kg 级	0.02	0.025	190	500	3.35
250 kg 级	0.02	0.03	540	640	3.78
500 kg 级	0.02	0.03	190	290	2.59
1 000 kg 级	0.02	0.04	660	760	4.48

(2)螺旋桨飞机。

目前国内主流的察打一体型无人机以螺旋桨飞机为主，如彩虹、翼龙、攻击系列无人机。制导炸弹挂装于螺旋桨飞机的振动环境主要由螺旋桨诱发，振动频谱由一个宽带背景叠加一些窄带尖峰组成(见图 5-6)。背景谱是由各种不同的随机振源产生,而窄带尖峰是由于旋转机械(发动机、齿轮箱、旋转轴等)引起的低量级周期分量。尖峰是由螺旋桨桨叶旋转的压力场产生,它们的频带较窄,主要集中在螺旋桨的通过频率及其谐波频率上。螺旋桨飞机外挂振动环境计算及典型的振动环境条件见表 5-4、表 5-5。

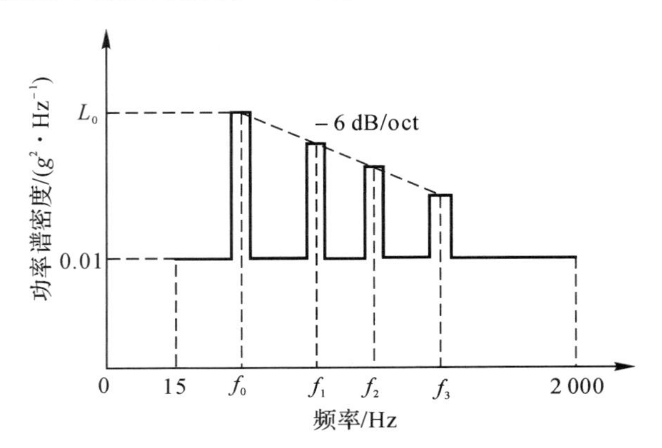

图 5-6 螺旋桨飞机外挂振动环境

表 5-4 螺旋桨飞机外挂振动环境计算

装备位置[abcd]	振动量级 L_0/($g^2 \cdot Hz^{-1}$)
螺旋桨前方的机身或机翼内	0.10
在螺旋桨旋转平面的一个桨叶半径内	1.20
螺旋桨后的机身或机翼内	0.30
发动机舱、尾翼或发射架内	0.60

注:a. 对于安装在外边表面的设备,量值增大 3 dB;

b. f_0=桨叶通过频率(螺旋桨转速乘以桨叶数量)(Hz):$f_1=2f_0$,$f_2=3f_0$;$f_3=4f_0$;

c. 尖峰带宽为中心频率±5%。

d. C-130 飞机:三桨叶螺旋桨飞机 f_0=51 Hz,四桨叶螺旋桨飞机 f_0=68 Hz,六桨叶螺旋桨飞机 f_0=102 Hz。

表 5-5 螺旋桨飞机挂装制导炸弹的典型振动环境

重量级别	功率谱密度 g^2/Hz	频率 Hz			
	L_0	f_0	f_1	f_2	f_3
100 kg 级	0.1	100	200	300	400
50 kg 级	0.1	103	206	309	412

(3)直升机挂装振动。

小量级、小直径的制导炸弹一般适用于挂装直升机，由于作战体系和射程的要求，一般要求配装动力系统。直升机振动特性是在宽带背景上叠加单频尖峰。尖峰是由主要旋转部件或机械(主旋翼、尾桨、发动机、齿轮和轴杆等)产生的正弦波，是每个部件的旋转频率及这些频率的谐波。宽带背景是低量级的正弦分量和由于气动噪声引起的随机振动分量的混合。直升机挂装振动环境及其计算如图 5-7、表 5-6 所示，典型振动环境条件见表 5-7。

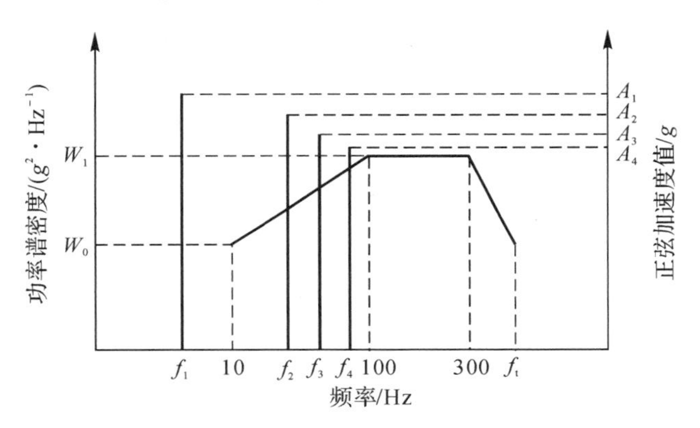

图 5-7 直升机外挂振动环境

表 5-6 直升机外挂振动环境计算

<table>
<tr><th colspan="2">随机量级</th><th>振源频率 f_x 范围/Hz</th><th colspan="2">在 f_x 处的加速度峰值 A/g</th></tr>
<tr><td colspan="2" rowspan="5">$W_0=0.002\ g^2/Hz$
$W_1=0.02\ g^2/Hz$
$f_t=500$ Hz</td><td>3～10</td><td colspan="2">0.70/(10.70－f_x)</td></tr>
<tr><td>10～25</td><td colspan="2">0.150f_x</td></tr>
<tr><td>25～40</td><td colspan="2">3.750</td></tr>
<tr><td>40～50</td><td colspan="2">9.750－0.150f_x</td></tr>
<tr><td>50～500</td><td colspan="2">2.250</td></tr>
<tr><td colspan="3">主旋翼频率 1P 或尾桨频率 1T(Hz)，
根据特定直升机或由下表确定</td><td colspan="2">传动机构传动频率 1S(Hz)
根据特定直升机和部件确定</td></tr>
<tr><td>$f_1=1P$</td><td>$f_1=1T$</td><td>基频</td><td>$f_1=1S$</td><td>基频</td></tr>
<tr><td>$f_2=n\times1P$</td><td>$f_2=m\times1T$</td><td>叶片通过频率</td><td>$f_2=2\times1S$</td><td>一次谐波</td></tr>
<tr><td>$f_2=2\times n\times1P$</td><td>$f_2=2\times m\times1T$</td><td>一次谐波</td><td>$f_3=3\times1S$</td><td>二次谐波</td></tr>
<tr><td>$f_4=3\times n\times1P$</td><td>$f_4=3\times m\times1T$</td><td>二次谐波</td><td>$f_4=4\times1P$</td><td>三次谐波</td></tr>
</table>

表 5-7　直升机挂装制导炸弹典型的振动环境条件

质量级别	随机振动功率谱密度		均方根加速度	正弦振动	
	频率/Hz	谱密度/($g^2\cdot Hz^{-1}$)		频率/Hz	加速度/g
20 kg级	10	0.002	2.53	12	1.75
	100	0.02		47	2.75
	300	0.02		94	2.25
	500	0.002		140	2.25
10 kg级	10	0.002	2.53	18	2.72
	100	0.02		36	3.75
	300	0.02		72	2.25
	500	0.002		109	2.25

2. 自由飞行振动

制导炸弹自由飞行中的振动环境指结构的随机振动响应和稳态响应。这些振动是由发动机排气涡流噪声、气动噪声、发动机推力的脉动以及旋转部件的不平衡力等稳态激励引起的。因此,振动环境的预示就是对这些响应的预示。

从动力增程型制导炸弹实测振动时间历程(见图 5-8)可以发现,发动机排气涡流噪声在发射时是主要振源,作用时间较短。随着飞行速度的增大,气动噪声的地位渐渐突显出来。在跨声速和动压最大处达到极大。随着大气密度的降低,气动噪声的作用减少,而发动机推力脉动引起的振动响应在整个过程中始终存在,而且在发动机排气涡流噪声和气动噪声消失后,它成为主要的振动响应。

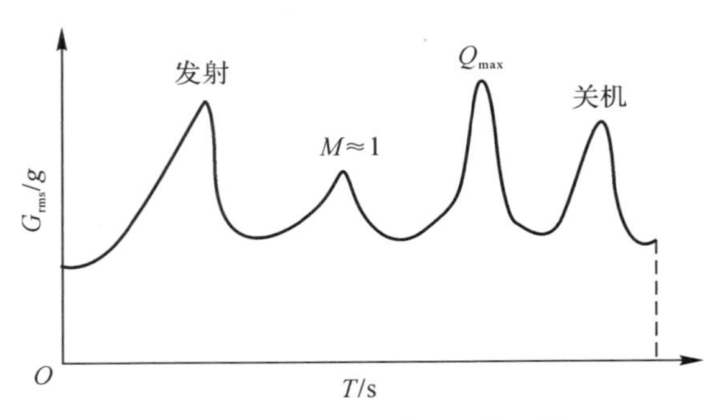

图 5-8　飞行实测振动数据时间历程

导弹结构从动力学环境角度可以分为对噪声敏感的结构与不敏感的结构。对噪声敏感的结构,通常被称为第一类结构,其振动主要由噪声引起的。并按其特点可再分为蒙皮壁板结构,包括舱体的加强件,如隔框、桁条、设备安装板。

对噪声不敏感的结构被称为第二类结构，其噪声主要由发动机推力脉动引起，并按其特点可再分为梁和杆的结构和固体火箭发动机。

预示上述各类结构对振源的振动响应方法，目前使用最多的还是外推法。外推法就是借助于一个类似的已被实践证明是成功的制导炸弹振动环境，根据新设计的制导炸弹和已研制成功的一些设计参数，外推出新设计制导炸弹的振动环境的方法。

(1)对噪声敏感结构振动环境的预示。

这类结构的主要振源是噪声，因此振动环境的预示就是声致振动的预示。在线性系统中，振动响应大小与外力成正比；在阻尼、刚度相似的情况下，与系统的质量成反比；如果激励（输入）能量不变，响应的能量与附加的质量成反比，则有

$$G_n = G_r \frac{P_n}{P_r}\left(\frac{\rho_r t_r}{\rho_n t_n}\right) F^{1/2} = G_r \frac{P_n}{P_r}\left(\frac{\rho_r t_r}{\rho_n t_n}\right)\left(\frac{M_n}{M_n + M_c}\right)^{1/2} \tag{5-1}$$

式中：G_n 为新制导炸弹结构特定点振动响应（有效值）；G_r 为参考制导炸弹的无载结构的振动响应（有效值）；t_r 为参考制导炸弹的蒙皮厚度，或者是等效厚度；ρ_n 为新制导炸弹的蒙皮密度；P_n 为新制导炸弹的声压；M_n 为新制导炸弹基本结构（无载结构）的质量；M_c 为装载的设备质量；$M_n/(M_n+M_c)$ 称为质量衰减因子。

(2) 对噪声不敏感结构振动环境的预示。

这类结构的主要振源是发动机脉动推力。因此，振动环境的预示就是发动机脉动推力引起振动响应的预示。由于高频振动沿弹体迅速衰减，远离发动机部位的振动响应一般情况下集中在低频段。在线性系统中，有类似下式的振动响应公式。

对梁和杆结构有

$$G_n = G_r\left[\frac{(NTV)_n M_r}{(NTV)_r M_n} F\right]^{1/2} = G_r\left[\frac{(NTV)_n M_r}{(NTV)_r (M_n + M_c)}\right]^{1/2} \tag{5-2}$$

对火箭发动机有

$$G_n = G_r\left[\frac{(TV)_n M_r}{(TV)_r M_n}\right]^{1/2} = G_r\left[\frac{(TV)_n M_r}{(TV)_r (M_n + M_c)}\right]^{1/2} \tag{5-3}$$

式中：N 为某级上并联发动机的台数；V 为发动机的排气速度；T 为单台发动机的推力。

(3)外推法的使用和限制。

外推法的参考谱应该是用统计方法建立的，所以预示的振动环境代表一种

统计估计。结构各点振动特性的离散值(反应在实测数据中)远远超过振源(如发动机排气涡流噪声、气动噪声、脉动推力等)的离散性,这种统计实质上就是典型的“部分”振动响应特性的统计描述。这里的“部分”指的是一个复杂的结构用某种特定的形式进行激励,激起的响应与载荷形式密切相关,即只适用于特定的激振方式下的响应特性。由于环境适应性的要求,建立预示方法的准则是要建立环境的极值,即出现概率很小的较大振动环境。可以预料新制导炸弹的多数实测振动响应数据将大大低于预示值。为了提高预示环境的“精度”,应对制导炸弹结构进行较细的分区或分类,使每一小区或分类中的结构振动特性和受激励形式基本相同,以降低离散性,减小实测数据的误差,使测量的众位数值不会大大低于较高的预示值的置信下限。如果这样,采用较高的置信度时,可不必担心对具体设备的预示会过于保守。

外推法基于大量的实测数据,使用人员可以不去管其原理,只要做少量的简单计算,就可以得到适当的振动环境的估计值,但也要了解它的限制:

1)该方法不适用于整个固体火箭发动机组合体或大的结构部件,仅仅适用于装在这些结构上的零部件以及设备,对于大的部件应该使用分布(多点)振动来描述;

2)由于它是基于相似结构具有相似响应特性这一假设建立的,所以外推法给不出新制导炸弹结构的详细频率特性;

3)该方法不能用于联合激励源振动环境的预示,即使用的 G_r 应是单一振源或某一振源占主导地位的数据;

4)就制导炸弹的研制阶段来说,外推法仅适用于工程研制早期阶段。

如果 G_n 是发动机脉动推力和气动噪声联合激励引起的振动响应,但又不能忽略某一个,那么只有知道各类振源引起的振动响应的比例才能使用外推法。具体的做法是先按各个振源单独进行预示,然后按各振源占的百分比进行功率相加,再开方,即

$$G_{nt} = (G_{n1}^2 X + G_{n2}^2 Y)^{1/2} \tag{5-4}$$

式中:G_{nt} 为总的振动环境;G_{n1} 为气动噪声引起的振动响应;G_{n2} 为脉动推力引起的振动响应;$X+Y=1.00$,具体的取法由设计人员根据具体情况选择。

(4) 通过地面试验求 G_r 或 G_n 的方法。

外推法的基础数据是 G_r,它是实测得到的,但在大多数情况下,制导炸弹飞行遥测得不到足够多的数据;若进行地面系留点火试验,其次数有限,也得不到足够的数据;有时一种新的结构也有可能找不到合适的近似结构,因此如何解决

G_r 成了外推法的关键。

振动环境的统计分析，实质是对某种载荷形式的结构振动响应特性的统计分析。因此，利用实验室里的设备模拟某种载荷形式对结构进行激励，可取得具有统计含义的 G_r。对噪声敏感的结构，可以利用声强实验来取得。

高声强激励实验是利用模拟预示的声环境对相似结构进行实验，测量相似结构上的响应。将测量的结果进行统计分析，归一化成所需的 G_r。其优点是比较真实，缺点是模拟预示的声场有时技术上不可行，如果是真实的结构则得到的是 G_n。

另一种方法是利用比预示声压级低的声环境对相似结构进行试验，测量相似结构上的响应。其好处是形式灵活，易于改变声场的形式，既可以是整体加载，又可以是局部加载，然后根据线性化假设求得真实(预示)声场下具有统计含义的振动响应 G_r 和 G_n。

对于发动机脉动推力振源，可由发动机地面热试车测得其脉动推力。在正常的情况下，固体火箭发动机脉动推力为总推力的 3% 左右，其引起的振动响应可以通过模拟脉动推力激励形式的传递试验加以解决。如果试验设备允许，加载量值可和实测的结果一致，从而可以直接给出 G_r 和 G_n。

3. 运输振动环境预示

陆上运输，是制导炸弹从生产厂到用户直至任务结束必不可少的。运输激励不同于噪声和脉动推力的激励，它是运动参数激励，即基础激励。路面的不平度是客观存在的，不随制导炸弹和运输车辆改变。因此，在对路面做测量统计分析后，可得到路面谱(见图 5－9)。经处理，可归纳为几类路面，称之为典型路面。如美国 MIL－STD－810F《环境工程考虑和实验室试验》或我国GJB 150A《军用装备实验室环境试验方法》给出的运输振动谱，相当于几种特性固定的振源。因此，陆上运输引起的响应统计分析就是对应路面不平度的车辆振动特性的统计分析。如果车辆相似、特性相似，其运输振动环境可以直接使用。如果设计了新的车辆，可根据特性的差别进行修正，或进行跑车测量获得运输振动环境，因此运输振动环境总是以实测数据为依据。

GJB 150A 相对 GJB 150《军用设备环境试验方法》除保留了陆上运输外，还增加了海上、空中和火车运输。其中空中运输，由于其频谱特性，振动环境响应并不比制导炸弹自由飞行时弱(见图 5－9)。若无实测运输振动环境数据，制导炸弹在开展运输振动预示时，可根据公路运输、土路运输、野战运输、机场转运等，参考 GJB 150A 制定运输振动谱。

通常情况下，制导炸弹的运输距离一般不低于下述推荐值：累积公路运输 3 200 km，铁路运输 10 000 km，野战运输 600 km。制导炸弹采用海运和运输机运输时，对运输距离一般不作特殊要求。

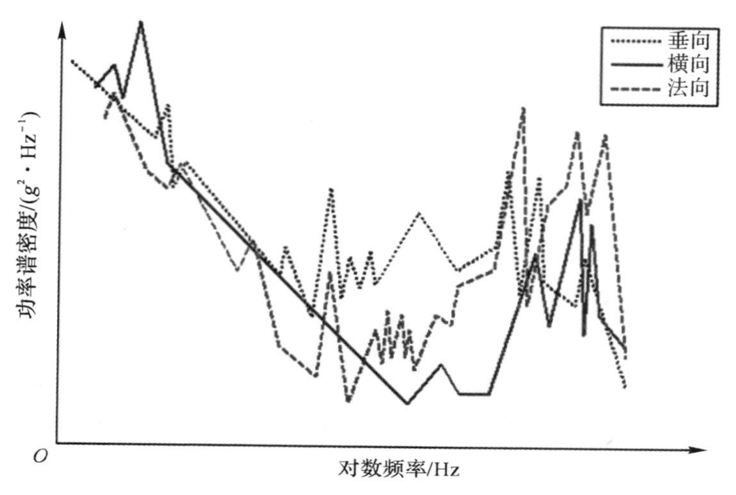

图 5-9　制导炸弹典型公路运输振动谱

5.2.2　冲击环境的预计

冲击环境是指制导炸弹结构对瞬态激励的响应。发动机点火、关机、弹翼和舵片展开与锁定、各种分离的瞬态激励引起的结构响应的传递函数规律，与声和推力脉动引起的结构响应的传递函数规律相似。因此，前文介绍的外推法也适用于冲击环境，不过其中的 G 是冲击响应谱。

飞行遥测中冲击数据比振动数据还要少，因此获得相似结构的冲击响应谱 G_r 很困难，解决途径之一是依靠地面试验。如爆炸分离、火工作动器驱动弹翼展开、强力弹射投放的冲击试验，可以利用地面爆炸分离试验时测得的冲击响应，经过统计分析获得 G_r。发动机点火和关机时的瞬态响应，可利用地面的全弹或舱段的传递试验结果，用点火和关机时的推力曲线，通过计算和统计分析获得 G_r。可以通过全弹或舱段特性对点火和关机载荷进行最强耦合计算，获得结构瞬态响应，然后通过对典型遥测点的实测结果和计算结果的比较获得修正系数(又称耦合系数)。

制导炸弹在运输、装卸和搬运中的跌落和碰撞，火车车厢挂车时的碰撞，飞

机着陆时的碰撞等都是客观存在的，不随型号的不同而改变。适用于各种场合的脉冲波形和冲击严酷度见表5-8，对于制导炸弹可根据自身使用环境选择冲击预示值。

表5-8 适用于各种场合的冲击波形和严酷度示例

严酷度			波形	环境描述
加速度峰值		持续时间/ms		
m/s²	g			
150	15	11	半正弦 后峰锯齿 梯形	对装卸和运输结构的基本试验。永久性安装于地面的设备或由公路、铁路、空中运输的牢固的抗冲击包装中的设备
300	30	18	半正弦 后峰锯齿 梯形	安装的结构强度。在普通公路或铁路车厢或飞机运输中货物在安全位置安装
500	50	11	半正弦 后峰锯齿 梯形	在越野车安全位置安装和运输的设备 散装在标准公路或铁路车辆中作长途运输的设备 在工业区适用，并且会受到来自机械装卸设备，如码头起重机、叉式起重车等冲击的产品
1 000	100	6	半正弦 后峰锯齿 梯形	在公路或铁路运输中经受严酷装卸冲击 由于点火、多级火箭的分离(空中运载器)、空气动力冲击、空间运输器返回引起的高强度冲击
5 000	500	1	半正弦	陆上、海上或空中的爆炸激励冲击

对制导炸弹的冲击环境，除火工品爆炸、弹翼展开碰撞和发动机点火等情况外，冲击性能环境预示可以参考GJB 150A—2009，见表5-9。

表5-9 制导炸弹典型性能冲击环境

冲击脉冲	峰值/g	时间/ms
后峰锯齿	20	11
半正弦	15	11
冲击响应谱	20	15～23

5.3 结构固有特性设计与分析

5.3.1 飞行动态特性

导弹在飞行中，控制系统的回路不可能保证导弹完全沿理想弹道飞行，必定有误差，这个误差随着时间变化而沿动力学弹道上下振荡，这种振荡频率 f_c 称为控制回路的自振频率。若导弹的固有自振频率太小，与控制回路的频率接近时，系统易产生共振而失稳，同时还会使恢复稳定的过渡时间增加，从而造成控制系统的动态误差增大。但是，导弹固有频率 f 也不能太大，否则驾驶仪就难以设计，为此，应保证 $f>f_c$。各种导弹容许的自振频率可参考表 5－10 给出的数据。

表 5－10　导弹自振频率

导弹类型	飞行高度/km	容许自振频率/Hz
地空导弹	<4～5	≥3～4
	20～25	≥1.2～1.5
空空导弹	20～25	≥1.6～1.8
飞航导弹或制导炸弹	6～12	≥1.5～2.0

控制系统中的敏感部件在弹上的安装部位有一定要求，如惯性器件，为了准确感知导弹质心位置的运动参数，最好将它安排在全弹质心附近，并远离振源。速率陀螺能够敏感弹体的弹性振动，因此尽可能把它安排在离节点较远的波峰处。大细长比弹体和大展弦比弹翼的结构固有频率较低，在高速飞行阶段容易引起气动发散，因此要求结构固有特性满足一定值。综上所述，要保证制导炸弹具有良好的动态性能，就必须计算结构固有特性，建立总体参数与振动特性间的定量关系。

5.3.2 梁和板的振动分析

1. 梁的弯曲振动

以弯曲为主要变形的杆件称为梁，它是工程中广泛采用的一种基本构件。

在一定条件下，飞机机翼、直升机旋翼、发动机叶片、导弹弹体、长枪炮的发射筒均可以简化为梁模型来研究。制导炸弹弹体一般可视为轴对称结构的梁模型，其中心主轴在同一平面内，外载荷也作用于该平面，弹体在该平面的横向振动称为弯曲振动。弹体弯曲频率通常低于纵向振动和扭转振动频率，更容易被激发，所以弯曲振动往往作为弹体固有特性分析的重点内容。

设有长度为l的直梁，取其轴线作为x轴，建立图5-10所示的坐标系。记梁在坐标为x处的横截面积为$A(x)$，材料弹性模量为$E(x)$，密度为$\rho(x)$，截面关于中性轴的惯性矩为$I(x)$。用$w(x,t)$表示坐标为x的截面中性轴在时刻t的横向位移，$f(x,t)$和$m(x,t)$分别表示单位长度梁上分布的横向外力和外力矩。取长为$\mathrm{d}x$的微段作为分离体，其受力分析如图5-10所示。其中$Q(x,t)$和$M(x,t)$分别是截面上的剪力和弯矩，$\rho(x)A(x)\mathrm{d}(x)\dfrac{\partial^2 w(x,t)}{\partial t^2}$是梁微段的惯性力，图中所有力和力矩均按正方向画出。

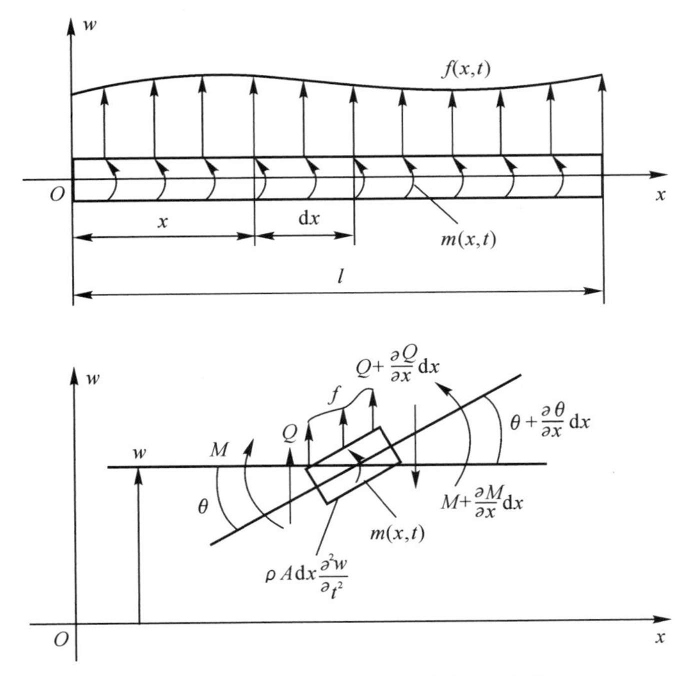

图5-10 Bernoulli-Euler梁及其微段受力分析

根据牛顿第二定律，直梁微段的横向运动满足

$$\rho A\,\mathrm{d}x\,\frac{\partial^2 w}{\partial t^2}=Q-\left(Q+\frac{\partial Q}{\partial x}\mathrm{d}x\right)+f\mathrm{d}x\left(f-\frac{\partial Q}{\partial x}\right)\mathrm{d}x \tag{5-5}$$

忽略绕中性轴的转动惯量，对单元的右端面取矩并略去高阶小量得

$$Q=\frac{\partial M}{\partial x}+m \tag{5-6}$$

由材料力学可知，$M=EI\frac{\partial^2 w}{\partial x^2}$，将之与式(5-5)代入式(5-6)得到 Bernoulli-Euler 梁的弯曲振动微分方程

$$\rho A\frac{\partial^2 w}{\partial t^2}+\frac{\partial^2}{\partial x^2}\left(EI\frac{\partial^2 w}{\partial x^2}\right)=f-\frac{\partial m}{\partial x} \tag{5-7}$$

对于等截面均质直梁，ρA 和 EI 为常数，于是方程为

$$\rho A\frac{\partial^2 w}{\partial t^2}+EI\frac{\partial^4 w}{\partial x^4}=f-\frac{\partial m}{\partial x} \tag{5-8}$$

直梁边界条件见表 5-11。

表 5-11　直梁常见边界条件

端部情况	挠度	转角	弯矩*	剪力*
	w	$\theta=\frac{\partial w}{\partial x}$	$M=EI\frac{\partial^2 w}{\partial x^2}$	$Q=EI\frac{\partial^3 w}{\partial x^3}$
固支	$w=0$	$\theta=0$	—	—
自由	—	—	$M=0$	$Q=0$
简支	$w=0$	—	$M=0$	—

注：* 该边界条件是对梁的右端而言，若对梁的左端，则 M、Q 改变符号。

(1)两端自由。

两端自由直梁的固有频率为

$$\omega_n=s_n^2\sqrt{\frac{EI}{\rho A}} \tag{5-9}$$

相应的固有模态振型函数为

$$\phi_n(x)=\cos s_n x+\cosh s_n x-\frac{\cos s_n l-\cosh s_n l}{\sin s_n l-\sinh s_n l}(\sin s_n x+\sinh s_n x) \tag{5-10}$$

式中：$n=1,2,3,\cdots$；$s_1 l=4.730$，当 $n\geqslant 2$ 时，$s_n l\approx\left(n+\frac{1}{2}\right)\pi$。

(2) 两端固支。

两端固支直梁的固有频率为

$$\omega_n=s_n^2\sqrt{\frac{EI}{\rho A}} \tag{5-11}$$

相应的固有模态振型函数为

$$\phi_n(x)=\cos s_n x-\cosh s_n x-\frac{\cos s_n l-\cosh s_n l}{\sin s_n l-\sinh s_n l}(\sin s_n x-\sinh s_n x) \tag{5-12}$$

式中：$n=1,2,3,\cdots,s_1 l=4.730$，当 $n\geqslant 2$ 时，$s_n l\approx\left(n+\frac{1}{2}\right)\pi$。

(3) 悬臂梁。

悬臂梁的固有频率为

$$\omega_n=s_n^2\sqrt{\frac{EI}{\rho A}} \tag{5-13}$$

相应的固有模态振型函数为

$$\phi_n(x)=\cos s_n x-\cosh s_n x-\frac{\cos s_n l+\cosh s_n l}{\sin s_n l+\sinh s_n l}(\sin s_n x-\sinh s_n x) \tag{5-14}$$

式中：$n=1,2,3,\cdots$；$s_1 l=1.875,s_2 l=4.694$，当 $n\geqslant 3$ 时，$s_n l\approx\left(n-\frac{1}{2}\right)\pi$。

(4) 简支梁。

简支直梁的固有频率为

$$\omega_n=s_n^2\sqrt{\frac{EI}{\rho A}} \tag{5-15}$$

相应的固有模态振型函数为

$$\phi_n(x)=\sin\frac{n\pi x}{l} \tag{5-16}$$

式中：$s_n l=n\pi,n=1,2,3,\cdots$。

2. 薄板的振动

弹性薄板是指厚度比平面尺寸小得多的弹性体，它可以提供抗弯刚度，在制导炸弹结构中存在多种薄板结构(如弹上设备安装板、舱体外壳)，特别是飞行控制器、惯性器件等关键设备的安装板，均需要开展结构固有特性分析。

如图 5-11 所示，xOy 是在薄板中面内的直角坐标系，w 是 z 方向的挠度，根据直法线假设，内力矩与挠度之间存在如下关系

$$\left.\begin{aligned}M_x&=-D\left(\frac{\partial^2 w}{\partial x^2}+\mu\frac{\partial^2 w}{\partial y^2}\right)\\M_y&=-D\left(\mu\frac{\partial^2 w}{\partial x^2}+\frac{\partial^2 w}{\partial y^2}\right)\\M_{xy}&=-D(1-\mu)\frac{\partial^2 w}{\partial x\partial y}\end{aligned}\right\} \tag{5-17}$$

式中：M_x 是作用在垂直于 x 方向的单位长度中面上的弯矩；M_y 是作用在垂直于

y 方向的单位长度中面上的弯矩；M_{xy} 是作用在垂直于 x（和 y）方向的单位长度中面上的扭矩；$D=Eh^3/12(1-\mu^2)$ 是薄板的抗弯刚度；μ 是泊松比。

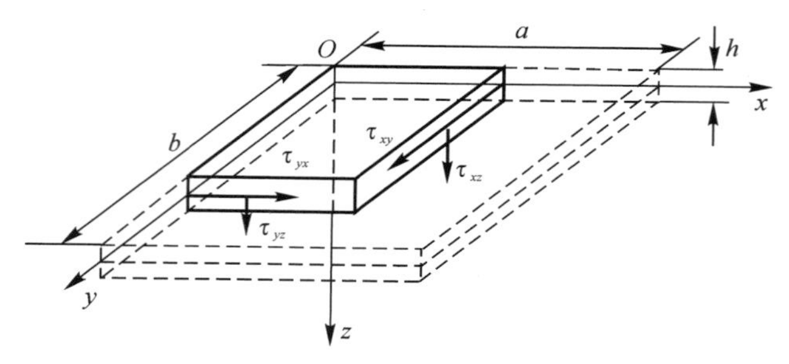

图 5-11　薄板示意图

利用位移表示薄板的自由振动微分方程

$$\frac{\partial^4 w}{\partial x^4}+2\frac{\partial^4 w}{\partial x^2 \partial y^2}+\frac{\partial^4 w}{\partial y^4}+\frac{\rho h}{D}\frac{\partial^2 w}{\partial t^2}=0 \tag{5-18}$$

式中，ρ 为板的密度。

薄板边界条件见表 5-12。

表 5-12　薄板的简单边界条件

边界条件	位移边界条件		力的边界条件	
	位移	斜率	弯矩	剪力
固支边	$w=0$	$\partial w/\partial x=0$ $\partial w/\partial y=0$	—	—
简支边	$w=0$	$\partial^2 w/\partial x^2=0$ $\partial^2 w/\partial y^2=0$	$M_x=0$ $M_y=0$	—
自由边	$\frac{\partial^2 w}{\partial x^2}+\mu\frac{\partial^2 w}{\partial y^2}=0$ $\frac{\partial^2 w}{\partial y^2}+\mu\frac{\partial^2 w}{\partial x^2}=0$	$\frac{\partial^3 w}{\partial x^3}+(2-\mu)\frac{\partial^3 w}{\partial x \partial y^2}=0$ $\frac{\partial^3 w}{\partial y^3}+(2-\mu)\frac{\partial^3 w}{\partial x^2 \partial y}=0$	$M_x=0$ $M_y=0$	$Q_x=0$ $Q_y=0$

根据薄板模态函数的正交性，模态质量和模态刚度分别为

$$M_{pj}=\iint_A \rho h \phi_j^2 \mathrm{d}x\mathrm{d}y \tag{5-19}$$

$$K_{pj}=\iint_A D\left\{\left(\frac{\partial^2 \phi_j}{\partial x^2}\right)^2+2\mu\frac{\partial^2 \phi_j}{\partial x^2}\frac{\partial^2 \phi_j}{\partial y^2}+\left(\frac{\partial^2 \phi_j}{\partial y^2}\right)^2+2(1-\mu)\left(\frac{\partial^2 \phi_j}{\partial x \partial y}\right)^2\right\}\mathrm{d}x\mathrm{d}y \tag{5-20}$$

并且

$$\omega_j^2 = \frac{K_{pj}}{M_{pj}} \tag{5-21}$$

对于四边简支的薄板，利用 Navier 法求解式(5－18)，得到固有角频率为

$$\omega_{ij} = \left(\frac{i^2}{a^2} + \frac{j^2}{b^2}\right)\pi^2\sqrt{\frac{D}{\rho h}} \quad (i, j = 1, 2, 3, \cdots) \tag{5-22}$$

相应的模态函数为

$$\phi_{ij}(x, y) = \sin\frac{i\pi x}{a}\sin\frac{j\pi x}{b} \tag{5-23}$$

5.3.3 传递矩阵法

在工程上有一类常见的梁式系统，例如汽轮发动机轴系、发动机螺旋桨轴系、大展弦比机翼、大长细比导弹和火箭等，均可以简化为一系列弹性元件与惯性元件组成的链式系统。这类系统的振动特性问题可以简单地利用传递矩阵法来求解。

利用传递矩阵法的离散化思想可将某型导弹模型分为 15 段，16 个点。各个舱段分成不同部分，其中二舱分成 3 段，三舱分成 3 段，四舱分成 7 段，弹翼分成 4 段。导弹离散化模型具体分段如图 5－12 所示。

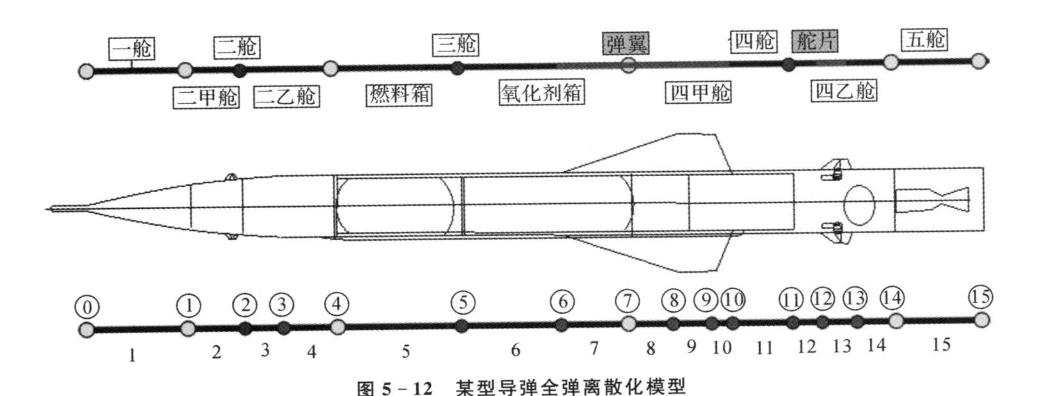

图 5－12　某型导弹全弹离散化模型

传递矩阵法的优点：将结构的控制微分方程写成一阶微分方程组形式，结构起始点和终结点的状态向量就可以用传递矩阵建立一个简单的关系，利用边界条件就可以得出问题的解答。求全弹的自由振动频率可以把全弹看成自由飞行状态，即将全弹的两端看成自由-自由状态。

对于二维或三维问题，只需要在一个或两个方向上进行离散，另一方向上写成一阶微分方程组的形式，就可以构造成一种降维的半离散半解析的解法，特别适用于变厚度结构、变参数结构的分析。

对于导弹等结构的自由振动问题，各舱段一般为薄壁壳体，壁厚不同，因此全弹可以看成是由变厚度的不同柱壳连接而成。弹体舱段等效示意图如图 5－13 所示。

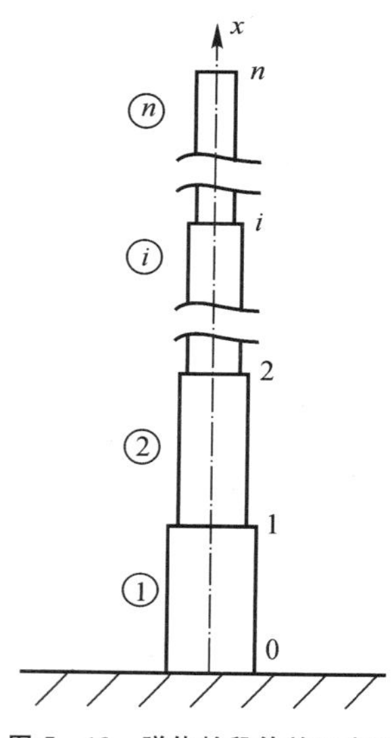

图 5－13　弹体舱段等效示意图

将弹体等效简化为梁结构，应用传递矩阵法分析梁结构的自由弯曲振动。只需将梁结构简化为带多个集中质量的弹性梁，不再考虑梁本身的分布质量，单元和节点如图 5－14 所示。

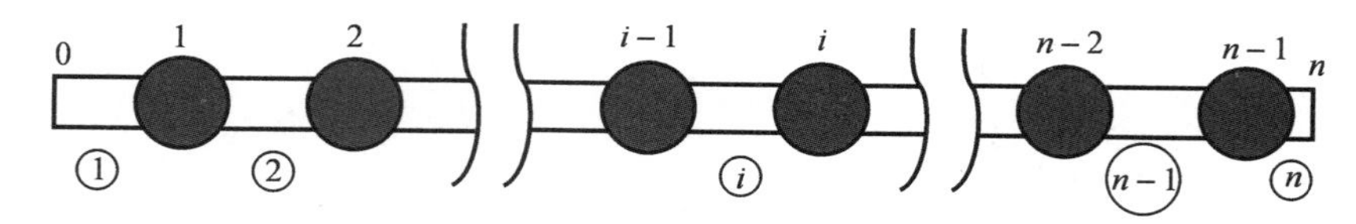

图 5－14　带多个集中质量的弹性梁

梁的状态阵列包括四个元素，即

$$\boldsymbol{x}=[w\quad \theta\quad M\quad Q]^{\mathrm{T}} \tag{5-24}$$

式中：w 和 θ 分别为横向位移和横截面转角；M 和 Q 分别为弯矩和剪力。

离散单元受力图如图 5－15 所示。考虑第ⓘ个梁段单元，其左端和右端集中质量分别为 m_{i-1} 和 m_i，梁段的长度为 l_i，弯曲刚度为 EI。

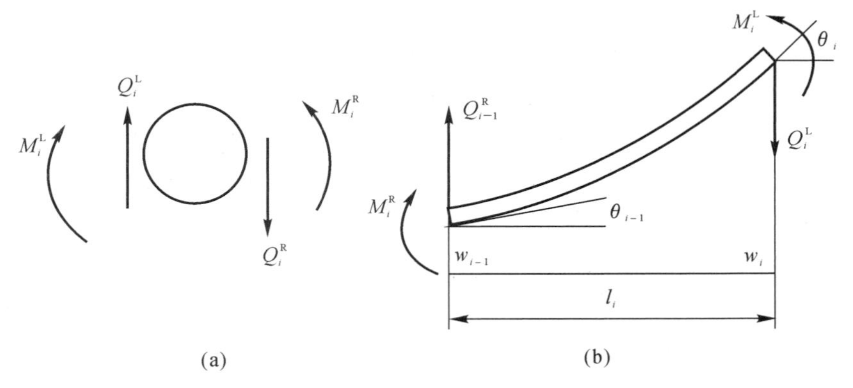

图 5 - 15　离散单元受力图

(a)第 i 个集中质量受力图；(b)第ⓘ个梁段受力图

取第ⓘ个梁段作为分离体。其右端状态向量等于x_i^L，其左端状态向量等于$\boldsymbol{x}_{i-1}^R$。由材料力学给出的均匀梁段内力和变形的关系，可以得到

$$\boldsymbol{x}_i^R = \boldsymbol{P}_i \boldsymbol{F}_i \boldsymbol{x}_{i-1}^R = \boldsymbol{G}_i \boldsymbol{x}_{i-1}^R \tag{5-25}$$

式中，$\boldsymbol{G}_i = \boldsymbol{P}_i \boldsymbol{F}_i$，描述了第 $i-1$ 个集中质量的右侧到第 i 个集中质量的右侧的状态变量的传递关系，称为总传递矩阵，它的定义为

$$\boldsymbol{G}_i = \begin{bmatrix} 1 & l_i & \dfrac{l_i^2}{2EI} & \dfrac{l_i^3}{6EI} \\ 0 & 1 & \dfrac{l_i}{EI} & \dfrac{l_i^2}{2EI} \\ 0 & 0 & 1 & l_i \\ m_i\omega^2 & l_i m_i\omega^2 & m_i\omega^2 \dfrac{l_i^2}{2EI} & m_i\omega^2 \dfrac{l_i{}^3}{6EI} + 1 \end{bmatrix} \tag{5-26}$$

式中：$\boldsymbol{P}_i$ 称为点传递矩阵；$\boldsymbol{F}_i$ 称为场传递矩阵。其定义为

$$\left.\begin{aligned} \boldsymbol{P}_i &= \begin{bmatrix} 1 & 0 & 0 & 0 \\ 0 & 1 & 0 & 0 \\ 0 & 0 & 1 & 0 \\ m_i\omega^2 & 0 & 0 & 1 \end{bmatrix} \\ \boldsymbol{F}_i &= \begin{bmatrix} 1 & l_i & \dfrac{l_i^2}{2EI} & \dfrac{l_i^3}{6EI} \\ 0 & 1 & \dfrac{l_i}{EI} & \dfrac{l_i^2}{2EI} \\ 0 & 0 & 1 & l_i \\ 0 & 0 & 0 & 1 \end{bmatrix} \end{aligned}\right\} \tag{5-27}$$

再根据梁两端的边界条件，可以得到离散梁系统的固有频率及模态。

制导炸弹可沿弹体轴向将模型离散为由许多集中质量点和弹性元件组成的梁式结构，每个质量点处为一个状态，有两个自由度——挠度与转角，这样制导炸弹即可视为集中质量（惯性件）与无质量的弹性梁（弹性件）的组合，如图5－16所示。图5－17所示为全弹质量点分布曲线，质量点本身视为刚体，其上作用有惯性力及相对于该惯性件固定点的惯性力矩。

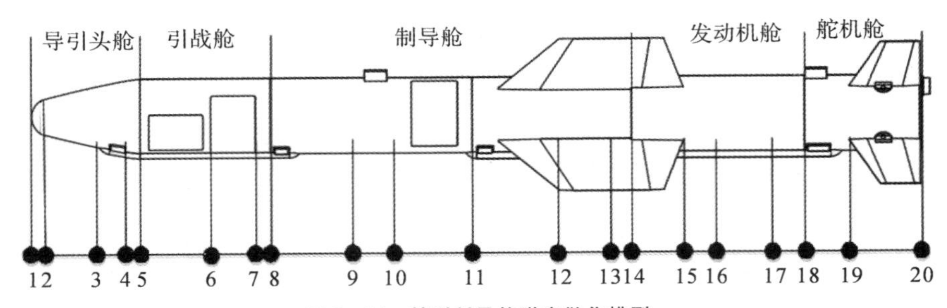

图5－16　某型制导炸弹离散化模型

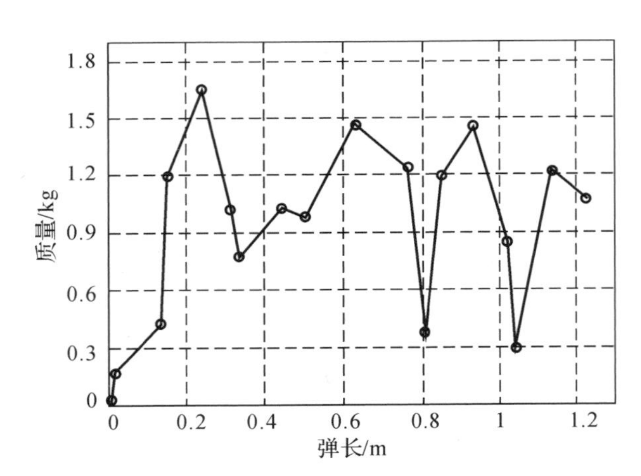

图5－17　全弹各质量点分布

进行全弹模态分析时，采用自由-自由边界条件，利用传递矩阵法求得制导炸弹的前四阶固有频率见表5－13，所对应的振型见图5－18。

表5－13　全弹前四阶固有频率

阶　次	频率/Hz	阶　次	频率/Hz
第一阶	214.5	第三阶	1 347.5
第二阶	651.5	第四阶	1 947.5

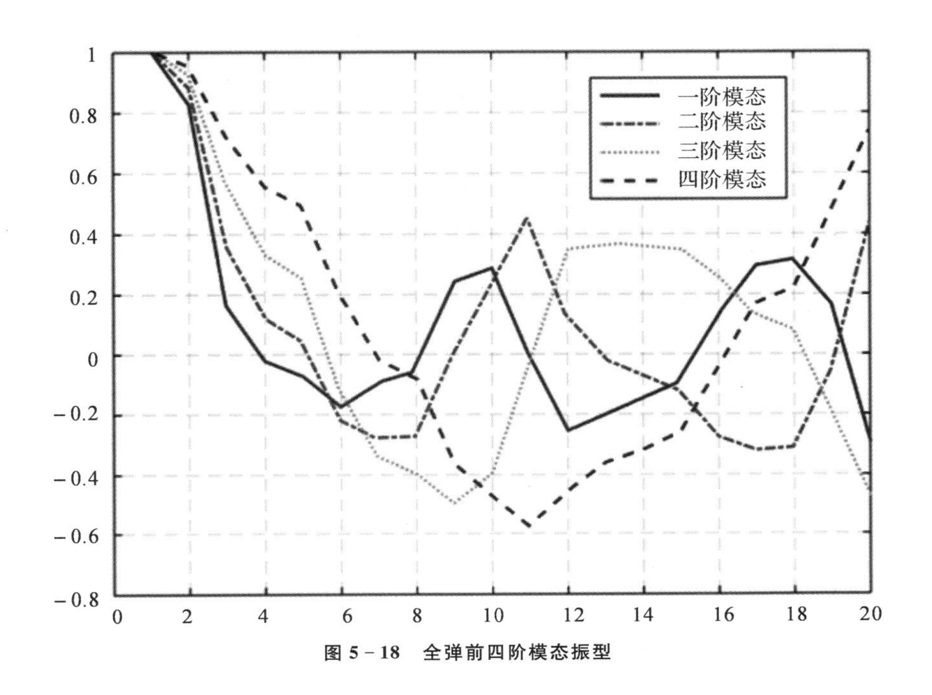

图 5－18 全弹前四阶模态振型

5.3.4 有限元方法

有限元法是将分析对象分成许多小单元,例如杆单元、梁单元、板单元等;然后以单元的连接点(简称节点)的位移作为未知量,分别对每个单元假设其位移形态(称作形函数),计算出单元的动能和势能,便可获得单元刚度矩阵和质量矩阵;最后根据诸单元节点位移协调和节点力平衡条件,组装成系统的刚度矩阵和质量矩阵。这样就将原来的连续系统转化为以有限个单元节点位移为广义坐标的离散化系统,亦称作有限元模型。

有限元法提供了一种将复杂的连续系统转化为有限自由度离散系统的通用方法,而计算机技术的发展为离散系统的振动分析提供了强有力的手段。因此,有限元法可解决许多工程问题。本节仅通过建立梁振动分析的有限元模型说明其基本思想。

设定梁的长度为 l,单位长度质量为 ρA,抗弯刚度为 EI 的第 e 个梁单元。用 $w(x)$ 表示梁单元的静挠度函数,单元节点位移是节点 i 和 j 的挠度和转角(见图 5－19)。

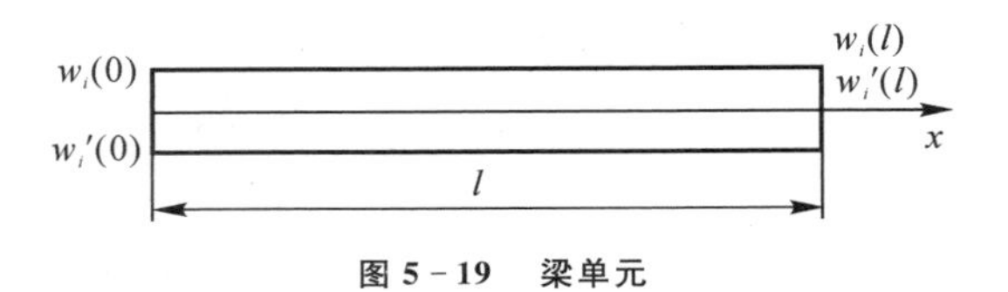

图 5-19　梁单元

$$\boldsymbol{w}^e = [w_i \quad \theta_i \quad w_j \quad \theta_j]^{\mathrm{T}} \tag{5-28}$$

受材料力学中梁的挠度曲线启发，梁单元的形函数可选取 x 的三次多项式，即

$$w(x) = a_0 + a_1 x + a_2 x^2 + a_3 x^3 \tag{5-29}$$

式中，a_0，a_1，a_2，a_3 为待定常数。

将梁单元形函数用节点位移来表示，即

$$\left.\begin{aligned} w(0) &= a_0 = w_i \\ w'(0) &= a_1 = \theta_i \\ w(l) &= a_0 + a_1 l + a_2 l^2 + a_3 l^3 = w_j \\ w'(l) &= a_1 + 2a_2 l + 3a_3 l^2 = \theta_j \end{aligned}\right\} \tag{5-30}$$

由此可解出 a_0、a_1、a_2、a_3，代回式(5-29)，得到以节点位移表示的形函数

$$w(x) = \boldsymbol{N}\left(\frac{x}{l}\right)\boldsymbol{w}^e \tag{5-31}$$

式中：$\boldsymbol{N}(\zeta) = [1-3\zeta^2+2\zeta^3 \quad l(\zeta-2\zeta^2+\zeta^3) \quad 3\zeta^2-2\zeta^3 \quad l(-\xi^2+\xi^3)]$ 为梁单元的形函数矩阵。注意梁的弹性势能涉及挠度的二阶导数

$$w''(x) = \boldsymbol{N}''\left(\frac{x}{l}\right)\boldsymbol{w}^e \tag{5-32}$$

故定义梁单元的几何矩阵为

$$\boldsymbol{B}(\xi) = \boldsymbol{N}''\left(\frac{x}{l}\right) = \frac{1}{l^2}[-6+12\xi \quad l(-4+6\xi) \quad 6-12\xi \quad l(-2+6\xi)] \tag{5-33}$$

将式(5-32)和(5-33)代入 Bernoulli-Euler 梁的弹性势能表达式

$$V = \frac{1}{2}\int_0^L EI(w'')^2 \mathrm{d}x = \frac{1}{2}\boldsymbol{w}^{e\mathrm{T}}\left[\int_0^l \boldsymbol{B}^{\mathrm{T}} EI\boldsymbol{B}\,\mathrm{d}x\right]\boldsymbol{w}^e = \frac{1}{2}\boldsymbol{w}^{e\mathrm{T}}\boldsymbol{K}^e\boldsymbol{w}^e \tag{5-34}$$

得到梁单元的刚度和一致质量矩阵

$$\boldsymbol{K}^e = \int_0^l \boldsymbol{B}^{\mathrm{T}} EI\boldsymbol{B}\,\mathrm{d}x = \frac{EI}{l^3}\begin{bmatrix} 12 & 6l & -12 & 6l \\ 6l & 4l^2 & -6l & 2l^2 \\ -12 & -6l & 12 & -6l \\ 6l & 2l^2 & -6l & 4l^2 \end{bmatrix} \tag{5-35}$$

$$M^e = \frac{\rho A l}{420}\begin{bmatrix} 156 & 22l & 54 & -13l \\ 22l & 4l^2 & 13l & -3l^2 \\ 54 & 13l & 156 & -22l \\ -13l & -3l^2 & -22l & 4l^2 \end{bmatrix} \tag{5-36}$$

形成梁单元的刚度矩阵、质量矩阵之后，根据单元节点位移协调条件和力平衡条件组装集成系统的刚度矩阵和质量矩阵，利用 Jacobi 方法、QR 方法、子空间迭代法、Lanczos 法等数值方法，求解广义特征值问题即可得出系统的固有特性。

在制导炸弹结构中，为了减轻质量，提高弹体利用率，弹体主要的结构形式为硬壳式轴系结构，由于性能的要求，在其内部会有很多功能结构，如制导控制系统，这些结构虽然不直接参与导弹结构的传力，但由于其质量占有全弹总质量比例较大，因此在分析制导炸弹动力学特性时，必须考虑这些非质量结构对于导弹固有频率的振型的影响(见图 5－20)。制导炸弹结构动态特性分析可利用有限元方法对结构进行有限元建模，或者使用商业有限元软件的固有频率分析模块求结构的固有频率和模态振型、随机振动响应。某型制导武器前三阶模态振型如图 5－20 所示。

制导炸弹计算固有特性时一般采用壳结构模型、质量点单元的方法，在用有限元方法分析导弹固有特性时，可以将非结构质量处理为集中质量，并通过 MPC 单元将其连接在弹体结构上，但是在处理连接时，其连接刚度会对弹体固有特性产生一定影响。另外，还可以建立壳结构模型，并将非质量结构赋予密度，即通过调节舱壁密度值的形式，将设备和安装板等非刚度件质量分配至舱壁，建立全弹模型，进行结构固有特性计算。

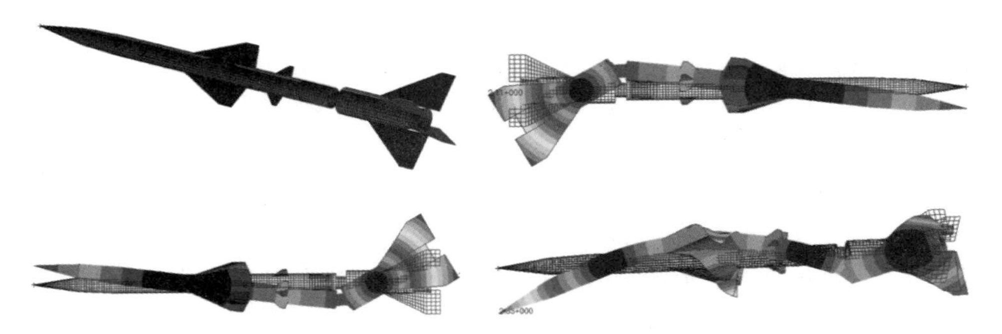

图 5－20　某型制导武器前三阶模态振型

5.4 结构动态响应分析

制导炸弹在挂飞、发射和飞行期间将受到来自结构内部以及外部环境的各种形式的振动干扰，如发动机的随机振动、阵风引起的抖振等，振动的干扰对弹上设备的使用将产生严重的消极影响，强烈的振动还会使结构产生疲劳损伤，直接导致结构可靠性下降甚至性能失效，因此研究振动响应对制导炸弹的设计和应用具有重要意义。动力学响应分析类型如图 5－21 所示。

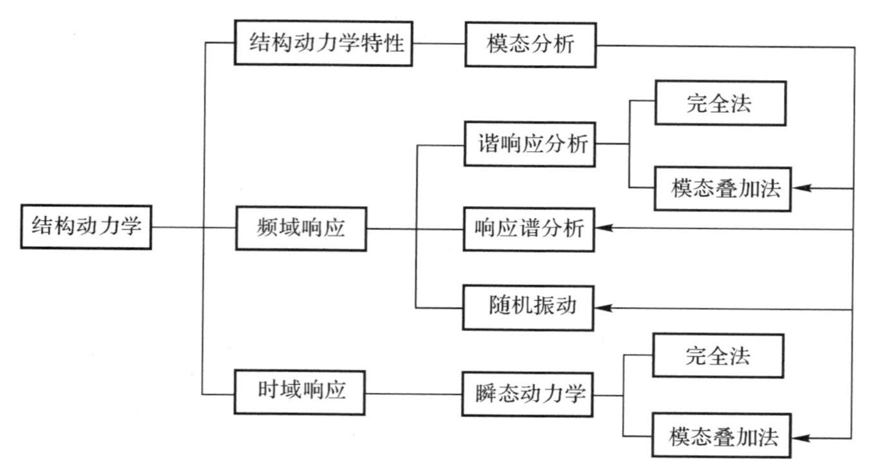

图 5－21　动力学响应分析类型

5.4.1 模态叠加法

对于多自由度结构系统，如果考虑黏性阻尼，则受迫振动的微分方程为

$$\boldsymbol{M}\ddot{x}+\boldsymbol{C}\dot{x}+\boldsymbol{K}x=f(t) \tag{5-37}$$

解此类微分方程一般有两种方法，一种是直接积分法，就是按时间历程对上述微分方程直接进行数值积分，即数值解法，常用的数值解法有中心差分法、Newmark 法和 Wilson－θ 法等。另一种解法就是模态（振型）叠加法，该解法在制导炸弹结构动力学分析中应用最为广泛，因此本节对该解法进行重点介绍。

利用模态正交性，通过模态坐标系转换，可以得到式（5－37）在广义坐标系下的动力学响应

$$\boldsymbol{x}=\sum_{i=1}^{n}\boldsymbol{\varphi}_i\boldsymbol{q}_i \tag{5-38}$$

式中：$\boldsymbol{q}_i$ 称为广义坐标或模态坐标；$\boldsymbol{\varphi}_i$ 为第 i 阶固有模态或固有振型。$\boldsymbol{\varphi}$ 为模态矩阵，即

$$\boldsymbol{\varphi}=[\boldsymbol{\varphi}_1 \quad \boldsymbol{\varphi}_2 \quad \cdots \quad \boldsymbol{\varphi}_n]=\begin{bmatrix}\varphi_{11} & \varphi_{12} & \cdots & \varphi_{1n}\\ \varphi_{21} & \varphi_{22} & \cdots & \varphi_{2n}\\ \vdots & \vdots & & \vdots\\ \varphi_{n1} & \varphi_{n2} & \cdots & \varphi_{nn}\end{bmatrix} \tag{5-39}$$

模态(振型)叠加法求系统动力响应就是建立在模态展开定理的基础上的。在实际问题应用中，结构系统的自由度太多，而高阶模态对响应的影响通常又很小，所以应用时在满足工程精度的前提下，只取低阶模态($N \ll n$)作为向量基，而将高阶模态截断。模态截断是一种近似方法，取多少阶模态合适，要遵循模态截断准则。

根据展开定理，对式(5-37)先进行坐标变换，然后在方程两边乘模态矩阵的转置 $\boldsymbol{\varphi}^{\mathrm{T}}$，则可得到

$$\boldsymbol{\varphi}^{\mathrm{T}}\boldsymbol{M}\boldsymbol{\varphi}\ddot{\boldsymbol{q}}+\boldsymbol{\varphi}^{\mathrm{T}}\boldsymbol{C}\boldsymbol{\varphi}\dot{\boldsymbol{q}}+\boldsymbol{\varphi}^{\mathrm{T}}\boldsymbol{K}\boldsymbol{\varphi}\boldsymbol{q}=\boldsymbol{\varphi}^{\mathrm{T}}\boldsymbol{f}(t) \tag{5-40}$$

若系统为比例阻尼，则可以利用正交条件使式(5-40)变为一系列相互独立的方程组

$$\overline{\boldsymbol{M}}\ddot{\boldsymbol{q}}+\overline{\boldsymbol{C}}\dot{\boldsymbol{q}}+\overline{\boldsymbol{K}}\boldsymbol{q}=\overline{\boldsymbol{f}} \tag{5-41}$$

式中：模态力向量 $\overline{\boldsymbol{f}}$ 的元素为 $\overline{f}_i=\boldsymbol{\varphi}_i^{\mathrm{T}}\boldsymbol{f}(t)$；$\overline{\boldsymbol{M}}$、$\overline{\boldsymbol{C}}$、$\overline{\boldsymbol{K}}$ 均为对角矩阵，对角元素分别为 $\overline{M}_i=\boldsymbol{\varphi}_i^{\mathrm{T}}\boldsymbol{M}\boldsymbol{\varphi}_i$，$\overline{C}_i=\boldsymbol{\varphi}_i^{\mathrm{T}}\boldsymbol{C}\boldsymbol{\varphi}_i=2\xi_i\omega_i\overline{M}_i$，$\overline{K}_i=\boldsymbol{\varphi}_i^{\mathrm{T}}\boldsymbol{K}\boldsymbol{\varphi}_i=\omega_i^2\overline{M}_i$。
这样式(5-41)可以写为

$$\overline{M}_i\ddot{q}_i+\overline{C}_i\dot{q}_i+\overline{K}_iq_i=\overline{f}_i \quad i=1,2,3\cdots,n \tag{5-42}$$

这是 n 个相互独立的单自由度系统的运动方程，如果 $\overline{f}_i$ 为任意激振力，对于零初始条件的系统可以借助杜哈梅积分求出响应，即

$$q_i=\int_0^t h_i(\tau)\overline{f}_i(t-\tau)\mathrm{d}\tau \tag{5-43}$$

式中：$h_i(\tau)$ 为单位脉冲响应函数。

分析在简谐激振力作用下系统的响应，则 $\boldsymbol{f}=\boldsymbol{F}\mathrm{e}^{\mathrm{i}\omega t}$，$\boldsymbol{F}=[F_1 \quad F_2 \quad \cdots \quad F_n]^{\mathrm{T}}$ 为激振力的复力幅向量，简谐激振力的相位和频率都相同。模态力分量为 $\overline{f}_i=\boldsymbol{\varphi}_i^{\mathrm{T}}\boldsymbol{F}\mathrm{e}^{\mathrm{j}\omega t}$，设系统的稳态解为 $q_i=q_{i0}\mathrm{e}^{\mathrm{j}\omega t}$，代入式(5-42)得到

$$q_i=\frac{\overline{f}_i}{\overline{K}_i-\overline{M}_i\omega^2+\mathrm{j}\omega\overline{C}_i} \tag{5-44}$$

利用式(5-38)和(5-44)得到

$$x = \sum_{i=1}^{n} \frac{\boldsymbol{\varphi}_i^{\mathrm{T}} \boldsymbol{F} \boldsymbol{\varphi}_i}{\bar{K}_i - \bar{M}_i \omega^2 + \mathrm{j}\omega \bar{C}_i} \tag{5-45}$$

式(5-45)表征了多自由度系统在简谐激振力 f 作用下的稳态响应。从中可以看出,激振响应除了与激振力 f 有关外,还与系统各阶主模态及表征系统动态特性的各个参数有关。

模态叠加法可以用于制导炸弹稳态谐波响应分析,如载机螺旋桨发动机引起的动力学响应;也可以用于瞬态动力学分析,如火箭发动机点火瞬间或强力投放瞬间的动力学响应;还可用于响应谱分析和随机响应分析,如制导炸弹对湍流的响应、火箭发动机产生的噪声响应、设备安装板的基础振动等。

5.4.2 随机过程

随机过程是一个不规则、不确定的复杂过程,现在将对制导炸弹强噪声环境进行分析,所用到的噪声便是一随机过程。一般情况下,在处理随机过程中,习惯上常用统计函数来描述随机数据的基本特性。用"均值"提供随机变量总的情况和中心趋势,对自由体的振动,它反映了刚体运动分量;用"均方值"提供振动过程强度方面的统计特性,它反映振动量偏离计算原点的情况,很大程度上反映了振动的能量和功率;用"概率密度函数"提供振动过程幅值域方面的统计特性,它反映了幅值概率分布的信息;用"自相关函数"提供振动过程时间域方面的统计特性,它可以用来确定任意时刻的随机数据对其以后的数据的影响,通过此函数的图形分析可以检测淹没在随机信号中的周期分量;用"功率谱密度函数"提供振动过程频率域方面的统计特性,它表示了振动的平均功率在频率域上的分布,即单位频带的功率随频率变化的情况。

5.4.3 强噪声响应分析

1. 强噪声环境概述

内埋式弹舱是第四代战机的显著特点,机载武器通常采用内埋挂装方式。载机在超声速飞行中,当武器舱门打开时,舱内的气体流动极不稳定,会出现自持振荡,诱发强烈的气动噪声。典型的开式弹舱噪声信号变化如图 5-22 所示,频谱由宽带噪声和窄带噪声两部分组成,宽带噪声是由自由流、剪切层和湍流脉动产生的低能量噪声。噪声除了气流通过机身引起的扰动外,在高速飞行时的附面层压力起伏还会激励表面结构,这种气动噪声和压力脉动会诱发结构振动,造成结构损伤,引发结构疲劳,导致结构失效,缩减武器使用寿命。此外,噪声诱

发的高强度振动造成弹上设备工作环境的短时高强度恶化，有可能对设备的正常工作造成影响，因此应评估强噪声对全弹的影响，并采取针对性措施改善设备工作环境。

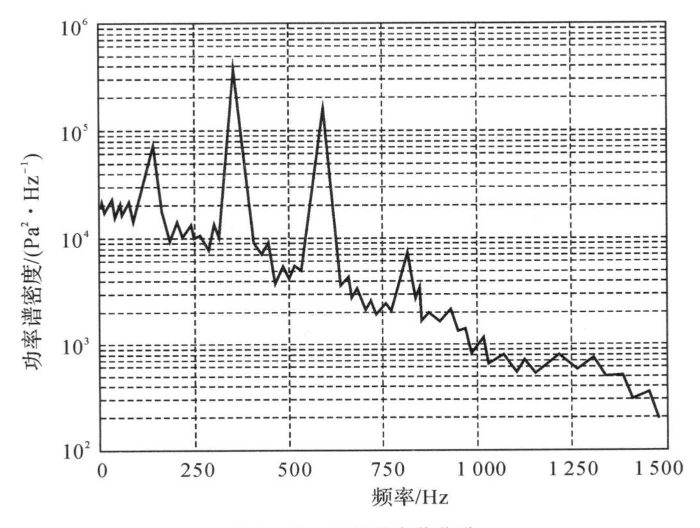

图 5－22 宽频噪声载荷谱

除了实测噪声特性以外，根据制导炸弹随载机的挂飞特性，还可以参考 GJB 150.17A—2009 给出噪声试验环境。以总声压级 175 dB 为例，图 5－23 给出了 1/3 倍频程噪声谱。

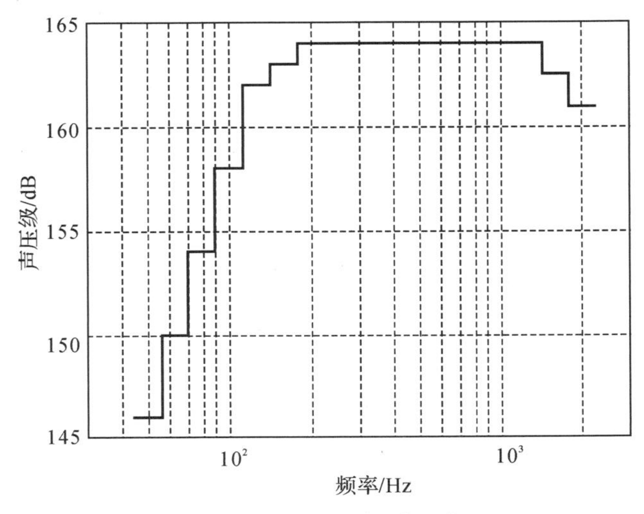

图 5－23 1/3 倍频程声压谱

研究强噪声环境对全弹的影响，目前普遍采用的方法包括：

(1)模态叠加分析法；

(2)数值积分法(如 Monte－Carlo 方法)；

(3)统计能量分析方法(SEA)；

(4)有限元方法(FEM)；

(5)结合方法(FEM－BEM，FEM－SEA)。

在研究强噪声的影响时，首先应研究弹体结构在声载荷激励下的动态响应。在得到动态响应后，还需要分析与评价这种随机振动对弹上设备环境和弹体强度，尤其是疲劳强度的影响(见图 5－24)。

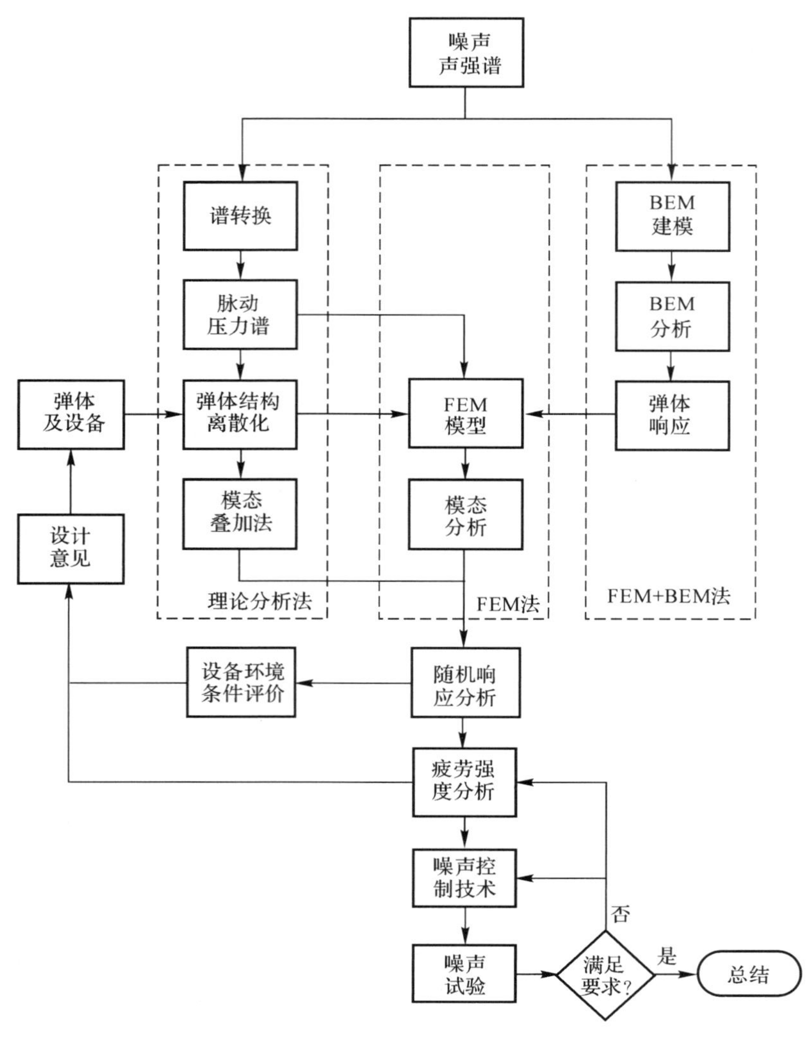

图 5－24　制导炸弹噪声环境研究途径

2. 动力学理论分析法

某型小直径制导炸弹为了适应四代战机内埋式挂装要求，采用折叠舵和折叠翼形式。为了获得弹体的结构动态特性，需将弹体简化成一系列弹性元件与惯性元件组成的链式系统的梁单元，链式系统的振动问题可以利用传递矩阵法来求解。制导炸弹共分成 18 段梁单元的链式系统，如图 5－25 所示，用传递矩阵法来求连续梁自由振动的固有频率、阵型、模态质量和模态刚度等问题。再将噪声简化成在弹体上的脉动压力，作为输入激励，求解在噪声激励下全弹响应问题。

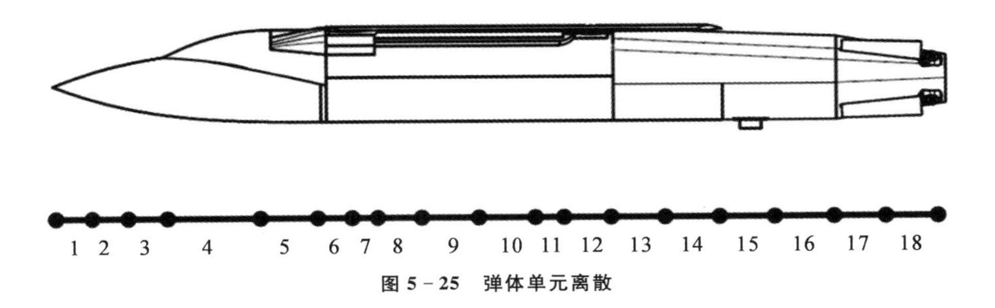

图 5－25 弹体单元离散

小直径制导炸弹各节点单元的质量分布情况如图 5－26 所示。

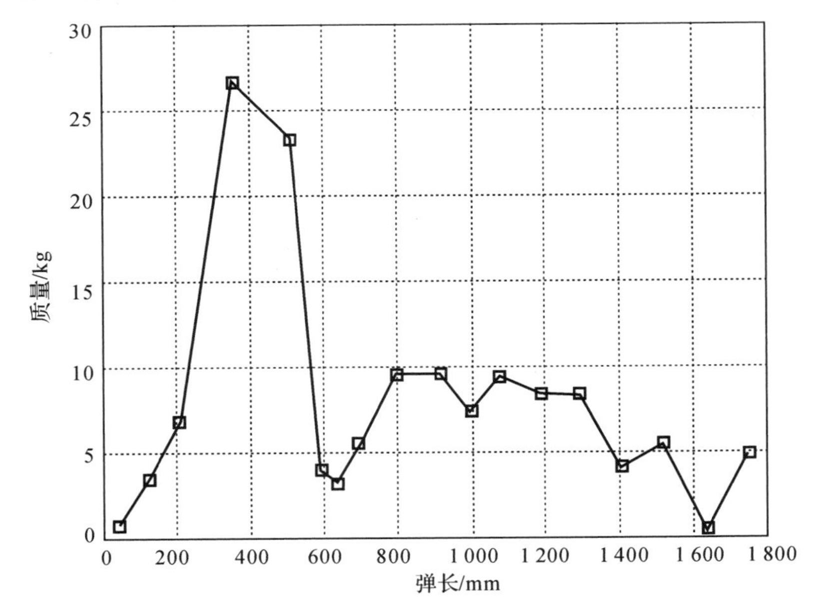

图 5－26 弹体单元质量分布

利用传递矩阵法，求得全弹的前五阶自由-自由状态的固有频率(不含刚体频率)，见表 5-14。弹体模态振型见图 5-27。

表 5-14　全弹前五阶固有频率

阶数	频率/Hz
第一阶	181.5
第二阶	333.5
第三阶	440.5
第四阶	679.5
第五阶	930.5

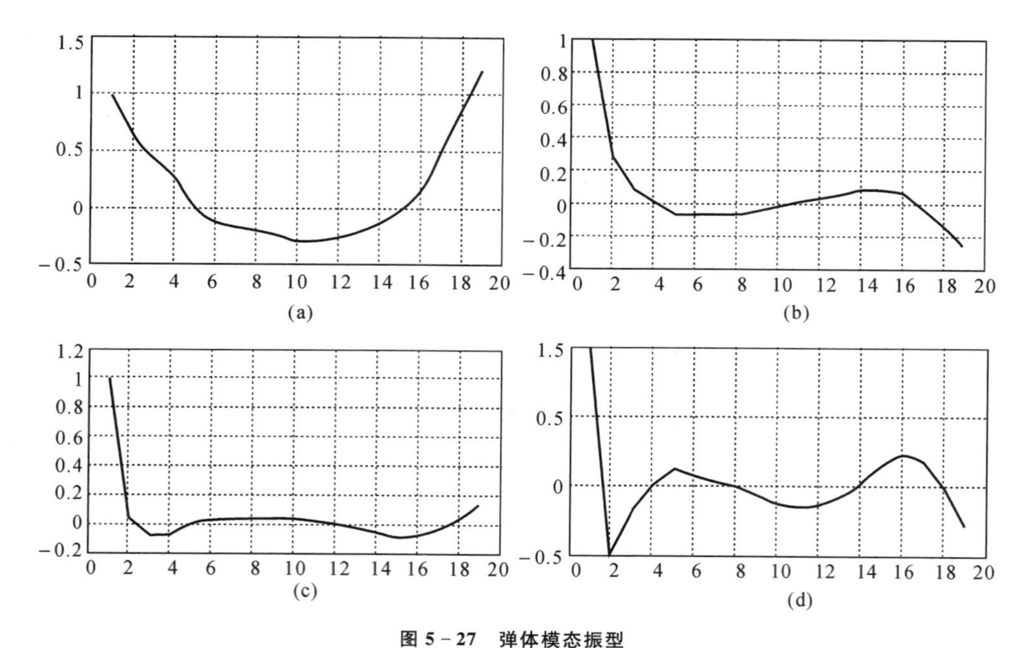

图 5-27　弹体模态振型

(a)第一阶模态；(b)第二阶模态；(c)第三阶模态；(d)第四阶模态

对制导炸弹的强噪声环境进行分析，以理想白噪声激励为例，其自功率谱密度为常数 S_0。白噪声自功率谱密度与声压级转换公式为

$$S_f(f)=\frac{4}{\Delta f}\times 10^{(\frac{\mathrm{SPL}}{10}-10)} \tag{5-46}$$

式中：$S_f(f)$ 为有限带宽白噪声功率谱密度；SPL 为带宽声压级；Δf 为频带宽度。

动态响应的自功率谱等于激励自功率谱与复频响应函数的二次方的乘积：

$$S_x(\omega)=H(\omega)H(-\omega)S_f(\omega)=|H(\omega)|^2S_f(\omega) \tag{5-47}$$

式中：$S_x(\omega)$ 为响应的自功率谱密度函数；$H(\omega)$ 为复频响应函数；$S_f(\omega)$ 为激励的自功率谱密度函数。

在计算时选择的激励为理想白噪声，其自功率谱密度为一常数 S_0，故式(5-47)可以写成

$$S_x(\omega)=|H(\omega)|^2S_0 \tag{5-48}$$

因此，只要求得全弹的频响传递函数，便可以求出全弹的响应。

选取理想白噪声激励的声压级为 160 dB，频带宽度为 1 024 Hz，根据白噪声自功率谱密度与声压级转换公式，求得激励的功率谱密度为

$$S_0=3.937\times10^3\ \mathrm{Pa^2/Hz}$$

计算图 5-25 所示节点 1、4、8、14 的位移响应，可以得到这四个节点的位移功率谱密度，如图 5-28～图 5-31 所示。

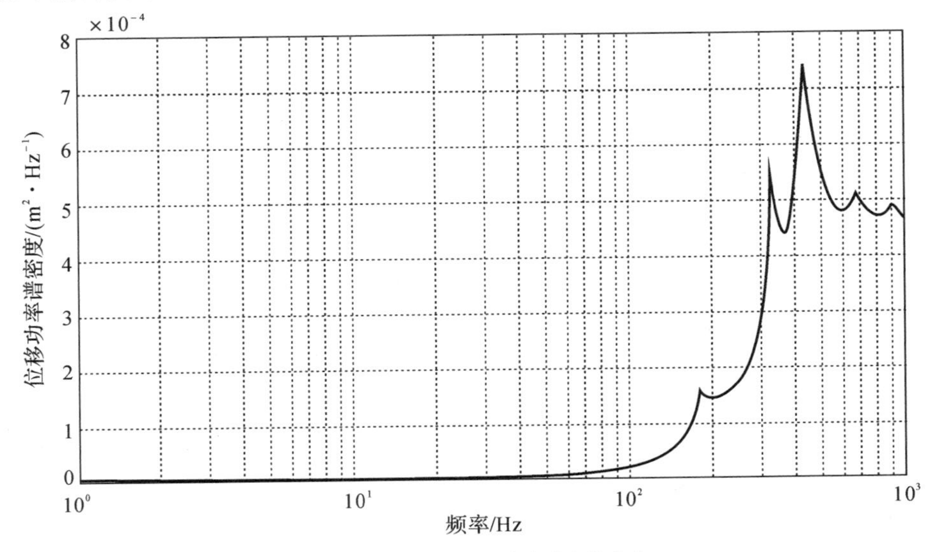

图 5-28　节点 1 位移响应功率谱密度

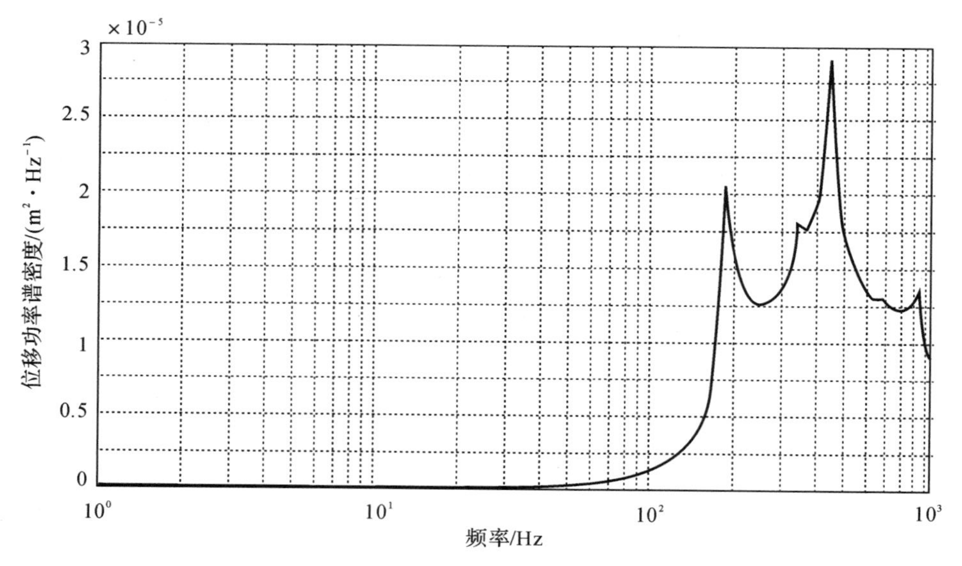

图 5-29　节点 4 位移响应功率谱密度

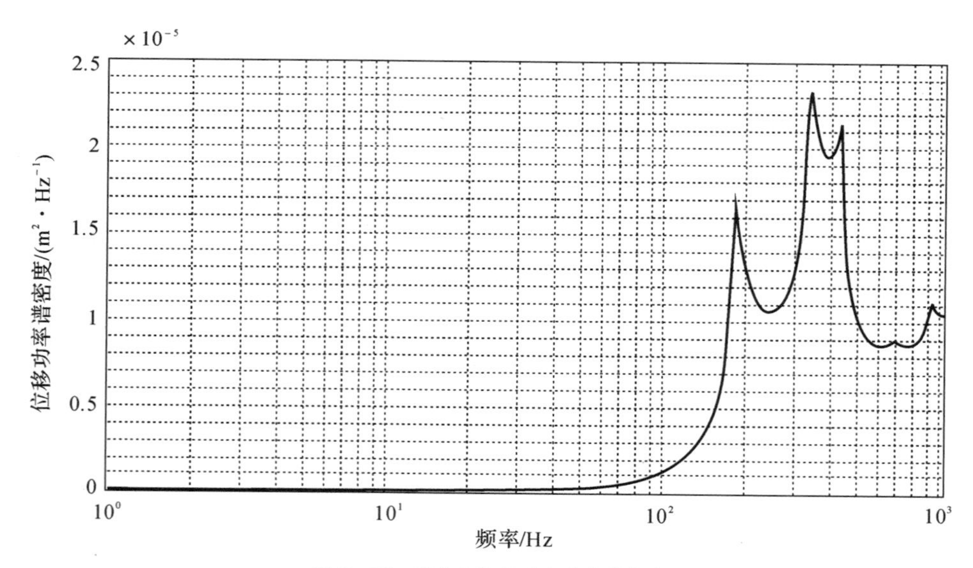

图 5-30　节点 8 位移响应功率谱密度

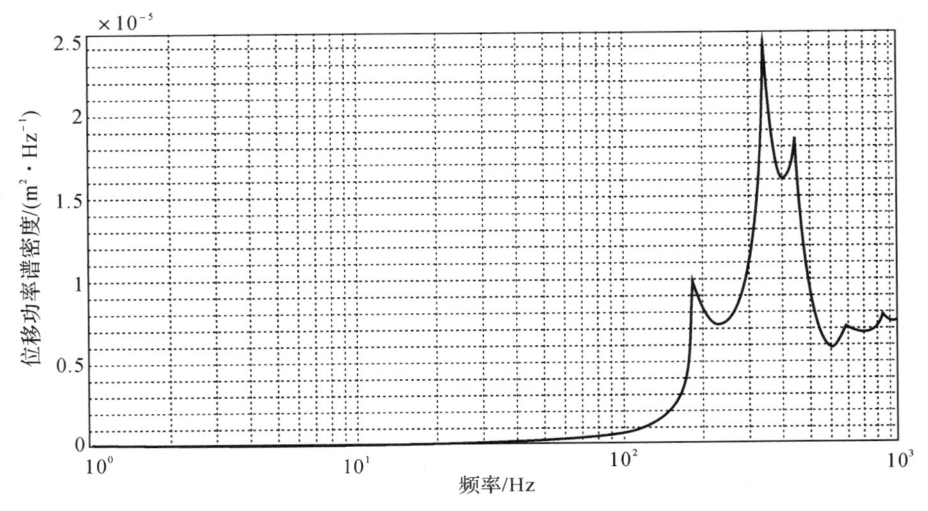

图5-31 节点14位移响应功率谱密度

3.有限元响应分析

利用有限元方法计算制导控制尾舱的随机噪声响应，计算过程选取若干点作为位移、加速度和应力功率谱输出，测点位置选取定义见表5-15。

表5-15 响应测点定义

位 置	测点编号	输 出
飞控器安装板	1	应力、位移、加速度谱
电池安装板	2	位移、加速度谱
舵机安装处	3	位移、加速度谱
舵片根部	4	应力谱
舵梢	5	位移、加速度谱

利用随机响应分析模块，需预先计算出尾舱的固有频率，取前六阶频率列表，见表5-16，可见计入舵片后尾舱频率有所降低。

表5-16 全弹前六阶固有频率

阶数	频率/Hz	
	舵片折叠	舵片展开
第一阶	160.5	155

续表

阶数	频率/Hz	
	舵片折叠	舵片展开
第二阶	178.5	168
第三阶	240.9	241.8
第四阶	271	272.3
第五阶	316.3	334.8
第六阶	321.6	340

对表 5－16 所示各测点开展结构动态响应分析，输出参数包括位移、加速度和应力功率谱，结果如图 5－32～图 5－38 所示。

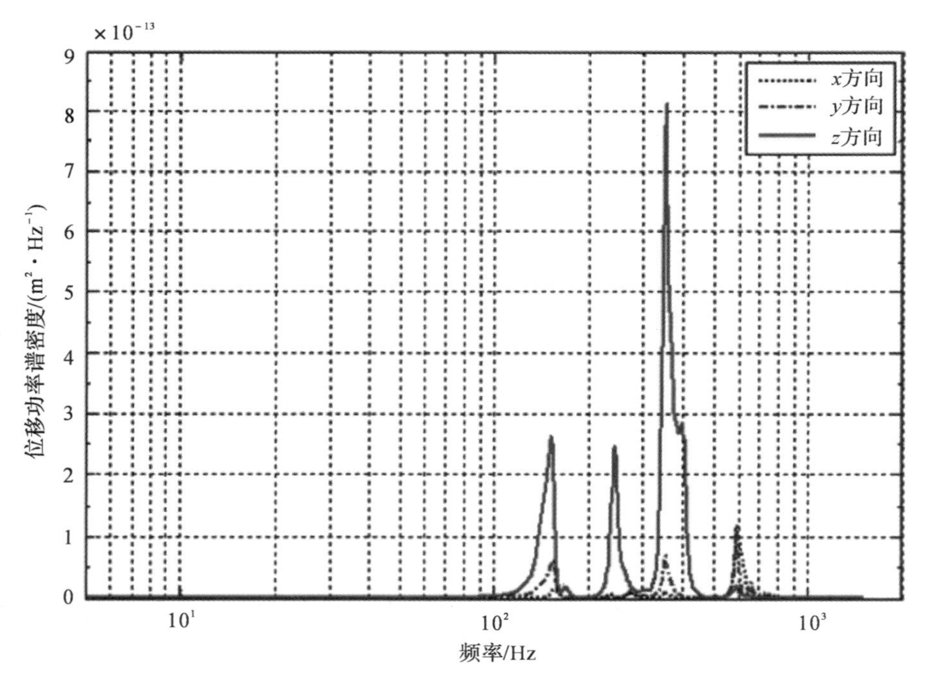

图 5－32　测点 1 位移功率谱密度

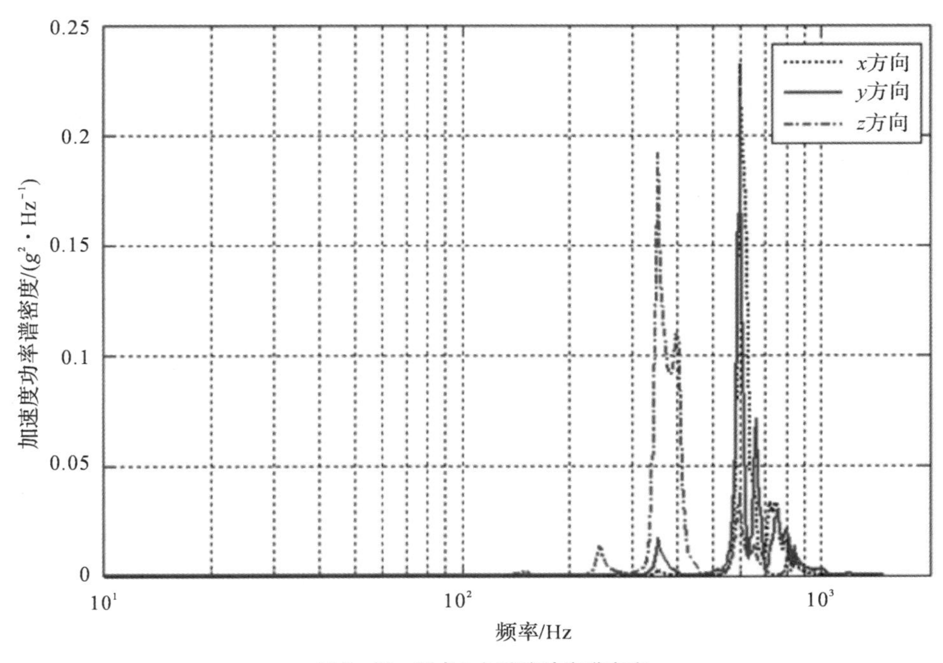

图 5-33 测点 1 加速度功率谱密度

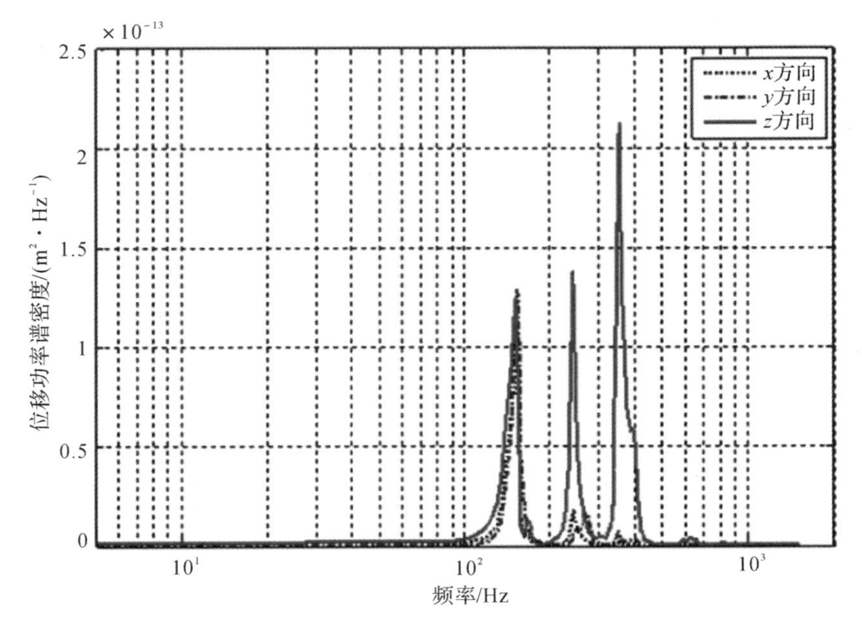

图 5-34 测点 2 位移功率谱密度

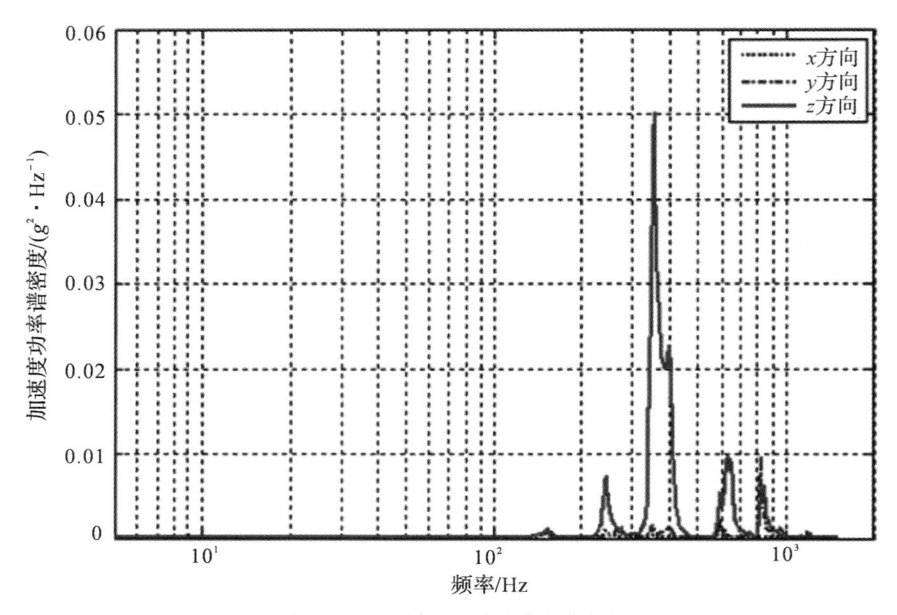

图 5-35　测点 2 加速度功率谱密度

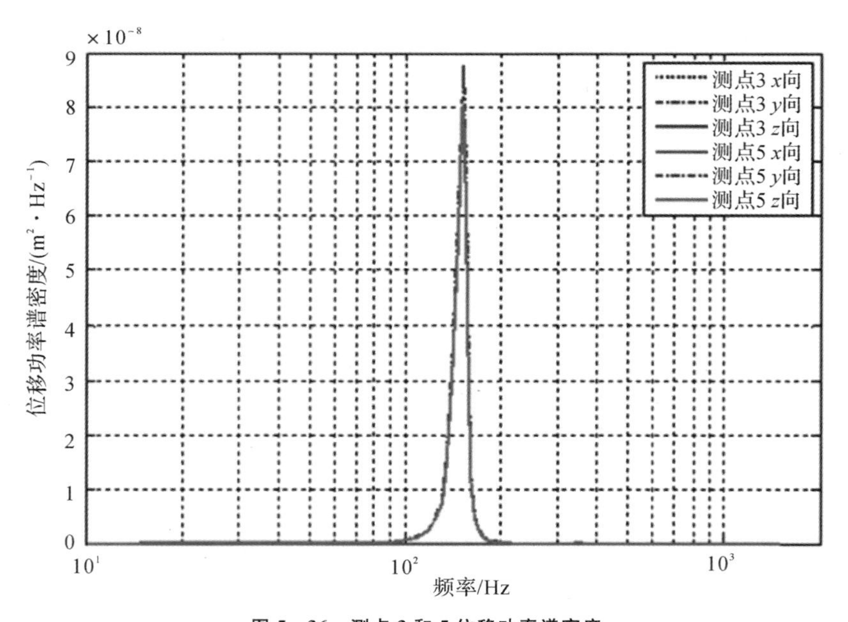

图 5-36　测点 3 和 5 位移功率谱密度

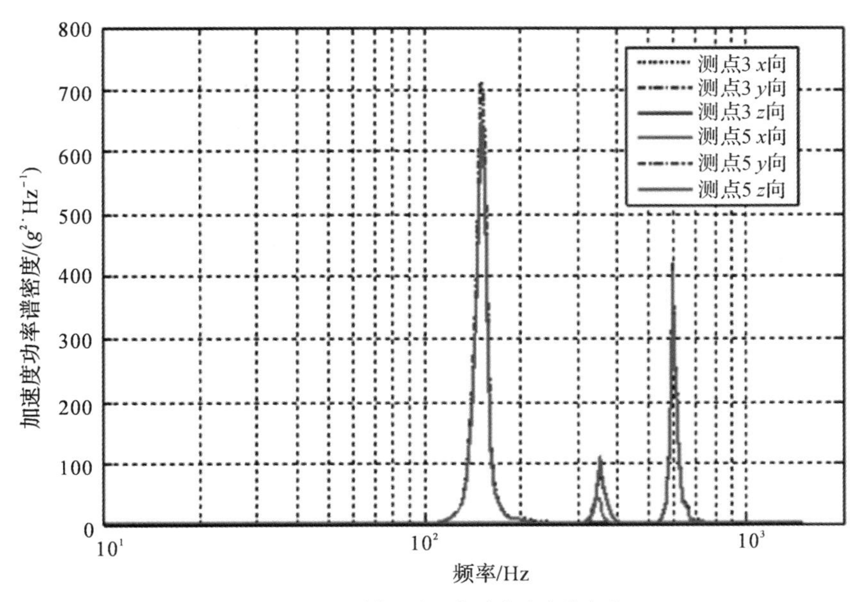

图 5－37 测点 3 和 5 加速度功率谱密度

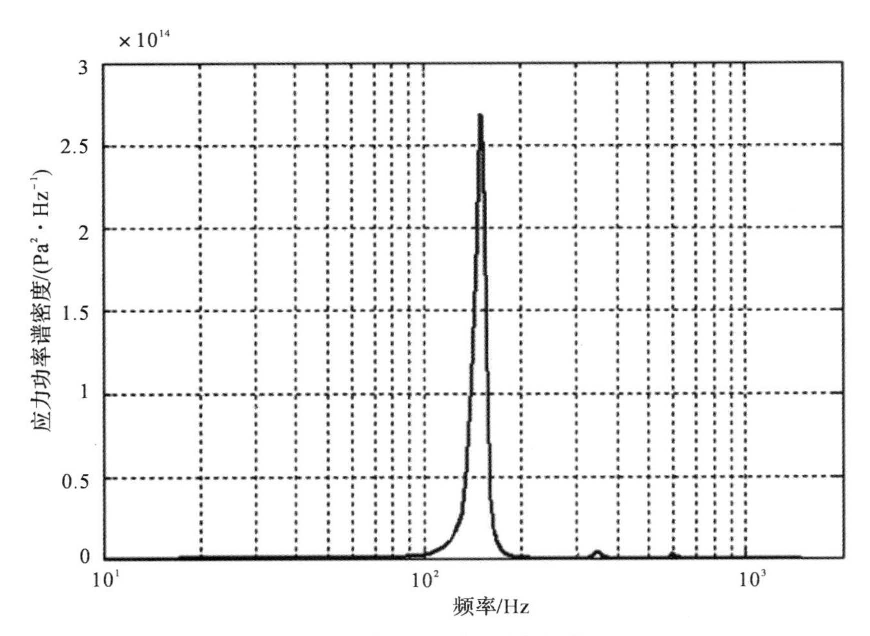

图 5－38 测点 4 应力功率谱密度(舵展开)

5.5 弹体结构疲劳分析

随着军用航空业的发展,军队对飞机性能、寿命、可靠性及完整性的要求不断提高,因而飞行载荷环境愈发恶劣,外挂武器受到多种复杂载荷(气动、冲击、振动、过载)的耦合作用,其中周期性载荷严重影响到飞机外挂物结构的疲劳强度。制导炸弹作为最典型的机载空地武器,弹体结构随着挂飞次数的增加,将会出现疲劳和损伤,因此有必要系统地分析其疲劳寿命。

载荷谱描述了飞机和外挂武器在使用寿命期内所经历的载荷-时间历程,应按飞-续-飞的方式编制谱形。军用飞机的飞行任务通常可分为空-空任务型、空-地任务型、高空截击任务型。典型飞行任务剖面如图 5-39 所示。在每个过程中,飞机都承受疲劳载荷,因此,地面滑行载荷、突风载荷、机动载荷和着陆撞击载荷等,都是飞机及外挂物疲劳载荷的组成部分。

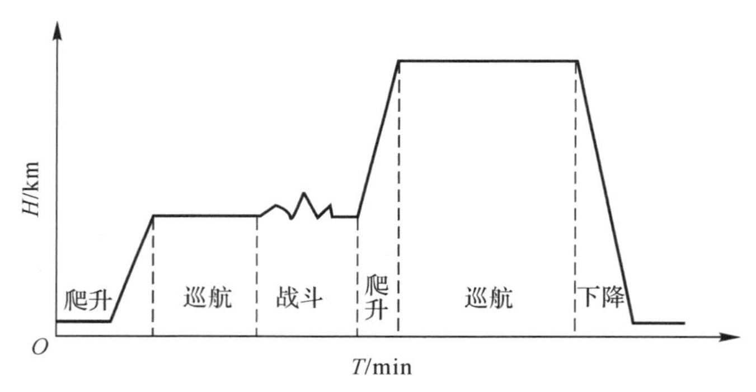

图 5-39 载机典型飞行任务剖面示例

制导炸弹载荷谱包括如下三要素:载荷大小、出现频次和先后顺序。若无作战飞机的实测统计数据,可采用各任务段每 1 000 h 内战斗机、歼击教练机、强击机机动过载谱累积出现频次。载荷顺序的确定方法可采用随机配对的排列法,即假设飞机在完成一个大的正机动飞行后,必定要恢复到平飞状态或达到负机动飞行状态。

用概率配对的排列法,先把过载峰(谷)值的对应关系 N_{ij} 数列配好,将 N_{ij} 排列成一维数列,再用"乘同余法"或"混乘同余法"随机抽取排列,每一级峰谷值连接的次数应满足下列关系式

$$N_{ij}=\frac{N(P_i)\times N(V_j)}{N_c}\quad(i=1,2,3,\cdots n;j=1,2,3,\cdots m)\tag{5-49}$$

式中：n 为正过载总级数；m 为负过载（或平飞）总级数；$N(P_i)$ 为第 i 级正过载级（峰值）发生次数；$N(V_j)$ 为第 j 级正过载级（峰值）发生次数；N_c 为循环总数。

一般来说，伪随机数是借助于递推公式产生的。编制载荷谱时常用的“混乘同余法”的递推公式如下

$$X_{i+1}=\left\{(aX_i+b)-M\left[(取整数)\frac{aX_i+b}{M}\right]\right\}\quad(i=1,2,3,\cdots n)\tag{5-50}$$

式中：X_i 为已推出第 i 个随机数；X_0 为计算初始值；M 为随机数周期；a，b 为常数。

5.5.1 疲劳分析理论

为了评估疲劳寿命或疲劳强度，需建立外载和寿命之间的关系即 $S-N$ 曲线，以及损伤判定准则，常用的疲劳损伤理论包括以下几种。

（1）幂函数公式。

$$S^{\alpha}N=C\tag{5-51}$$

式中：α 和 C 为材料参数。

（2）$P-S-N$ 方法。

用常规方法作出的 $S-N$ 曲线，只能代表中值疲劳寿命与应力水平之间的关系（即存活率 $p=50\%$），要得到各种存活率下的疲劳寿命与应力的关系，需用基于概率的 $S-N$ 方法，$P-S-N$ 曲线的通用表达式为

$$\lg N_p=a_p+b_p\lg\bar{\sigma}\tag{5-52}$$

式中：N_p 为存活率为 p 时的疲劳寿命；$\bar{\sigma}$ 为应力幅的均值，单位为 MPa；a_p、b_p 为与存活率有关的材料常数。

（3）双参数模型。

双参数模型通过计算给定材料的 $S-N$ 曲线，得到满足要求的疲劳寿命与循环应力的关系为

$$S=S_{ae}+(S_b-S_{ae})\exp\left[-\left(\frac{N-1/4}{b}\right)^a\right]\tag{5-53}$$

式中：S_{ae} 为理论疲劳极限；S_b 为抗拉强度极限；a、b 为材料常数。

（4）Weibull 公式。

利用三参数模型描述任意应力水平 S_a 与疲劳寿命 N 的关系，则有

$$B = N\,(S_a - S_0)^{b} \tag{5-54}$$

式中：S_0、B、b 为材料参数。

(5)Miner 损伤理论。

由不同载荷块(对应不同的恒应力幅值)组成的变幅加载疲劳中，可以用Miner 法则来预测疲劳损伤。在含 m 个载荷块的加载序列中，如果用 n_i 来表示恒应力幅为σ_{ai} 的第i 个载荷块的循环数，用 N_{fi} 来表示在σ_{ai} 下的破坏循环数，则

$$D = \sum_{i=1}^{m} \frac{n_i}{N_{fi}} \tag{5-55}$$

当构件承受变幅循环应力时，高于持久极限应力的每个循环都将使构件受到损伤，当总损伤值 $D < 1$ 时，构件不发生破坏，当总损伤值 $D \geqslant 1$ 时，构件发生破坏。

(6) 综合修正系数。

标准光滑试样与构件间的疲劳强度满足

$$\sigma_{-1c} = \sigma_{-1}\beta_q / K_\sigma \tag{5-56}$$

式中：σ_{-1}、σ_{-1c} 分别表示标准光滑试样、结构件疲劳强度；K_σ 表示综合修正系数；β_q 表示表面系数，对于无表面增强措施部件，取 $\beta_q = 1$，取值时需综合考虑几何特征、表面工艺等多重因素。

(7) 等寿命曲线。

等寿命曲线 Goodman 直线模型可用如下表达式描述

$$\sigma_a = \sigma_{-1}(1 - \sigma_m / \sigma_b) \tag{5-57}$$

式中：σ_a、σ_m 分别表示非对称循环应力的应力幅与平均应力；σ_{-1} 代表与之等寿命的对称循环应力的应力幅；σ_b 为抗拉强度极限。

5.5.2 振动疲劳分析程序

制导炸弹的结构疲劳损伤主要由载机挂弹飞行和公路运输的振动环境引起，其中又以挂弹飞行的振动环境最为严重。对制导炸弹开展结构疲劳分析，应重点研究其振动载荷谱、结构应力分析、疲劳理论应用。根据作战任务剖面、载机类型、材料性能、结构装配方式等，利用功率谱密度法、Goodman 公式、Miner 损伤理论开展结构疲劳分析。因此，在给定载机挂弹飞行振动谱条件下，要求制导炸弹满足一定的挂飞架次或挂飞时间，结构振动疲劳分析程序如图 5 - 40 所示。

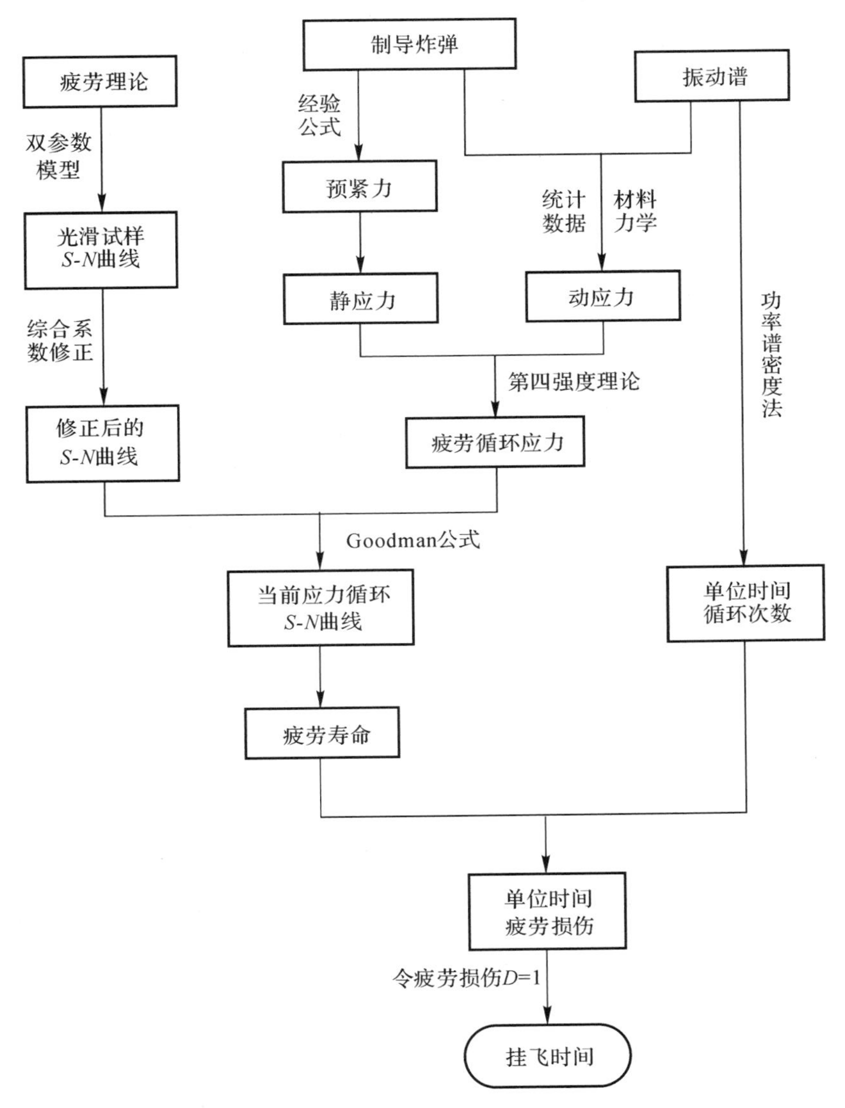

图 5－40　弹体结构振动疲劳分析程序

5.5.3 制导炸弹疲劳寿命分析

1. 任务剖面

对制导炸弹开展疲劳寿命分析，应首先确定任务剖面、过载出现频次和振动环境。战斗机挂载制导炸弹的典型战斗任务剖面为高-中-高剖面(即高空巡航-中空作战-高空返航任务),以及低-高-高剖面(即低空突防-高空作战-高空返航任务)。战斗机挂载制导炸弹执行作战任务,以设定典型的任务参数为例,得到高-中-高任务剖面如图 5-41、表 5-17 所示,低-高-高任务剖面如图 5-42、表 5-18 所示。

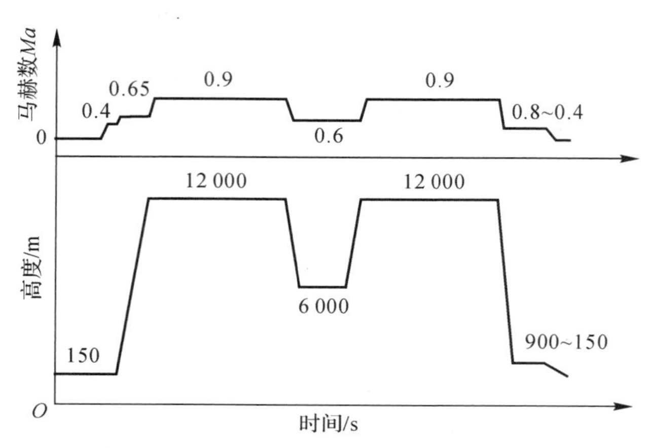

图 5-41 高-中-高任务剖面

表 5-17 典型的高-中-高任务剖面

飞行方式		时间占比/(%)	高度/m	马赫数 Ma
地面准备		7	0～150	0
地面发动	无加力燃烧	3	0～150	0
	有加力燃烧	1		
起飞		5	150～300	0～0.4
爬高		7.5	12 000	0.65
巡航		21.5	12 000	0.9
下降		3	12 000～6 000	0.8
作战		8	6 000	0.6
爬高		3	6 000～12 000	0.8
返航		21.5	12 000	0.9
下降		7.5	12 000～900	0.8
盘旋		7	900	0.4
着陆		5	900～150	0.4～0

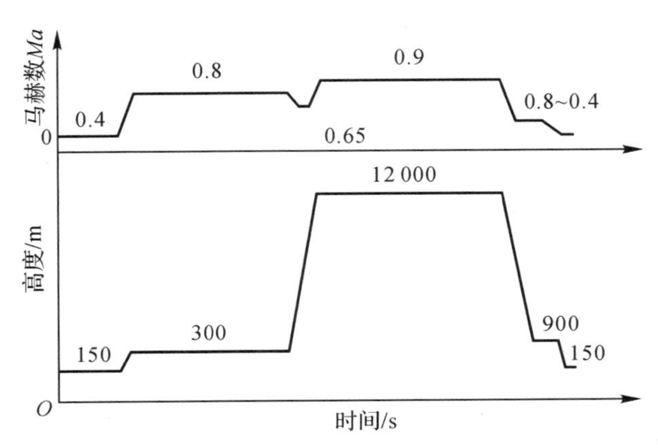

图 5-42　低-高-高任务剖面

表 5-18　典型的低-高-高任务剖面

飞行方式		时间占比/(%)	高度/m	马赫数 Ma
地面准备		7	0～150	0
地面发动	无加力燃烧	3	0～150	0
	有加力燃烧	1		
起飞、爬高		5	150～300	0～0.4
突防		23	300	0.8
爬高		7.5	300～12 000	0.65
作战		10	12 000	0.9
返航		23	12 000	0.9
下降		7.5	12 000～900	0.8
盘旋		8	900	0.4
着陆		5	900～150	0.4～0

2. 载荷谱分析

制导炸弹开展结构疲劳寿命分析关键是要得到振动谱，根据 5.2.1 节所介绍的振动环境预计方法，基于载机飞行状态、挂弹形式、挂飞架次和制导炸弹的结构特性，可以得到随机耐久振动谱和作用时间，作为结构疲劳分析的动载荷。

通过地面振动试验可验证结构疲劳寿命，需将耐久振动时间与载机挂弹飞行时间进行等效转换，因此可采用下列工程转换方法。

(1)有人机：每 46 min 耐久振动，等效于有人机 150 h 挂飞。

(2)无人机：耐久振动持续时间按下式计算

$$T_1 = T_0 \ (L_0/L_1)^4 \tag{5-58}$$

式中：$T_0=(1/60)\times$(产品预计装机飞行寿命时间)，单位为 h；T_1 为耐久试验持续时间，单位为 h；L_0 为功能试验振动量值，单位为 g^2/Hz；L_1 为耐久试验振动量值，单位为 g^2/Hz。

为了获取制导炸弹在挂装飞行期间的过载统计值，以战斗机挂弹作战任务为例，可根据 GJB 67.6A—2008《军用飞机结构强度规范　第 6 部分：重复载荷、耐久性和损伤容限》提供的歼击机机动载荷系数谱，设定各任务段每 1 000 飞行小时各级过载的累积出现频数，见表 5-19。

表 5-19　机动载荷每 1 000 飞行小时累积出现频数

过载/g	爬升	巡航	下滑	空-地
2.0	5 000	10 000	20 000	175 000
3.0	90	2 500	5 500	100 000
4.0	1	400	500	40 000
5.0	—	1	1	10 000
6.0	—	—	—	1 500
7.0	—	—	—	200
8.0	—	—	—	15
9.0	—	—	—	1

3. 疲劳应力分析

制导炸弹的结构疲劳寿命分析需要获取结构应力，目前分析对象主要为结构危险部位，例如吊挂、舱段对接面、舵轴、薄壁件、舱口盖边缘，以及各关键截面和升力面锁定部位的螺纹紧固件。上述危险部位的选取方法主要来源于工程经验，而较为科学的方法是结合有限元法和相关统计方法确定结构疲劳危险部位，工作思路如图 5-43 所示。

开展结构应力分析时，对于受拉螺栓，预紧正应力一般取 35%材料屈服极限；对于受剪螺栓，预紧正应力一般取 50%材料屈服极限。螺栓预紧力可按下式计算：

$$F_x = \sigma_x A = \frac{\sigma_x \pi d_1^2}{4} = \frac{\mu \sigma_s \pi d_1^2}{4} \tag{5-59}$$

式中：A，σ_s，d_1 分别表示最危险截面面积、屈服极限和螺栓小径。对于受拉螺栓和受剪螺栓而言，μ 值可分别取 0.35、0.5。

对不同螺栓的公称直径 d，预紧力矩 T 与预紧力 F_x 之间的关系为

$$T \approx 0.2 F_x d \tag{5-60}$$

在防摆止动器压力、气动力、过载、振动载荷作用下，弹身产生的静应力和动应力计算，可根据第 3 章、第 4 章的静载荷计算、静强度计算方法，以及“疲劳损伤分析”章节中的应力均方根值计算方法得到。

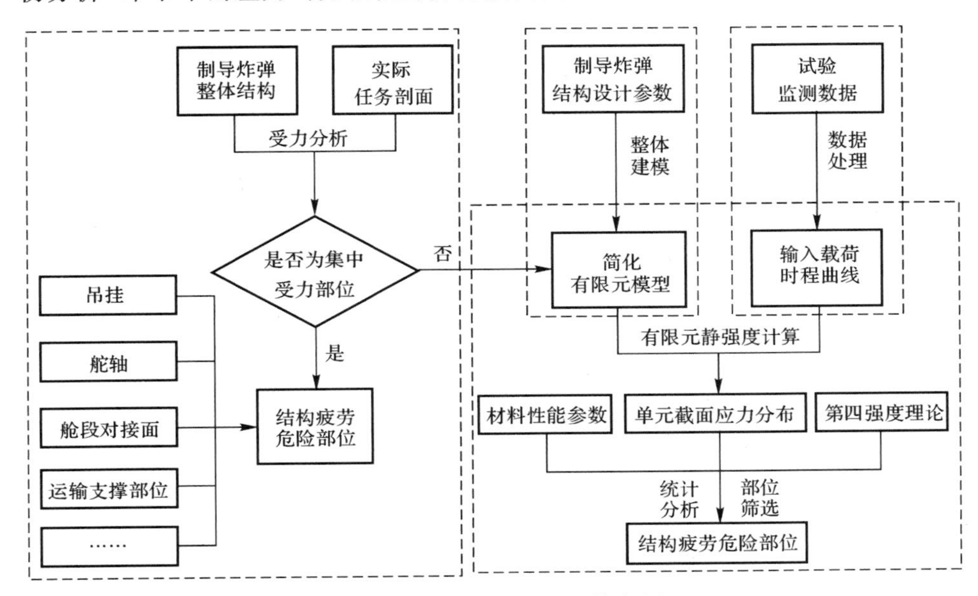

图 5－43　结构疲劳危险部位筛选流程

4. 疲劳损伤分析

制导炸弹在载机挂弹飞行期间会经历严酷的随机振动载荷，为了评估弹体结构的疲劳寿命，通常可采用功率谱密度函数的频域法和基于统计计数的时域分析法。与时域法相比，频域法不需要循环计数，更方便快捷，因此可用于制导炸弹随机振动寿命分析。

(1) 功率谱密度法。

结构件经历一次随机振动的时间为 t，其应力严重部位的响应功率谱为 $G(f)$，则该处的应力均方根值为

$$\sigma=\sqrt{\int_0^{\infty} G(f)\mathrm{d}f} \tag{5-61}$$

特征频率(响应量以正斜率穿越均值的频率) N_0 为

$$N_0=\sqrt{\int_0^{\infty} f^2 G(f)\mathrm{d}f \Big/ \int_0^{\infty} G(f)\mathrm{d}f} \tag{5-62}$$

以 N_0 为平均频率，t 时间内结构件临界部位的应力循环次数为

$$N=N_0 t \tag{5-63}$$

由材料的疲劳性能 $S-N$ 曲线求得对应 σ 的疲劳寿命 $N(\sigma)$，则结构件的损伤量为

$$D=\frac{N}{N(\sigma)}=\frac{N_0 t}{N(\sigma)} \tag{5-64}$$

利用 Miner 损伤理论，可以求得结构的累计损伤和循环寿命次数。

(2)高斯三区间频域法。

功率谱密度法实质是将应力严重部位的随机响应等效为幅值为 σ、循环次数为 N 的常幅循环载荷，然后据此确定结构件的寿命。在实际随机载荷作用下，结构件应力严重的部位还会出现一定概率大于 σ 的响应值，因此利用高斯三区间法改进的功率谱密度随机频率寿命分析方法更为合理。

高斯三区间法认为，结构内部的应力响应值近似服从高斯分布，应力小于 σ 的概率约为 68.27%，应力大于 σ 且小于 2σ 的概率约为 27.11%，应力大于 2σ 且小于 3σ 的概率约为 4.33%，应力大于 3σ 的概率极小，可以忽略。因此，采用这种方法分析结构随机频率寿命是将结构应力严重部位的应力响应分为 $(0,\sigma]$、$(\sigma,2\sigma]$、$(2\sigma,3\sigma)$ 三个区间来考虑，则在平均频率 N_0 和时间 t 内，结构件临界部位的三个应力区间内的应力循环水平分别为

$$\left.\begin{aligned} N_1&=0.682\,7N_0 t\\ N_2&=0.271\,1N_0 t\\ N_3&=0.043\,3N_0 t \end{aligned}\right\} \tag{5-65}$$

它们分别对结构造成的损伤可近似表示为

$$\left.\begin{aligned} D_1&=\frac{0.682\,7N_0 t}{N(\sigma)}\\ D_2&=\frac{0.271\,1N_0 t}{N(2\sigma)}\\ D_3&=\frac{0.043\,3N_0 t}{N(3\sigma)} \end{aligned}\right\} \tag{5-66}$$

式中：$N(\sigma)$、$N(2\sigma)$、$N(3\sigma)$ 分别为材料疲劳性能曲线中应力水平 σ、2σ、3σ 对应的疲劳循环次数。

经历 n 个不同随机振动阶段后，结构件的总损伤

$$D=\sum_{i=1}^{m}\left[\frac{0.682\,7N_{0i}t_i}{N(\sigma_i)}+\frac{0.271\,1N_{0i}t_i}{N(2\sigma_i)}+\frac{0.043\,3N_{0i}t_i}{N(3\sigma_i)}\right] \tag{5-67}$$

式中：σ_i、$N(\sigma_i)$、t_i 分别为第 i 阶段的均方根应力、特征频率和时间历程。

利用 Miner 损伤理论，可以得到结构件的疲劳寿命循环次数为 $1/D$。

5.6 振动控制与减振设计

制导炸弹在任务期会面临多种振动环境。结构振动的危害主要表现在以下两方面:①在某一激振频率作用下产生共振,最后因振动的响应值超过设备的允许响应值,从而使设备失效或破坏;②由于长时间振动使设备产生疲劳损伤。因此,如何改善设备舱内的振动环境、避免设备共振现象的产生,对提高制导炸弹的作战效率有着十分重要的意义。

减小振动与冲击的危害有三个主要途径:①减小或消除振动源的激励,例如,改善机械设备的平衡性能,提高机械设备的静、动平衡要求,采用各种减振措施及减振器;②防止共振,减小动力响应,例如改变系统的固有频率或扰动频率,防止扰动特性和振动系统共振特性之间的不良耦合;③采取减振措施,以减小振动的传递,通常采用在振源和被干扰对象之间增加减振器的方式,常用的减振器有金属或空气弹簧减振器、金属丝绳减振器、橡胶减振器、橡胶减振垫等。

制导炸弹长时间、高量级的振源大多来自外部环境,因此更多属于消极减振。对于弹上振源的积极减振设计,由于固体火箭发动机等振源的振动时间较短、量级较低,因此较少采用积极隔振措施。

5.6.1 振动控制与减振原理

在许多情况下,系统受到的激励来自基础或支承的运动。例如车辆在不平路面上行驶时的车体振动,车体振动引起车内仪表和电子设备的振动,地震引起的建筑物振动,外部激励引起制导炸弹弹上设备的振动,都属于基础运动引起的振动。

考察图5-44所示的单自由度系统,其基础做简谐运动 $u=u_0\sin\omega t$。取质量 m 为分离体,由牛顿第二定律建立系统振动微分方程,绝对运动 $x(t)$ 满足

$$m\ddot{x}(t)+c\dot{x}(t)+kx(t)=cu_0\omega\cos\omega t+ku_0\sin\omega t \tag{5-68}$$

求解方程,可得质量块的绝对运动响应为

$$x(t)=A\sin(\omega t-\varphi) \tag{5-69}$$

式中:$A=u_0\sqrt{\dfrac{1+(2\zeta\lambda)^2}{(1-\lambda^2)^2+(2\zeta\lambda)^2}}$;$\varphi=\arctan\dfrac{2\zeta\lambda^3}{1-\lambda^2+(2\zeta\lambda)^2}$。

其中,阻尼比 $\zeta=c/c_c=c/2m\omega_n$;频率比 $\lambda=\omega/\omega_n$,ω_n 为单自由度阻尼系统固有频率。

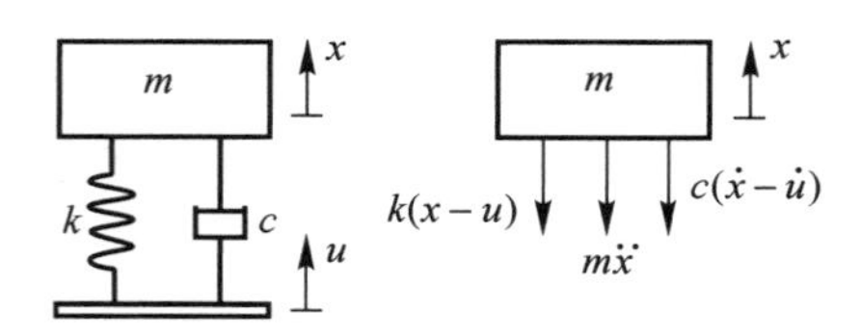

图 5-44　单自由度系统基础激励及受力分析

定义绝对运动传递率 $T_A=A/u_0$，则可以得到

$$T_A=\sqrt{\frac{1+(2\zeta\lambda)^2}{(1-\lambda^2)^2+(2\zeta\lambda)^2}} \tag{5-70}$$

定义稳态绝对位移与基础运动的相位差为

$$\varphi=\arctan\frac{2\zeta\lambda^3}{1-\lambda^2+(2\zeta\lambda)^2} \tag{5-71}$$

以阻尼比为参数，由式(5-70)、(5-71)绘制得到绝对运动传递率的幅频特性曲线如图 5-45 所示。

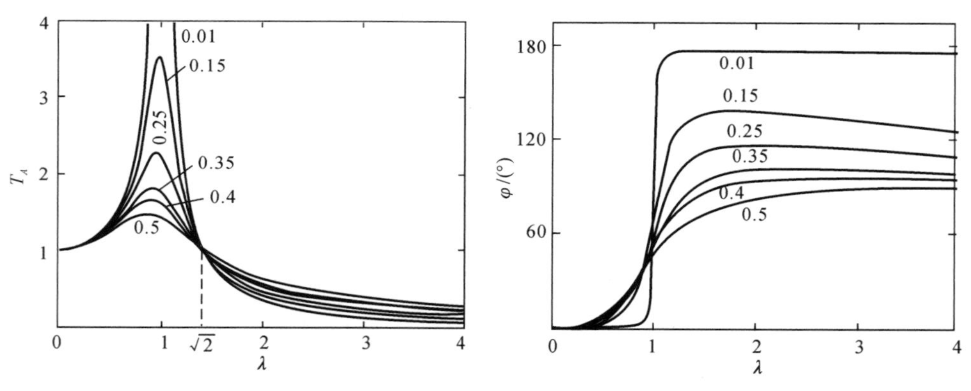

图 5-45　绝对运动传递率的幅频特性曲线

(1) 从图 5-45 可以看出，在低频段，若 $\lambda\ll 1$，则有 $T_A\approx 1,\varphi=0$，说明系统的绝对运动接近于基础运动，它们之间没有相对位移和相位差，弹簧阻尼系统无减振效果；

(2) 在共振频率段 $\lambda\approx 1$ 附近，T_A 有峰值，说明基础运动经过弹簧和阻尼器后放大传递到质量块；

(3) 在高频段 $\lambda>\sqrt{2}$，$T_A<1$，说明基础运动传递到质量块的响应变小，弹簧阻尼系统达到了减振的效果。$\lambda>\sqrt{2}$ 的区间称为隔振区，$\lambda<\sqrt{2}$ 的区间称为放大区。

制导炸弹开展减振设计，不论是对隔力还是隔幅，只有当 $\lambda>\sqrt{2}$ 时，才有隔

振效果，因此减振器的刚度系数 k 应满足

$$\sqrt{\frac{k}{m}}=\omega_n<\frac{1}{\sqrt{2}}\omega \tag{5-72}$$

从图 5-45 还可以看出，当 $\lambda>\sqrt{2}$ 时，阻尼比越小传递率越低，隔振效果越好，但为了降低系统通过共振区时的振幅，必须为减振器配置适当的阻尼。

5.6.2 制导炸弹减振设计

制导炸弹由于成本和空间尺寸限制，一般在受激励的基础安装板和设备之间用弹簧、橡胶、阻尼器等元件进行隔振，因此弹上设备的减振是属于第二类减振，即为基础激励情况下的消极减振问题。在减振器设计时可选用基于图 5-44 所示的单层减振器，以及如图 5-46 所示的多弹簧/减振垫串并联、多自由度减振系统。

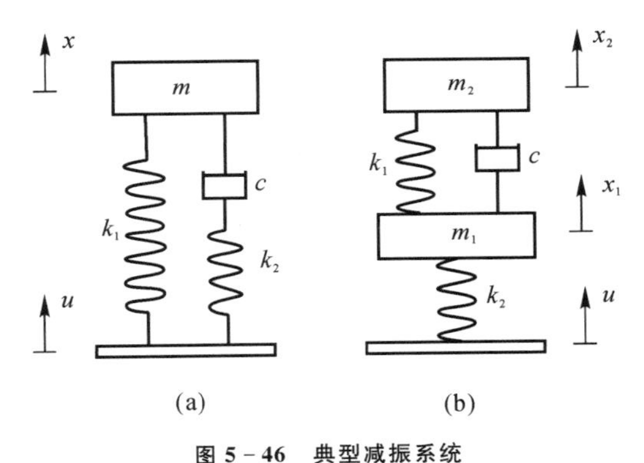

图 5-46　典型减振系统

(a)多弹簧串/并联减振系统；(b)双层减振系统

制导炸弹在选择和布置减振器时应遵循下述原则。

(1)选用原则。在选用减振器时，应全面考虑对减振设计的要求，不仅保证较高的减振效率，而且尽可能做到寿命长、成本低。具体选用时应注意以下几点：

1)根据制导炸弹动力学环境预示，确定弹上设备所承受的载荷类型与大小，以决定是以隔振为主还是冲击隔离为主；

2)根据安装空间的大小以及邻近设备的情况，确定减振器的最大允许位移，并确定是采用线性还是非线性减振器；

3)由弹上设备的使用环境和寿命期要求选择减振材料类型(金属的、橡胶的或空气的)；

4)根据弹上设备内部特殊器件和零部件的耐振能力,考虑是否采用增加阻尼的措施,如惯性测量器件;

5)根据弹上设备的外形、尺寸及结构、使用过载、质量以及重心的位置,决定选用减振器的数量。

(2)布置与安装。在制导炸弹减振设计中,合理布置减振器也是重要环节之一,图 5-47 所示为几种常用的减振器布局形式。

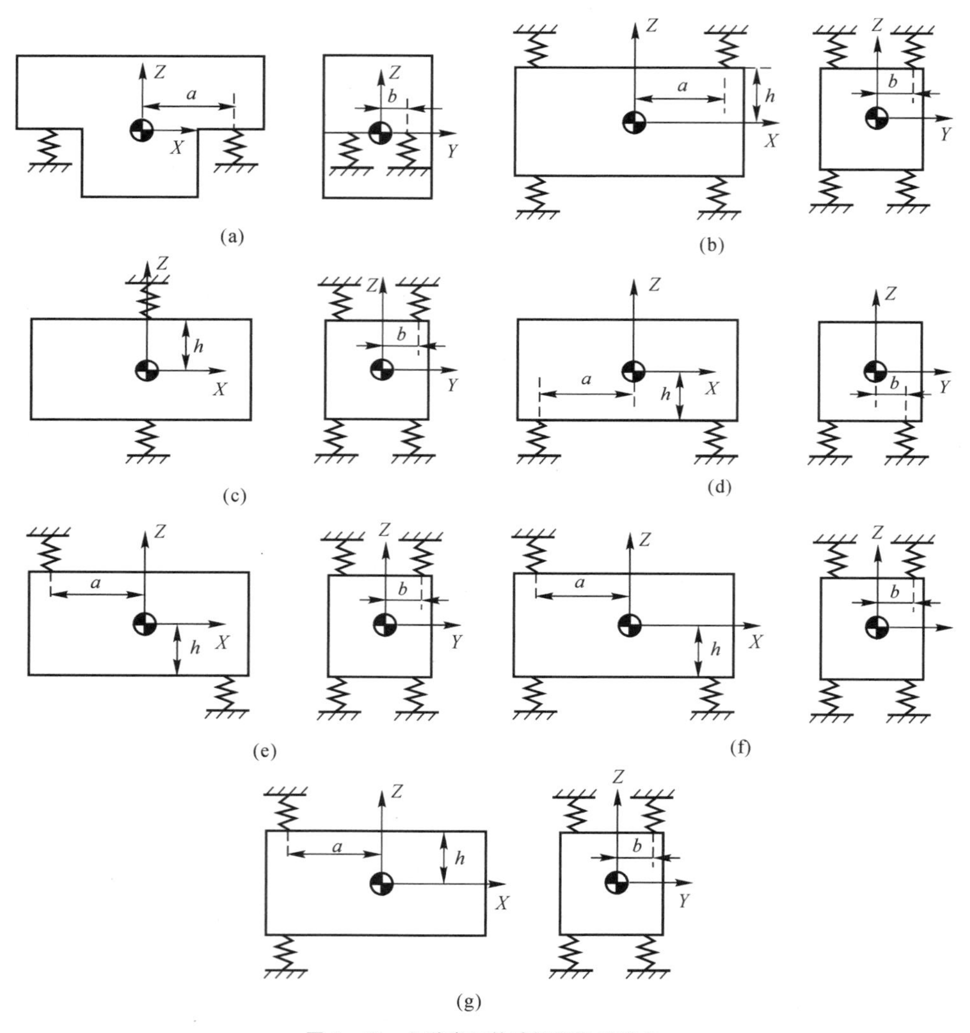

图 5-47 几种常用的减振器布局形式

为了减小各个自由度振动间的耦合，并使各个自由度的固有频率接近，从而有利于提高减振效果，在布置减振器时尽可能满足以下原则：

1）选用线性减振器，且各个方向上的总刚度相等，即 $K_x = K_y = K_z$；

2）减振器安装在弹上设备重心所在平面内，即 $h = 0$；

3）减振器的布置对称于设备的重心，并使其安装尺寸 $a = i_Y$，$b = i_X$；

4）当设备从其平衡位置平移一段距离时，各减振器对设备作用力的合力应通过设备的重心；当设备绕某一坐标轴旋转时，各减振器对设备的作用力的合成应为一力偶，力偶作用平面垂直于该坐标轴。

制导炸弹在开展减振设计时，应遵循以下的设计步骤和要求：

（1）在开展减振设计前，应掌握制导炸弹及弹载设备的相关信息与资料，包括下列内容。

1）仪器、设备的大致结构形式、工作机理及用途。仪器、设备的外形几何尺寸、质量、质心及安装螺钉的位置、孔径等；

2）仪器、设备有内振源时，必须了解内扰力的性质、大小、作用点位置及作用力方向；

3）若有移动部件时，需要了解移动部件的位置、质量和移动范围；

4）分析制导炸弹及弹载设备周围的环境振动源情况（如载机的类型与发动机类型、全弹的挂装形式等）和弹载设备的安装形式，必要时还应对制导炸弹或弹载设备与外部安装面进行振动测试，最好进行频谱分析；

5）仪器、设备的允许振动值一般由设备配套单位提供或通过说明书获得；

6）了解支承结构的情况，以及制导炸弹和设备的工作与储存环境。

（2）根据工程要求和有关资料初步选择隔振方案。

（3）求隔振的振动传递率 T_A 与隔振体系的固有频率 f_z。

$$T_A = \frac{\text{允许振动}}{\text{基础振动}} = \frac{1}{\left|1 - \frac{\omega^2}{\omega_n^2}\right|} \tag{5-73}$$

式(5-73)忽略了阻尼，对于一般工程而言，特别是早期研制阶段，均可以采用该计算式。

隔振体系的固有频率

$$f_z < \sqrt{\frac{T_A f^2}{T_A + 1}} \tag{5-74}$$

（4）当设备有内振源时，则应考虑其影响。此时，要确定分配给设备内扰力引起的振动，再由式(5-75)计算减振安装板的质量。

$$m' > \frac{P_0}{[A]\omega^2} - m_0 \tag{5-75}$$

式中：m' 为减振安装板的质量；m_0 为设备的质量；P_0 为内扰力；$[A]$ 为分配给内扰力引起的允许振动。

（5）减振安装板的设计。没有内振源的设备消极减振效果主要取决于体系的固有频率与外界干扰频率之比以及隔振器的阻尼，与减振安装板的质量关系不大，这一点和积极减振不同，所以安装板的设计主要由工艺要求等因素决定，并应经济合理。

（6）根据振动性质、空间要求、环境要求等选择隔振垫或隔振器，隔振材料应弹性优良、强度高、阻尼适当、耐环境性好、加工和维修方便；

（7）核算所有振动的叠加是否小于允许振动，若大于允许振动，应重新进行设计。

5.7 结构冲击与防护设计

5.7.1 经典脉冲频谱分析

在制导炸弹的研制过程中，通常会用到三种典型的冲击运动，按时域特性可分为脉冲型、阶跃型和复杂振荡型，它们具有动态范围大、频率范围宽、持续时间短、峰值高等特点，其中尤以矩形脉冲、半正弦脉冲和后峰锯齿脉冲最为典型，在制导炸弹试验和结构设计中均开展冲击适应性分析，见表 5-20。

表 5-20 经典冲击脉冲表示

脉冲波形	数学表达式
矩形脉冲（图中标注：$\ddot{U}$，$\ddot{U}_0$，O，τ，t）	$\ddot{u}(t)=\ddot{u}_0 \quad (0\leqslant t\leqslant\tau)$ $\ddot{u}(t)=0 \quad (\tau<t)$
半正弦脉冲（图中标注：$\ddot{U}$，$\ddot{U}_0$，O，τ，t）	$\ddot{u}(t)=\ddot{u}_0\sin\left(\frac{\pi}{\tau}t\right) \quad (0\leqslant t\leqslant\tau)$ $\ddot{u}(t)=0 \quad (\tau<t)$

续表

脉冲波形	数学表达式
	$\ddot{u}(t)=\ddot{u}_0\dfrac{t}{\tau}\quad(0\leqslant t\leqslant\tau)$ $\ddot{u}(t)=0\quad(\tau<t)$

评定一个冲击脉冲的严酷程度，应该通过对它们所覆盖的频率范围以及在该频率范围内各频率点上的能量分布状况进行相互比较，才能得出某一冲击条件是否严于另一冲击条件。为此要将冲击运动的时间历程转换为频率域，最常用的方法是求出冲击运动的傅里叶频谱函数。下面说明几个常用的标准单脉冲的傅里叶频谱函数及其频谱图。

矩形脉冲的频谱函数为

$$|F(f)|=\ddot{u}_0\tau\left|\frac{\sin\pi f\tau}{\pi f\tau}\right| \tag{5-76}$$

其频谱函数图如图 5-48 所示。

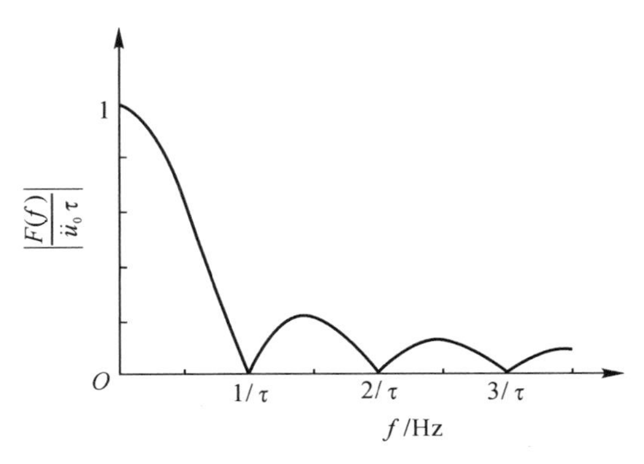

图 5-48　矩形脉冲频谱

半正弦波脉冲的频谱函数为

$$|F(f)|=\frac{2\ddot{u}_0\tau}{\pi}\left|\frac{\cos\pi f\tau}{1-4f^2\tau^2}\right| \tag{5-77}$$

其频谱函数图如图 5-49 所示。

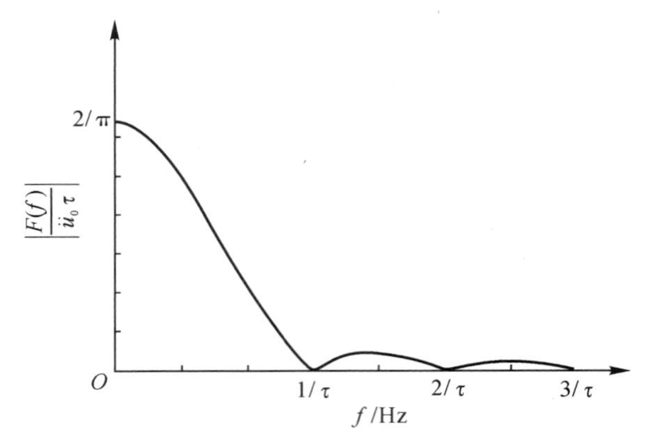

图 5-49　半正弦脉冲频谱

后峰锯齿脉冲的频谱函数为

$$|F(f)|=\frac{\ddot{u}_0\tau}{2}\frac{1}{\pi f\tau}\sqrt{1-\frac{\sin 2\pi f\tau}{\pi f\tau}+\frac{\sin\pi f\tau}{\pi f\tau}} \tag{5-78}$$

其频谱函数图如图 5-50 所示。

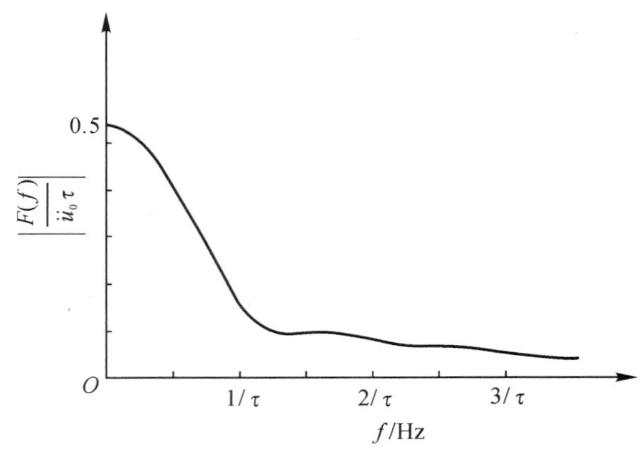

图 5-50　后峰锯齿脉冲频谱

可知随着频率趋近于零，矩形脉冲、半正弦脉冲和后峰锯齿脉冲的 $F(f)$ 值分别等于 $\ddot{u}_0\tau$、$\frac{2}{\pi}\ddot{u}_0\tau$、$\frac{1}{2}\ddot{u}_0\tau$。其中 $\ddot{u}_0\tau$ 正是矩形脉冲图形所围成的面积，$\frac{2}{\pi}\ddot{u}_0\tau$ 为半正弦脉冲图形所围成的面积，$\frac{1}{2}\ddot{u}_0\tau$ 为后峰锯齿脉冲图形所围成的面积。分析可知，标准单脉冲函数含有丰富的频率成分，其能量分布在较宽的频段中，主要能量成分分布在低频段，而且，较低频段($f\tau<0.2$) 的量值，恰好近似等于单脉

冲图形所围成的面积。

综上所述，制导炸弹在承受标准型脉冲环境时，开展结构设计应尽量避免结构固有频率出现在低频段，特别是关键弹上设备的安装板，如惯性测量单元、飞行控制器等。

5.7.2 冲击隔离与防护设计

1. 冲击隔离与防护概述

在制导炸弹作战使用的诸多动作中，如弹射强力投放、发动机点火/关机、弹翼和舵片展开、载机弹射起飞和限动着陆，均存在机械冲击环境，其中因火工作动装置驱动折叠弹翼和舵片展开和锁定过程激起的冲击环境是最严酷的。这类火工品爆炸驱动折叠弹翼和舵片展开，并在锁定时高速撞击增程组件会瞬时产生高频响、高过载的冲击，冲击谱峰值响应频率在 10 kHz 以上，冲击幅值高达 10 000g～30 000g，持续时间在 10 ms 以内，因此，撞击部位的结构件可能会因冲击过大而导致结构破坏，而且安装在附近的弹上设备极有可能因瞬态响应超过允许极限而造成其失效和损坏。因此，制导炸弹受局部冲击的舱段或设备往往要考虑冲击隔离，一般对舱段冲击隔离效果在 50%以下，而对具体设备冲击隔离效果可达 90%。某增程型号弹翼展开撞击部位冲击响应曲线见图 5－51，在强冲击环境下，需要对制导炸弹及其设备采取冲击隔离和防护措施。

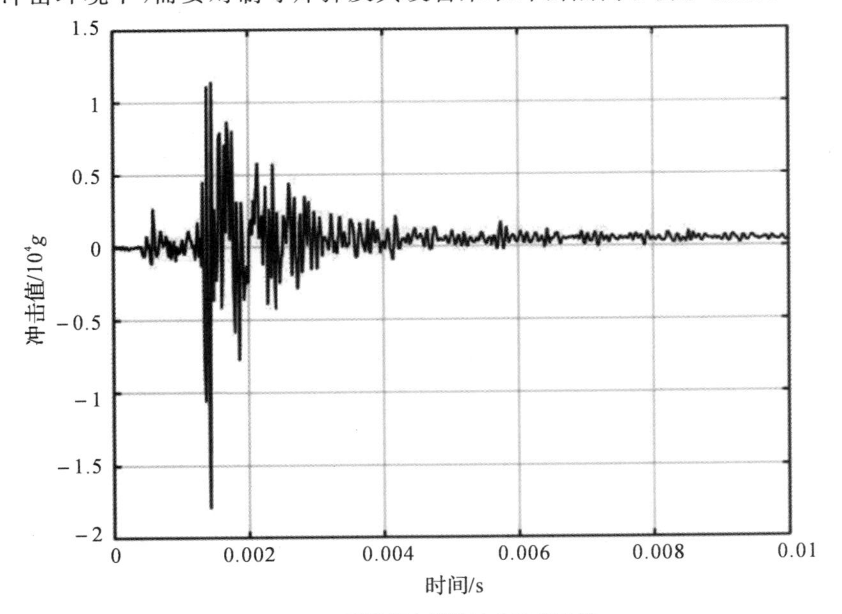

图 5－51 弹翼撞击部位冲击响应曲线

弹载设备、安装基础和冲击隔离器构成冲击隔离系统，冲击隔离的实质是通过冲击隔离器的变形将能量储存起来，以减小冲击强度，然后再以系统的固有频率缓慢释放。因此，为使隔离器贮存能量，必须有一定的空间间隙使隔离器偏移运动。因此，在冲击隔离器的设计中应该注意以下原则：①空间间隙应足以使隔离器起作用，而不出现附加的次级效应；②隔离系统的基频选择不正确时，不仅起不到缓冲作用，反而会增加响应；③必须特别分析非线性影响，有些非线性可能增加响应。

当系统本身是冲击激励源，冲击隔离的目的是为了减小传递到基础的力时，称为"冲击积极隔离"。当基础或支承结构受到冲击激励，冲击隔离的目的是为了减小传递到设备的力和运动时，称为"冲击消极隔离"。应用于隔冲击的结构形式有多种，包括金属弹簧式、阻尼材料式、油压式、气压式和摩擦式，统称为缓冲器。工程实践证明，以黏弹性阻尼材料实施隔冲击结构减振是实用、简单、有效的方法。制导炸弹的折叠弹翼或舵片在展开和撞击时，为了保护弹体而在撞击部位增加软性金属材料，即为"冲击积极隔离"；此时为了保护弹上设备而在基础安装部位增加缓冲器，即为"冲击消极隔离"。

2. *冲击隔离设计要求*

由冲击隔离系统设计理论可知，对于弹上设备冲击隔离与防护设计的基本设计要求如下。

(1) 能量吸收原则。在冲击激励脉冲作用下，设备自静平衡位置到最大位移量 x_m 时，缓冲系统应能储存和耗散全部的冲击能量 E_h，否则将会引起刚性碰撞，使设备响应加速度增大。

(2) 输出动载荷最小原则。应使设备承受的冲击动载荷 F_m 小于设备允许值 F_d，即 $F_m \leqslant F_d$，从而确保设备及其内部的结构件、元器件的最大冲击动应力小于材料的强度极限、屈服极限和冲击疲劳极限。

(3) 变量最小原则。当具有各种缓冲动态特性的系统，吸收和耗散相同的冲击能量 E_{sh}，且限制系统对设备的冲击载荷 $F_m \leqslant F_d$ 时，它们需要的最小变形量如图 5-52(a) 所示，k_1 为零特性系统，k_2 为软特性系统，k_3 为线性系统，k_4 为硬特性系统，可知具有零特性的系统变形量最小。当限制系统的允许变形量为 x_d 时，各类系统输出的冲击载荷如图 5-52(b) 所示，可知具有零特性的系统输出冲击载荷最小，硬特性系统输出的冲击载荷最大。

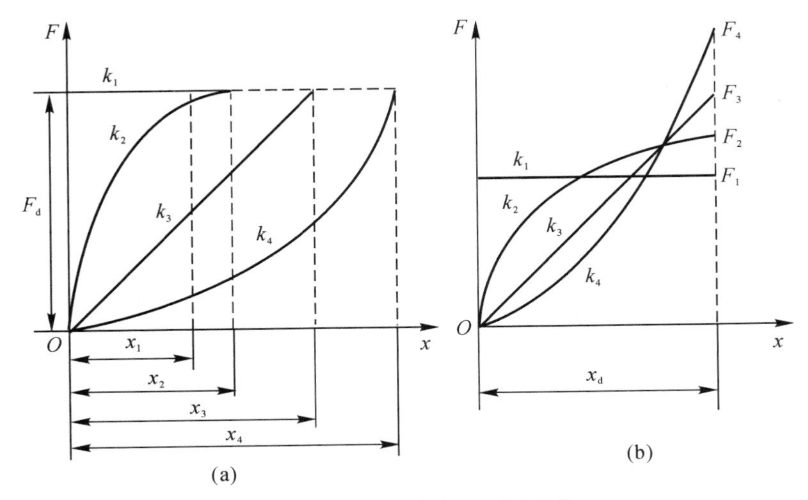

图 5-52　各类系统的冲击动态特性

(a) $F_{m} \leqslant F_{d}$ 需要的最小变形量；(b) 各类系统输出的动载荷

(4) 能量耗散最多原则。当被保护设备自静平衡位置到最大位移位置，而后再返回静平衡位置时，应使阻尼力耗散尽可能多的冲击能量，以抑制设备的冲击残余响应峰值，从而避免设备受连续冲击时，设备的残余响应与下一个冲击脉冲的同相位叠加对设备造成有害影响。为此，较为理想的情况是使系统在半周期内阻尼力耗散的能量 $E_{c} \geqslant E_{h}/2$，那么在一个周期内系统必然处于静止状态。

(5) 复位原则。缓冲系统采用大阻尼后，必须保证系统在任一小于允许变形量($|x|<x_{d}$) 的位置上弹性恢复力大于阻尼力，从而使系统能回到平衡位置。

在冲击隔离系统设计与分析中，通常用冲击隔离系数 η 来表示冲击隔离的效果，η 定义为

$$\eta=\frac{\ddot{x}_{m}}{\ddot{u}_{m}} \tag{5-79}$$

式中：$\ddot{x}_{m}$ 和 $\ddot{u}_{m}$ 分别表示冲击响应和冲击激励的最大加速度值。

现将矩形脉冲、半正弦脉冲和后峰锯齿脉冲等三种经典冲击脉冲作用在图 5-46 所示的冲击隔离系统上，设定系统为无阻尼状态，计算冲击响应和冲击隔离系数。

(1) 矩形脉冲。

系统的冲击响应为

$$\ddot{x}=\begin{cases}\ddot{u}_0(1-\cos\omega_n t) & (0\leqslant t\leqslant\tau)\\ \ddot{u}_0[\cos\omega_n(t-\tau)-\cos\omega_n t] & (\tau<t)\end{cases} \tag{5-80}$$

系统的冲击隔离系数为

$$\eta=\begin{cases}1-\cos\omega_n\tau & (0\leqslant\omega_n\tau\leqslant\pi)\\ 2 & (\pi<\omega_n\tau)\end{cases} \tag{5-81}$$

(2) 半正弦脉冲。

系统的冲击响应为

$$\ddot{x}=\begin{cases}\dfrac{\ddot{u}_0\omega_n\tau}{\omega_n^2\tau^2-\pi^2}\left(\omega_n\tau\sin\pi\dfrac{t}{\tau}-\pi\sin\omega_n t\right) & (0\leqslant t\leqslant\tau)\\ \dfrac{\ddot{u}_0\omega_n\tau}{\pi^2-\omega_n^2\tau^2}[\sin\omega_n(t-\tau)+\sin\omega_n t] & (\tau<t)\end{cases} \tag{5-82}$$

系统的冲击隔离系数为

$$\eta=\begin{cases}\dfrac{2\pi\omega_n\tau}{\pi^2-\omega_n^2\tau^2}\cos\dfrac{\omega_n\tau}{2} & (0\leqslant\omega_n\tau<\pi)\\ \dfrac{\pi}{2} & (\omega_n\tau=\pi)\\ \dfrac{\omega_n\tau}{\omega_n\tau-\pi}\sin\dfrac{2n\pi^2}{\pi+\omega_n\tau} & (\pi<\omega_n\tau)\end{cases} \tag{5-83}$$

式中，$n=\dfrac{1}{4}+\dfrac{\omega_n\tau}{4\pi}$，四舍五入取整。

(3) 后峰锯齿脉冲。

系统的冲击响应为

$$\ddot{x}=\begin{cases}\dfrac{\ddot{u}_0}{\tau}\left(t-\dfrac{\sin\omega_n t}{\omega_n}\right) & (0\leqslant t\leqslant\tau)\\ \dfrac{\ddot{u}_0}{\tau}\left(\tau\cos\omega_n(t-\tau)+\dfrac{\sin\omega_n(t-\tau)}{\omega_n}-\dfrac{\sin\omega_n t}{\omega_n}\right) & (\tau<t)\end{cases} \tag{5-84}$$

系统的冲击隔离系数为

$$\eta=\frac{1}{\omega_n\tau}(\omega_n\tau-\sin\omega_n\tau) \tag{5-85}$$

设这三种经典冲击脉冲的面积和加速度峰值均相等，则可以得到图5-53所示的冲击隔离系数曲线。

在图5-53中，ω_n 为系统的固有频率，τ 为冲击持续作用时间，由冲击响应曲线可知：

(1) 冲击脉冲的面积和峰值均相等的情况下，矩形脉冲的冲击作用最强，后峰锯齿脉冲的冲击作用最弱；

(2) 当 $\omega_n\tau \approx \pi$ 时，在矩形波、半正弦脉冲作用下，系统的冲击隔离系数达到最大值，即当冲击的有效持续时间等于系统固有周期一半时，加速度响应达到最大值；

(3) 当 $\omega_n\tau < 0.6$ 时，面积和峰值相等的矩形脉冲、半正弦脉冲所产生的加速度响应接近相等，且 $\ddot{x}_m/(\dot{u}_m\omega_n)$ 值接近 1，因此当冲击脉冲持续时间很小时，加速度脉冲激励可用速度阶跃激励来近似代替。

只有在下列范围内，冲击隔离系数才小于 1：

矩形脉冲 $\omega_n\tau < 1.05$；

半正弦脉冲 $\omega_n\tau < 1.08$；

后峰锯齿脉冲 $\omega_n\tau < 1.58$。

这表明，当冲击持续时间远小于系统固有周期时，才能起到冲击隔离效果，它是隔离系统一个重要的参数。显然，冲击隔离是靠"软"系统来实现的。

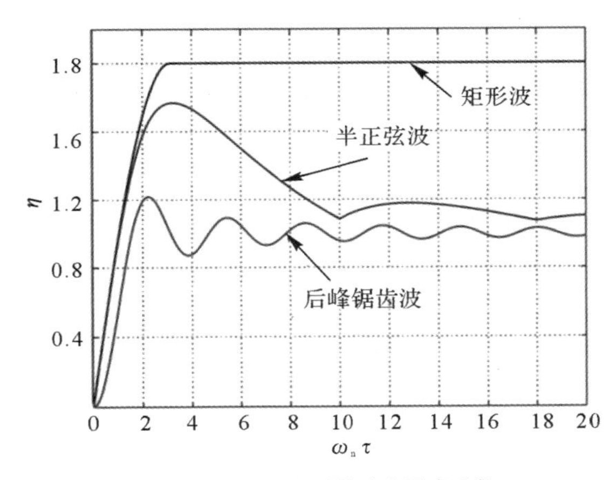

图 5-53　无阻尼系统冲击隔离系数

3. 冲击隔离系统设计

冲击是工程中常见的急剧激励作用，冲击的破坏性表现在以下两方面。

(1) 当冲击引起的动应力超过设备中结构件或元器件材料的屈服极限或强度极限，会使它们产生永久变形或损坏，在工程中称为"一次性破坏"；

(2) 多次重复冲击引起的高应力加速了累计疲劳损坏，使设备的使用寿命下降。

冲击隔离系统设计是利用弹性元件或阻尼元件将冲击能量储存或耗散。冲击能量传递给设备之后，再以缓冲系统固有周期缓慢地释放，从而减少或避免冲击对电子设备的有害影响。制导炸弹冲击隔离系统的设计步骤如下：

(1) 先根据设计任务书或有关标准确定冲击环境条件的严酷等级,即冲击激励函数 $F(t)$;

(2) 根据设计任务书或通过试验确定设备的强度下限和变形空间许用值;

(3) 采用传统的方法(求解微分方程)或采用卷积积分、傅里叶积分或傅里叶变换、拉普拉斯变换等方法,求出系统受 $F(t)$ 作用时的真实响应[广义响应 $z(t)$];

(4) 确定响应出现最大值的时刻 $t_{\max}$ 和最大值 $z_{\max}$、最大相对变形 $\delta_{\max}$,并使它们满足如下条件

$$z_{\max} \leqslant [z] \tag{5-86}$$

$$\delta_{\max} \leqslant [\delta] \tag{5-87}$$

如果式(5-86)、式(5-87)中的任何一个或两个不满足要求,则调整缓冲器的刚度和阻尼及允许变形空间,直至满足要求为止。

在制导炸弹内部,由于受空间和质量所限,目前对冲击隔离往往采用大阻尼吸能原理,而在外部则更多采用"软"弹簧装置降冲击,当内部空间间隙足够时也可采用弹簧隔离器。某型制导炸弹弹翼展开和撞击锁定瞬间,因大量级冲击导致陀螺超量程而失效,需要对惯性测量单元采取缓冲措施。基于冲击量级、缓冲垫特性和空间尺寸的限制要求,可以采用一级缓冲或二级缓冲设计方案。根据冲击隔离理论设计缓冲方案,选择固有频率为 130 Hz 的金属丝冲击缓冲垫,如图 5-54 所示,二级缓冲设计如图 5-55 所示。经全弹自由状态展开试验,得到惯性测量单元安装板经缓冲后冲击响应曲线,如图 5-56 所示,缓冲后峰值降为原峰值的 36%。

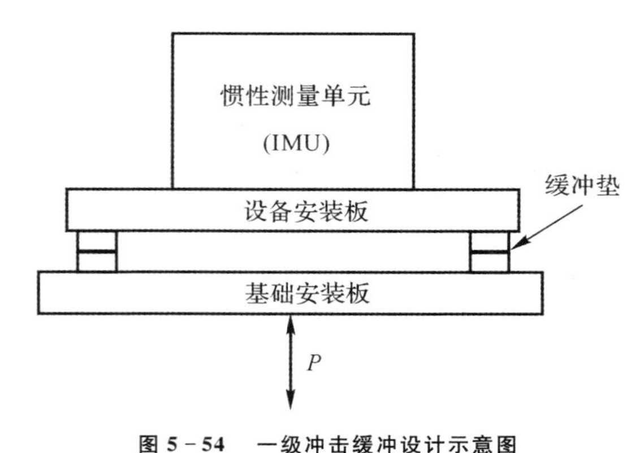

图 5-54　一级冲击缓冲设计示意图

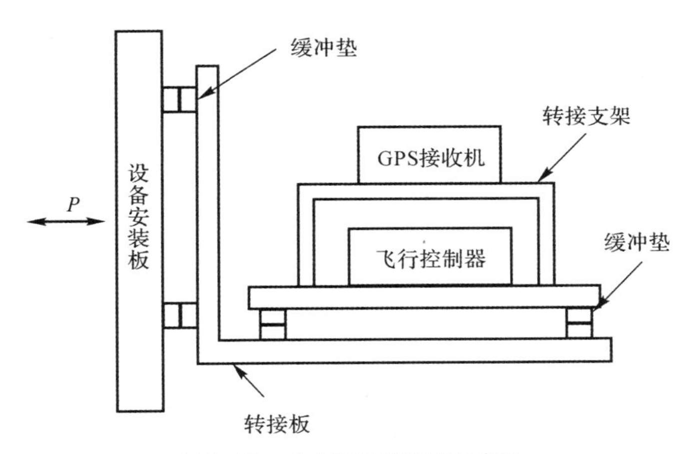

图 5-55 二级冲击缓冲设计示意图

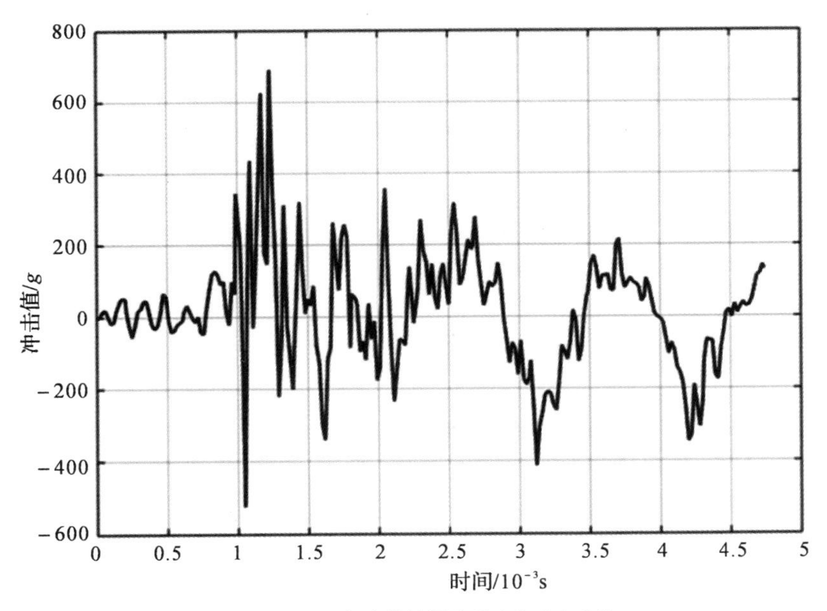

图 5-56 设备安装板缓冲后冲击响应曲线

5.7.3 冲击测试技术

冲击响应谱，是将冲击源施加于一系列线性、无阻尼单自由度质量-弹簧系统时，将各单自由度系统的响应运动中的最大响应值作为对应于系统固有频率

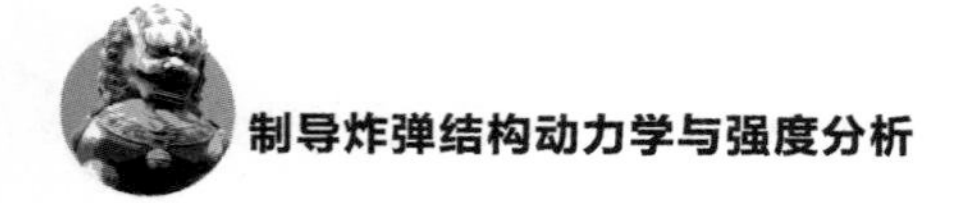

的函数而绘制的曲线。制导炸弹冲击试验的实测数据，可利用数字冲击响应谱分析，推荐使用改进的递归数字滤波法计算实测数据的冲击响应谱，并与设计冲击谱比较，以评估实测冲击环境的严酷度。改进的递归数字滤波法的计算方法如下。

设冲击输入信号 $\ddot{u}(t)$ 的采样值为 $U_i(i=1,2,3,\cdots,N)$。单自由度系统响应 $x(t)$ 的采样值为 $x_i(i=1,2,3,\cdots,N)$，则有如下的斜台不变模型的递归公式：

$$x_i = P_0U_i + P_1U_{i-1} + P_2U_{i-2} + q_1x_{i-1} + q_2x_{i-2} \tag{5-88}$$

式中：$q_1 = 2\exp(-\omega\Delta t\zeta)\cos\left(\omega\Delta t\sqrt{1-\zeta^2}\right)$，$q_2 = -\exp(-2\omega\Delta t\zeta)$，$\omega = 2\pi f$；其中，$f$ 为计算频率，ζ 为临界阻尼比，Δt 为采样时间间隔。

对系统的绝对加速度响应

$$\left.\begin{aligned}
P_0 &= 1-\exp(-\omega\Delta t\zeta)\frac{\sin\left(\omega\Delta t\sqrt{1-\zeta^2}\right)}{\omega\Delta t\sqrt{1-\zeta^2}}\\
P_1 &= 2\exp(-\omega\Delta t\zeta)\left[-\frac{\sin\left(\omega\Delta t\sqrt{1-\zeta^2}\right)}{\omega\Delta t\sqrt{1-\zeta^2}}-\cos\left(\omega\Delta t\sqrt{1-\zeta^2}\right)\right]\\
P_2 &= \exp(-\omega\Delta t\zeta)\left[\exp(-\omega\Delta t\zeta)-\frac{\sin\left(\omega\Delta t\sqrt{1-\zeta^2}\right)}{\omega\Delta t\sqrt{1-\zeta^2}}\right]
\end{aligned}\right\} \tag{5-89}$$

对系统的绝对位移响应

$$\left.\begin{aligned}
P_0 &= \frac{1}{\omega^2\Delta t}\left[2\zeta\exp\left((-\omega\Delta t\zeta)\cos\left(\omega\Delta t\sqrt{1-\zeta^2}\right)-1\right)-E+\omega\Delta t\right]\\
P_1 &= \frac{2}{\omega^3\Delta t}\left[E-\omega\Delta t\exp(-\omega\Delta t\zeta)\cos\left(\omega\Delta t\sqrt{1-\zeta^2}\right)+\xi(1+q_2)\right]\\
P_2 &= -\frac{1}{\omega^3\Delta t}\left[q_2(\omega\Delta t+2\zeta)+\xi q_1+E\right]\\
E &= (1-2\zeta^2)\exp(-\omega\Delta t\zeta)\frac{\sin\left(\omega\Delta t\sqrt{1-\zeta^2}\right)}{\sqrt{1-\zeta^2}}
\end{aligned}\right\} \tag{5-90}$$

低频响应计算时，采样率过高而相应的采样精度不够引起的计算结果误差过大问题，可用如下递归公式解决：

$$\begin{aligned}
x_i = {} & P_0U_i + P_1U_{i-1} + P_2U_{i-2} + x_{i-1} + (x_{i-1}-x_{i-2}) + \\
& (q_1-2)x_{i-1} + (q_2+1)x_{i-2}
\end{aligned} \tag{5-91}$$

对于制导炸弹常用的性能冲击试验条件，其中后峰锯齿波峰值为 $20g$，时间为 11 ms，半正弦波为峰值为 $15g$，时间为 11 ms，冲击响应谱试验条件为 10～45 Hz－6dB/oct、45～2 000 Hz－20 g，利用改进的递归数字滤波法得到冲击响应

谱，如图 5－57 所示，可见在小于 150 Hz 的低频段半正弦波的冲击效应最大，而在大于 150 Hz 的中高频段半正弦波的冲击效应最小。

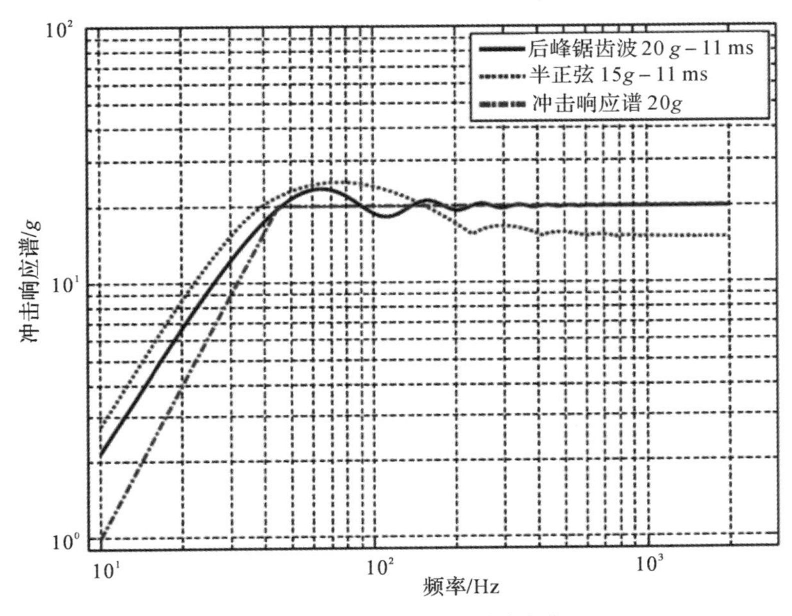

图 5－57 性能冲击试验的响应谱

通过冲击数据采集系统获取冲击时域曲线，采用数字冲击响应谱分析方法开展冲击响应谱分析。还应确定冲击有效持续时间，一般来说冲击有效持续时间（见图 5－58）有下列两种定义：

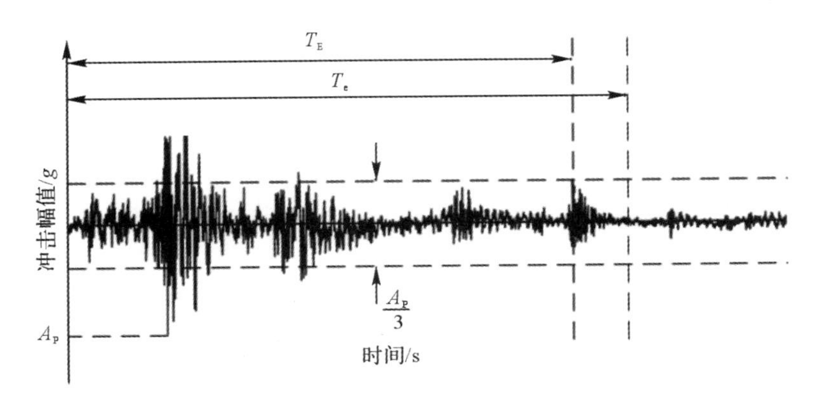

图 5－58 截断冲击样本的有效持续时间

(1) 冲击有效持续时间 T_E 是包含绝对值超过 1/3 最大峰值 A_P 的所有时间历程幅值所对应的最小时间长度;

(2) 冲击有效持续时间 T_e(对处理复杂瞬态数据更合适)的定义是:包含至少90%的均方根RMS时间历程幅值超过最大均方根幅值10%的时间历程所对应最小时间长度。

某增程型制导炸弹开展弹翼地面展开试验,弹翼在末位撞击瞬间,惯性测量单元安装板的实测冲击时程曲线见图 5-59。

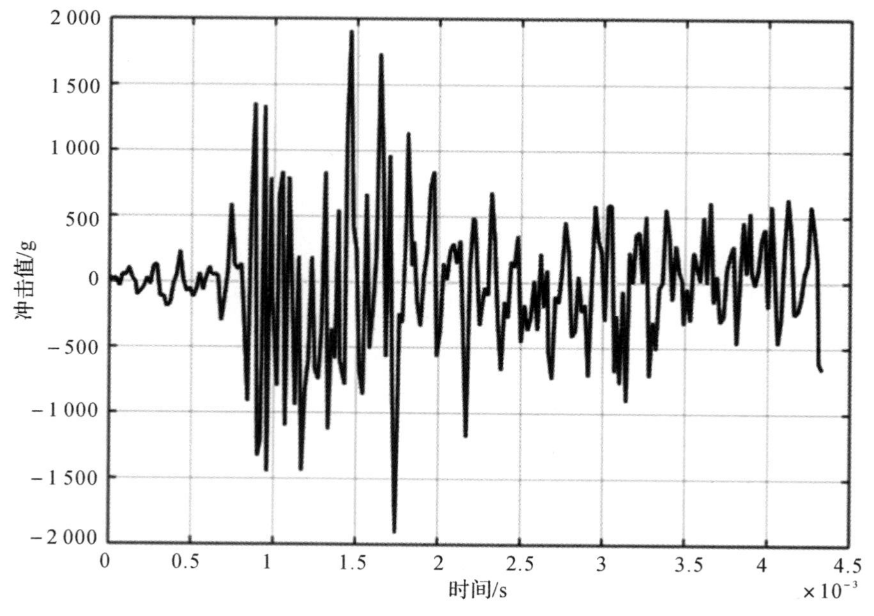

图 5-59 惯性测量单元安装板冲击响应

惯性测量单元安装板实测冲击最大值接近 2 000g,使速率陀螺测量角速率值超限,导致全弹测试结果报故障,进而会使全弹飞行失稳,因此需要对惯性测量单元采取冲击防护措施,图 5-60 所示为冲击过程陀螺角速率测量值。

通过利用改进的递归数字滤波法,分析惯性测量单元的实测冲击响应谱,并与半正弦冲击脉冲比较,分析冲击能量的频率分布,以作为地面冲击试验的输入谱,基于惯性测量单元的动态特性和敏感频率带宽,得到冲击响应谱和地面冲击试验条件,如图 5-61 所示。

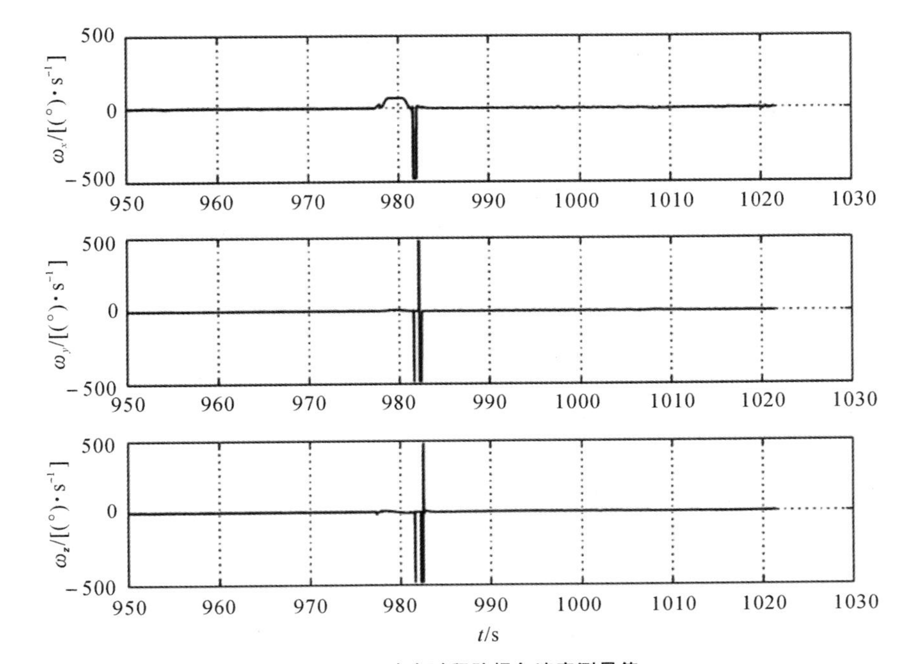

图 5－60 冲击过程陀螺角速率测量值

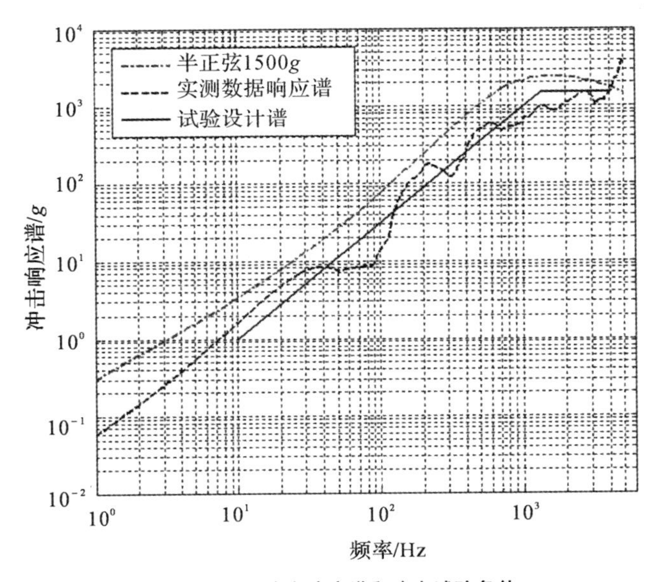

图 5－61 冲击响应谱和冲击试验条件

5.8 自激振动

5.8.1 自激振动概述

除了自由振动和受迫振动之外，自激振动是工程中普遍存在的另一种振动形式。自激振动由其自身运动来控制振动，激振力是系统本身的位移、速度和加速度的函数，且以自身的周期运动从外界获取能量。系统依靠自身运动状态的反馈作用调节能量输入，以维持不衰减的持续振动。在许多实际工程问题中，自激振动起着决定性的作用，如飞机机翼或导弹弹翼的“颤振”，直升飞机的“地面共振”，单气缸蒸汽机的正常运转等。在电子管电路等电学系统中也存在自激振动现象。有些自激振动是有害的，如升力翼的颤振、输电线的舞动和桥梁的自激振动等；而小提琴弦的振动、机械钟摆运动等则是有益的。

线性系统和非线性系统都可能出现自激振动，自激振动具有下列特征：

(1)在振动过程中，存在能量的输入与耗散，因此自激振动系统为非保守系统；

(2)能源供给恒定，能量的输入仅由运动状态(即振动系统的位移和速度)调节，因此自激振动系统不显含时间变量，为自治系统；

(3)产生自激振动的系统必须具有负阻尼，因此线性系统自激振动的振幅随时间无限增大，这是不现实的，通常只有在微幅振动时，系统才具有线性特征，因此出现自激振动的系统都是非线性系统；

(4)自激振动的频率和振幅取决于系统的刚度、质量和阻尼等物理参数，而与系统的初始条件(或称为初始扰动、初始输入能量)无关；

(5)自激振动的稳定性取决于能量的输入与耗散的相互关系，当振幅偏离稳态值时，能量的增减促使振幅回到稳态值，则自激振动是稳定的(点 A)，反之，自激振动是不稳定的(点 B)，如图 5－62 所示。

现在以自激振动研究中最为典型的范德波尔方程为例，来分析自激振动这一特殊的周期振动。该方程表示单自由度系统的周期振动受到仅是速度函数的非线性力作用，工程中很多实际的自激振动问题可以用范德波尔方程描述。

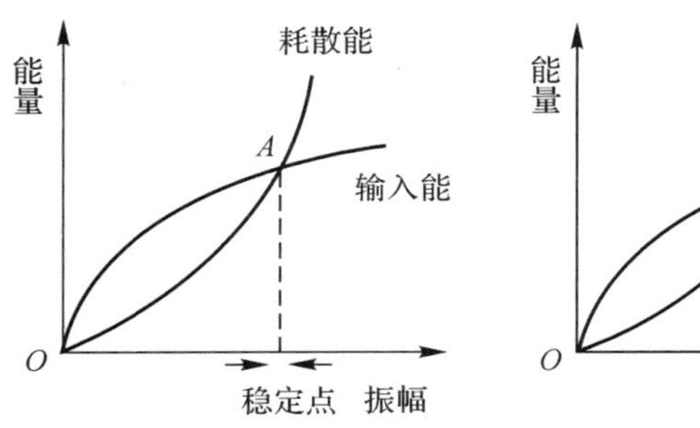

图 5-62 能量和振幅的关系

瑞利在进行声学研究时，曾经分析过如下方程

$$\ddot{x}+\varepsilon\dot{x}(\delta\dot{x}^{2}-1)+\omega_{0}^{2}x=0 \tag{5-92}$$

把方程(5-92)对时间 t 微分一次，将 $\dot{x}$ 作为新的变量仍记作 x，参数 3δ 用 δ 代替，则得到

$$\ddot{x}+\varepsilon\dot{x}(\delta x^{2}-1)+\omega_{0}^{2}x=0 \tag{5-93}$$

式(5-93)称为范德波尔方程，其频率和振幅可利用谐波平衡法作近似计算。令参数 $\delta=1$，只取一次谐波，设自激振动解为

$$x=A\sin\omega t \tag{5-94}$$

将式(5-94)代入式(5-93)，则可以得到

$$(\omega_{0}^{2}-\omega^{2})A\sin\omega t-\varepsilon\omega A\left(1-\frac{1}{4}A^{2}\right)\cos\omega t+\cdots=0 \tag{5-95}$$

省略号表示超过一次的其他高次谐波。从式(5-95)导出自激振动的频率和振幅的近似值为

$$\omega=\omega_{0},\quad A=2 \tag{5-96}$$

5.8.2 自激振动分析

制导炸弹除了弹翼的颤振属于自激振动外，全弹的结构-控制耦合问题也会引起自激振动，进而导致控制系统产生严重故障。

某型制导控制尾舱在进行地面测试时，舵机突然高频抖动，供电电流快速上升，远大于设计值，进而导致电缆网被烧毁。通过机理分析可知，舵系统在运动时，由于自身包含较多运动部件，存在间隙等非线性因素，舵系统成为振源，通过舱体将振动传递至惯性测量单元(IMU)，导致加速度计和陀螺仪敏感到振动，并将该振动作为姿态信号，引入姿控网络，再发出控制指令给舵系统，经循环迭代，造成舵系统快速高频振荡，从而引起电流短时大幅增加。一个自激振动的系统，通常都由三部分组成：能源、振动系统、具有反馈特性的控制和调节系统。因此，制导控制尾舱舵控系统的自激振动组成如图 5-63 所示。

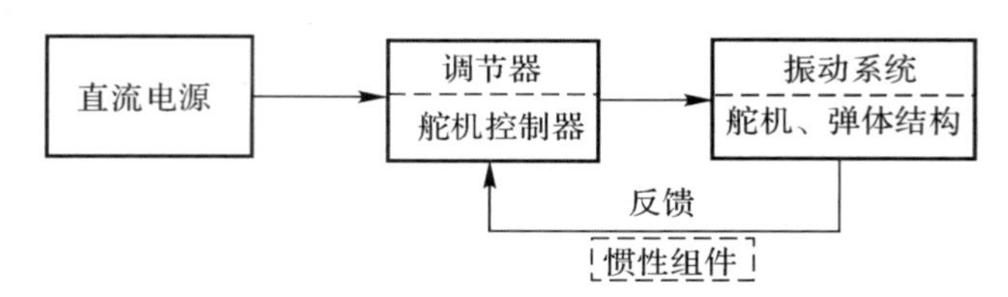

图 5-63　制导炸弹自激振动系统

这种自激振动现象的实质，是舵系统、惯性测量单元、姿控网络三者的设计中缺乏必要的参数匹配，即被控对象与姿控程序不匹配引起的一种耦合现象。由于近年来激光、光纤、微机电惯性测量单元被大量使用，这三种惯性测量单元不同于挠性惯性测量单元，响应频率较高，与舵系统频率接近的可能性增加，在设计中稍有不慎，就会出现自激振动现象。

为定位和分析自激振动问题的根源，将制导控制尾舱水平静态放置于停弹车上，脱插大致朝上，开展控制系统开环测试，测试步骤如下：

(1) 向舵机系统发送不同频率的控制信号，观察舵机运动情况，并获取舵机运动时 IMU 输出信号和由振动传感器采集的舵机实际振动频率，通过对所采集数据的频谱分析，找到自激振动现象产生的频段；

(2) 计算舵机指令输入和 IMU 输出开环幅频特性(a/a_δ 和 ω/a_δ)，测试设备连接关系图如图 5-64 所示。

通过对系统进行测试，从图 5-65、表 5-21 可以得到如下试验结论：

(1)从 IMU 输出信号的幅频特性分析来看，输出信号的最大幅值均发生在频率 26～32 Hz 之间；

(2)IMU 数据分析结果与振动传感器数据结果一致性较好，从幅频特性分析来看，舵机运动过程中，IMU 输出信号的最大幅值发生在频率 26～32 Hz 之间；

(3)舵机功率电流在 20 Hz 前随指令信号频率升高而较快增大，随后逐渐减小，20 Hz 附近电流最大。

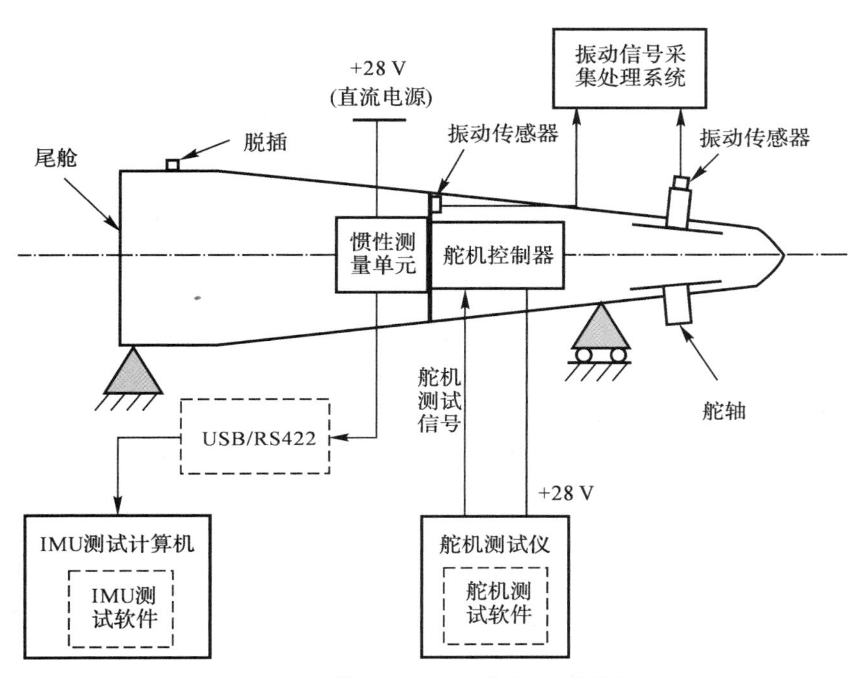

图 5－64　控制系统开环测试设备连接简图

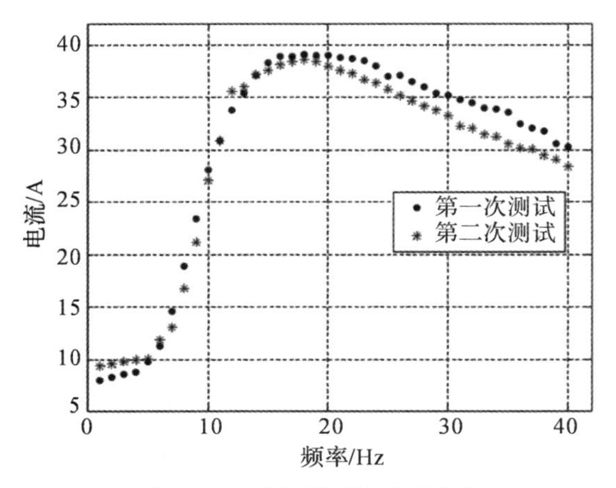

图 5－65　试验过程舵机电流变化

表 5-21　IMU 各通道峰值响应频率点

IMU 通道		峰值对应的频率/Hz
陀螺	ω_x	27
	ω_y	26
	ω_z	27
加表	a_x	27
	a_y	32
	a_z	30

受制导控制尾舱空间尺寸所限，无法更换设备安装位置，尝试改变设备安装板的质量和刚度效果也并不明显，因此仅从优化结构动态特性的角度无法有效解决自激振动问题。根据制导控制尾舱开环测试结果，为了抑制试验中出现的 23～30 Hz 自激现象，在姿态控制系统三通道中加入了带阻滤波器。在 23 Hz 频率处，幅值降低 6 dB；30 Hz 频率处，幅值降低 7 dB；在 27.5 Hz 处降幅最大，幅值降低 12.7 dB。通过模拟飞行试验和地面测试，制导控制尾舱未再出现自激现象，证明该措施有效解决了结构-控制耦合自激振动问题。

第6章

制导炸弹气动弹性设计

6.1 概　　述

气动弹性力学主要研究气动力和弹性体之间的相互影响，弹性体在气动力作用下会产生变形或振动，而弹性体的变形和振动，又会影响气动力在弹性体上的大小与分布形式，因此空气动力、弹性力和惯性力的相互作用，使得结构在气流中产生了各种类型的气动弹性问题。按照气动弹性分析是否考虑惯性力影响来分类，气动弹性问题又可以分为气动弹性静力学和气动弹性动力学两类，其中气动弹性动力学主要包括颤振、动力响应和抖振现象。

制导炸弹气动弹性设计工作，将从静气动弹性分析和动气动弹性分析两个方向进行研究，以获得扭转发散速度、气动载荷重新分布、操纵效率与操纵反效、临界颤振速度等气动弹性参数。近年来，随着制导炸弹的飞行马赫数和射程提高、载机的高速和高过载挂弹飞行、发动机助推、大机动攻击等作战要求愈发普遍，弹道特性和气动力环境也变得更为复杂，因此在制导炸弹初始设计阶段，必须对气动弹性问题进行研究。

制导炸弹气动弹性问题产生的机理与飞机、导弹一样，同时制导炸弹还具有自身的特点。目前，先进制导炸弹大多采用大展弦比弹翼、全动尾舵、轻量化结构，对于处在外气流中的弹翼、空气舵来说，弹性变形引起的一系列气动弹性问题尤为突出，将会导致全弹的升力特性、操纵性和稳定性发生变化，最终影响制导炸弹的正常飞行状态，甚至在飞行试验中会引发严重事故，因此弹翼、空气舵

等升力面将是气动弹性分析的重点对象。

滑翔增程型制导炸弹一般采用大展弦比复合材料弹翼，其具有较低的刚度和结构固有频率，弹翼的弯曲和扭转振动问题最为显著。由于大展弦比弹翼的弯曲和扭转频率往往较为接近、运动的相位经常是不一致的，因而耦合模态和耦合运动引起的气动弹性问题十分突出。除此之外，制导炸弹通常采用全动舵设计，气流环绕流动的每一个振动结构单元都要完成一个复杂运动。一方面，舵面受到相对于固连在弹体舵舱上回转运动的作用；另一方面，舵面还参与弹身的弯曲和扭转运动，它同样在不同方向上产生扭转随动。气流的存在引起结构弹性单元不同运动形式相互耦合，因而弹性结构从气流中可获得更多能量，使得振动幅值迅速增加，进而导致结构发生破坏。

制导炸弹气动弹性设计的基本思路是：建立弹翼的结构模型和气动模型，通过计算流体力学（CFD）和计算结构力学（CSD）方法对弹翼气动和结构耦合进行计算分析，CFD/CSD 耦合求解的典型流程如图 6－1 所示。

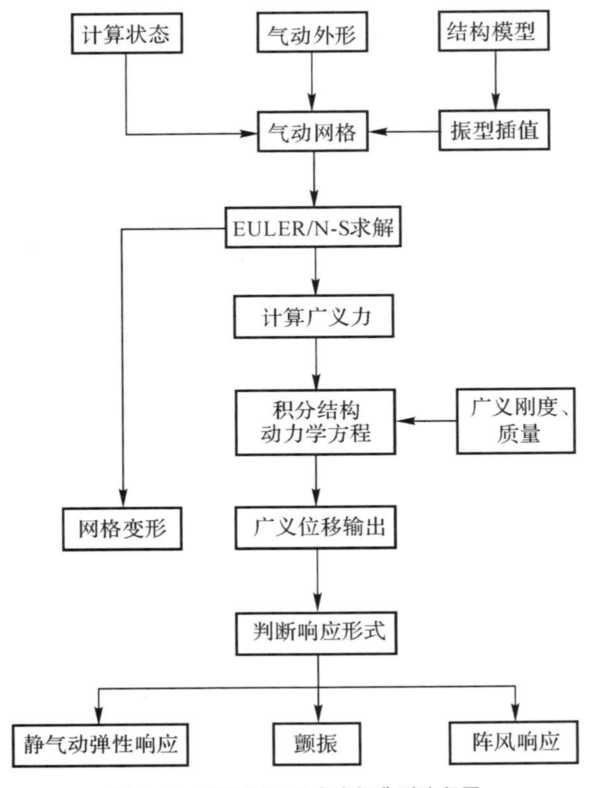

图 6－1　CFD/CSD 耦合求解典型流程图

6.2 气动弹性设计理论

6.2.1 气动弹性静力学理论

气动弹性静力学主要研究弹性结构在气动力和弹性力相互作用下的力学行为，即研究结构的弹性变形对定常气动升力分布的影响，以及在气动力作用下，结构产生的静变形及其稳定性。气动弹性静力学问题的主要研究内容为两类：第一类是气动载荷重新分布和扭转发散问题；第二类是操纵面的操纵效率和操纵反效问题。气动弹性静力学问题主要针对大展弦比升力系统，因此以下将以二元机翼作为分析对象。

1. 扭转发散

图 6-2 所示的典型二元翼段，只有绕刚心的转动自由度，设翼段以零升力线初始迎角 α_0 置于来流中，气动力对刚心的力矩使其产生弹性偏角 θ，则该翼段的总迎角为

$$\alpha = \alpha_0 + \theta \tag{6-1}$$

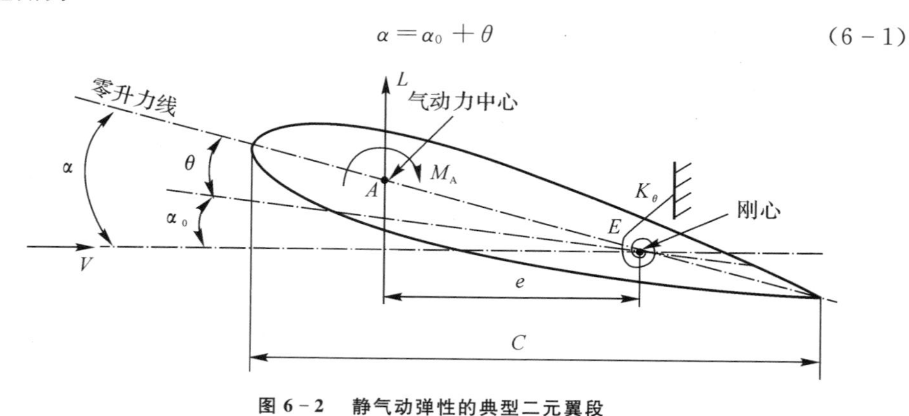

图 6-2　静气动弹性的典型二元翼段

气动力对刚心的力矩和弹性恢复力矩平衡，故静气动弹性平衡方程为

$$K_\theta \theta = Le + M_A = M_A + \frac{\partial C_L}{\partial \alpha}(\alpha_0 + \theta) qSe \tag{6-2}$$

式中：C_L 为升力系数；q 为动压；S 为翼段参考面积。

可得到弹性扭转角为

$$\theta = \frac{\frac{1}{K_\theta}\left(\frac{\partial C_L}{\partial \alpha}\alpha_0 qSe + M_A\right)}{1 - \frac{qSe}{K_\theta}\frac{\partial C_L}{\partial \alpha}} \tag{6-3}$$

当动压增大到使式(6-3)的分母为零时，弹性扭转角有无限增加的倾向，这就是机翼面的扭转发散，扭转发散动压为

$$q_D = \frac{K_\theta}{Se\frac{\partial C_L}{\partial \alpha}} \tag{6-4}$$

从而得到翼面的扭转发散临界速度

$$V_D = \sqrt{\frac{2K_\theta}{\rho Se\frac{\partial C_L}{\partial \alpha}}} \tag{6-5}$$

2. 气动载荷重新分布

当飞行动压小于扭转发散动压时，机翼升力计算式为

$$L = \frac{\partial C_L}{\partial \alpha}(\alpha_0 + \theta) qS =$$

$$qS\frac{\partial C_L}{\partial \alpha}\left[\alpha_0 + \frac{\frac{1}{K_\theta}\left(\frac{\partial C_L}{\partial \alpha}\alpha_0 qSe + M_A\right)}{1 - \frac{qSe}{K_\theta}\frac{\partial C_L}{\partial \alpha}}\right] =$$

$$L_0\left[1 + \frac{q\left(1 + \frac{M_A}{eL_0}\right)}{q_D - q}\right] \tag{6-6}$$

式中，$L_0 = \frac{\partial C_L}{\partial \alpha}\alpha_0 qS$，为初始攻角下产生的升力。

对于对称翼型 $M_A = 0$，对一般薄翼型也有 $M_A \approx 0$，因此考虑气动弹性效应后，式(6-6)可以写为

$$L = \frac{\partial C_L}{\partial \alpha}\alpha_0 qS\left[1/\left(1 - \frac{q}{q_D}\right)\right] = \beta L_0 \tag{6-7}$$

式中，$\beta = 1/\left(1 - \frac{q}{q_D}\right)$。当飞行动压小于扭转发散动压时，$\beta > 1$，故 β 可视为考虑气动弹性效应后的升力放大因子，对于真实机翼而言，则表现为翼面上局部气动升力分布的变化，既翼面上气动载荷的重新分布。

3. 操纵效率

考虑到偏转操纵面（如舵片）情况，静气动弹性平衡方程为

$$K_\theta \theta = Le + M_A = qS\left[e\left(\frac{\partial C_L}{\partial \alpha}\theta + \frac{\partial C_L}{\partial \delta}\delta\right) + \frac{\partial C_M}{\partial \delta}C\delta\right] \tag{6-8}$$

因操纵面偏转引起翼面产生扭转变形角 θ，则有如下关系式

$$\frac{\theta}{\delta}=\frac{\dfrac{\partial C_L}{\partial \delta}+\dfrac{C}{e}\dfrac{\partial C_{\mathrm{M}}}{\partial \delta}}{\dfrac{K_\theta}{qSe}-\dfrac{\partial C_L}{\partial \alpha}} \tag{6-9}$$

得到弹性升力和刚性升力之比为

$$\eta_0=\frac{1+\dfrac{qSC}{K_\theta}\dfrac{\partial C_{\mathrm{M}}}{\partial \delta}\dfrac{\dfrac{\partial C_L}{\partial \alpha}}{\dfrac{\partial C_L}{\partial \delta}}}{1-\dfrac{qSe}{K_\theta}\dfrac{\partial C_L}{\partial \alpha}} \tag{6-10}$$

式中：δ 为操纵面的偏转角；C_{M} 为对气动力中心的力矩系数。

式(6-10)中 η_0 为偏转操纵面的弹性升力与刚性升力的比值，用于表征操纵效率。由于 $\partial C_{\mathrm{M}}/\partial \delta$ 总是负值，因而除非翼面的扭转发散动压很低，否则操纵效率始终小于1。原因是操纵面偏转使翼面产生了一个升力增量，但随之产生的低头力矩，使翼面扭转而降低了迎角，即产生了一个升力的负增量，从而部分抵消操纵面的偏转效应。

6.2.2 颤振理论

当一个弹性系统到达某一速度，在非定常空气动力、惯性力和弹性力的相互影响下，刚好使它的振动持续下去，这种现象称为颤振，颤振是弹性系统在均匀气流中的自激振动。

制导炸弹的颤振若按发生部位来分，可分为升力面颤振、操纵面颤振、壁板颤振等；若按空气流动型式来分，可分为无明显气流分离的经典颤振和有明显分离的失速颤振；若按发生机理来分，可分为单自由度和多自由度颤振、线性和非线性颤振等。

图6-3所示的颤振典型二元翼段，翼弦长为 $2b$，机翼的运动可用两个广义坐标来表示，即刚心 E 点的上下平移 h（向下为正）和绕 E 点的俯仰角 α（抬头为正），E 点距翼弦中点为 ab，a 是一个无量纲系数，当 E 点位于翼弦中点之后时为正。

建立翼段的动能和势能方程，引入拉格朗日方程，可知二元翼段的运动方程为

$$\left.\begin{aligned} m\ddot{h}+S_\alpha\ddot{\alpha}+K_h h&=L\\ S_\alpha\ddot{h}+I_\alpha\ddot{\alpha}+K_\alpha\alpha&=M_{\mathrm{E}}\end{aligned}\right\} \tag{6-11}$$

式中：m 为单位展长的翼段质量，$m=\int_0^{2b}\mathrm{d}m$；S_α 为单位展长翼段对弹性轴的质量静矩，$S_\alpha=\int_0^{2b}r\mathrm{d}m=mx_\alpha b$；$I_\alpha$ 为单位展长翼段对转轴的质量惯性矩，$I_\alpha=\int_0^{2b}r^2\mathrm{d}m=mr_\alpha^2b^2$；$r_\alpha$ 为对弹性轴的回转半径，量纲为1；L 为翼段振动引起的气动力（向下为正）；M_E 为翼段振动引起的气动力矩（以翼段前缘向上为正）。

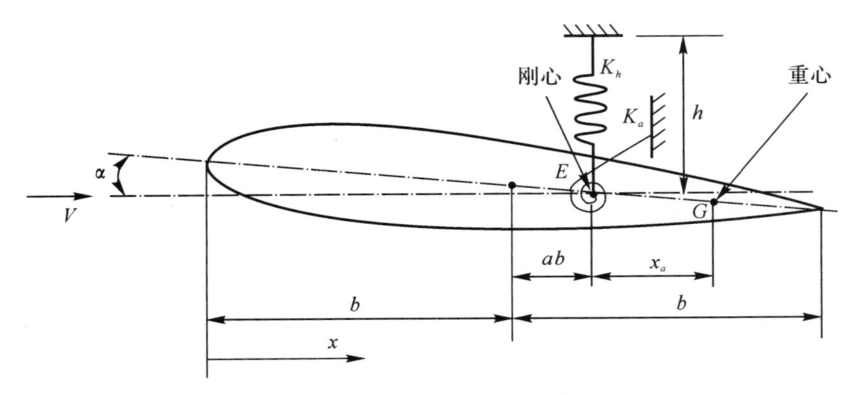

图 6-3　颤振的典型二元翼段

利用准定常气动力理论求解式(6-11)，可以得到颤振行列式，式中包含两个未知数，即颤振频率 ω 和颤振速度 V。

$$\begin{vmatrix} a_{11}-c_{11}\omega^2+\mathrm{i}\omega Vd_{11} & c_{12}\omega^2-b_{12}V^2-\mathrm{i}\omega Vd_{12} \\ c_{21}\omega^2-\mathrm{i}\omega Vd_{21} & a_{22}-c_{22}\omega^2+b_{22}V^2+\mathrm{i}\omega Vd_{22} \end{vmatrix}=0 \qquad (6-12)$$

式中：a_0 为在颤振临界速度情况下，机翼做简谐运动的幅值；

$a_{11}=K_h, a_{22}=K_\alpha, c_{11}=m, c_{22}=I_\alpha$；

$d_{11}=\rho ba_0, b_{12}=-\rho ba_0, c_{12}=c_{21}=-S_\alpha$；

$b_{22}=-2\rho b^2a_0\left(\frac{1+a}{2}-\frac{1}{4}\right)$；

$d_{12}=-\rho b^2a_0\left(\frac{1}{2}-a\right)$；

$d_{21}=2\rho b^2a_0\left(\frac{1+a}{2}-\frac{1}{4}\right)$；

$d_{22}=2\rho b^3\left[\frac{\pi}{4}-\left(\frac{1+a}{2}-\frac{1}{4}\right)a_0\left(\frac{1}{2}-a\right)\right]$。

利用非定常气动力理论，求解式(6-11)可得到颤振行列式

$$\begin{vmatrix} \frac{m}{\pi\rho b^2}\left[1-\left(\frac{\omega_h}{\omega_a}\right)^2\left(\frac{\omega_a}{\omega}\right)^2\right]+L_h & \frac{mx_a}{\pi\rho b^2}+L_a-\left(\frac{1}{2}+a\right)L_h \\ \frac{mx_a}{\pi\rho b^2}+M_h-\left(\frac{1}{2}+a\right)L_h & \frac{mr_a^2}{\pi\rho b^2}\left[1-\left(\frac{\omega_a}{\omega}\right)^2\right]+M_a-\left(\frac{1}{2}+a\right)(L_a+M_h)+\left(\frac{1}{2}+a\right)^2L_h \end{vmatrix}=0 \tag{6-11}$$

式中：$M_h=\frac{1}{2}$，$M_a=\frac{3}{8}-\mathrm{i}\frac{1}{k}$，$k=\frac{b\omega}{V}$；

$$L_h=1-\mathrm{i}\frac{2}{k}[F(k)+\mathrm{i}G(k)]；$$

$$L_a=\frac{1}{2}-\mathrm{i}\frac{1}{k}\{1+2[F(k)+\mathrm{i}G(k)]\}-\frac{2}{k^2}[F(k)+\mathrm{i}G(k)]；$$

$$F(k)=\frac{J_1(J_1+Y_0)+Y_1(Y_1-J_0)}{(J_1+Y_0)^2+(Y_1-J_0)^2}；$$

$$G(k)=\frac{Y_1Y_0+J_1J_0}{(J_1+Y_0)^2+(Y_1-J_0)^2}。$$

其中，J_0、Y_0 是 k 的第一类和第二类零阶标准贝塞尔函数；J_1、Y_1 是 k 的第一类和第二类一阶标准贝塞尔函数，ω_h 和 ω_a 为翼段的单纯弯曲和扭转频率。

6.3 气动弹性分析建模方法

制导炸弹进行气动弹性分析的关键在于建立合理的计算模型，例如静气动弹性分析要选择合适的气动力模型，颤振分析要选择合适的颤振计算方法，因此模型的正确与否直接决定了计算结果的准确性。气动弹性分析需要建立两种计算模型，包括气动力计算模型和结构有限元模型，并且需要定义结构与空气动力之间的连接方法。

6.3.1 气动力计算模型

用于飞行器气动弹性分析的气动力计算理论、方法有很多，目前在工程上通常包括下列六种理论和方法：

(1)偶极子网格法(DLM)；

(2)ZONA51 超声速升力面理论；

(3)亚声速翼体干扰理论(带有细长体的 DLM)；

(4)马赫框方法(较低超声速)；

(5)超声速活塞理论(高超声速)；

(6)片条理论(假设每个片条上的气动力只与该片条的运动有关,适用于大展弦比平直机翼)。

偶极子网格法(DLM)理论适用于亚声速,可处理干扰升力面问题,其超声速版本便是ZONA51气动力。在制导炸弹气动弹性分析过程中,通常采用偶极子格网法(DLM)。

1. 亚声速偶极子网格法

亚声速偶极子网格法是基于小扰动线化位势流方程的面元法,适用于亚声速范围,是当前气动弹性分析中流行的非定常气动力计算方法之一。亚声速偶极子网格法可以计算多翼、多体组合的谐振空气动力,基本方法为,在翼的剖面范围内布置压力偶极子,并用体轴线上的压力偶极子和一个环形翼(称为干扰区)来表示体的效应,通过满足物面条件,确定压力偶极子强度,从而求出压力分布。

将翼面简化,用位于中弧面附近并平行于 x 轴的平面表示,沿弦向和展向将翼面划分成梯形网格,如图 6-4 所示。

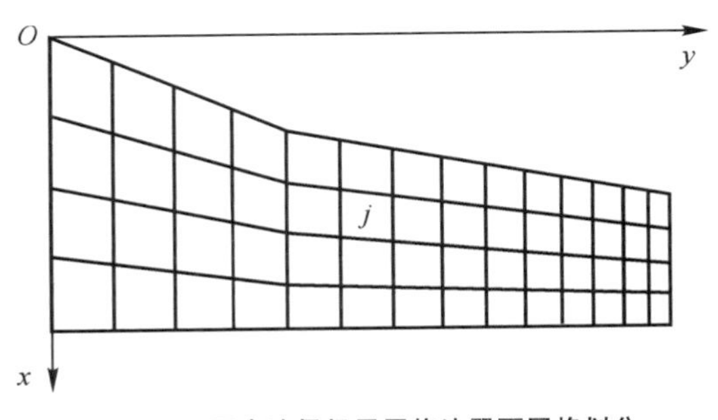

图 6-4 亚声速偶极子网格法翼面网格划分

网格划分直接影响气动弹性分析的准确性,因此翼面网格划分应遵循以下原则:①网格的侧边必须顺来流方向,前后网格的侧边必须在同一条顺来流方向的直线上,不要相互错开;②沿展向的网格划分,应尽量沿某百分比线,如果弦向网格数有变化,也应尽量采用图 6-4 所示的形式;③网格不能跨越翼面斜率突变的区域,例如,一个网格不能跨越翼面的转折或翼面、操纵面;④由于外翼处的振动模态幅值远比沿翼根方向的翼面幅值大,对于广义非定常气动力来说,外翼部分更重要,因此外翼部分的网格应该相对较密,对于根梢比较大的翼面,虽然翼梢弦长很小,但沿弦向的网格数不能少于4个。对于大展弦比翼面,要注意网格展弦比不能太大,同时也要保证每个弦向有足够数量的网格,网格的展弦比接近1为最佳,推荐范围是1/3～3。

在图 6-5 所示的网格的1/4弦长线处布置等强度的压力偶极子,可认为网格的压力合力作用在网格中剖面与1/4弦长交点上,该点称为压力点。当其在中剖面与3/4弦长交点满足边界条件时,该点被称为下洗点。

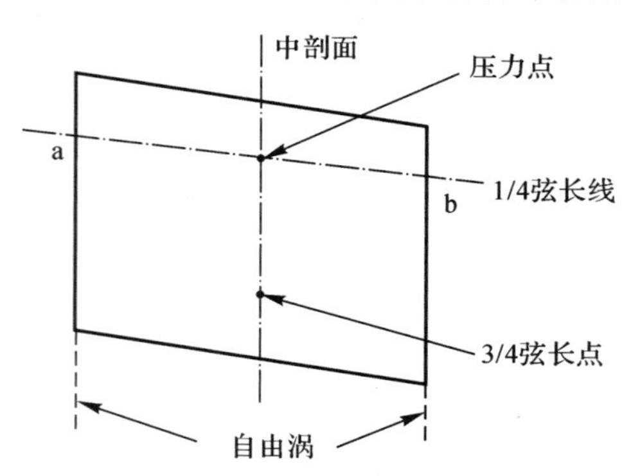

图6-5 网格单元(编号 j)

通过求解基本方程确定气动分块上的非定常气动力分布,对于每个网格中3/4弦长点(即下洗控制点)处应满足下列方程

$$w_i = \frac{1}{4\pi\rho V^2}\sum_{j=1}^{n}\frac{1}{2}\rho V^2 \Delta c_{pj}\Delta x_j \cos\varphi_j \int_{lj} K_{ij}\,\mathrm{d}l_j =$$

$$\frac{1}{8\pi}\sum_{j=1}^{n}\Delta c_{pj}\Delta x_j \cos\varphi_j \int_{lj} K_{ij}\,\mathrm{d}l_j \quad (i,j=1,2,\cdots,n) \tag{6-13}$$

式中:w_i 为第 i 个网格3/4弦长点处(下洗控制点)的下洗速度;Δc_{pj} 为第 j 个网格上的压力系数,存在关系式 $\Delta c_{pj}=2\Delta p_j/\rho V^2$;$\Delta x_j$ 为第 j 个网格的中剖面长度;l_j 为第 j 个网格的过1/4弦点的展长(见图6-5中 $\overline{ab}$);φ_j 为第 j 个网格的后掠角长(见图6-5中 $\overline{ab}$ 的后掠角);K_{ij} 为气动力计算核函数;n 为升力面的气动网格分块数;V 为飞行速度。

将问题转化为求核函数定积分和求解线性方程组问题,将式(6-14)变成矩阵形式,即

$$\Delta \boldsymbol{p} = \frac{1}{2}\rho V^2 \boldsymbol{Q}^{-1}\boldsymbol{W} \tag{6-15}$$

式中:$\Delta \boldsymbol{p}$ 为压力作用点处的压力分布矩阵;$\boldsymbol{W}$ 为下洗控制点处的下洗速度矩阵;$\boldsymbol{Q}$ 为气动力影响系数矩阵,其元素为 $Q_{ij}=\dfrac{\Delta x_j}{8\pi}\cos\varphi_j\int_{lj}K_{ij}\,\mathrm{d}l_j \quad (i,j=1,2,\cdots,n)$。

2. 超声速偶极子网格法

超声速偶极子网格法与亚声速偶极子网格法类似，仍将翼面简化为位于中弧面附近且平行于 x 轴的平面，沿弦向和展向将翼面分为梯形网格，网格划分方法与亚声速偶极子网格法相同。

与亚声速偶极子网格法不同的是，超声速偶极子网络法的压力偶极子需要分布在整个网格上，每个网格的压作用点，不是作用在网格中剖面的 1/4 弦长点，而是作用在网格形心上，仍在每个网格的下洗点处满足边界条件，但是下洗点不是网格中剖面的 3/4 弦长点，而是位于网格中剖面的 85%～95%弦长点。

3. 弹身建模

将弹身简化为纵轴线和环形翼（干扰区），如图 6－6 所示。弹身的纵轴位置、横切面的面积都与实物相同。环形翼的长度和切面形状，由不同的翼身组合情况来确定，例如对于弹翼、弹身组合，可以取环形翼的长度等于翼面的根弦长为等切面，其切面形状和尺寸由翼-身交界处的截面来确定。沿弹身的纵轴，布置轴线沿 y，z 两个方向（横法向）的压力偶极子。根据弹身的形状和振动模态，用细长体理论求出压力分布，不受翼和干扰区的影响，环形翼和弹翼一样划分网格，布置压力偶极子。

弹翼和环形翼上的压力偶极子强度分别由翼和环形翼，以及体上的压力偶极子引起的下洗速度满足边界条件来确定。

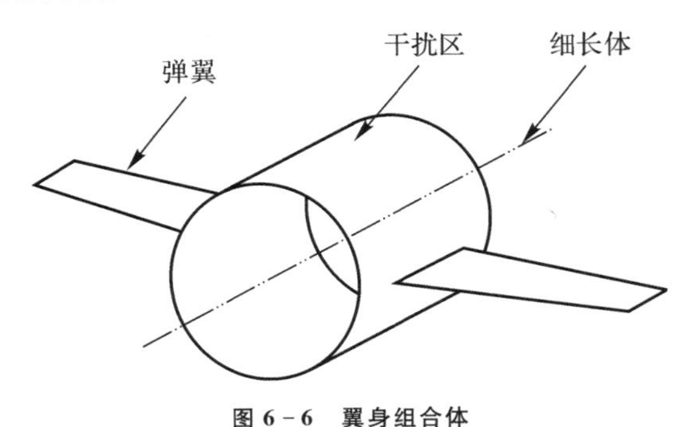

图 6－6　翼身组合体

6.3.2　结构有限元模型

1. 大展弦比翼面

大展弦比翼面的特点是，翼根效应区相对较小，弦向变形可以忽略。大展弦比翼面可按常规方法用杆板模型模拟，但是在气动弹性分析中，也可以用单梁模型模拟。单梁位于翼面的刚心线上，一般而言取肋向切面来计算刚心。由于各切面刚心通常不在一条直线上，可用最小二乘法拟合成一条直线，使各切面刚心到这条直线距离的平方和为最小。一般都将单梁放在翼弦平面内，所以先要求出各切面刚心在弦平面内的投影，再在弦平面内用最小二乘法拟合出单梁轴线。如果刚心线与肋向切面基本垂直，则可用肋向切面计算弯曲刚度和逆转刚度，单梁可按变切面梁处理，单梁的弯曲刚度为 EI_z，扭转刚度为 GI_p。

单梁模型质量特性模拟的方法是，将翼面沿单梁轴线分为若干段，其分段数与单梁节点数相同。求出各段内所有构件和载荷的质量、质心，以及绕质心的三个方向的转动惯量。

(1) 节点。大展弦比弹翼有限元计算模型的节点，一般取在实际结构件的交点处，即弹翼的翼肋处。由于节点的数目直接决定模型的规模和计算精度，所以为了更好地保证计算模型的精度，考虑现有计算设备的计算能力，弹翼的所有翼肋均取为节点。

(2) 梁元的刚度矩阵。如果刚心线(刚轴)同肋间切面基本垂直，可以用翼肋切面计算梁元的弯曲刚度和扭转刚度。为了实现弹翼的减重设计，一般在弹翼结构中，通过简化所得的梁均为变截面梁，单梁两端的弯曲惯性矩和扭转惯性矩是各不相同的。对于弹翼来说，从翼根到翼梢弯曲惯性矩和扭转惯性矩是逐步减小的。

(3) 元素的质量矩阵。采用集中质量矩阵的方法，即把整个弹翼的结构分成若干个离散的集中质量元，每个集中质量元包括：质量(m)，质心(x、y、z)，转动惯量(I_x、I_y、I_z)、惯性积(I_{xy}、I_{yz}、I_{yz})、极惯性矩(I_p)，然后把集中质量元按就近原则分配到节点上，形成质量矩阵。

2. 小展弦比翼面

制导炸弹的边条翼等小展弦比翼面的特点是，翼根效应区相对较大，翼面的弦向变形较大，不能忽略。小展弦比翼面的有限元模型大都采用杆板模型，基本按照实际结构建立有限元模型。

小展弦比翼面的结构形式主要有三种类型：一是梁式结构，蒙皮较薄；二是厚蒙皮结构；第三种是实心的薄板结构。厚蒙皮结构又有多墙式和多肋式之分，在模型化时，主要是蒙皮所用的元素不同。对于梁式结构，蒙皮可以用膜元，也可以用纯剪切板。用纯剪切板时，需将蒙皮承受正应力的能力折入杆元。对于厚蒙皮结构，蒙皮应该用一般板元模拟。梁、墙、肋的上下凸缘用杆元模拟，以承受正应力。薄板和腹板用纯剪切板模拟，以承受面内剪应力。桁条用杆元模拟。

3. 弹身

弹身也可以用单梁来模拟，方法与大展弦比翼面类似，只是切面刚度有垂直弯曲、侧向弯曲和扭转三种。对于长细比较小的弹身，还要考虑横向剪切和切面质量惯性矩的效应。

6.4 制导炸弹静气动弹性分析

静气动弹性力学是研究结构弹性变形对定常空气动力及其分布的影响，以及气动力所引起的静态变形的稳定特性。大展弦比平直翼、后掠翼的结构弹性特性，可用工程梁理论表示，即认为变形后翼剖面保持不变，是一维气动弹性问题。小展弦比翼面变形形态比较复杂，属于二维气动弹性问题。制导炸弹静气动弹性分析主要包括两部分内容：① 柔性结构气动力分析，以及与之相关的系列问题（如载荷分布、操纵效率等）；② 静气动弹性不稳定（发散）问题分析。

基于有限元方法的气动弹性分析方法是以矩阵为基础，通过对矩阵进行分解、合并和转换完成的。静气动弹性响应分析的基本方程如下，它是在 f-set 位移向量集下建立的，通过对方程进行计算，可以得到结构变形、配平参数和气动导数。

$$(\boldsymbol{K}_{ff} - q\boldsymbol{Q}_{ff})\boldsymbol{U}_f + \boldsymbol{M}_{ff}\ddot{\boldsymbol{U}}_f = q\boldsymbol{Q}_{fx}\boldsymbol{U}_x + \boldsymbol{P}_f \tag{6-16}$$

式中：$\boldsymbol{K}_{ff}$ 为刚度矩阵；q 为动压；$\boldsymbol{Q}_{ff}$ 为气动力影响系数矩阵；$\boldsymbol{U}_f$ 为位移向量；$\boldsymbol{M}_{ff}$ 为质量矩阵；$\boldsymbol{P}_f$ 为外加载荷向量；$q\boldsymbol{Q}_{ff}\boldsymbol{U}_f$ 为结构弹性变形引起的气动力增量；$q\boldsymbol{Q}_{fx}\boldsymbol{U}_x$ 为舵面偏转和飞机的刚体运动所引起的气动力；下标 f 为 f - set 位移向量集，即分析集；下标 x 为 x - set 位移向量集，即“额外空气动力点”集。

制导炸弹使用了大展弦比弹翼和小展弦比边条翼，当气动力作用于弹翼后产生变形，而产生的变形又会产生新的附加气动力，因此求解弹翼平衡时的变形和载荷将是一个反复迭代的过程，此迭代过程如下：

(1) 根据制导炸弹已有气动外形和飞行来流数据，计算弹翼的初始气动载荷；

(2) 可通过无限板样条(IPS)、薄板样条(TPS)或有限板样条(FPS)等方法将气动载荷转换和加载到结构网格，得到弹翼各个剖面的位移 w_0 和转角 θ_0，以及变形后的气动外形；

(3) 根据弹翼变形后的气动外形重新计算气动载荷；

(4) 将新的气动载荷转换和加载到结构网格，得到弹翼各个剖面的位移 w_1 和转角 θ_1，以及变形后的气动外形。判断弹翼变形是否收敛，若收敛，则结束迭代，得到弹翼在平衡状态的外形和气动载荷；否则，返回步骤(3)，继续进行迭代。

图 6－7 所示为制导炸弹静气动弹性计算流程图。

某增程型制导炸弹为高亚声速无动力滑翔弹，采用折叠式大展弦比后掠翼，后掠角为 18°，翼展为 2 700 mm，弦长为 300 mm。在弹身尾部设置了四片“X”形舵片，弹翼与舵片均采用 T700/环氧树脂碳纤维，内部设置金属翼梁以提高升力面的强度与刚度。以战斗部前端面中心为坐标原点，x 轴为弹体纵轴向，采用“后上左”坐标系确定 x、y、z 轴正方向，该制导炸弹的外形轮廓如图 6－8 所示。

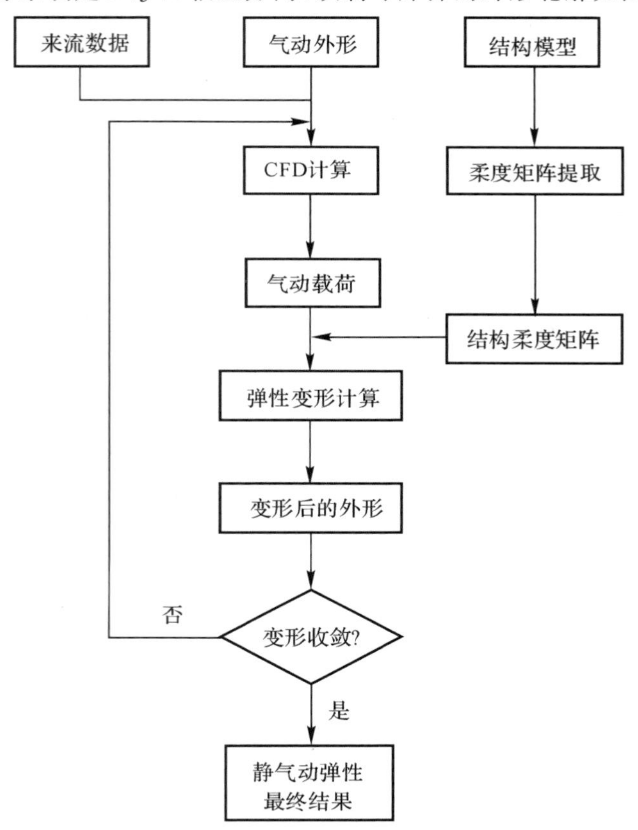

图 6－7　制导炸弹静气动弹性计算流程

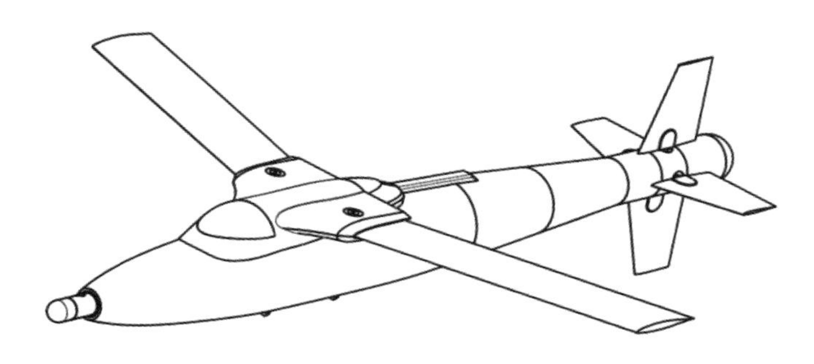

图 6-8 某滑翔增程型制导炸弹

根据6.3节中气动弹性分析建模方法的要求，将战斗部、制导控制尾舱沿轴向离散成若干段，用于划分梁单元。沿弹体轴向分段时，密度和刚度相近的部分为同一单元，弹体质量采用集中质量单元布置于梁的两端。增程组件和舵片简化成梁单元，分别按照截面等效形状尺寸设置梁单元的参数，最终建立增程型制导炸弹的静气动弹性计算模型，如图6-9、图6-10所示。

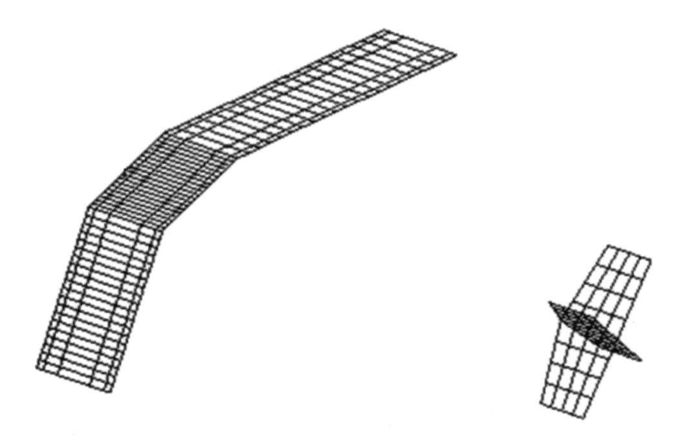

图 6-9 升力面气动力计算模型

示例一：在高度8 000 m、Ma 为0.8、1.1g 过载状态下，对该型制导炸弹开展静气动弹性分析，得到如下计算结果。

(1)弹翼的弹性变形导致其气动压力降低，从而使弹翼的剪力、扭矩也减小；

(2)弹性弹翼比刚性弹翼升力线斜率低约2.5%，在此飞行状态下，弹性弹翼的升力系数为0.502，比刚性弹翼低2.8%；

(3)在该飞行状态下，弹翼的弹性配平攻角为4.61°。

示例二：该型制导炸弹在某次飞行试验出现了异常滚转力矩，影响了全弹飞行姿态，需开展故障分析工作。由飞行遥测数据可知，附加滚转力矩出现在高度5 200 m、Ma 为 0.65、0°攻角状态。由于左右弹翼刚度具有差异性，以及静气动弹性会引起载荷重新分布，通过静气动弹性分析可知，考虑弹翼刚度差异性和静气动弹性的综合影响，会使全弹产生 20 N·m 附加滚转力矩。

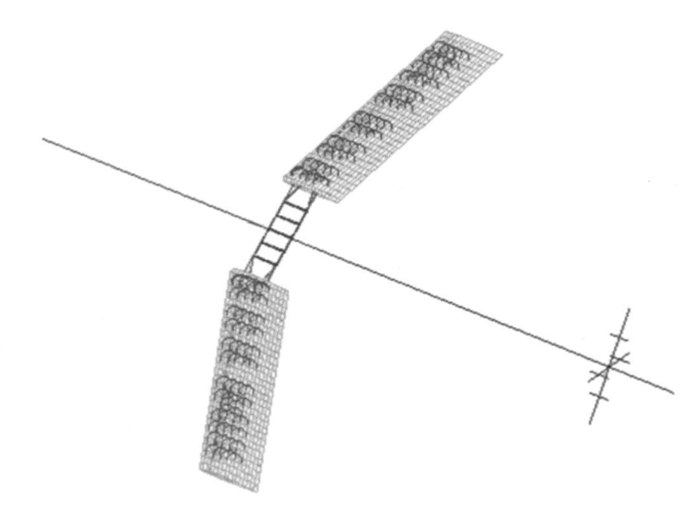

图 6-10　结构有限元模型

6.5　制导炸弹颤振分析

颤振是最重要的气动弹性稳定性问题，是指飞行器结构在相对运动气流中，在弹性力、惯性力、空气动力的相互作用下出现的一种自激振动。当相对运动气流达到一定速度，以适当的相位给予作振荡运动的飞行器结构输入能量，使之克服结构阻尼并维持等幅简谐振荡，这就产生了颤振。颤振发生的气流速度和结构振动频率分别称为颤振临界速度和颤振临界频率，当气流速度大于颤振临界速度时，会出现发散运动，使结构产生严重破坏。对制导炸弹开展颤振分析，主要目的是获得颤振临界速度和颤振临界频率。

制导炸弹颤振分析一般包括动力学建模、结构固有特性分析、气动力计算、颤振计算几部分内容，分析流程如图 6-11 所示。

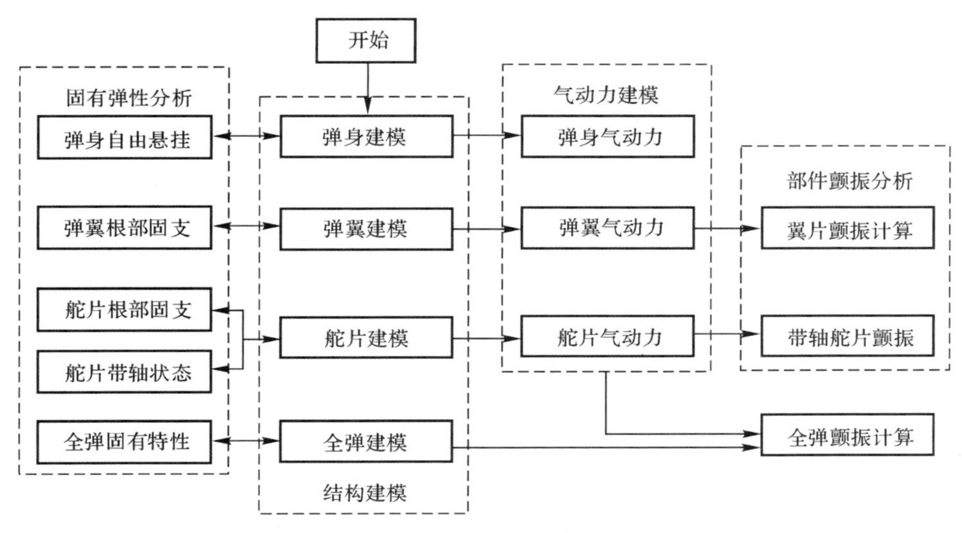

图 6-11 制导炸弹颤振分析流程

(1)结构动力学建模。制导炸弹部件及全弹动力学建模是颤振分析的基础,制导炸弹主要分为弹身、弹翼、舵片等结构部件,动力学建模应尽量真实反映制导炸弹的结构特性,并注意各部件之间的连接方式,采用合适的边界单元模拟边界条件和支承。

(2)固有特性计算。固有特性计算主要为计算结构振动特性,固有振动特性是检验动力学模型的重要标准,无论是部件模型还是全弹模型都需要进行振动特性分析,确保模型的动力学特性与振动试验和模态试验相符,固有特性计算还要注意动力学模型的边界条件与试验边界条件是否一致。

(3)气动力建模与计算。气动力建模是采用 CFD 等工程方法计算非定常气动力。在气动弹性分析中,亚声速范围内普遍采用偶极子网格法,制导炸弹通常采用该方法,超声速范围内有多种方法可供选择,最终得到的气动力是频域气动力,它是缩减频率的函数。

(4)颤振计算。在结构动力学模型和气动力模型基础上,可以开展制导炸弹颤振计算,通常采用 $p-k$ 法、$V-g$ 法等方法,可以得到用于颤振分析的 $V-g$ 图和 $V-f$ 图。

颤振方程一般可写为下式的形式,通过求解实数矩阵的特征值来计算。当特征值为实数时,对应静气动弹性发散;当特征值为共轭复数对时,对应于颤振问题。

$$\boldsymbol{M}\ddot{\boldsymbol{q}} + \boldsymbol{K}\boldsymbol{q} = \frac{1}{2}\rho V^2 A\boldsymbol{q} \tag{6-15}$$

式中：$\boldsymbol{M}$ 为结构整体质量矩阵；$\boldsymbol{K}$ 为结构整体刚度矩阵；$\boldsymbol{q}$ 为结点位移列阵；A 为关于马赫数与减缩频率 $k=\omega b/V$ 的复函数。

对于图6-10所示的制导炸弹，建立如图6-12所示的结构动力学模型，开展结构固有特性计算，得到全弹在自由-自由状态下的模态参数见表6-1。

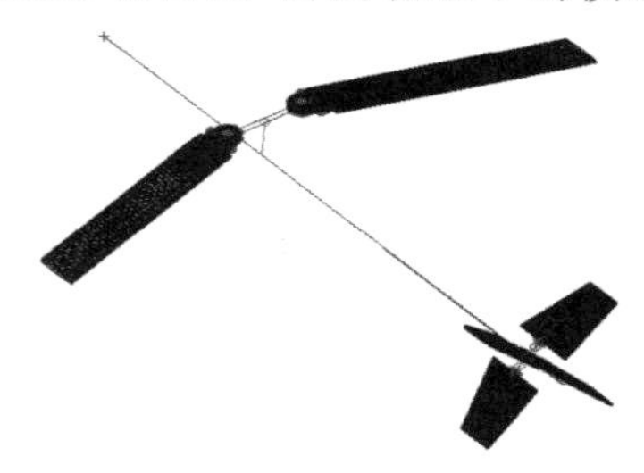

图6-12　结构动力学模型

表6-1　全弹自由-自由状态的模态参数

频率/Hz	阻尼比/(%)	振型描述
18.20	2.56	弹翼一阶弯曲，两翼同向
24.47	0.17	弹翼反向弯曲，弹体滚转
41.54	3.05	弹体一阶弯曲，两翼同向，偏航为主
55.14	2.89	弹体一阶弯曲，两翼同向，俯仰为主
58.07	1.96	舵片一阶弯曲
133.36	2.11	舵片一阶扭转
141.27	1.97	弹翼一阶扭转，单翼
343.91	4.31	弹体一阶扭转

根据英国学者Pines提出的频率重合理论，当飞机的速度增大时，会使飞机结构的某两个振型分支的频率发生变化而相互接近，直到这两个分支的频率完全相等(即重合)，如图6-13所示，则这两个振型分支的耦合振动就有可能从气流中吸收能量，从而达到颤振临界点而发生颤振。

从制导炸弹全弹自由-自由状态的模态参数可知，弹翼和舵片弯扭频率相对于弹身的弯扭频率更为接近，因此弹翼和舵片更容易出现颤振，应对弹翼和舵片开展颤振分析。利用颤振分析理论和有限元分析，得到弹翼和舵片的 $V-g$ 图和 $V-f$ 图，如图6-14、图6-15所示，由图可以得到如下结论：

(1) 弹翼的颤振速度约为460 m/s，弹翼的颤振为一阶扭转与二阶弯曲的耦合型颤振；

(2) 舵片的颤振速度约为524 m/s，舵片的颤振为一阶弯曲与一阶扭转的耦合型颤振；

(3) 全弹的颤振速度大于 360 m/s 的设计要求。

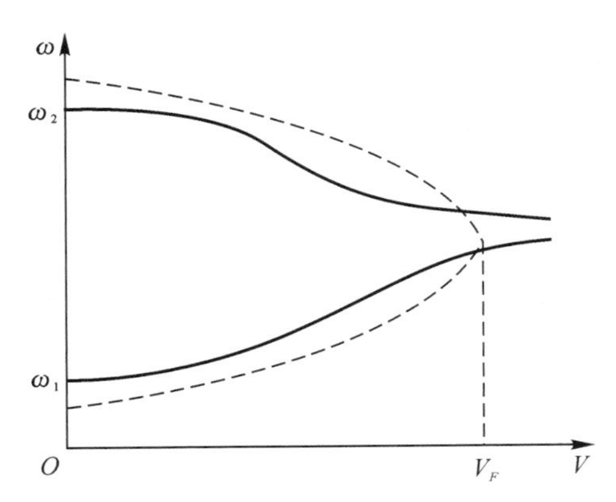

图 6-13　二元机翼的频率重合现象

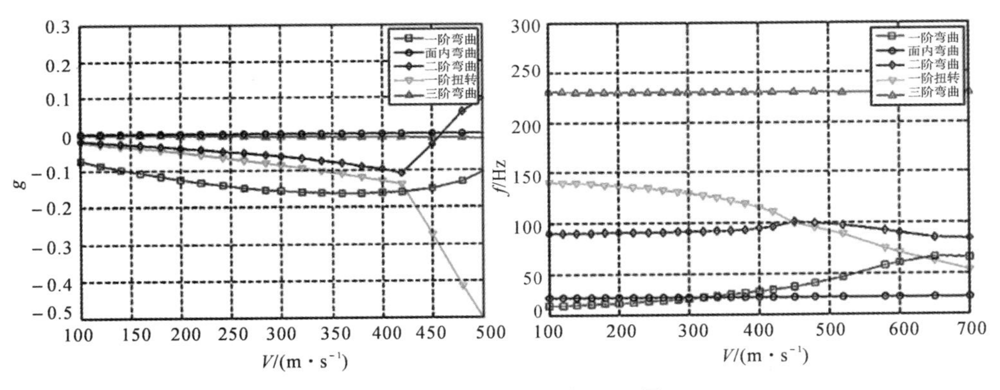

图 6-14　弹翼 $V-g$ 图和 $V-f$ 图

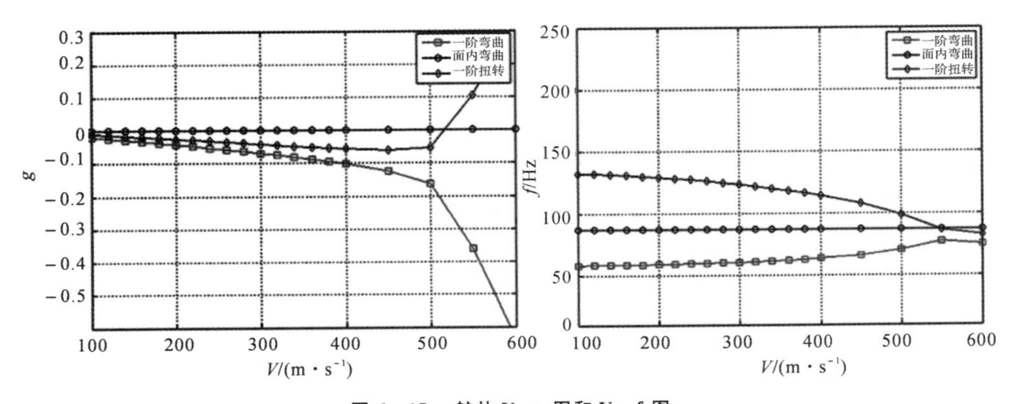

图 6-15　舵片 $V-g$ 图和 $V-f$ 图

(4) 颤振优化。综上所述,颤振临界速度取决于系统结构的刚度、质量特性、结构阻尼等,制导炸弹气动弹性设计需考虑升力面的弯曲、扭转颤振抑制问题,改善颤振特性,最直接的办法就是提高颤振临界速度。

制导炸弹静气动弹性和颤振抑制的设计思路如下。

1) 改变系统的质量特性,即"质量平衡"方法,通过增加配重的方式改变升力面的频率特性。

2) 改变系统的刚度特性,进而改变结构固有特性。升力面的弯曲、扭转刚度对颤振速度影响较大,二元翼段计算结果表明,升力面的弯曲、扭转刚度同时增加 n 倍,其颤振速度增加约$\sqrt{n}$ 倍。一般来说,增大扭转与弯曲刚度的比值,使一阶弯曲、扭转频率间距扩大,可提高弯扭耦合颤振速度。

对于升力面的静气动弹性发散问题,由临界发散速度公式(6-5)可知,只有在亚声速情况下才会出现发散,因为这时气动力中心线靠近 1/4 前弦线。超声速条件下气动力中心后移,很难出现发散。对于制导炸弹的舵面设计,为了保证舵有足够的响应速率,总是将气动中心取在舵轴前,这样在亚声速情况下气动力中心与舵轴间距会变大。因此,为使亚声速情况下舵面不出现发散问题,必须加大 K_θ 值,具体设计中可使用最大 K_θ 的限制法来解决。例如,V_{el} 为当量限制速度,发散速度取 1.15 倍 V_{el},则避免发散的 K_θ 值至少应为

$$K_\theta \geqslant 0.66 V_{el}^2 \rho S e \frac{\partial C_L}{\partial \alpha} \tag{6-16}$$

3)通过控制反馈,改变系统的等效质量、刚度、阻尼特性。制导炸弹是具有姿态反馈控制系统的飞行器。在飞行中,弹体上的弹性力、惯性力、气动力和控制力会相互耦合,这种耦合可能会导致飞行失稳,甚至出现结构破坏,而且,这种失稳速度可能比忽略控制系统影响的常规气动弹性失稳临界速度更低。为了主动抑制升力面颤振,可以通过在升力面表面布置传感器来获取结构振动信号,并反馈至控制系统,从而驱动升力面以调节表面的气流分布,即通过主动控制技术来提高升力面的等效刚度和等效阻尼。

第 7 章 热环境和热强度设计

7.1 概　　述

制导炸弹常用的推进系统是固体火箭发动机(Solid propellant rocket engine),固体火箭发动机是一种使用固体推进剂的化学火箭发动机。又称固体推进剂火箭发动机。固体推进剂在燃烧室中点燃后,化学能转化为热能,生产高温高压的燃烧产物。燃烧产物流经喷管,在其中膨胀加速,热能转变为动能,以高速从喷管中排出而产生推力。

固体火箭发动机是一种结构简单、性能优良的动力装置,问世以后即在军事上显示出巨大的优势和潜力。在历次战争中,特别是在从20世纪的第二次世界大战到21世纪的伊拉克战争中得到越来越广泛的应用。同时它不仅作为宇宙飞船、航天飞机等飞行器的动力装置得到了飞速发展,而且也成为各种不同军用和民用领域重要的动力装置。现在人类不仅制造出了推力高达数十万牛顿的巨型固体运载火箭,也研制出了推力远低于1 N的微型固体火箭发动机。尽管各种不同实际应用中的固体火箭发动机是不同的复杂动力系统,但它基本都是由固体推进剂装药、燃烧室、喷管、挡药板和点火装置等几个基本部件组成的。图7-1就是一个典型的固体火箭发动机简图。

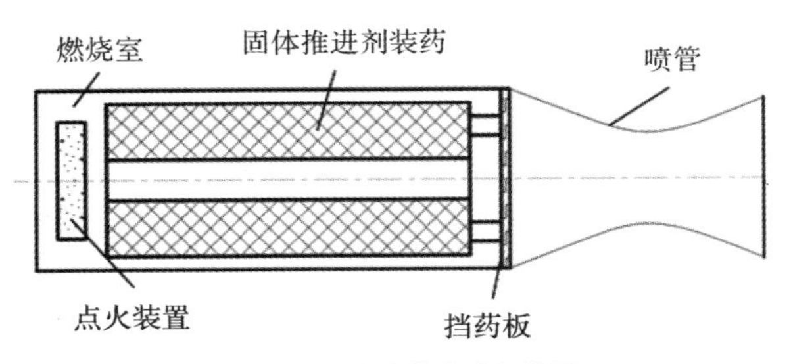

图 7－1 固体火箭发动机简图

随着固体火箭发动机在军用和民用领域的广泛应用，固体火箭的性能指标，如飞行速度和工作时间等，也在不断提高。各种新的高能推进剂和高强度材料投入应用，固体火箭发动机中的传热和热防护成为固体火箭发动机设计中的一个越来越突出问题。2003 年 2 月，以固体火箭作为助推器的“哥伦比亚”号航天飞机发射时绝热泡沫脱落，击伤了航天飞机的机翼，使“哥伦比亚”号返航时解体，机上 7 名宇航员全部遇难；2005 年 7 月，同样以固体火箭助推的“发现”号航天飞船在发射过程中又有少量绝热瓦和绝热泡沫脱落，热防护问题再次引起人们的重视和担忧。

即使是对中小型固体火箭发动机，其热强度问题也由于传热量的增加和发动机壳体的变薄而变得更加突出，越来越被研究、设计者重视。因此，掌握传热计算和热防护设计方法，对于提高固体火箭发动机的性能是十分重要的。

固体火箭发动机工作时会持续喷射出高温燃气，燃气除了把热量传给装药以保持燃烧外，还通过燃烧室、尾喷管将热量传到制导炸弹结构及弹上单机设备上，从而导致这些部件的温度持续升高。

高温对制导炸弹的影响包括：

(1)高温会造成结构材料的强度下降，不同材料的结构之间由于热膨胀系数的不同会产生结构热应力；

(2)弹上单机设备在高温环境下会失效，发射系统或动力系统部件喷射的火焰可能导致附近设备起火燃烧。

因此，在制导炸弹的设计初期，就应将热设计的思想及工作纳入弹上结构设计及发动机、单机设计的过程中，避免发动机工作时产生的大量热量对弹上结构及单机产生不利影响。

本章将主要介绍精确制导武器的热设计方法，可供装备发动机组件的制导炸弹进行热设计时参考。

7.2 自然环境温度分析

7.2.1 温度选择标准

大气分为标准大气、热大气和冷大气三种，制导炸弹在选择温度指标时主要考虑这三种情况。对于在空中飞行时间短的制导炸弹主要考虑地面的热大气和冷大气来确定产品的高低温。对于载机挂飞的制导炸弹，由于要经历长时间的低温环境，除考虑地面的热大气和冷大气外，还要考虑导弹飞行的恢复温度。挂飞期间，外挂的表面温度接近附面层温度，附面层的空气恢复温度主要取决于环境大气温度和飞行速度，恢复温度高于大气温度。

7.2.2 温度分布

大气按气温的垂直分布特征分为对流层、平流层和中间层。对流层是地球大气的最底层，气温随高度递减，对流层高度在 17～18 km，此处气温最低。40°N以北地区冬季一般存在两个对流层顶，第一个高度在 10～12 km，第二个高度在 17～18 km 附近，两个对流层顶间气温垂直变化较小。目前，制导炸弹最大飞行高度一般不大于 15 km，应在大气的对流层内挂飞和飞行。

对流层内气温分布特征：对流层内气温随高度递减，平均气温垂直递减率为 6.0℃/km 左右，最大可超过 7.0℃/km，在对流层顶附近，气温垂直变化较小；40°N 以北地区冬季存在两个对流层顶，在 10～22 km 内气温垂直变化小于1.0℃/km。

7.2.3 环境温度统计

表 7－1 中的数据是世界范围内的环境温度，当制导炸弹的应用地区不能确定时，可用表中的数据进行选定。表 7－1 中的温度数据，尤其是在冷大气中温度值是偏严酷的。当产品的应用地区已确定，也可以直接查找相应地区的温度极值。

表 7-1 外部环境空气温度

高度/km	各条件下世界范围内数据/(℃)					
	冷大气		标准大气	热大气		温湿大气
	时间风险率 20%	时间风险率 10%	—	时间风险率 20%	时间风险率 10%	—
0	−51	−54	15.0	43	45	32.1
1	−49	−50	8.5	34	38	25.0
2	−31	−34	2.0	27	28	19.0
3	−35.5	−38	−4.5	19.5	20.5	—
4	−40	−42	−11.0	12	13	4.0
5	−45.5	−47.5	−17.5	6	8	—
6	−51	−53	−24.0	0	3	−11.0
7	−56	−58	−30.5	−5.5	−3	—
8	−61	−63	−37.0	−11	−9	−23.0
9	−63	−65	−43.5	−15.5	−14	—
10	−65	−67	−50.0	−20	−19	−38.0
11	−66	−67.5	−56.5	−25.5	−24.5	—
12	−67	−68	−56.5	−31	−30	−52.0
13	−68.5	−70	−56.5	−35.5	−33	—
14	−70	−72	−56.5	−40	−36	−67.0
15	−76	−77.5	−56.5	−40	−37.5	—

表 7-2 所示为不同纬度大气特性参数平均值。在纬度 30°N～80°N 之间的地区，在 25 km 高度以内的月平均温度的最大值通常出现在 6 月份或 7 月份，最小值出现在 12 月份或 1 月份。

表 7-2 不同纬度大气特性参数平均值

高度/m	不同纬度的数据/(℃)						
	15°N	30°N		45°N		60°N	
	全年	12—1 月	6—7 月	12—1 月	6—7 月	12—1 月	6—7 月
0	26.50	10.00	24.00	−0.50	18.00	−17.00	9.00
1 000	21.52	8.50	19.51	−4.50	13.50	−16.00	4.79
2 000	14.53	7.00	15.01	−8.50	9.00	−19.00	0.59
3 000	10.50	0.63	9.03	−12.49	3.01	−23.01	−3.61

续表

高度/m	不同纬度的数据/(℃)						
	15°N	30°N		45°N		60°N	
	全年	12—1月	6—7月	12—1月	6—7月	12—1月	6—7月
4 000	5.83	−5.75	3.05	−18.48	−2.98	−28.51	−7.81
5 000	−1.15	−12.13	−2.93	−24.48	−8.98	−34.01	−12.02
6 000	−9.52	−18.51	−8.92	−30.47	−14.97	−39.51	−19.01
7 000	−16.19	−24.89	−14.90	−36.45	−20.95	−45.01	−26.01
8 000	−22.86	−31.27	−20.87	−42.44	−26.94	−50.50	−33.00
9 000	−29.52	−37.64	−27.82	−48.42	−32.92	−55.99	−39.99
10 000	−36.19	−44.01	−37.79	−54.41	−38.91	−56.00	−46.98
12 000	−49.51	−56.75	−48.73	−55.29	−50.86	−56.00	−47.00
14 000	−62.82	−60.90	−62.65	−56.09	−57.00	−56.00	−47.00

7.2.4 高温确定

高温确定主要考虑地面高温和热大气温度，由于在高度 15 km 以内温度是随高度增加而降低，因此高温的确定主要考虑地面最高温度即可。世界范围内 20%时间风险率下地面最高温度为 43℃。

热气候类型的地区，如中东和南亚的自然环境温度为 32～49℃，诱发温度为 33～71℃。诱发温度 71℃是指装备在极端储存或运输情况下，考虑了太阳辐射效应的空气温度，71℃发生的概率很低，在选择最高温度时应小于 71℃。

不同纬度夏季(6—7 月)平均温度为：纬度 15°，温度 26.50℃；纬度 30°，温度 24℃；纬度 45°，温度 18℃。

7.2.5 低温确定

低温确定主要考虑地面低温、冷大气温度和制导武器在挂飞时的恢复温度。我国北方大部分区域属于微冷和基本冷两种冷气候类型，其自然环境温度和诱发温度最低为−25～−33℃。

世界范围内冷大气 20%时间风险率下温度值为：地面，−51℃；5 km，−45.5℃；10 km，−65℃；15 km，−76℃。我国冬季最冷的地方是大兴安岭北部和北疆，与同纬度其他国家相比，我国冬季更冷。对于确定用户地区位置，若查询不到其最低气温数值，可借鉴我国最低温度统计数值。

制导炸弹温度分析除了考虑地面低温数值，还有空中大气的低温数值和挂飞的恢复温度。在环境温度最低的高空，通常以较高的马赫数($Ma>0.8$)飞行，若取飞机巡航高度为 11 km，巡航速度为 $Ma=0.85$，则恢复温度为 -39.4℃。

7.3 制导炸弹热设计依据

制导炸弹开展热设计时，依据的基本内容包括：

(1)制导炸弹的任务和特点；

(2)制导炸弹的飞行参数；

(3)制导炸弹的环境条件；

(4)制导炸弹的设计寿命和可靠性指标；

(5)制导炸弹的结构外形和材料特性；

(6)制导炸弹的总体布局；

(7)制导炸弹的飞行程序和姿态；

(8)弹上设备的外形尺寸、质量、散热功率、温度指标等要求；

(9)防热结构的质量指标；

(10)防热系统的功耗指标；

(11)制导炸弹在发射系统上的环境条件。

7.4 制导炸弹热设计内容

7.4.1 热设计分类

制导炸弹的热设计主要可分为以下几类：

(1)环境散热/隔热设计；

(2)全弹动力系统热设计及热防护；

(3)弹上电子设备热设计；

(4)弹上动力系统热设计和热防护。

7.4.2 设计原则

制导炸弹的热设计原则主要包括：

(1)妥善处理热设计与整弹的关系；

(2)防热结构与整弹的热相容性；

(3)适应制导炸弹的全寿命周期；

(4)确保高可靠性和长期工作的稳定性；

(5)有一定的应变能力；

(6)力求防热结构的质量轻；

(7)尽量节省弹上电能的消耗；

(8)良好的工艺性；

(9)较高的标准化程度和良好的经济性。

7.4.3 热设计基础

传热过程是一种非常复杂的过程，具体的传热现象可能千差万别，但研究结果表明，物体之间和物体内部热量传递可以分为三种不同的基本形式，复杂的传热现象都是由这三种基本传热形式组合而成的。这三种基本形式是热传导、热对流和热辐射。

1. 热传导

热传导(或称导热)是指物体内部及其界面上质点直接接触而发生的热量传递现象。当物体的一个分子受热而产生强烈振动(分子的动能亦即热能)时，通过分子间的接触或碰撞，温度较高的分子将热能传递给温度较低的分子；或者以自由电子的迁移、固体晶格振动等形式传递热能。这种过程的不断继续，热量就会由物体的一部分不断传递到另一部分或全部。因此，导热形式的传热，只有当导热介质存在时才能实现。只要有温度差，不仅在同一物体内部，而且在有固、液、气存在的所有系统中都会有导热的发生；相反，有温度差而无导热介质，就不可能实现导热。

导热可分为稳定导热和不稳定导热。导热过程与时间无关的称为稳定导热，工业热设备在正常工作中都属于这种情况。工作时间很短的固体火箭发动机不可能形成稳定的导热过程，这种发动机中各部件的导热就属于不稳定导热。

按傅里叶(Fourier)定律，导热换热的热流量为

$$q=\frac{\Phi}{A}=-\lambda\frac{\partial T}{\partial n} \tag{7-1}$$

式中：Φ 为热流量，即单位时间内所传递的热量，单位为 W；q 为热流密度，即单位时间内通过等温面上单位表面积的热流量，单位为 W/m^2；A 为垂直于热流方向的横截面积，单位为 m^2；λ 为材料的导热系数，单位为 W/(m・K)；$\partial T/\partial n$ 为温度梯度。

式(7-1)又称为导热的热流速率方程，式中的负号表示热量传递的方向和温度升高的方向(温度梯度的正方向)相反。对于一维稳态导热的情况，若取直角坐标系的 x 方向为等温面的法线方向，则有

$$q=-\lambda\frac{\mathrm{d}T}{\mathrm{d}x} \tag{7-2}$$

若物体内部的温度分布是线性的，就可以在式(7-2)中将用导数形式表示的温度梯度写成代数形式，即

$$q=-\lambda\frac{T_2-T_1}{x_2-x_1}=\lambda\frac{T_2-T_1}{\delta} \tag{7-3}$$

在导热系数为定值的均匀物质的稳态导热过程中，上述线性关系总是成立的。

导热系数是物质的一个重要热物理性质参数，表征物体传递热量能力的大小。通常导热系数与温度有密切的关系，绝大多数物质的导热系数近似为温度的线性函数，即

$$\lambda=\lambda_0(1+\beta T) \tag{7-4}$$

式中：λ_0 为 273.15 K 时测定的导热系数，单位为 W/(m・K)；β 为导热系数的温度系数，单位为 1/K。

在实际传热计算时，往往把给定温度范围内的导热系数看成常数，以温度上下限的算术平均值所对应的导热系数进行计算，这样处理计算简便，对于稳定导热的计算也有足够的准确值。

不同物质的导热性能相差甚远，下面简单介绍气体、液体和固体的导热系数。

(1)气体的导热系数。气体的导热性能最差，大多数气体的导热系数值在 0.006～0.6 W/(m・K)范围内变化。气体的导热系数随温度的升高而增大，除在压强很高($P>2\times10^3$ MPa)和很低($P<2.6\times10^3$ Pa)的情况下，气体的导热系数基本不随压强而变化。固体火箭发动机的工作压强多处于中等压强范围内，所以压强对燃气导热系数的影响较小。混合气体的导热系数通常依靠试验方法测定。火箭推进剂燃气成分复杂，主要由 CO_2、CO、H_2、N_2、NO 和 H_2O 的蒸气等组成。

(2)液体的导热系数。液体的导热系数值在 0.07～0.7 W/(m·K)范围内变化。除了水以外,绝大多数液体导热系数随温度变化很慢,大多数随温度升高后略有减小,而且基本上与压强无关。水的导热系数在 0℃到大约 150℃的范围内随温度的升高而增大,其后又随温度的升高而减小,而且比其他液体大好几倍,因而水是一种很好的冷却剂。

(3)固体的导热系数。固体的导热系数随材料不同在很大范围内变化。大多数纯金属材料的导热系数随温度升高而有所降低;而铝及其合金、合金钢等却随温度升高而增加,并且与其成分有关。非金属材料的导热系数随温度的升高而增加。此外,导热系数还与物质的结构、多孔性及湿度等有关。导热系数小于 0.2 W/(m·K)的材料,常被用于隔热,习惯上称之为隔热、绝热或保温材料,如石棉、泡沫塑料等。

2. 热对流

热对流(或称对流)是指流体内部温度不同时,依靠流体质点的相对运动,将热量由一部分传至另一部分的换热现象。很显然,这种换热现象只在液体和气体中才能发生,因为只有液体或气体内各部分才会发生相对位移。正是由于热对流是靠流体质点的相对运动来实现的,所以流体本身的性质及运动状态对这种热对流过程起着很重要的作用。

流体的流动可能是自由(或称自然)的,即由流体内各部分质点密度不同(由于温度差)而引起的;也可能是受迫(或称强迫)的,即流体由于受某种外力(如水泵的抽吸)作用而发生运动。基于流体的这两种不同运动状态,亦可以把对流换热分为自由对流换热和受迫对流换热两种。

在对流换热的同时,一般也会有导热的出现。例如,当流体在管内(或沿平板)流速较高时,会处于湍流(或称紊流)状态。这时,流体微团杂乱无章的运动,不但引起了流体微团之间的动量交换,而且还有微团之间的热量交换。这种对流换热的过程主要是依靠流体微团的相对运动来实现的。与此同时,也会伴随分子间的导热现象出现,但是和对流换热相比只占次要的地位,因为分子所携带的能量与流体微团所携带的能量相比要小得多。

在工程上通常不单纯地研究“对流”和“传导”现象,而是着重于研究有实际意义的、流体运动时和与其直接接触的固体壁面之间的传热过程,称为对流换热过程。由于流体的黏性作用,紧贴固体壁面有一层很薄的所谓“边界层”,在这一薄层内存在很大的速度梯度(壁面上流体质点的速度为零)和温度梯度。很显然,对流换热主要发生在边界层内,同时热传导发生在流体和固体壁面之间,图 7-2 所示为加热壁面上的对流换热情况。

对流换热的热流量可以用牛顿冷却定律进行计算,即

$$q=\frac{\Phi}{A}=h(T_{w}-T_{\infty}) \tag{7-5}$$

式中：A 为换热面积，单位为 m^2；T_w 为壁面温度，单位为 K；T_∞ 为主流温度，单位为 K；h 为对流换热系数，单位为 W/(m^2 · K)。

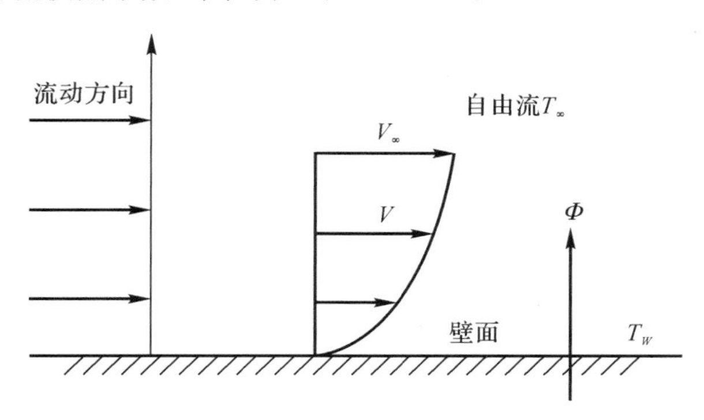

图 7-2 平壁上的对流换热

在流体和固体密切接触的边界，由于流体黏性的作用，使紧贴在壁面上的流体的速度为零。该处壁面和流体之间只通过热传导的方式传热，固体壁面以导热传给流体的热量又通过流体的流动以热对流的方式将这些热量带走。综合式(7-2)和式(7-5)，可得到对流换热的微分方程为

$$h(T_{w}-T_{\infty})=-\lambda\left(\frac{dT}{dy}\right)_{w} \tag{7-6}$$

这说明用傅里叶定律也可以计算出流体和固体壁面之间的对流换热的热流量。然而，要确定固体表面处流体的温度梯度是非常困难的。

对流换热系数 h(简称换热系数)是描述换热强度的物理量，表示流体和壁面之间温差为1K时，在单位时间内通过单位表面积所传递的热量。h 和流体的运动状态、速度、黏度、热物性(导热系数、比热容、密度)以及与流体接触的固体表面的性质及几何形状等参数密切相关。确定各种流动条件下的 h 是研究对流换热的主要任务。因为换热系数与壁面上静止流体薄层的热传导过程有关，所以有时候也称为膜热导(film conductance)，而 $1/h$ 则可以理解为对流换热系数的热阻。

当加热平板置于室内空气中时，由于接近平板处空气受热而产生密度梯度，空气将产生运动，这种现象属于自由对流(或称自然对流)。空气受风扇等驱动在平板上掠过时便会产生受迫对流，这两种对流的换热系数各不相同，一般也把沸腾和凝结划在对流换热范围内，表 7-3 给出了对流换热系数的大致范围。

表 7-3 对流换热系数的一般数值范围

换热方式	$h/[\mathrm{W}\cdot(\mathrm{m}^2\cdot\mathrm{K})^{-1}]$
空气自由对流	5～25
空气受迫对流	10～500
水受迫对流	100～15 000
水沸腾	2500～25 000
水蒸气凝结	5000～100 000

3. 热辐射

在发生热传导和热对流的同时几乎总伴随着第 3 种换热方式，即辐射换热。热辐射与热传导和热对流在本质上是不同的，热传导和热对流都是通过介质来传递热量，而热辐射则是一种电磁波的传播，这种形式的热传递可以在介质中进行，也可以在完全真空中进行。本章只限于讨论由于温差所引起的电磁波辐射，即由于物体间温度的不同，通过热辐射进行的换热过程。

热辐射是一种借助于电磁波向外辐射热能的过程。温度大于 0 K 的一切物体都会不断地向外发射热射线(它是电磁波的一种)，热射线所携带的能量叫做辐射能。当两个物体温度不同时，依靠物体向外发射热射线和吸收热射线来传递能量叫做辐射换热。这种形式的换热不仅有能量的传递，而且伴随有能量形式上的转化，即一个物体的热能转化为热射线的辐射能，被另一物体吸收后又转化为该物体的热能。

为了研究热辐射问题，需要引入黑体的概念。能将辐射到它表面上的所有辐射能全部吸收下来的物体称之为黑体。理想黑体向外发射辐射能的速率与其温度的四次方成正比，即

$$q=\frac{\Phi}{A}=\sigma T^4 \tag{7-7}$$

式中：Φ 为辐射功率，单位为 W；A 为黑体表面积，单位为 m^2；T 为黑体绝对温度，单位为 K；$\sigma=5.67\times10^{-8}\ \mathrm{W/(m^2\cdot K^4)}$，为斯忒藩-玻尔兹曼常数。

式(7-7) 称为斯忒藩-玻尔兹曼定律，此定律只适用于黑体，并只能应用于热辐射，其他类型的电磁波辐射不能这样简单处理。两互相平行的温度分别为 T_1 和 T_2，黑体大平壁之间的辐射换热量可按式(7-8) 进行计算

$$\Phi=A\sigma(T_1^4-T_2^4) \tag{7-8}$$

式(7-8) 形式上是简单的，但由于辐射换热现象十分复杂，很少有像式(7-8) 这么简单的计算。这里只是着重说明辐射换热的一般机理，以及它与热传导及热对流的差异。

4. 初始条件和边界条件

讨论传热问题和进行传热计算，必须对初始条件和边界条件有一定的了解。下面主要介绍导热过程计算的初始条件和边界条件。

初始条件，一般指的是热作用开始时刻或计算起始时刻物体内的温度分布，可以分为两种情况。

(1) 热作用开始时刻物体内各处温度都相同，即

$$T(x,y,z,t)\mid_{t=0}=T_i=\text{Const} \tag{7-9}$$

(2) 物体内初始温度是空间坐标的函数，即

$$T(x,y,z,t)\mid_{t=0}=T_i(x,y,z) \tag{7-10}$$

在求解导热问题时，采用第一种初始条件求解相对简单，若采用第二种初始条件将会增加数学上的难度。在稳定导热条件下不存在初始条件，因为稳定导热过程的进行不随时间发生变化。

边界条件，指在所研究物体的特定位置或边界上热物理量的值，或是指反映边界上导热过程与周围环境相互作用的条件。导热和对流的边界条件大体上可以分为三类。

(1) 已知边界(壁面)的温度分布。在稳定导热情况下，边界(壁面)温度不随时间而变化，称常壁温边界条件。

(2) 已知边界的热流密度分布，或知道温度梯度。热流密度不变时，称为常热流边界条件。

(3) 边界与具有给定温度和换热系数的流体相接触。这时，在边界上用热传导的方式传给表面的热量，应等于用对流方式由表面移走的热量，如图7-3所示。把对流微分方程式(7-6)应用到物体两边的边界上，可以得到第三类边界条件的数学表达式。

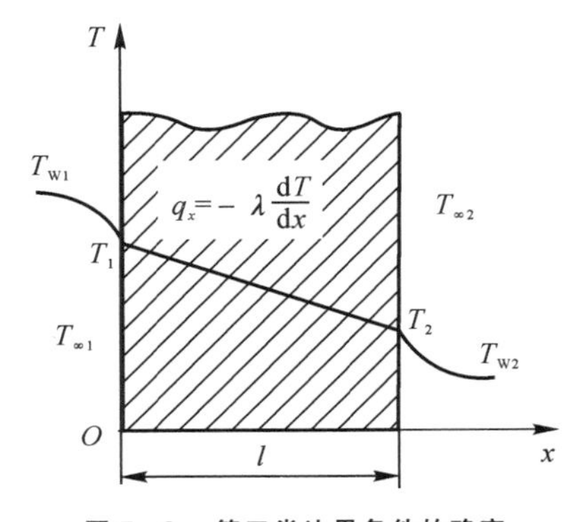

图7-3 第三类边界条件的确定

对左边的表面，边界条件为

$$h_1(T_{\infty 1} - T_{w1}) = -\lambda(\frac{dT}{dx})|_{x=0} \tag{7-11}$$

对右边的表面，边界条件为

$$h_2(T_{w2} - T_{\infty 2}) = -\lambda(\frac{dT}{dx})|_{x=l} \tag{7-12}$$

这两个边界条件把任意瞬间物体内的温度分布与物体表面和介质间的传热状况联系起来。这类边界条件常用于传导-对流系统，在分析传热问题中具有很大的实际意义。应当注意，式(7-11)和式(7-12)中已知的是流体的 T_∞ 和 h，而物体表面上的 dT/dx 和 T_w 都是未知的，这正是第三类边界条件与第一类和第二类边界条件的区别所在。

预先知道所有初始条件和边界条件是不可能的，但这些条件都是受物理条件控制的。根据所研究问题的实际情况，起始条件和边界条件也可以采用其他形式，特别是在边界上同时存在自然对流换热和辐射换热等情况时。在实际传热学问题中，除了上面三类边界条件外，还会遇到其他类型的边界条件，比如：

(1)两表面温度不同的物体相接触时的导热；

(2)移动物体表面的传热。

7.4.4 设计要求

制导炸弹开展热设计时，应遵循以下原则。

(1)弹上电子设备：军贸型号建议选用工业级温度指标−40～60℃，军品型号选用军工级−55～85℃。散热措施保证电子设备在弹体最高工作温度下，元器件的温升不超过其最高工作温度。

(2)工作/储存温度：在最高的工作/储存温度下，采用隔热设计后，因环境热辐射等造成的诱导温升不超过20℃。

(3)发射系统温度：发射系统选用的材料需要喷涂阻燃隔热涂料，线缆设备等需要采取隔热措施，保证2倍发射系统燃气喷流时间内线缆、设备、结构件的温度不超过允许的工作温度。

(4)动力系统表面温度：建议一般在1.5倍的全弹最长飞行时间后，动力系统表面温度最高值不大于120℃；动力系统一般与周边设备保持5 mm以上的直线距离，高温部件建议周边设备保持 10 mm 以上的直线距离；尽量避免动力系统与电缆网等直接接触，如结构方案设计无法避免时，电缆网要采用高温导线和阻燃隔热套管。

(5)发射线缆：重复利用的发射线缆需要进行隔热阻燃防护，而且每次使用前需要进行电气性能检查。

7.5 制导炸弹热设计程序

制导炸弹热设计应当贯穿在制导炸弹研制的全过程中。在方案设计时全面考虑，使热设计方案成为方案设计中的一部分；热设计相关专业在方案落实时，应及时跟踪监督热设计方案的执行落实；在可靠性鉴定和飞行试验中应仔细分析热试验数据，做好归纳总结反馈。

制导炸弹热设计的基本流程如图 7－4 所示。

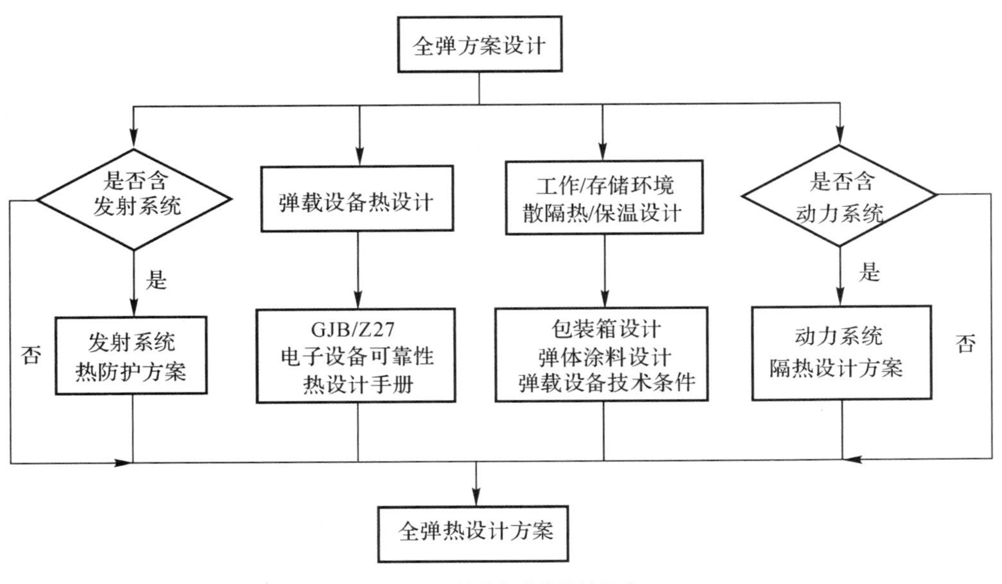

图 7－4 制导炸弹热设计程序

7.6 制导炸弹热设计方法

7.6.1 弹载电子设备热设计

1. 设计条件

弹载电子设备热设计主要参考 GJB/Z 27—1992《电子设备可靠性热设计手册》。热设计应满足设备可靠性的要求，满足设备预期工作的热环境的要求。

热设计中还应考虑的问题有：

(1)在热设计过程中应对各种防隔热方案进行分析，使设备的寿命周期费用降至最低，而可用性最高；

(2)热设计过程应与维修性设计相结合，提高设备的维修性；

(3)关键部位的部件或设备，在达到工作温度上限的情况下，应具有继续工作一定时间的能力；

(4)在设备的正常使用中，应考虑太阳辐射及高气温的影响。

电子设备热设计时，应了解的工作环境条件包括：

(1)冷却剂的种类、温度、湿度、压力和流速；

(2)设备的表面温度、形状和黑度；

(3)电子元器件或设备周围的传热路径；

(4)飞行高度；

(5)飞行速度；

(6)设备在弹上的安装位置；

(7)有无冷却气流；

(8)冷却气流的温度和速度等。

2. 热电模拟

电子设备的热分析可以采用热电模拟的方法。将热流量(功耗)Φ 模拟为电流量 I，温差 ΔT 模拟为电位差 U，热阻 R_t 模拟为电阻 R，热导 G_t 模拟为电导 G，热容 C_t 模拟为电容 C。

3. 热可靠性要求

弹上设备热设计应使其在预期的热环境中，元器件的温度控制在可靠性要求的温度范围内，保证设备正常可靠工作。元器件失效率与温度之间的关系应按 GJB/Z 299《电子设备可靠性预计手册》的规定设计，不得偏离。

4.冷却方法的选择

应根据发热功耗，环境温度、允许工作温度、可靠性要求，以及尺寸、质量、冷却所需功率，经济性和安全性等因素，选择最简单、最有效的冷却方法。可供选择的冷却方法包括：

(1)传导冷却；

(2)自然冷却(导热、自然对流和辐射)；

(3)强迫空气冷却；

(4)强迫液体冷却；

(5)蒸发冷却；

(6)其他冷却技术。

5.热安装要求

在热环境下，弹上设备的安装要求包括：

(1)应提供一条低热阻传热路径，保证设备的热流量能够有效地传递至热沉；

(2)电子设备的热安装应该有利于设备与周围环境的换热，保证设备能在预期的热环境中正常工作；

(3)设备的排列应按其耐热程度，分区排列；

(4)电子设备安装时，应尽量减小其安装热阻；

(5)设备的热安装应考虑维修性、可达性和安全性的要求。

6.热性能评价

对弹上设备热性能进行评价时，其测试环境应符合相应工作环境条件的规定。热性能测试项目如下所示，可根据设备的设计要求进行裁剪：

(1)设备的输入和输出功率；

(2)设备的外部环境温度；

(3)设备附近的局部空气压力；

(4)设备内部关键部位的空气温度；

(5)设备外表面温度；

(6)冷却剂入口和出口温度；

(7)冷却剂入口处的静压和动压；

(8)冷却剂出口处的静压；

(9)冷却剂的流速或流量；

(10)温度临界元器件的表面温度；

(11)发热量超过设备总功耗1%的所有元器件的表面温度；

(12)发热量最大的元器件表面温度；

(13)温度敏感或可靠性要求高的元器件表面温度;

(14)控制和保护性能。

7. 热性能测试参数允差

(1)温度:±2℃;

(2)冷却剂流速:±5%;

(3)压力:±1%;

(4)功率:±5%;

(5)高度:±5%。

8. 测试要求

弹上设备在进行热性能测试时,应使设备处于规定的环境条件和最大稳态功耗下工作,不得施加额外的冷却措施。热性能测试期间,应随时检查其电气工作性能并进行记录。

7.6.2 工作/贮存热环境设计

1. 基本原则

工作/贮存环境热设计主要参考制导炸弹的使用/贮存环境,通过弹体涂料、内外隔热材料的选用和包装箱的反射/防隔热设计,保证满足全弹的使用/贮存环境温度要求。此外,弹上单机技术环境条件选定也应参考制导炸弹的使用/贮存环境温度指标,保证全弹的可靠性、维护性。

2. 贮存要求

制导炸弹贮存环境的要求如下:

(1)一般应满足防潮、防热、防冻、防雷、防冻、防洪、防火、防雨、防虫、防毒、防腐、防辐射、防电磁、防盐雾等环境基本要求;

(2)长期贮存适宜的温湿度条件是温度5~20℃,湿度55%~65%;

(3)长期贮存环境温湿度的上下限,即温度最高不超过30℃,最低不得低于-12℃,相对湿度最大不超过70%,最小不得低于40%;

(4)露天贮存时应使用已有的防护方法和防护材料最大限度地运用遮蔽、密封等方式进行储存,对内装物应按规定检查和维修。

7.6.3 动力系统防热设计

对采用动力系统的制导炸弹,由于发动机长时间工作产生高温,需要进行动

力系统热设计。对动力系统表面温度要制定合理的指标，如果指标过高易造成弹上设备选用的成本过高，而指标过低造成动力系统研制困难；对动力系统高温部件，要同研制方一起制订合理、可行、经济的隔热结构方案，而且要在动力系统方案中明确；动力系统布置要考虑动力系统温度对周边单机设备影响，尽量避开对温度敏感的单机设备，同弹上设备要保持必要的距离。

从经济性角度考虑，制导炸弹一般通过加装固体火箭发动机，实现动力增程的目的，要求固体火箭发动机具备工作时间较长、推力较小等特点。在制导炸弹投放后，根据控制系统发出指令的发动机点火，为制导炸弹提供动力。固体火箭发动机由燃烧室、装药、尾喷管和点火装置等部件组成。

固体火箭发动机的外部高温区域主要位于尾喷管，其中又以喉衬位置的温度最高。按照制导炸弹总体设计、气动设计要求，发动机尾喷管和舵机一般会位于同一舱室内，这导致舵机可能因高温环境而出现故障，动力舱尾部的典型布局如图 7-5 所示。

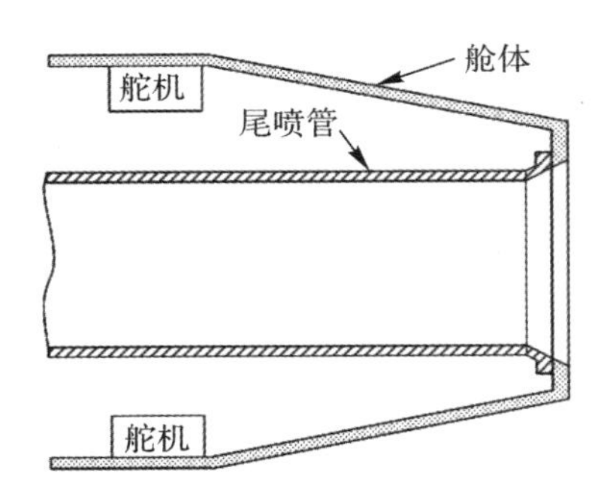

图 7-5　动力舱尾部的典型布局图

热量传播有 3 种基本方式，即热传导、热对流和热辐射。在舵机舱内发动机喷管向舵机的传热过程中，由于舵机与尾喷管结构没有直接接触，热传导通过喷管—发动机后裙—舵机舱壳体—舵机的路径传播，热传导的量很小。由于尾喷管空间尺寸限制，从经济性角度考虑，最简单的方式为在外表面包覆气凝胶。气凝胶层有一定厚度，空气的流通性能差，且舵机舱内为密闭空间，空气流速很小，故通过对流方式传递的热量很小。工程测量与理论分析表明，气凝胶无法抑制波长 3～8 μm 热射线，热辐射就成为了舵机升温的主要热量来源。针对舵机热防护要求，设计了如图 7-6、表 7-4 所示的一种夹层式热防护方案。

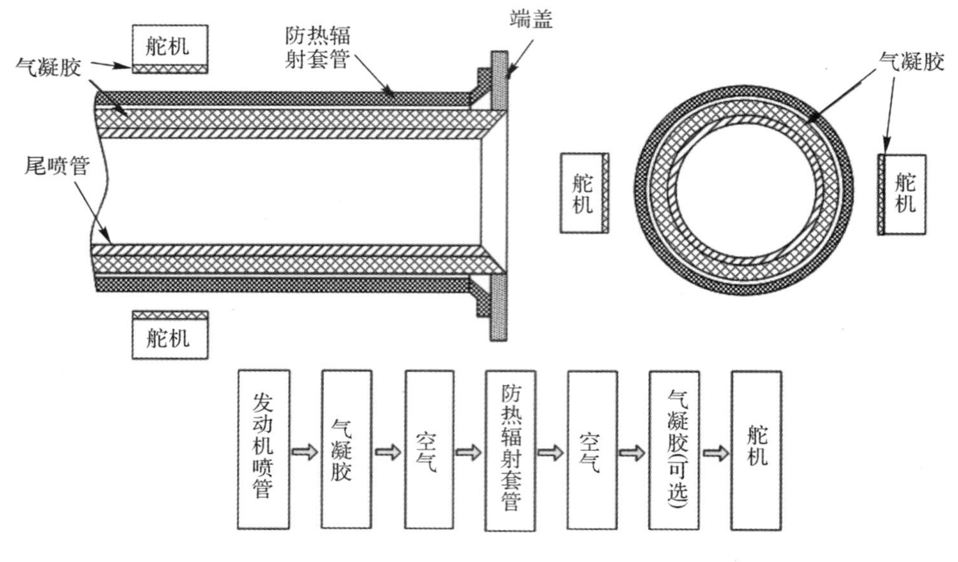

图 7－6　尾喷管热防护方案示例

表 7－4　发动机外防热设计示例

名　称	位　置	外隔热结构设计状态
尾喷管	喷管喉衬	气凝胶＋高硅氧套管
	喷管其他区域	
燃烧室	后封头	气凝胶

火箭发动机尾喷管在未采取热防护措施前，当发动机工作时，环境温度若超过舵机的工作温度上限，就会导致舵机失效。通过对尾喷管采取热防护措施，在远弹道时间内，使环境高温值小于舵机工作上限温度，发动机地面试验的实测温度曲线如图 7－7 所示。

7.6.4　热强度设计

随着制导炸弹由亚声速无动力滑翔飞行向动力增程超声速飞行方向发展，目前很多制导炸弹已配装了固体火箭发动机，未来也将会配装涡喷发动机或涡扇发动机以增加射程。制导炸弹在以较高马赫数飞行时，气动加热对弹体局部结构的影响倍受关注，当气动热与发动机、弹载设备等内热源综合作用时，将对

结构强度和可靠性产生较为严重的影响。

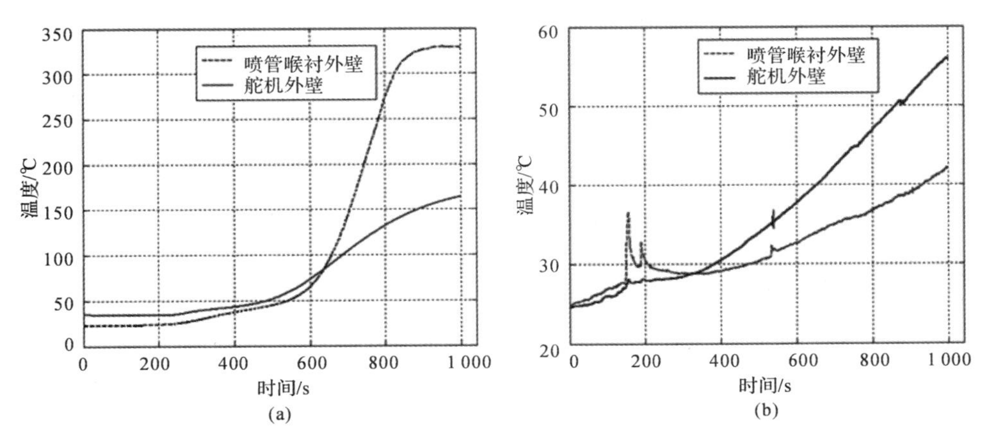

图 7－7　发动机地面试验的实测温度曲线

(a)喷管未热防护处理；(b)喷管热防护处理后

制导炸弹在超声速飞行时，外部热源中气动加热是最主要的，内部热源中以发动机散发出的热量为最大，它的影响仅限于发动机周围的结构和系统。弹载设备如电子设备、热电池等都是比较弱的热源，通常只会影响到它周围的环境温度，在结构设计中可以忽略其对热环境的影响。

在弹体结构中受热载荷后，由于各部位的温度分布不同，即出现温度梯度，从而产生了附加的温度应力；若结构由不同线膨胀系数的材料组成，还会产生附加的热应力。由于在一定的外载荷作用下，温度应力或热应力会引起附加的弯曲变形和扭转变形，所以结构的刚度在受热时将会发生变化，刚度减小的原因主要包括两方面：①由于温度的升高，导致材料的弹性模量减小；②在不稳定加热过程中所产生的热应力，导致在结构中产生了附加的弯曲变形和扭转变形。

承受气动加热和发动机散热影响的弹体结构，在进行热强度分析时，需要弄清各主要部位的受力特点，尽可能避免将最大外载荷和最高温度同时叠加在一起，作为结构设计的承载条件，制导炸弹热结构大体上可分为以下几种情况：

(1)最大的外载荷和最严重的结构温度同时发生的结构，如进气道、喷管等；

(2)最大的外载荷和最严重的结构温度不同时发生的结构，如弹翼等；

(3)对温度特别敏感，当超过一定的温度时结构材料会发生物理、化学性能突变的结构，如 GPS 天线罩、反辐射导引头或光学导引头的头罩等；

(4)本身基本不承受外载荷或外载荷很小，主要起隔热效果的结构，如发动机尾喷管隔热罩。

制导炸弹受热结构的强度条件，应根据结构的受载特点有所区别，一般可分为下列几种热强度控制条件。

(1)只考虑受热引起材料力学性能降低的受拉伸载荷的结构件或部件,其强度控制条件为

$$\sigma_R \leqslant [\sigma_b]_T(\text{只考虑高温影响}) \tag{7-13}$$

$$\sigma_R \leqslant [\sigma_b]_{T/t}(\text{考虑高温及热暴露}) \tag{7-14}$$

式中:σ_R 为考虑叠加相应温度后的结构设计载荷应力;$[\sigma_b]_T$ 为对应温度 T 下的材料强度极限;$[\sigma_b]_{T/t}$ 对应温度 T 下,热暴露时间为 t 时的材料强度极限。

(2) 只考虑受热引起材料力学性能降低的受压构件或部位,其强度控制条件为

$$\sigma_R \leqslant [\sigma_c]_T(\text{只考虑高温影响}) \tag{7-15}$$

$$\sigma_R \leqslant [\sigma_c]_{T/t}(\text{考虑高温及热暴露}) \tag{7-16}$$

式中:$[\sigma_c]_T$ 为对应温度 T 下,受压构件的许用临界应力;$[\sigma_c]_{T/t}$ 在对应温度 T 下,热暴露时间为 t 时受压构件的许用临界应力。

(3) 考虑外载荷应力与热应力叠加时,构件的强度条件如下:

受拉构件或部位

$$\sigma_R^u + \sigma_T^u \leqslant [\sigma_{0.2}]_T(\text{只考虑高温影响}) \tag{7-17}$$

受压构件或部位

$$\sigma_R^u + \sigma_T^u \leqslant [\sigma_c^r]_T(\text{只考虑高温影响}) \tag{7-18}$$

式中:σ_R^u 为考虑叠加相应温度后的结构使用载荷应力;σ_T^u 为对应热载荷状态下的热应力;$[\sigma_{0.2}]_T$ 为对应温度 T 下的材料屈服极限;$[\sigma_c^r]_T$ 为对应温度 T 下构件的失稳许用临界应力。

若考虑材料在热暴露后的影响,则强度条件为

$$\sigma_R^u + \sigma_T^u \leqslant [\sigma_{0.2}]_{T/t},\quad \sigma_R^u + \sigma_T^u \leqslant [\sigma_c^r]_{T/t} \tag{7-19}$$

7.6.5 气动热计算方法

1. 气动热影响因素

作战飞机挂装制导炸弹超声速飞行,或者制导炸弹在超声速自由飞行时,会遇到气动加热问题。弹体的气动加热是集对流、传导和辐射等多种热传递方式于一体的复杂过程,除了在大马赫数飞行中会发生空气加热外,还要考虑以下影响因素。

(1)环境温度。地面或海面的环境温度决定着弹体内的初始温度,而空中的环境温度是确定当时恢复温度的基本参数,它是随着高度变化的,图 7-8 给出了在世界范围内 10%的风险率下热大气温度随高度的变化曲线。

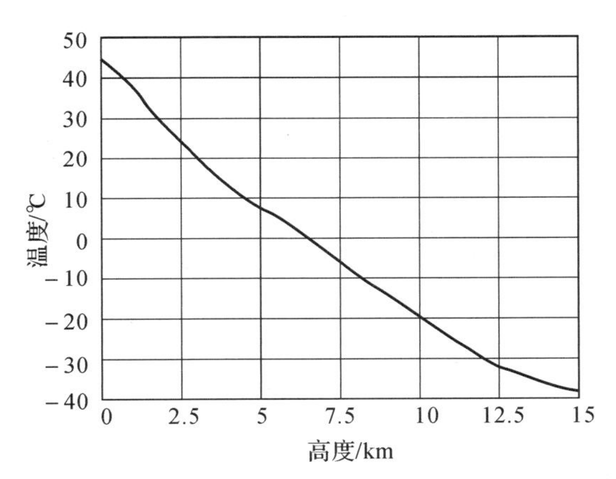

图 7－8 热大气温度随高度的变化曲线

地面和海平面的环境温度和地球区域有关，而且随着一天中时间的变化，近似按正弦规律变化。这个温度直接影响弹体的气动加热温度。

(2)太阳辐射。暴露在太阳光辐射下弹体可能比在阴凉处的温度最多高25℃以上，这个温度值直接影响弹体气动加热结果。

(3)弹体的颜色。暴露在外面的弹体因为有不同的颜色，对热的吸收和辐射的反映不同。颜色越深，吸收系数越大，反之则越小。通常弹体颜色引起的温差常常被人忽略，但它却同样影响气动加热结果。

(4)飞行高度。高空大气环境温度低，大气稀薄，与同一速度在低空飞行相比，气动加热较轻微；而低空大表速飞行时，气动加热要严重得多。

(5)飞行时间。亚声速飞机虽然也有气动加热问题，但与飞行时间关系较小。在大马赫数下飞行时间越长，则气动加热温度越高。因为在此情况下，弹体表面气动加热速度会大于弹体对热的传导、散失速度，所以通常只允许飞机在大马赫数下短时飞行。同时，由于机载弹药只可承受短时间的高温，故也要限制大马赫数飞行时间。持续到一定时间后，加热的速度与散热的速度相平衡，弹体不再升温，这就是该马赫数下的平衡温度。如果弹体能够承受这个温度，方可在该马赫数下长时间飞行，否则仍要限时飞行。

(6)激波。载机在超声速飞行时，会在机头、进气口、前翼、机翼前缘和相邻外挂物上产生激波，如图 7－9 所示，而激波的形状是随马赫数变化的。

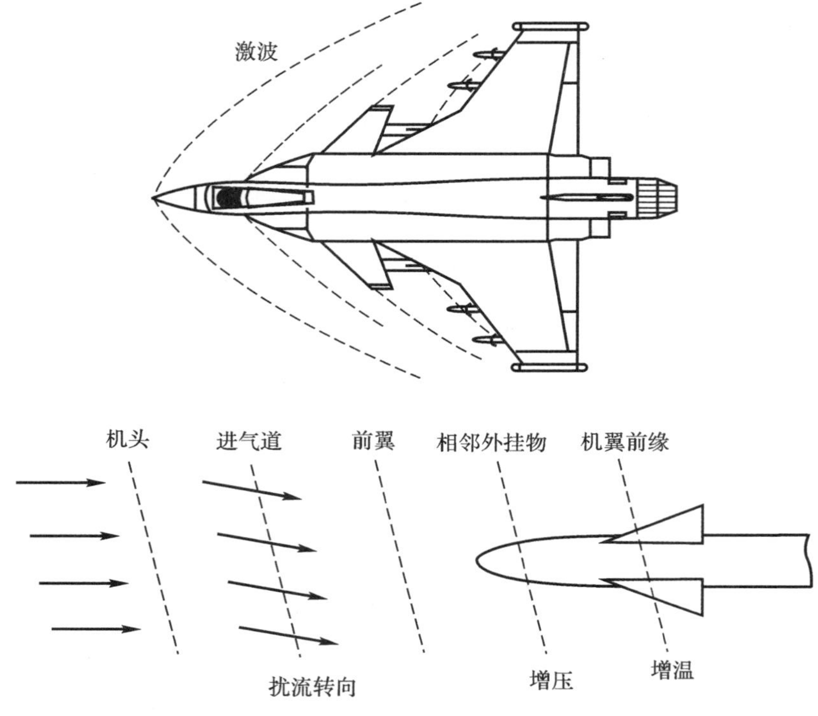

图 7-9　飞机携带外挂武器时的激波

激波打在弹体上，气体局部被压缩，使弹体表面的压力分布和加热效率发生很大变化，造成局部升温。于是，在原气动加热的基础上温度进一步提高。如果激波落在弹体的要害部位（如引信、起爆器等敏感元件部位），可能会有一定的危险性，在外挂安装设计时应给予注意。

综上所述，为克服气动加热的影响，在进行载机外挂武器布局的计算和论证时，各种因素都必须加以考虑。

2. 计算模型

对于作战飞机挂弹超声速飞行或动力助推型制导炸弹超声速飞行，在一定范围内需考虑气动热效应的影响。计算方法采用简化模型进行气动热估算，有两个组成部分，飞行器头部近似为球形，后部近似为圆锥形，如图 7-10 所示。

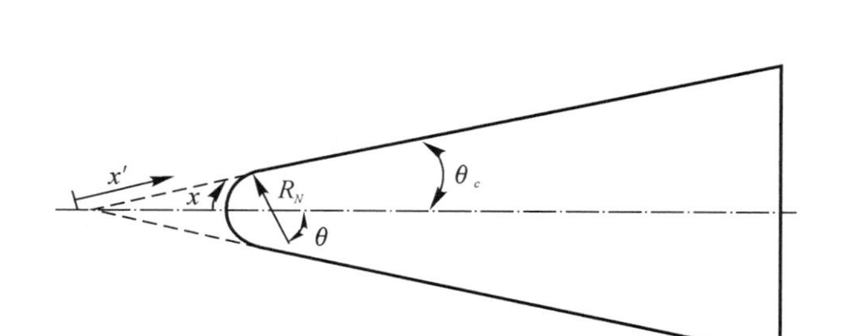

图 7-10 钝头椎体计算模型

3. 大气参数

采用 USSA—1976 标准大气中所提供的计算公式，计算飞行器所在位置的大气参数。大气基准值规定如下：压强 P_0 = 101 325 Pa；温度 T_0 = 288.15 K；密度 ρ_0 = 1.225 kg/m^3；空气平均分子量 M_0 = 28.964 4 g/mol；声速 a_0 = 340.294 m/s；黏度 $\eta_0 = 1.789\ 4\times10^{-5}$ kg/(m·s)。

根据制导炸弹的挂机飞行和自由飞行状态，应使用低层大气参数，对应 USSA—1976 标准大气中低层部分的几何高度为 0～86 km 区间。根据高度不同，大气参数分段计算公式如下。

(1) $0\ \text{m} \leqslant h \leqslant 11\ 019.1\ \text{m}$。

温度计算公式为

$$T = T_0(1-2.255\ 8\times10^{-5}h) \tag{7-20}$$

压强计算公式为

$$P = P_0\ (1-2.255\ 8\times10^{-5}h)^{5.255\ 9} \tag{7-21}$$

空气密度计算公式为

$$\rho = \rho_0\ (1-2.255\ 8\times10^{-5}h)^{4.255\ 9} \tag{7-22}$$

(2) $11\ 019.1\ \text{m} < h \leqslant 20\ 063.1\ \text{m}$。

温度

$$T = 216.650\ \text{K} \tag{7-23}$$

压强计算公式为

$$P = 0.223\ 4P_0\exp[(11\ 000-h)/6\ 341.6] \tag{7-24}$$

空气密度计算公式为

$$\rho = 0.297\ 1\rho_0\exp[(11\ 000-h)/6\ 341.6] \tag{7-25}$$

4. 激波后参数

激波后气流压力 P_2 和温度 T_2 是表征超声速飞行器表面压力分布和热传递的有用参考量。在计算气流穿过激波时参数会变化，若还需要考虑随温度或压

力变化，则比热比 γ 的是很复杂的，因此这里的参数式将 γ 看作常数，取$\gamma=1.4$。

激波后气流压力

$$P_2=P_\infty\left[1+\frac{2\gamma}{\gamma+1}(M_\infty^2\sin^2\beta-1)\right] \tag{7-26}$$

激波后气流密度

$$\rho_2=\rho_\infty\frac{(\gamma+1)M_\infty^2\sin^2\beta}{(\gamma-1)M_\infty^2\sin^2\beta+2} \tag{7-27}$$

激波后气流温度

$$T_2=T_\infty\frac{P_2/P_\infty}{\rho_2/\rho_\infty}=T_\infty\frac{[2\gamma M_\infty^2\sin^2\beta-(\gamma-1)][(\gamma-1)M_\infty^2\sin^2\beta+2]}{(\gamma+1)^2M_\infty^2\sin^2\beta} \tag{7-28}$$

式中：T_∞ 为来流温度；V_∞ 为来流速度；ρ_∞ 为来流密度。

对于正激波，有 $\beta=90°$，由此可计算出正激波后的大气参数。

5. 驻点热流密度

根据牛顿碰撞理论计算飞行器表面的压力，由于垂直附面层方向压力梯度很小，近似认为附面层压力等于物面压力。

Lees 修正的牛顿公式压力系数为

$$C_p=C_{pmax}\sin^2\theta_k \tag{7-29}$$

式中：C_{pmax} 为压强系数的最大值；$\theta_k=\alpha+\theta_c$ 为等价锥角，其中 α 为攻角，θ_c 为飞行器表面对轴向坐标轴的表面倾角，即飞行器表面与来流的夹角，如图 7-10 所示。

高超声速飞行器大多是钝头体，C_{pmax} 为正激波后驻点的压强系数，则

$$C_{pmax}=\frac{2}{\gamma M_\infty^2}\left\{\left[\frac{(\gamma+1)^2M_\infty^2}{4\gamma M_\infty^2-2(\gamma-1)}\right]^{\frac{\gamma}{\gamma-1}}\left(\frac{1-\gamma+2\gamma M_\infty^2}{\gamma+1}\right)-1\right\} \tag{7-30}$$

式中：γ 为比热比，对于完全气体取 $\gamma=1.4$；M_∞ 为来流马赫数。

对于完全气体，利用等熵关系，求边界层外缘的密度为

$$\rho_e=\left(\frac{P_e}{P_2}\right)^{\frac{1}{\gamma}}\rho_2 \tag{7-31}$$

式中：P_2 为激波后压力；ρ_2 为激波后密度；P_e 为边界层外缘的压强。

驻点处的焓值计算式为

$$H_s=C_{pw}T_\infty+\frac{1}{2}V_\infty^2 \tag{7-32}$$

式中：C_{pw} 为定压比热容；T_∞ 为来流温度；V_∞ 为来流速度。

壁面处的焓值为

$$H_w = C_{pw} T_w \tag{7-33}$$

式中，T_w 为壁面温度。

驻点压力为

$$P_s = P_\infty + \frac{1}{2}\rho_s V_\infty^2 \tag{7-34}$$

式中：P_∞ 为来流压强；ρ_s 为驻点气流密度。

驻点外缘速度梯度为

$$\left(\frac{\mathrm{d}u_e}{\mathrm{d}x}\right)_s = \frac{1}{R_N}\sqrt{\frac{2(P_s - P_\infty)}{\rho_s}} \tag{7-35}$$

计算驻点热流密度可选用修正的 Kemp－Riddell 公式

$$q_{ws} = \frac{110\ 311.7}{\sqrt{R_N}}\left(\frac{\rho_\infty}{\rho_0}\right)^{0.5}\left(\frac{V_\infty}{V_c}\right)^{3.15}\left(\frac{H_s - H_w}{H_s - H_{300K}}\right) \tag{7-36}$$

式中：$\rho_0 = 1.225\ \mathrm{kg/m^3}$；$V_c = 7\ 900\ \mathrm{m/s}$；$H_{300K}$ 为温度 300 K 时的空气焓值；ρ_∞ 为来流密度。

6. 半球热流密度

对于高速弹头半球表面传热的计算，通常利用已有的 Lees 钝体热流密度公式，结合半球上修正牛顿压力分布几何关系，变换并简化得到半球表面热流密度算法。

$$\frac{q_{wb}}{q_{ws}} = \frac{2\theta\sin\theta\left[\left(1 - \frac{1}{\gamma_\infty M_\infty^2}\right)\cos^2\theta + \frac{1}{\gamma_\infty M_\infty^2}\right]}{\sqrt{D(\theta)}} \tag{7-37}$$

$$D(\theta) = \left(1 - \frac{1}{\gamma_\infty M_\infty^2}\right)\left(\theta^2 - \frac{\theta\sin4\theta}{2} + \frac{1-\cos4\theta}{8}\right) + \frac{4}{\gamma_\infty M_\infty^2}\left(\theta^2 - \theta\sin2\theta + \frac{1-\cos2\theta}{2}\right) \tag{7-38}$$

式中：q_{wb} 为半球表面热流密度；q_{ws} 为驻点热流密度；γ_∞ 来流空气比热比，取 1.4；θ 是从体轴测起的圆心角，如图 7－10 所示。

7. 钝头锥体热流密度

钝头锥体表面热流密度不存在类似于驻点的相似解，但人们提出了局部相似的概念，本节选取应用很广的 Lees 钝体层流热流密度计算公式。

$$\frac{q_{wl}}{q_{ws}} = A(\theta_c)\frac{\frac{x'}{R_N}}{\left[B(\theta_c) + \left(\frac{x'}{R_N}\right)^3\right]^{\frac{1}{2}}} \tag{7-39}$$

式中

$$A(\theta_c)=\frac{\sqrt{3}}{2}\left[\left(1-\frac{1}{\gamma_1 M_\infty^2}\right)\sin^2\theta_c+\frac{1}{\gamma_1 M_\infty^2}\right]^{1/2}\sqrt{\frac{\pi}{2}-\theta_c} \tag{7-40}$$

$$B(\theta_c)=\frac{\frac{3}{16}}{\sin^2\theta_c\left[\left(1-\frac{1}{\gamma_1 M_\infty^2}\right)\sin^2\theta_c+\frac{1}{\gamma_1 M_\infty^2}\right]}\left[\frac{D(\theta)}{\theta}\right]_{\theta=\frac{\pi}{2}-\theta_c}-\cot^3\theta_c \tag{7-41}$$

$$\frac{x'}{R_N}=\cot\theta_c+\left[\frac{x}{R_N}-\left(\frac{\pi}{2}-\theta_c\right)\right] \tag{7-42}$$

式中：q_{wl} 为钝头锥体表面热流密度；x' 为从虚构的锥顶点量起的沿表面的距离；x 为实际表面距离；θ_c 为半锥角，如图 7-10 所示。

8. 制导炸弹气动热计算

在制导炸弹的弹体表面，因剪力空气受阻滞，在认为物体是良好绝缘体的情况下，其表面所受的温度称为恢复温度 T_r。因此，除了可以采用前文所述的方法来计算弹体表面温度外，还可以采用式(7-43)来近似计算弹体表面的气动加热温度

$$T_r=T_\infty\left(1+\gamma\frac{k-1}{2}M_\infty^2\right) \tag{7-43}$$

式中：T_r 和 T_∞ 的单位均为 K；γ 为恢复系数，对于层流 $\gamma\approx0.85$，对于紊流 $\gamma\approx0.9$；$k=1.4$。

对于紊流，恢复温度如式(7-44)所示，可用于计算弹体表面的气动加热温度

$$T_r=T_\infty(1+0.18M_\infty^2) \tag{7-44}$$

某型制导炸弹随载机执行挂飞任务，在制导控制尾舱内部空间布置温度传感器，通过机上和弹上导航系统可获得制导炸弹随载机的飞行速度、高度、过载等参数，如图 7-11 所示。

利用 7.6.5 节中第 3 项的相关公式可以得到飞行过程的大气温度，利用式(7-44)可以得到弹体表面的温度。由图 7-12 可知，气动加热弹体表面温度与高空大气温度最大差值为 20℃；由于尾舱为封闭腔体，与外界空气无明显对流效应，且部分设备会散发少量热量，舱内实测温度与大气温度在中空时最大温差约 50℃，在高空时最大温差约 34℃。综上所述，气动加热效应对弹体表面温度有明显影响，大气温度最低约为−57℃，弹体表面最低温约为−37℃，舱内最低温约为−23℃，因此气动加热效应对弹上设备的低温环境有明显改善。

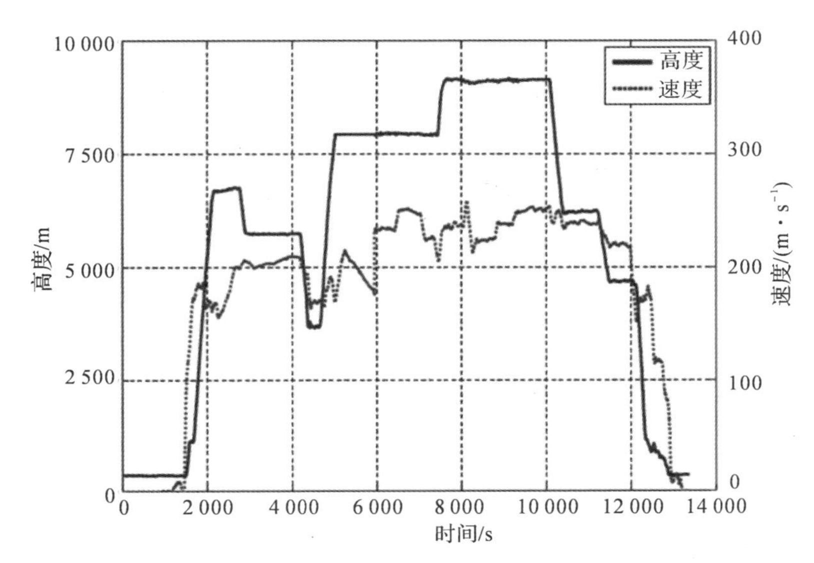

图 7-11 挂机飞行高度和速度曲线

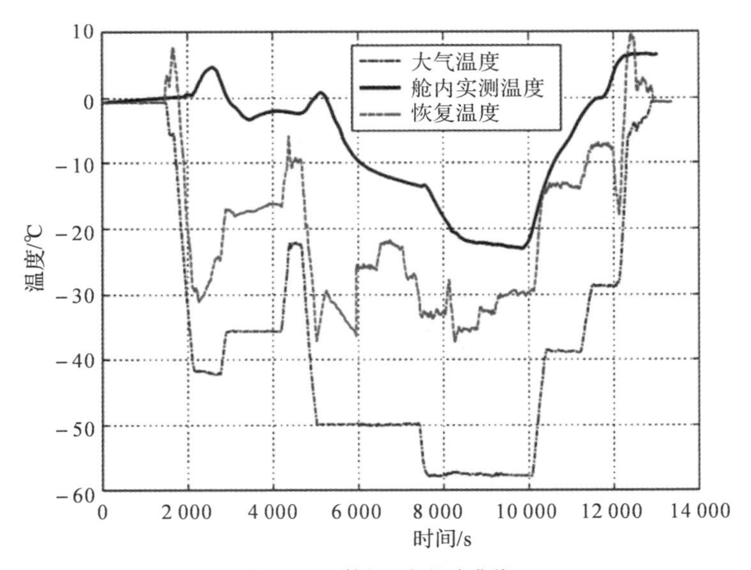

图 7-12 挂机飞行温度曲线

7.6.6 典型算例

1. 对流换热典型算例

例 压力为 1.013×10^5 Pa 的 20℃的空气，纵向流过一块长 320 mm、温度为 40℃的平板，流速为 10 m/s。如平板的宽度为 1 m，求平板与空气的换热量。

解 空气的物性参数按板表面温度和空气温度的平均值 30℃确定。在 30℃时，空气的运动黏度 $\nu=16\times10^{-6}\ \mathrm{m^2/s}$，普朗特数 $Pr=0.701$。

对平板而言，雷诺数 Re 为

$$Re=\frac{ul}{\nu}=\frac{10\ \mathrm{m/s}\times0.32\ \mathrm{m}}{16\times10^{-6}\ \mathrm{m^2/s}}=2\times10^5 \tag{7-45}$$

平板的平均表面传热系数

$$\begin{aligned}h&=\frac{\lambda}{l}Nu=\frac{\lambda}{l}\cdot0.664Re^{1/2}Pr^{1/3}=\\&\frac{2.67\times10^{-2}\ \mathrm{W/(m\cdot K)}}{0.32\ \mathrm{m}}\times0.664\times(2.0\times10^5)^{1/2}\times0.701^{1/3}=\\&22.0\ \mathrm{W/(m^2\cdot K)}\end{aligned} \tag{7-46}$$

式中：$\lambda=2.67\times10^{-2}\ \mathrm{W/(m\cdot K)}$，为 30℃ 时空气的导热系数；$Nu$ 为努塞尔数；l 为平板宽度。

平板与空气的换热量计算式

$$\begin{aligned}\Phi&=hA\Delta t=22.0\ \mathrm{W/(m^2\cdot K)}\times1\ \mathrm{m}\times0.32\ \mathrm{m}\times(40℃-20℃)=\\&140.8\ \mathrm{W}\end{aligned} \tag{7-47}$$

在计算整个平板与流体的换热量时，首先要计算以整个平板长度为特征长度的 Re，以确认是否整个平板均在层流范围内。式(7-45)计算表明 $Re=2.0\times10^5$，因而可以按层流公式计算。如果 $Re>5.0\times10^5$，则应分别按层流段及湍流段加以计算。

2. 辐射换热典型算例

例 液氧储存容器为双壁镀银的夹层结构(类似烧杯)，外壁内表面温度 $t_{w1}=20℃$，内壁外表面温度 $t_{w2}=-183℃$，镀银壁的发射率 $\varepsilon=0.02$。试计算由于辐射换热每单位面积容器壁的散热量。

解 因为容器夹层的间隙很小，可认为属于无限大平型表面间的辐射换热问题。

$$T_{w1}=t_{w1}+273\ \mathrm{K}=293\ \mathrm{K} \tag{7-48}$$

$$T_{w2}=t_{w2}+273\ \mathrm{K}=90\ \mathrm{K} \tag{7-49}$$

$$q_{1,2}=\frac{C_0\left[\left(\frac{T_{w1}}{100}\right)^4-\left(\frac{T_{w2}}{100}\right)^4\right]}{\frac{1}{\varepsilon_1}+\frac{1}{\varepsilon_2}-1}=$$

$$\frac{5.67\ \mathrm{W/(m^2\cdot K^4)}\times\left[(2.93\ \mathrm{K})^4-(0.9\ \mathrm{K})^4\right]}{\frac{1}{0.02}+\frac{1}{0.02}-1}=4.18\ \mathrm{W/m^2} \tag{7-50}$$

式中：C_0 为黑体辐射系数，$C_0=5.67\ \mathrm{W/(m^2\cdot K^4)}$。

第 8 章

制导炸弹结构强度试验设计

8.1 概　　述

理论分析与实验研究对制导炸弹结构设计与强度分析是必不可少的。由于工程实际问题错综复杂，影响因素很多，理论分析时常会舍弃一些次要因素，使工程问题模型化，这样往往导致数学模型与实际问题有一定的差别，因此必须利用实验对理论分析的结果进行验证。

制导炸弹在型号论证阶段无法生产试验样品，所以结构设计和力学分析只能采用理论分析的结果。随着计算机软硬件技术的不断发展，求解精度和速度越来越高，试验似乎已变得可有可无，但由于实际问题的复杂性，而结构破坏对制导炸弹来说又是致命的，因此单凭理论分析的结果不能完全保证设计的可靠性和安全性，其主要原因如下。

(1)制导炸弹是一个相对复杂的系统工程，只有各组成部分(包括弹体结构)都保证性能完好，武器系统才能安全可靠地完成任务，所以在工程研制阶段，凡是能在地面考核的功能，必须通过地面试验考核。

(2)制导炸弹种类多样，弹体结构较为复杂，常由几何形状不同、材料性能各异的零组件用不同方式连接组合而成。运用材料力学和弹性力学方法无法直接进行强度计算时，多有简化假设，致使计算结果不够完善，即使应用有限元法，计算结果与实际情况吻合度也大多有差异，特别是对复杂的零部件和连接形式来

说，用实验去验证计算结果是必不可少的。此外，通过实验，也可以修正计算模型，改进计算方法，提高计算精度。

(3)弹体结构失效模式大多为弯曲破坏，其实际承载能力受装配过程和制造缺陷等随机因素影响较大，而这些缺陷因素在理论计算时，无法精确考量，只能通过选取经验参数来预估，也需要通过实验来验证计算结果。

(4)结构动强度计算更为复杂，尤其是各结构件通过多种形式连接后，对振动冲击的相互影响难以用理论精确计算，目前主要依靠实验来验证结构动强度是否满足设计要求。

根据制导炸弹研制程序，结构强度试验应安排在初样阶段进行，通过静动力试验的结构，其结构形式、材料、连接等均不再变动，在不影响结构强度前提下，只可做某些小的修改，即可转入试样阶段。若结构已通过了静动力试验，但发现设计过于保守，安全裕度过大，则应根据试验结果修改设计，以使结构更趋合理，不过一般来说还需再次进行静动力试验。若静动力试验未通过，就要修改初样设计，再次做试验直至通过为止。制导炸弹在批生产阶段，视产品质量一致性和生产工艺情况，再决定是否抽样开展结构静力试验。因制导炸弹鉴定和定型试验要求，通常会再次开展结构动力试验。

通过结构强度试验能够确定结构在承载后的应力分布和变形形态，验证结构的刚度和稳定性，确定结构的最大承载能力，找出结构薄弱部位并进行检验，从承载的角度评价结构设计的合理性。

试验方案是结构强度试验的基础和依据，试验结果的实用性也依赖于试验方案的合理性，因此应由专业人员制定周密的试验方案，并在专门的试验场所开展结构强度试验。

8.2 静强度试验

8.2.1 试验目的与内容

制导炸弹在工程研制阶段，必要时在首件鉴定阶段需开展结构静强度(静力)试验，试验的目的包括：

(1)获得弹体结构关键部位的应力、应变分布和位移大小，判定弹体结构静强度和静刚度是否满足设计要求；

(2)为改进结构设计、验证或修正强度计算方法提供依据；

(3)考核弹体结构生产的工艺水平是否稳定，为批产产品验收提供依据；

(4)为处理生产中的超差问题提供依据；

(5)为结构可靠性设计积累数据。

一般情况下，静强度试验工况(包括试验对象、考核部位、载荷大小等)应与静强度计算和载荷计算情况相适应，制导炸弹静强度试验工况通常包括：

(1)弹体各舱段在横向过载最大(弯矩最大)、轴向过载最大(轴向力最大)、综合过载最严重(轴弯联合)和外压等设计工况的试验；

(2)各种翼面(包括弹翼、舵面)主要有最大升力、最大铰链力矩或升力与阻力联合作用等设计工况的试验；

(3)吊耳、滑块等在停放、运输、储存、出入弹库和在发射装置上，由于设计工况而受侧向力、轴向力、弯矩及其联合作用的试验；

(4)设备支架及其他局部结构最大过载设计工况的试验；

(5)发动机燃烧室、红外导引头等承受内部气压或内压与外载荷联合作用的试验。

以某型制导炸弹为例，在随载机起降、空中投放或发射、自由飞行各阶段均受三轴方向的惯性力和气动力联合作用，因此以增程组件、弹翼、舵片、舱段及壳体为试验对象。对各组成结构部件或由静强度计算结果得到强度最薄弱的关键件均应选择最大载荷作用工况作为它的试验载荷，用于核验弹体结构在多种静载荷联合作用下的稳定性和强度。

8.2.2 试验方法

1. 边界条件

边界条件对结构的受力状态有明显影响，为保证制导炸弹静强度试验结果反映真实情况，试验中边界条件应尽量与真实情况一致，一般应采用真实产品或产品模拟件作为支持件，尽量使支持件与被试件之间力传递状态和刚度影响符合真实情况。

由于制导炸弹使用过程中，舱体各截面上均有轴力、弯矩及外压作用，因此舱段与舱段之间亦要求能可靠地承受这些载荷，一般设计成固支连接。增程组件与战斗部之间紧固后，也存在三轴方向力和弯矩作用，因此与战斗部对接面也应设置成固支约束。

2. 载荷条件

对于弹翼、舵片等升力面，以及主要承受弹翼气动载荷作用的增程组件而

言，静强度试验载荷条件来源于气动载荷计算结果和弹道的过载数据。对于弹体静强度试验来说，加载条件来源于本书第 3 章的静载荷计算结果。

为了提高静强度试验的可操作性，一般要调整静载荷计算的轴向载荷值，可将轴向力产生的应力等效转化为截面的弯矩作用所产生的最大应力。对于舱体等薄壁件，以横截面的最大应力作为等效转换参数，可以得到轴力和弯矩的近似转换公式

$$NR = 2M \tag{8-1}$$

式中：N 为弹体轴向力；M 为弹体弯矩；$R=(R_1+R_2)/2$，R_2、R_1 分别为薄壁的内外半径。

分析制导炸弹挂机飞行、自由飞行、地面停放、运输、吊运等各使用阶段的全弹载荷条件，取极限值组成载荷包络曲线。基于弯矩和剪力等效原则，选择有效数量的等效集中载荷作为静强度试验的输入条件。

开展弹体静强度试验时，以载荷计算结果作为使用载荷，安全因数 n 取值参见表 4－1，使用载荷 F_s 与设计载荷 F_d 存在如下关系

$$F_d = F_s n \tag{8-2}$$

以某型制导炸弹为例，在进行静强度试验时时，采用在制导控制尾舱上施加两个法向等效集中力模拟等效弯矩。所采用的等效集中力作用点位置如图 8－1 所示。

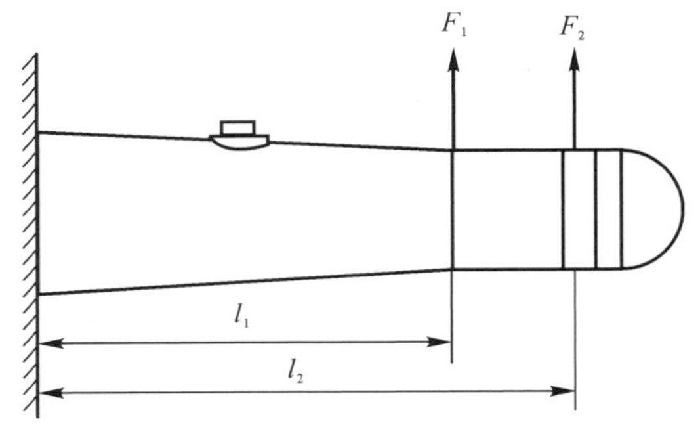

图 8－1　等效集中力作用位置

在等效集中力 F_1、F_2 作用下，制导控制尾舱对接面承受的等效弯矩、剪力载荷分别如图 8－2、图 8－3 所示，图中以尾舱最前端作为横坐标起始点。由图可知，等效集中力 F_1、F_2 的弯矩和剪力曲线涵盖了全弹载荷包络曲线，因此较为合理地模拟了尾舱实际载荷，可以作为静强度试验载荷条件。

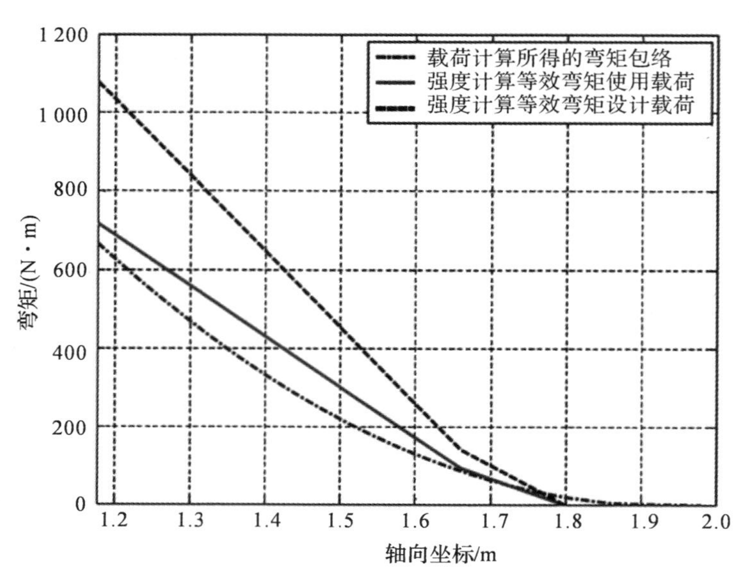

图 8-2 等效弯矩曲线

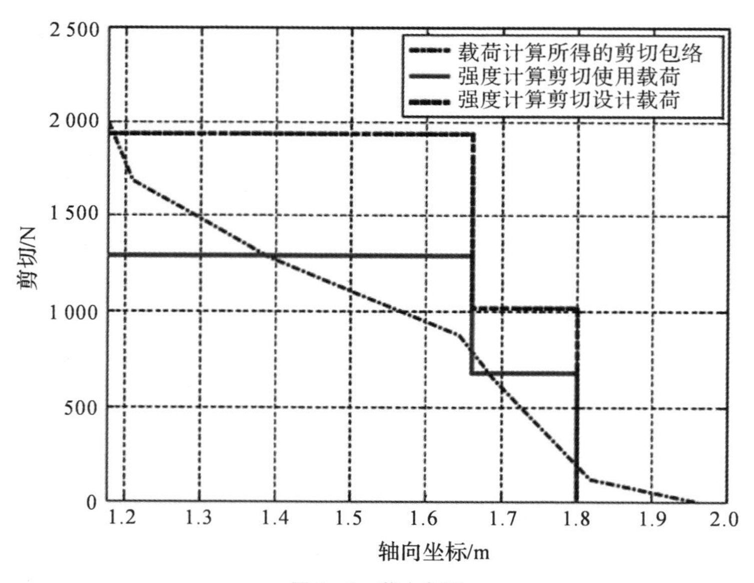

图 8-3 剪力曲线

3. 加载装置

静强度试验加载力源设备一般为油车(油泵站)与作动筒组成的力源系统,

也可以用手动螺旋加载器及其他简单机械装置作为力源。

(1)翼面加载。翼面上集中力一般通过在翼面上打通孔、穿拉杆方式施加，但对于非实心板结构的翼面，应采取防止受力点局部结构破坏的措施，如图 8-4 所示。翼面上分布力施加方式为：当翼面上允许打孔时，仍通过在翼面上按分布力打多个小的通孔，穿多根拉杆，组成杠杆加载系统，通过手动或液压作动器施加载荷；当翼面不允许打孔时，应按试验大纲要求通过帆布拉片对翼面的受拉面施加载荷。

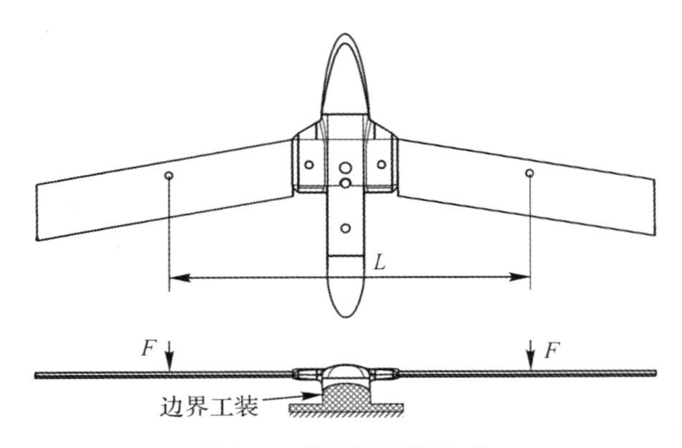

图 8-4 增程组件翼面加载

对于弹翼的多点加载要求，可采用杠杆加载系统，如图 8-5 所示。系统由加载设备、测量设备、钢梁支架、辅助夹具和标准件组成，通过手动方式可实现加载至弹翼设计载荷量级，用高度尺测量翼梢位移，该试验系统的主要性能指标如下。

1)加载通道：单通道；

2)加载范围：10 000 N；

3)位移量程：150 mm；

4)位移测量精度：≤0.1 mm。

(2)弹身加载。弹身上的轴向力一般用由边界工装、加载盘、拉杆组成的加载系统施加。弹身上横向集中力一般用卡箍或卡板施加，如图 8-6 所示，在集中载荷作用处设置圆形卡箍；分布力一般用帆布拉片施加，个别部位(如头部)可以用冲压容器施加载荷。

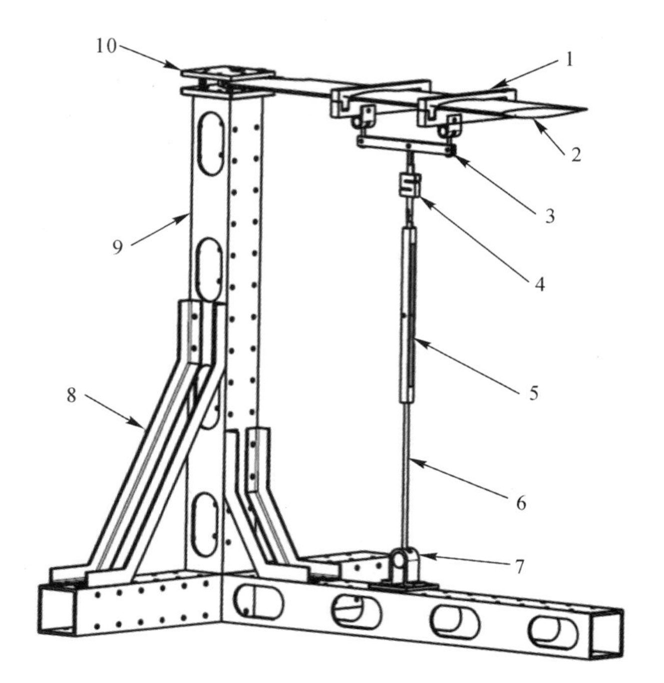

1—翼面夹具； 2—弹翼； 3—杠杆； 4—力传感器； 5—花篮螺栓；
6—螺纹丝杆； 7—铰链； 8—加强筋； 9—箱梁； 10—翼柄夹具

图 8-5 弹翼杠杆加载系统

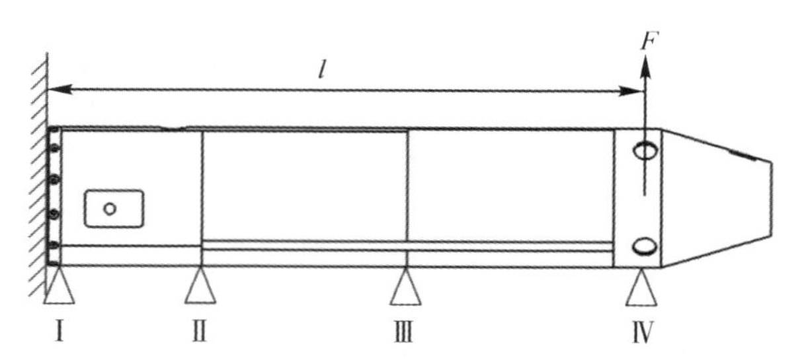

图 8-6 制导控制尾舱加载横向力

(3)增程组件加载。增程组件与战斗部、挂梁及止动器直接接触，在挂飞时，要承受全弹大量级惯性载荷，为了模拟实际边界条件，设计了模拟止动器和战斗部安装接触面。由于载荷量级很大，为了实现加载，设计杠杆加载系统，如图 8-7 所示。

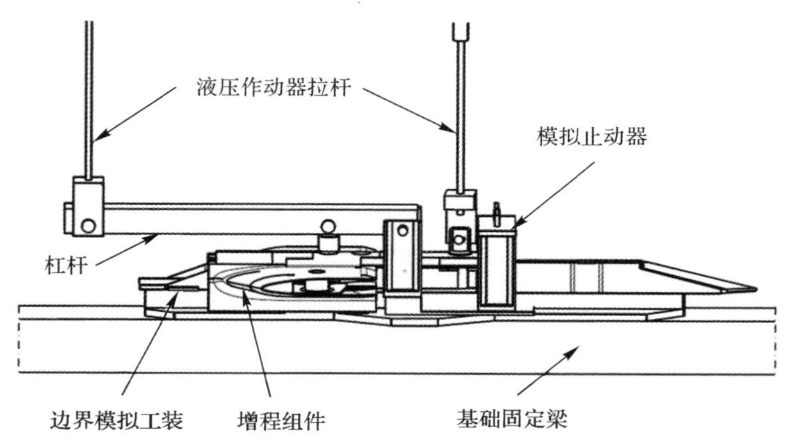

图 8－7 增程组件液压加载系统

4. 试验程序

制导炸弹静强度试验程序包括：试验前安装与系统调试、预加载试验、正式加载试验（含若干次使用载荷和设计载荷循环加载）、试验后检查与拆卸试验件。一般的试验程序如表 8－1 所示。

表 8－1 静强度试验程序

序号	步骤名称	试验内容
1	试验准备	准备工装、传感器、摄录设备等
2	试验安装	试件安装、试验系统和传感器预调、检查安装
3	预试验	以 10%级差，加载至 30%使用载荷，保载、测量、观察、卸载
4	预试验	以 10%级差，加载至 30%使用载荷，保载、测量、观察、卸载
5	正式试验（使用载荷）	以 10%级差，加载至 100%使用载荷，每级保载时间 30 s，测量试验参数，观察试件状态，然后完全卸载，进行试验后检查
6	正式试验（使用载荷）	以 10%级差，加载至 100%使用载荷，每级保载时间 30 s，测量试验参数，观察试件状态，然后完全卸载，进行试验后检查
7	正式试验（设计载荷）	以 10%级差，加载至 100%使用载荷，每级保载时间 30 s，设计载荷步保载时间 5 s，测量试验参数，观察试件状态，然后完全卸载，进行试验后检查
8	试验完成	整理试验件及试验工装、测量设备

8.2.3 试验测试技术

1. 应变与应力测量

对于制导炸弹的金属材料，在主应力方向明确的情况下，一般采用单向应力材料方法和双向应力测量方法。单向应力在弹性范围内按式(8－3)计算。

$$\sigma = E\varepsilon \tag{8-3}$$

双向应力在弹性范围内按式(8－4)计算，应变片粘贴形式如图8－8所示。

$$\left.\begin{aligned}\sigma_{\mathrm{a}} &= \frac{E(\varepsilon_{\mathrm{a}} + \mu\varepsilon_{\mathrm{b}})}{1-\mu^2} \\ \sigma_{\mathrm{b}} &= \frac{E(\varepsilon_{\mathrm{b}} + \mu\varepsilon_{\mathrm{a}})}{1-\mu^2}\end{aligned}\right. \tag{8-4}$$

式中：σ 为主应力；ε 为应变；μ 为泊松比；E 为弹性模量。

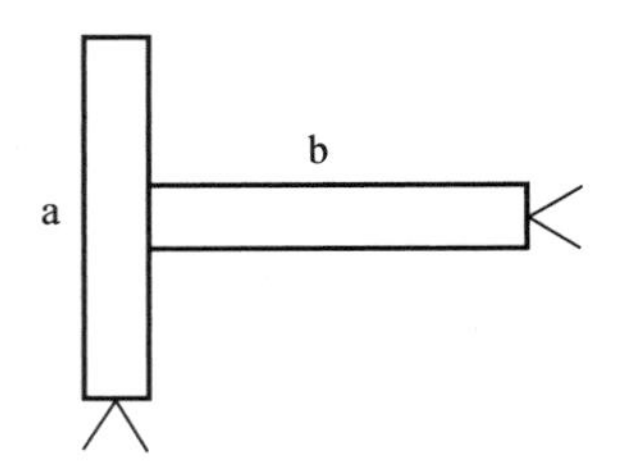

图 8－8　直角应变片

若主应力方向未知，一般采用如图8-9所示的应变花形式粘贴，在弹性范围内按式(8－5)计算主应力、最大剪应力和主应力方向。

$$\left.\begin{aligned}\sigma_{\max} &= \frac{E}{2}\left(\frac{\varepsilon_a+\varepsilon_c}{1-\mu} + \frac{\sqrt{2\ (\varepsilon_a-\varepsilon_b)^2 + 2\ (\varepsilon_b-\varepsilon_c)^2}}{1+\mu}\right) \\ \sigma_{\min} &= \frac{E}{2}\left(\frac{\varepsilon_a+\varepsilon_c}{1-\mu} - \frac{\sqrt{2\ (\varepsilon_a-\varepsilon_b)^2 + 2\ (\varepsilon_b-\varepsilon_c)^2}}{1+\mu}\right) \\ \tau_{\max} &= G\sqrt{2\ (\varepsilon_a-\varepsilon_b)^2 + 2\ (\varepsilon_b-\varepsilon_c)^2} \\ \alpha &= \frac{1}{2}\arctan\frac{\pm\ (2\varepsilon_b-\varepsilon_a-\varepsilon_c)}{\pm\ (\varepsilon_a-\varepsilon_c)}\end{aligned}\right\} \tag{8-5}$$

式中：τ 为剪应力；G 为切变模量；α 为图 8－9 中应变片 a 的轴线与主应力方向夹角。

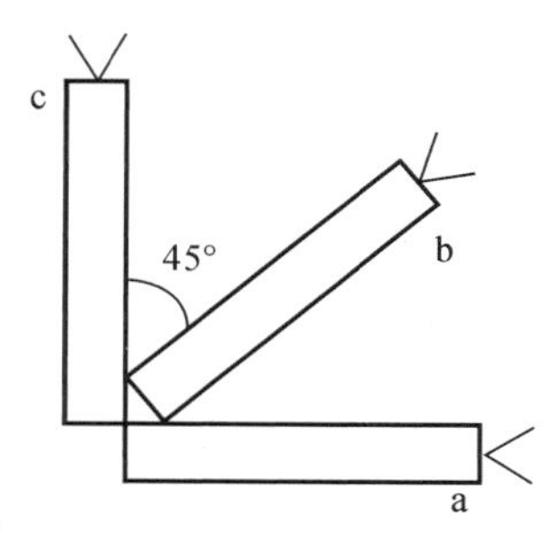

图 8-9 应变花

2α 角所在象限位置判定如表 8-2 所示。

表 8-2 2α 角所在象限判定

分子符号	分母符号	2α 所在象限
+	+	$0° < 2\alpha < 90°$
+	−	$90° < 2\alpha < 180°$
−	−	$180° < 2\alpha < 270°$
−	+	$270° < 2\alpha < 360°$

应变值测量完毕以后，需对测量数据进行修正，则使用式(8-3)～(8-5)计算应力时应使用应变修正值。应变片灵敏度的影响按式(8-6)进行修正。

$$\varepsilon_k = \frac{K_1}{K_g}\varepsilon_0 \tag{8-6}$$

式中：ε_k 为修正的应变值；ε_0 为未修正的应变片测量读数值；K_1 为应变测量仪灵敏度系数；K_g 为应变片灵敏度系数。

导线电阻的影响按式(8-7)进行修正

$$\varepsilon_r = \left(1 + \frac{2r}{R_g}\right)\varepsilon_1 \tag{8-7}$$

式中：ε_r 为修正的应变值；ε_1 为未修正的应变值；r 为单股导线的电阻值，单位为 Ω；R_g 为应变片的电阻值，单位为 Ω。

根据制导炸弹静强度分析结果，综合考虑结构空间尺寸和布线要求，应变片应粘贴在结构尖锐或过渡处、舱段对接、载荷作用较大等应力集中或应力量值较大的位置，以及设计人员关心的其他部位。对于图 8-6 所示的制导控制尾舱，将圆柱形舱体沿表面展开，应变片粘贴位置如图 8-10 所示，共 16 个测量点。

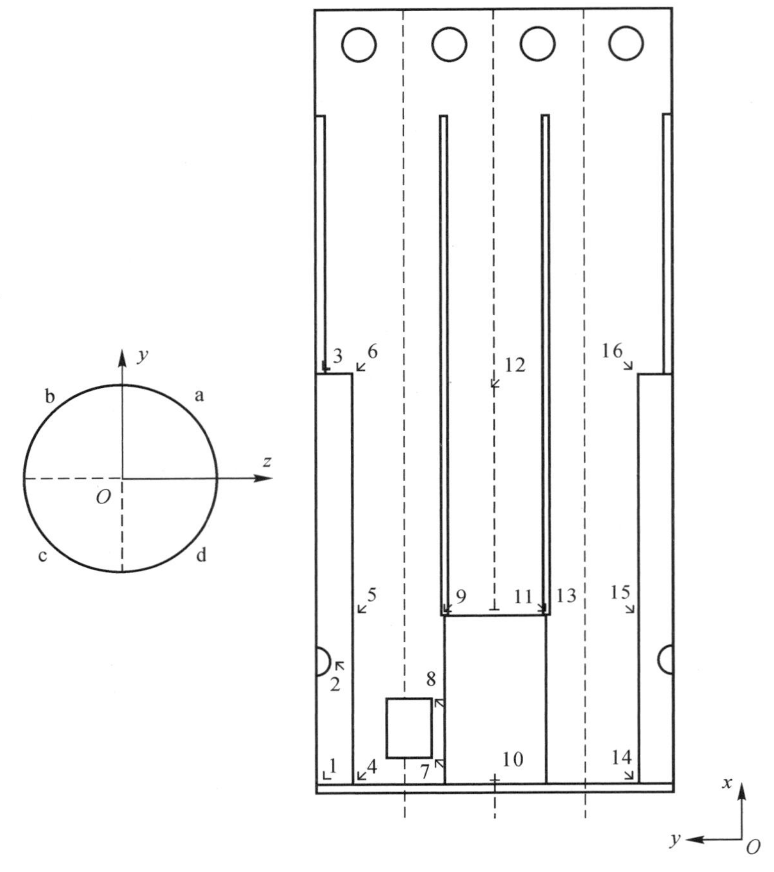

图 8-10　舱体应变片粘贴位置

2. 位移测量

制导炸弹结构静强度试验需对制导控制尾舱、舵片、弹翼的梢部、离工装约束位置最远的自由边角，以及试件受载后因变形可能干涉其他部件的位置安装位移传感器。为了核验位移测量数据的正确性，还需在结构上对称布置位移测量设备；为了观察试件变形的线性度，也需在试件上特定方向线性布置位移测量设备，如图 8-6 中“△”部位。

位移测量使用的设备包括百分表、千分表、位移传感器等，对于制导炸弹静强度试验中较小的位移测量值，测量误差要求如表 8-3 所示。

表 8-3 位移测量误差要求

量程/mm	2	4	6	8	10
绝对误差/mm	±0.10	±0.10	±0.15	±0.15	±0.20
相对误差	±5%	±2.5%	±2.5%	±2%	±2%

3. 转角测量

对制导炸弹开展结构静强度试验时，试件会因变形而产生转角，可通过位移测角法、激光测角法、水准仪或倾角仪等对变形角进行测量。

对于弹翼、舵片、部分平面或准平面结构，当变形使转角变化较小时，可用一定距离的两点位移来间接测量，如图 8-11 所示。

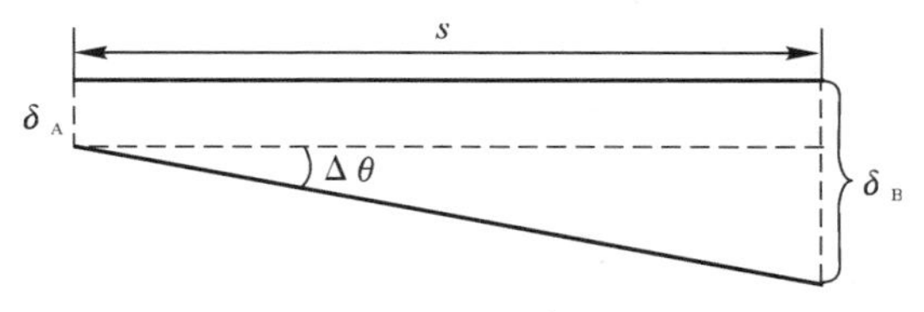

图 8-11 转角测量示意图

试验件在受载变形以后，通过位移测量转角的计算公式为

$$\Delta\theta = \arctan\frac{\delta_B - \delta_A}{s} \tag{8-8}$$

在试验件可见部分，可安装固定式反射镜片，利用激光器发射激光束，通过镜片反射后的光点在刻度尺上的变化，计算试验件的转角变化，如图 8-12 所示。

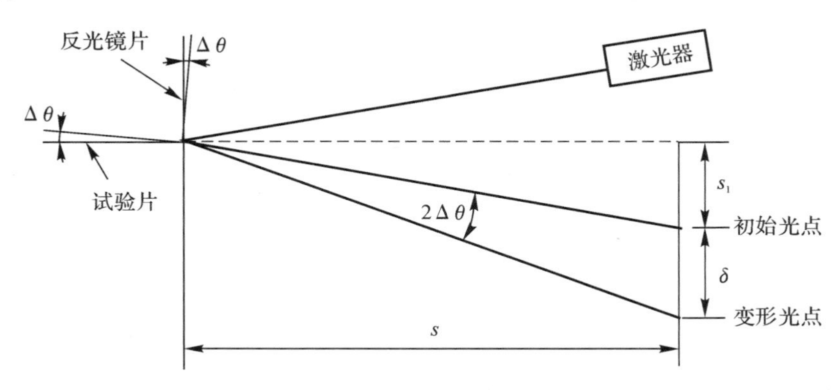

图 8-12 激光测角原理图

通过激光测量试验件转角的计算公式为

$$\Delta\theta=\frac{1}{2}\left(\arctan\frac{s_1+\delta}{s}-\arctan\frac{s_1}{s}\right) \tag{8-9}$$

8.2.4 数据处理与分析

1. 数据分析内容

在完成结构静强度试验后，应对试验测量数据随加载的变化规律进行分析，主要包括：

(1) 材料在线弹性阶段，应力、应变、位移测量数据随加载的变化规律；

(2) 卸载后的测量数据回零情况；

(3) 多次反复加载测试数据的一致性等。

应结合结构强度仿真预示结果，分析试验测量数据与结构受力情况是否相符，主要包括：

(1) 结构最大应力、应变、位移分布位置与仿真预示情况的一致性；

(2) 应力、应变、位移测量数据分布与结构均匀性、对称性的一致性；

(3) 结构失稳、失效模式与仿真预示情况的一致性等。

2. 数据处理与分析方法

(1) 剔除无效数据。一般情况下，应变片损坏、粘贴或应变测量等，不可避免会对应变测量产生影响，导致应变数据存在一些异常，这些数据通常称为无效数据。它不能真实反映结构对所施加载荷的响应，因此在数据处理与分析前必须进行剔除。在剔除无效数据时，应根据有关准则（如格拉布斯准则）判断并剔除数据中可能的异常值，也可以采用如下判别方法剔除异常数据：

1) 对称性误差大（大于10%）；

2) 重复性误差大（大于5%）；

3) 测量结果超大，根据被测量材料的屈服应变值范围、采集系统的允许应变值测量范围、应变片的测量极限等来判断数据是否属于超大值；

4) 测量结果跳跃（无规律异常跳动）；

5) 测量结果正负反号；

6) 测量结果为零。

在处理位移、转角等数据时，也可以根据上述方法进行数据的正常性判断，并剔除异常数据。

(2) 测量数据分析。根据8.2.3节的方法，测量和计算应变、应力、位移和转角等参数，并对相关测量和计算数据进行修正。

1) 灵敏系数及长导线电阻影响修正公式。

灵敏度系数修正公式为

$$\varepsilon_1 = \frac{K_e}{K_p}\varepsilon_c \tag{8-10}$$

式中：ε_2 为修正了长导线电阻影响后的应变值；ε' 为未修正的应变测量值；r 为一股长导线的电阻值，Ω；R_p 为应变片的电阻值，Ω。

长导线电阻影响修正公式为

$$\varepsilon_2 = \varepsilon'\left(1+\frac{2r}{R_p}\right) \tag{8-11}$$

式中：ε_2 为修正了长导线电阻影响后的应变值；ε' 为未修正的应变测量值；r 为一股长导线的电阻值，Ω；R_p 为应变片的电阻值，Ω。

2) 位移测量修正方法。针对悬臂试件的位移修正，可以采用下列方法来获得位移修正值，仅适用于支持件本身较刚硬，其变形可忽略不计，修正因支持件下沉和俯仰产生虚假位移的情况。修正方法如图 8-13 所示。式(8-12)位移值以向下变形为正，反之为负。

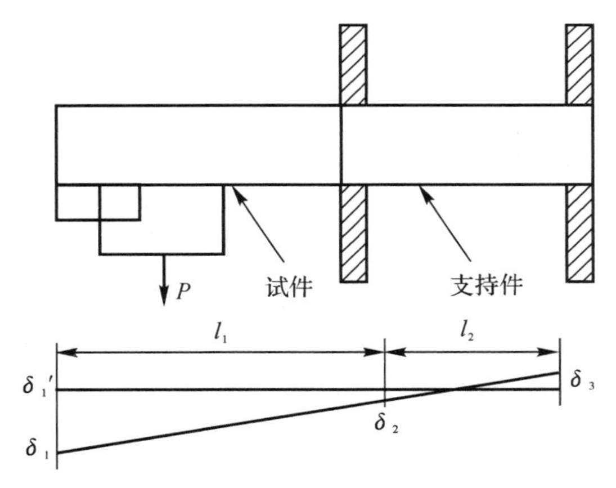

图 8-13　悬臂试件位移示意图

$$\delta_{1Z} = \delta_1 - \delta'_1 = \delta_1 - \frac{l_1(\delta_2-\delta_3)}{l_2} - \delta_2 \tag{8-12}$$

式中：δ_{1Z} 为试件挠曲变形后，1 号测点处的真实位移值；δ_1 为试件 1 号测点的实测位移值；δ_2、δ_3 为修正用测点实测位移值；l_1、l_2 为测点之间距离；δ'_1 为因支持件下沉和俯仰在 1 号测点处产生的虚假位移。

针对翼面位移测量修正，不考虑舱体变形，只修正因舱体下沉、滚转在翼面测点产生的虚假位移。修正方法示意图如图 8-14 所示。式(8-13)位移值以向下变形为正，反之为负。

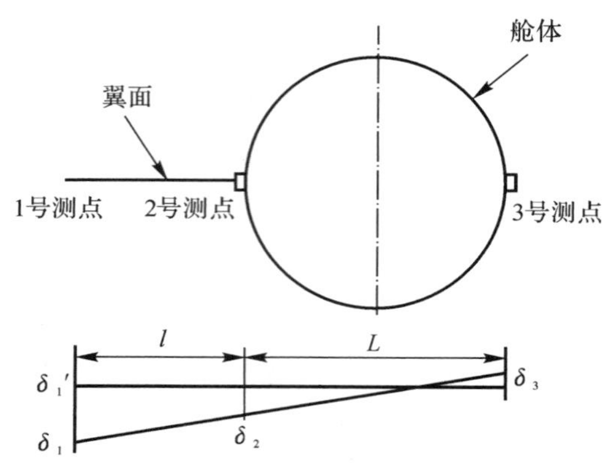

图 8-14　翼面试件位移示意图

$$\delta_{1Z}=\delta_1-\delta'_1=\delta_1-\frac{l(\delta_2-\delta_3)}{L}-\delta_2 \tag{8-13}$$

式中：δ_{1Z} 为试件挠曲变形后，1 号测点处的真实位移值；δ_1 为试件 1 号测点的实测位移值；δ_2、δ_3 为修正用测点实测位移值；l、L 为测点之间距离；δ'_1 为因支持件下沉和滚转在 1 号测点处产生的虚假位移。

此外，在处理位移测量数据时，试验装置的质量也会对测量值产生影响。对质量的影响按下式修正。

$$\Delta_f=\Delta_m+\left(\frac{mg}{F_n-mg}\right)\Delta_n \tag{8-14}$$

式中：Δ_f 为修正的位移值；Δ_m 为未修正的位移值；Δ_n 为选定的某载荷级的位移值；F_n 为选定的某载荷级的载荷；m 为试验装置质量；g 为重力加速度。

8.3　振动试验

8.3.1　试验目的与内容

振动试验的类别和内容非常广泛，如疲劳试验、鉴定振动试验、结构响应试验、寿命试验、运输振动试验、可靠性振动试验、驻留振动试验、应力筛选振动试验等。制导炸弹的振动试验以鉴定振动试验、结构响应试验、寿命试验、运输振

动试验、可靠性振动试验、应力筛选振动试验最为常见，相关技术规范已在多种国家军用标准和军工行业标准中予以规定，根据型号自身特点可适应性调整或遵照执行，见表 8-4。

表 8-4 振动试验分类与用途

<table>
<tr><th colspan="3">分 类</th><th>用途和特性</th></tr>
<tr><td rowspan="2">正弦</td><td colspan="2">正弦稳态</td><td>(1)模拟旋转机械等引起的正弦往复作用环境；
(2)可局部代替随机，但无明显等效关系；
(3)疲劳试验</td></tr>
<tr><td colspan="2">正弦扫频</td><td>(1)寻找试验件的共振频率；
(2)代替随机振动，能记录发生故障和破坏的频率，但共振频率顺序激发，无法模拟随机环境同时激发</td></tr>
<tr><td rowspan="3">随机</td><td rowspan="2">窄带</td><td>中心窄带固定</td><td>用分段窄带随机代替宽带随机</td></tr>
<tr><td>中心频率扫描</td><td>代替宽带随机降低激励量级，减少设备费用，确定发生故障和破坏的频率，但各阶共振也是顺序激发</td></tr>
<tr><td colspan="2">宽带</td><td>模拟喷气式飞机、火箭发动机、导弹自由飞行等环境</td></tr>
<tr><td colspan="3">正弦扫频加宽带随机</td><td rowspan="3">(1)模拟枪炮发生的炮振环境；
(2)模拟履带车辆运输振动环境；
(3)模拟直升机振动环境；
(4)模拟螺旋桨飞机振动环境</td></tr>
<tr><td colspan="3">正弦稳态加宽带随机</td></tr>
<tr><td colspan="3">窄带随机加宽带随机</td></tr>
<tr><td colspan="3">伪随机</td><td>用于模拟加特林(Gatling)机关炮射击</td></tr>
</table>

结构振动会导致装备及其内部产生动态移位。这些动态移位和相应的速度、加速度可能引起或加剧结构疲劳以及结构、组件和零件的机械磨损。此外，动态位移还能导致元器件的碰撞/功能的损坏，振动问题引起的一些典型现象如下：

(1)导线的磨损；

(2)紧固件/元器件松动；

(3)断续的电气接触；

(4)电气短路；

(5)密封失效；

(6)元器件失效；

(7)光学上或机械上的失调；

(8)结构裂纹和断裂；

(9)微粒和失效元器件的移位;

(10)微粒或失效元器件调入电路或机械装置中;

(11)过大的电气噪声;

(12)轴承磨蚀。

综上所述,振动在很大程度上会直接引起结构损伤和破坏,或因结构损伤从而间接导致光学、电子和电气组件等产生故障。因此,结构振动试验是十分必要的,弹体结构振动试验的主要目的如下:

(1)验证理论分析与计算的准确性;

(2)考核结构及其连接件对振动环境的适应性;

(3)选择确定减振防振措施;

(4)测量和确定各种结构件及其组合的固有振动特性,为修改结构设计和全弹动特性分析提供数据。

制导炸弹的振动试验对象主要为全弹弹体结构、弹载设备及支架、战斗部、火工品、固体火箭发动机及结构零部件等,对于部分制导炸弹舱体可采用分段振动形式,以舱段间的对接面作为试验的边界,考核其与试验对象的连接强度,以降低试验成本,提高试验效率。

弹体结构振动试验内容包括试验项目、量级、方向、时间、容差、合格判据等,在各种类型振动试验大纲中均有明确规定,它规定了制导炸弹及各分系统在不同部位的弹载设备、支架、管路、构件所必须具备的力学环境试验条件。

8.3.2 试验方法

振动试验的功能原理图如图 8-15 所示,振动试验系统组成了闭环控制反馈系统。

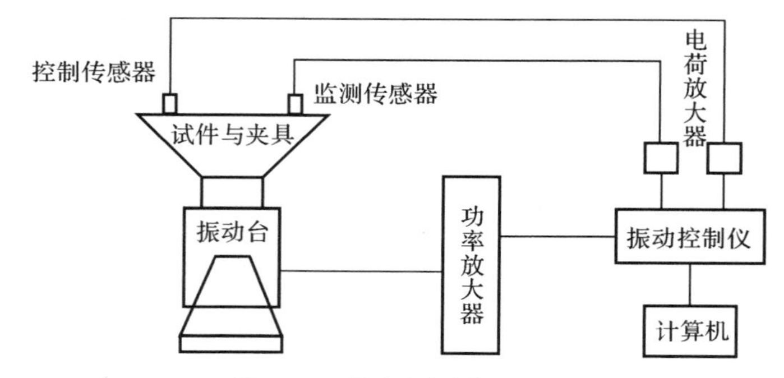

图 8-15 振动试验功能原理图

振动试验分为功能振动与耐久振动。功能试验的目的是考核产品在振动条件下的功能特性；耐久试验，又称强度试验，目的是考核产品强度、疲劳和寿命。对于这两类试验，有些标准将其分开来进行，有些标准将其合在一起进行。分开进行时，其顺序是先进行功能试验，后进行强度试验，而且功能试验的幅值通常小于强度试验的幅值（例如为强度试验的一半）。合在一起进行时，先将功能试验的时间一分为二，其顺序是在强度试验前完成 1/2 时间功能试验，然后进行强度试验，强度试验结束后再完成余下的 1/2 时间功能试验。无论采用何种方法，在功能试验期间都要进行功能检查和电性能检测。

1. 正弦振动

（1）正弦稳态。

正弦稳态又叫“正弦定频”“正弦驻留”，一般可分为两种试验，即共振频率试验和选定频率试验。共振频率试验是先寻找试件的共振点，取其中若干个（一般不大于 4 个）作为试验频率。选定频率试验是选取任务阶段振源的若干个强迫频率，或其他特征频率，甚至是任选频率作为试验频率。当频率确定后，就可以按照试验包线量值和所确定的功能及耐久试验时间分别在各频率下进行试验。

正弦稳态试验的激励频率是离散的，在每个频率点停留一段时间使试件达到稳态响应后再进行检测，然后步进式地使频率增加或减少 Δf 后再进行新的检测。其优点是可在特定频率上集中能量，以研究非线性或其他特性与频率的关系，缺点是试验时间长，不能用于检测某些变参数系统。

由于制导炸弹较少面临长时间处于定频率往复振动环境中的情况，结构耐久性振动更多采用随机振动试验，因此正弦稳态振动在制导炸弹试验设计中较为少见。

（2）正弦扫频试验。

正弦扫频试验中频率按照一定的规律变化。按照频率变化规律，又分为线性扫频和对数扫频。正弦扫频振动量级是频率的函数，制导炸弹通常选择位移或加速度正弦激励扫频。

线性扫频频率是线性变化的，即单位时间内扫过多少赫兹，扫频率单位为 Hz/s 或 Hz/min，这种扫频方式用于较为细致的寻找共振频率。

对数扫频频率按照对数变化，扫频率为 oct/min、oct/s，oct 为倍频程。若扫频试验的上限频率为 f_H，下限频率为 f_L，则倍频程 n 的计算公式为

$$n=\log_2 \frac{f_H}{f_L} \tag{8-15}$$

例如 10 ～ 320 Hz 为五个倍频程，20 ～ 640 Hz 也为五个倍频程。对数扫频表示在相同时间内扫过的倍频程数是一定的，因此上述两个频段的扫频时间是

相同的。根据对数扫频的特性可知，在低频段扫频速度较慢，在高频段扫频速度较快。

正弦扫频时间 T 为

$$T=\frac{\Delta f}{R} \quad 或 \quad T=\frac{n}{R} \tag{8-16}$$

式中：Δf 为线性扫频带宽；R 为扫频率。

扫频振动试验的扫频方式有很多种，主要包括下列方法：

1）扫频方向向上只扫一次；

2）扫频方向向下只扫一次；

3）反复扫频先向上后向下，反复多次；

4）扫频方向向上，到了上限频率后快速返回下限频率，再向上扫，多次反复；

5）扫频方向向下，到了下限频率后快速返回上限频率，再向下扫，多次反复。

（3）正弦试验的推力计算。

开展正弦振动试验前，首先要计算正弦试验所需推力，以便于选择采用何种推力量级的振动台，试验峰值推力计算公式如下

$$F_{\mathrm{T}}=(M_0+M_1+M_2+\cdots)\,a \tag{8-17}$$

式中：M_0 为振动台运动部分有效质量，含动圈、转接接头等；M_1 为振动台的滑台质量，根据振动台特性滑台为可选；M_2 为试验件质量，含试件本体、夹具、安装螺钉等；a 为试验条件规定的正弦峰值加速度。

若试验所需推力远远小于振动台额定推力，则试验的经济性较差，从经济性和安全性角度考虑，试验推力一般不超过振动台额定推力的 80%。然而，该值为工程经验的估算值，在实际开展试验时，若所需推力接近振动台额定推力，最好是采用试振方法，即先用试验量级 50%、80% 进行试验，注意观察振动台的输出电压和电流，然后按照线性放大至满量级状态，如果电流和电压不超过额定值，通常来说试验可正常开展。

（4）正弦定频和扫频试验的关系。

若使两种正弦试验对试件产生同样的疲劳损伤，且取扫频试验激励幅值与定频试验幅值相等，那么扫频试验的总时间

$$T_{\mathrm{a}}=\frac{Q}{\phi}\ln\left(\frac{f_{\mathrm{H}}}{f_{\mathrm{L}}}\right)t_{\mathrm{d}} \tag{8-18}$$

式中：t_{d} 为正弦定频试验时间；Q 为放大因子；ϕ 可以通过标准化影响函数进行数值积分计算得到

$$\phi = \frac{Q}{f_n}\int_{f-\frac{f_n}{2Q}}^{f+\frac{f_n}{2Q}}\left[\frac{|H(if)|}{Q}\right]^k \mathrm{d}f \tag{8-19}$$

式中，f_n 为共振频率。

为缩短试验时间，可采用加速试验或作工程化处理，即对正弦扫频试验只按在共振带宽内发生的峰值计数（相当于取 0.707 倍的峰值作为破坏阈值）。按此原则建立峰值等效，则有

$$T_a = \ln\left(\frac{f_H}{f_L}\right) t_d Q \tag{8-20}$$

2. 随机振动

（1）随机振动推力计算。

绝大多数振动台只给出正弦额定推力，可按下式计算振动台的随机额定推力

$$F_r = \frac{F_p}{k} \tag{8-21}$$

式中：F_r 为估算的振动台随机额定推力，单位为 N；F_p 为振动台额定正弦推力，单位为 N；k 为推力有效作用系数。

当 k 取 3 时是最保守的估算公式，实际上振动台的随机推力与振动台动圈潜力、功率放大器的潜力及耦合方式有关。一般情况下，正弦推力为随机推力的 1.1 ～ 2.5 倍，即 k 可取 1.1 ～ 2.5，随机推力通常为有效推力。

根据试件、夹具、振动台活动部件以及水平滑台的总质量 m_q，以及试验条件给出的总均方根加速度计算的推力，应小于振动台的额定随机推力，即

$$F_{rs} = m_q a_{rm} < F_r \tag{8-22}$$

式中：F_{rs} 为试验估算需用随机推力，单位为 N；a_{rm} 为试验条件给定的总均方根加速度，单位为 m/s^2。

（2）频率分辨率。

随机振动的频率分辨率计算公式

$$\Delta f = \frac{f_{max}}{K} \tag{8-23}$$

式中：Δf 为频率分辨率，单位为 Hz；f_{max} 为最高控制频率；K 为谱线数（线数）。

（3）最大位移估算。

振动台通常会有位移限定值，根据试验条件估算出的最大位移幅值应小于振动台的最大额定位移，可采用如下近似计算公式。

$$D = 1\,067\sqrt{\frac{W_0}{f_0^3}} \tag{8-24}$$

式中：D 为峰峰值位移，单位为 mm；W_0 为频率 f_0 处的加速度功率谱密度，单位为 g^2/Hz；f_0 为低频限频率，单位为 Hz。

式(8-24)用于平直谱的宽带随机，如果不是平直谱，则可用 f_0 处的PSD值来近似计算峰峰值位移。通过分析比较可知，近似计算与精确计算值很接近。

(4) 总均方根值计算。

对于随机振动功率谱，可利用升谱、降谱以及平直谱计算公式来计算总均方根加速度。

平直谱计算公式

$$A_2 = W\Delta f = W(f_1 - f_b) \tag{8-25}$$

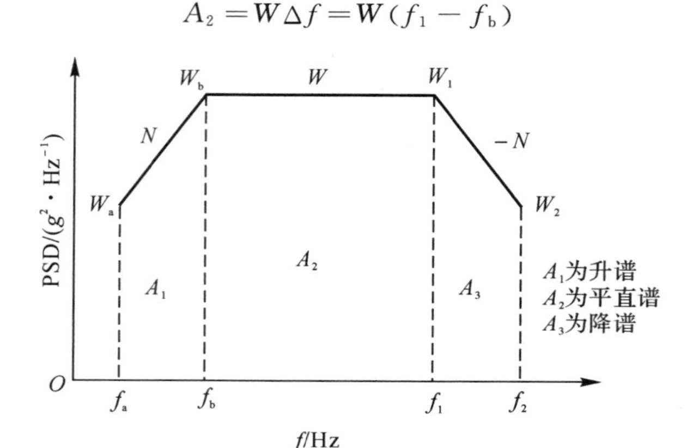

图 8-16　功率谱密度曲线图

在图 8-16 中 A_1 是上升谱，A_3 是下降谱，由于横纵坐标均为对数，因此面积必须利用积分才能计算，计算公式见表 8-5。

表 8-5　功率谱密度斜谱线面积计算

$m=N/3$	上升谱	下降谱	上升谱 $W_a=0, f_a=0$	下降谱 $W_2=0, f_2=\infty$
1	$\frac{W_b f_b}{2}\left[1-\left(\frac{f_a}{f_b}\right)^{m+1}\right]$	$2.3W_1 f_1 \lg\frac{f_2}{f_1}$	$\frac{W_b f_b}{2}$	∞
2,3,…	$\frac{W_b f_b}{m+1}\left[1-\left(\frac{f_a}{f_b}\right)^{m+1}\right]$	$\frac{W_1 f_1}{m-1}\left[1-\left(\frac{f_1}{f_2}\right)^{m-1}\right]$	$\frac{W_b f_b}{m+1}$	$\frac{W_1 f_1}{m-1}$

注：N 为谱线的斜率(dB/oct)。

功率谱密度曲线的加速度总均方根值计算式为

$$g_{rms} = \sqrt{A_1 + A_2 + A_3} \tag{8-26}$$

制导武器常用的典型功率谱密度曲线如图 8-17 所示，以计算加速度总均方

根值作为推力计算输入值。

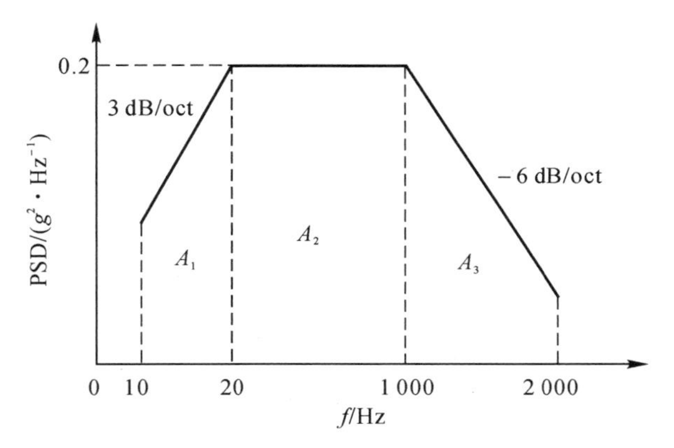

图8-17 典型功率谱密度曲线

利用升谱公式计算可得

$$A_1=\frac{W_b f_b}{m+1}\left[1-\left(\frac{f_a}{f_b}\right)^{m+1}\right]=\frac{0.2\times 20}{1+1}\left[1-\left(\frac{10}{20}\right)^{1+1}\right]g^2=1.5g^2 \tag{8-27}$$

利用平直谱公式计算可得

$$A_2=W(f_1-f_b)=0.2\times(1\ 000-20)g^2=196g^2 \tag{8-28}$$

利用降谱公式计算可得

$$A_3=\frac{w_1 f_1}{m-1}\left[1-\left(\frac{f_1}{f_2}\right)^{m-1}\right]=\frac{0.2\times 1\ 000}{2-1}\times\left[1-\left(\frac{1\ 000}{2\ 000}\right)^{2-1}\right]g^2=100g^2 \tag{8-29}$$

利用加速度总均方根值公式计算得

$$g_{\mathrm{rms}}=\sqrt{A_1+A_2+A_3}=\sqrt{1.5+196+100}\,g=17.25g \tag{8-30}$$

3. 加速试验

从理论分析入手，或从振动疲劳试验做出曲线加以统计处理入手，都可以得到加速试验公式。假定原定振动试验次数为N_1，试验量级为A_1，希望减少的试验次数为N_2，则需增加试验量值为A_2，且要求保证试验效果是一致的。

由于

$$(A_2/A_1)^k=N_1/N_2 \tag{8-31}$$

所以有

$$A_2=\lg[\lg A_1+(1/k)\lg(N_1/N_2)] \tag{8-32}$$

式中，k为加速指数，航空工业系统试验的结果通常取5，MIL-STD-810D推荐正弦取5，随机取8。

为了保持试件原有的特性不变，当应力分布等布置发生显著变化，对于正弦振动来说，振动量值一般不应超过2.5倍，时间压缩不应小于1/100。另外，这里的振动加速仅考虑振动疲劳问题，所以也只适用于耐久试验，一般不适用于振动功能试验。

（1）正弦定频试验加速。

设试验频率为 f_{m}，则试验时间为 $t=N/f_{\mathrm{m}}$，于是有加速公式

$$t_2/t_1=(A_1/A_2)^k \tag{8-33}$$

式中：t_1、t_2、A_1、A_2 分别表示加速前后的试验时间和激励量级；N 为振动试验次数。

（2）正弦扫频试验加速。

加速试验公式为

$$T_{2a}/T_{1a}=2T_1L_1/(2T_2L_2)=(A_{s1}/A_{s2})^k \tag{8-34}$$

式中：T_{1a}、T_{2a} 分别为加速试验前后正弦扫频试验时间；T_1、T_2 分别表示单向一次扫频时间；L_1、L_2、A_{s1}、A_{s2} 分别表示循环次数和激励量值。

（3）宽带随机试验加速。

加速试验公式为

$$t_2/t_1=(G_1/G_2)^{k/2} \tag{8-35}$$

式中，t_1、t_2、G_1、G_2 分别表示加速前后宽带随机试验的总时间和宽带平谱激励谱密度值。

4.振动控制

振动试验必须满足环境试验条件规定的运动参数（如位移、加速度、加速度谱密度等）变化状态，要求在控制点上安装传感器以测量运动参数信息，并将信息传递给振动控制仪，由其控制功率放大器和振动台的振动输出量，从而形成振动的闭环反馈。

（1）按控制形式分。按照控制的形式来分类，振动控制可分为单点控制与多点控制。

1）单点控制。控制点安装在试件与夹具连接点或与之靠近的台面上，只安装一个控制加速度传感器，适用于振动台面较小、试件质量较轻、空间尺寸较为紧凑的试验。

2）多点控制。对于大型振动台面和复杂试件，考虑到台面、夹具和试件运动的不均匀性，可选用多点控制，即在台面、夹具、试件上安装多个控制传感器。多点控制又分为多点平均控制、最大值控制和最小值控制。选最小控制时，振动量级最大；选平均控制时，振动量级次之；选最大控制时，振动量级最小。

（2）按控制内容分。按照控制的内容来分类，振动控制可分为激励控制与响

应控制。

1)激励控制。激励控制包括输入功率控制和输入力控制。对试验中激励能量进行控制,将一个与试件质量相等且在振动范围内无明显共振的模拟件装在夹具上,按激励曲线进行振动,测量振动台输出功率。正式试验时,按此功率曲线进行控制,称为输入功率控制。

在振动台、夹具和试件中安装动态力传感器,振动台的运动由力传感器的反馈来控制,以再现实测的界面力,当外场(平台/装备)的动力耦合与实验室(振动台/试件)的动力耦合有明显差异时,应采用输入力控制方法。

2)响应控制。在振动过程中,为了防止试件的重要部件被损坏,可以在重要部件附近安装控制点,这种控制方式称为极限控制或带谷控制。当该处振动量值超过设定值时,通过振动反馈使振动量值自动下降;当该处振动值小于设定值时,控制值恢复正常,这样在极限通道的振动控制曲线上形成了一个“谷”,因此极限控制也称为响应控制。对于较大细长比的制导炸弹,由于舱体结构连接形式较为复杂,在振动过程中,舱体尾部的舵机位置响应较大,因此在该处设置响应控制传感器以保护舵机系统,如图 8-18 所示。

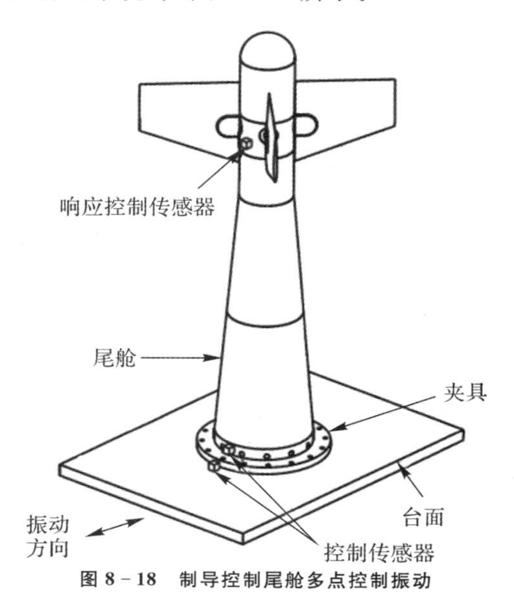

图 8-18 制导控制尾舱多点控制振动

8.3.3 试验夹具设计

试验夹具的主要功能是从振动台(或冲击机)把机械连接的能量传给试件,

图 8-19 表示振动试验系统各部分的关系：实线表示电信号传输线路，虚线表示机械能传输线路。

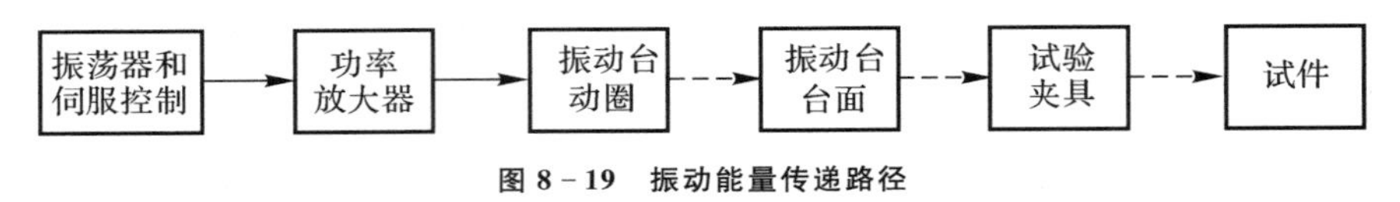

图 8-19 振动能量传递路径

1. 夹具设计要求

夹具设计应满足以下要求：①夹具的第一阶固有频率（基频）必须高于最高试验频率，以确保在整个试验频率范围内，夹具的频响特性较为平坦，不会与试件发生共振耦合；②夹具与试件的合成重心应尽可能与振动台的中心重合，连接面上各连接点的响应要尽量一致，以确保试验时激励输入的均匀性；③夹具在垂直于激励方向平面内的位移要尽量小；④夹具的阻尼要大，波形失真要小。

在大型试件的夹具设计中，要在整个试验频率范围内完全避开夹具基频或夹具-试件的耦合频率是不可能的，但夹具性能对于振动传递有很大影响，尤其对低频共振影响最为严重，所以一般要求夹具的第一阶固有频率大于试件第一阶固有频率的 3～4 倍。例如某型制导炸弹的第一阶频率为 60 Hz，则要求夹具的第一阶固有频率至少要大于 180 Hz。

2. 夹具材料选择

从性能角度出发，夹具材料应具有较小的密度、较大的刚度和较高的阻尼；从加工角度出发，材料应易于加工；从经济角度出发，则要求材料价格较为便宜。

从材料性能上看，直接决定固有频率的因素是材料的弹性模量 E 与材料密度 ρ 之比，称之为比刚度。比刚度（E/ρ）的值直接影响共振频率，要求其值越大越好。铝和镁是常用的材料，铝镁合金的阻尼特性也比较好，因此最好使用镁铝合金制造夹具。鉴于镁在机械加工中存在着火的风险，使用铝合金制造夹具也较为普遍，一般来说不推荐使用钢材。

3. 夹具的制造加工

在结构动力学试验中，夹具常用的制造方法有铸造（整体机加工）、焊接和螺接，制造加工方法的优先顺序是先铸造，再焊接，最后再选螺接。夹具制造与加工方法的比较如表 8-6 所示。

表 8-6 夹具制造加工方法比较

制造方法	制造周期	费用	性能	用途
铸造	长	高	高阻尼的合金大多易于铸造，但铸造成功率较低	适用于具有复杂外形的试件

续表

制造方法	制造周期	费用	性能	用途
焊接	短	低	焊接夹具的性能优于螺接，但比铸造略差	使用最为广泛
螺接	最短	最低	采用螺接的形式很难防止夹具各部分相对运动，易造成波形有毛刺的畸变	一般适用于低频、低量级振动

4．夹具的类型选择

(1)转接板。转接板是最常见的夹具，常用圆形板(见图 8－20)和方形板，一般为简单的等厚度平板或在板上简单加工对接面。在板上加工连接孔，以实现与振动台面的连接，通常可采用平面光孔或 T 形沉头孔。在确定安装板的形式和平面轮廓尺寸后，需再确定板的厚度，主要从固有频率、造价、安装要求、振动量级和振动台推力等因素予以考量。

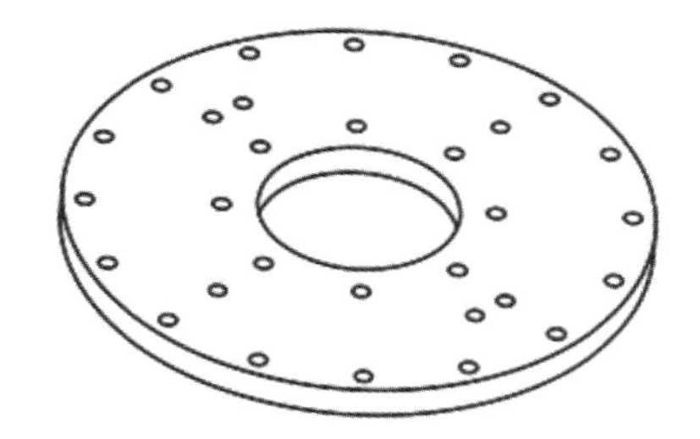
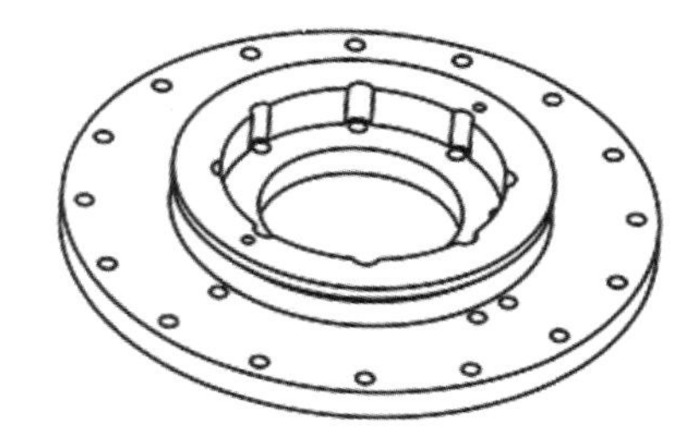

图 8－20　圆形转接板

(2)鼠笼和 L 形工装。鼠笼工装和 L 形最好的制造办法是铸造，也可用螺接、焊接将各部分连接起来，或者采用整块坯料进行机械加工。工装与台面的连接方式可参考转接板的形式，但是在工装的转角位置应设置加强筋，以提高工装的结构刚度，如图 8－21 所示。

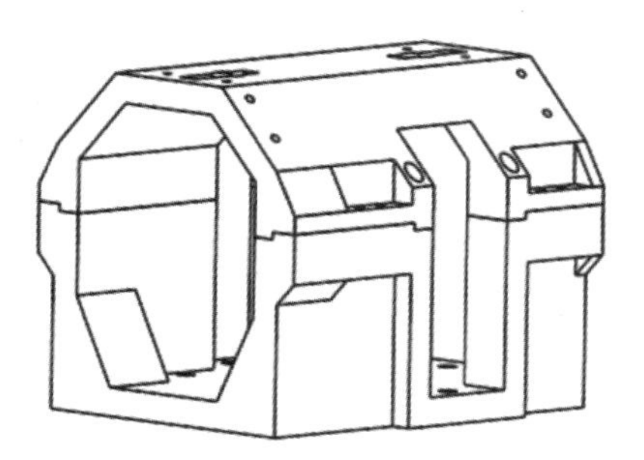
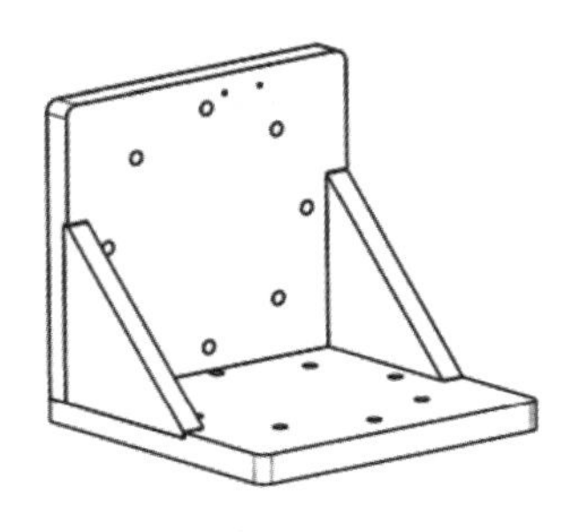

图 8－21　鼠笼工装和 L 形工装

8.3.4 振动测试技术

振动测试主要用于工程机械、建筑结构、仪器设备、飞机导弹等在任务阶段和试验阶段的动态信号测量，例如速度、位移或加速度等。原始测量数据为时间历程，经分析后可得到时域统计值、相位、频率、频谱等信号。

1. 测试设备

振动测试所用的设备有很多，有单功能的和多功能的，还有整体式和组合式，可根据不同要求进行选择和组合。

(1)传感器功能是将振动量转变成可以测量的物理量，目前最常用的是加速度传感器和测力传感器；

(2)前置放大器主要包括三种类型：用于把电荷转变为电压的电荷放大器；用于放大电压的电压放大器；用于高阻抗转变为低阻抗的阻抗变换器，目前使用的加速度传感器大多已在内部集成前置放大器；

(3)信号传输、调制解调、多路采集、滤波、微积分等设备；

(4)信号记录、显示、读数、绘图、打印等设备；

(5)信号分析设备(频域分析、时域分析、幅值域分析等)；

(6)激振设备，包括信号发生器、功率放大器和激振器(振动台)。

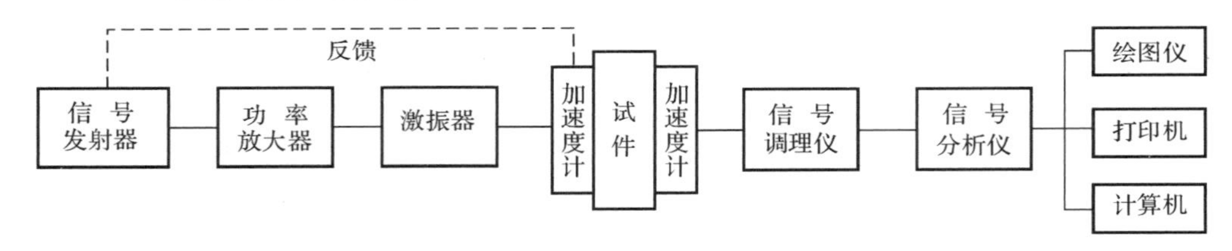

图 8-22 振动测试设备框图示例

2. 传感器

传感器作为振动测试最为重要的组成设备之一，在使用过程中包含较多的专业要求，因此这里将对传感器进行重点介绍。按所测运动量的类型来分，传感器可分为位移计、速度计、加速度计和加加速度计，其中制导炸弹振动试验主要采用压电式或电荷型加速度计。

传感器的选择和使用除考虑要测量哪种运动量外，为了使传感器能够准确测量信号，还要遵循以下几个原则：

(1)为避免对试件增加质量负载，改变试件动态特性，对块状试件来说，接触式传感器应小于试件有效质量的 1/10；对于薄壁件试件，传感器质量影响严重

且计算较为烦琐，可参阅文献[19]。非接触式传感器无此缺点，但灵敏度随初始安装间隙变化，还需要静止的安装架，非接触式可测旋转式物体的振动。

(2)测量前要大致估算被测量信号的频率范围，被测信号的有效测量频率与传感器固有频率的比值应在传感器幅频曲线的工作频带，即如图 8－23 所示曲线的平直段内。

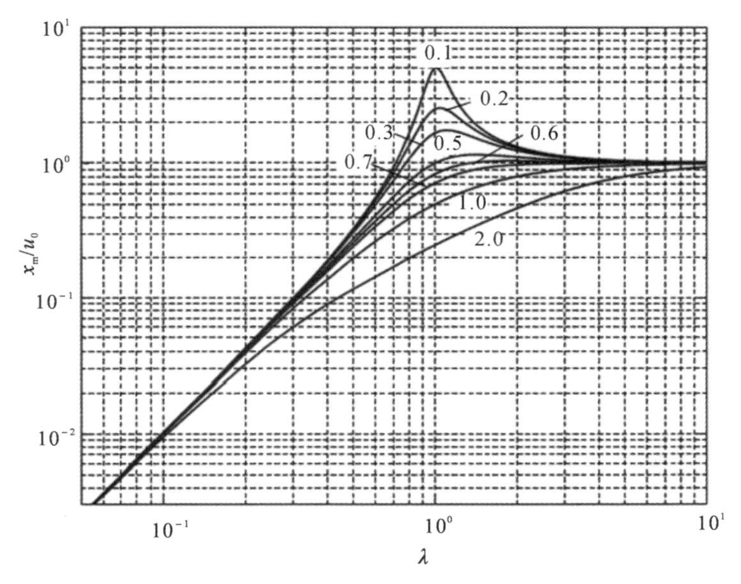

图 8－23 传感器幅频曲线

(3)测量含多种频率成分的复杂波形时，必须选择相位角与频率比值成线性关系的传感器，如图 8－24 所示相频曲线过原点的斜直线，否则将产生输出波形失真，可见阻尼比 $\xi=0.7$ 时，相频曲线的线性度最好。

(4)估算被测系统可能产生的最大振动量级，并检查它是否超过传感器额定最大量程的 1/3。一般来说，低灵敏度传感器可用于高振动量级，反之低振动量级要采用高灵敏度传感器以提高信噪比。

(5)传感器的工作环境，如温度、湿度、磁场等，应满足传感器要求。

(6)传感器测量方向应与振动方向一致，否则测值为被测信号分量。

(7)传感器应安装在反映结构整体动态特性的位置上，而不是产生局部共振或响应的部件上，例如制导炸弹舱体的薄蒙皮。

(8)传感器应直接安装在被测系统上而不要另用装接件，如不得不用时，则转接件应尽量刚硬，其最低阶固有频率应为被测上限频率的 5～10 倍。

(9)制导炸弹振动试验最常用压电式和电荷型传感器，固定方式的优先顺序为螺栓连接、强力胶粘接、薄蜡粘接。对于频繁移动的传感器，还可将其装在磁铁座上，但由于磁铁座质量较大，该方法仅适用于大型的试件。

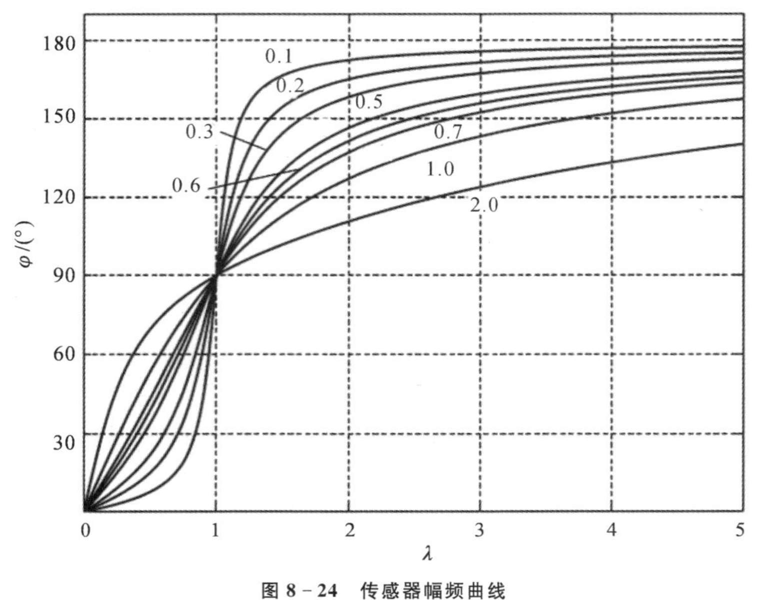

图 8－24　传感器幅频曲线

8.3.5　结果处理与分析

1. 振后检查

在每个方向的振动试验完成后，应仔细检查试件外观，观察试件的变形及破坏情况，检查连接件是否松动、脱落及是否有其他异常情况，其中舱段对接面为重点应检查的部位。对于某些重要的弹载设备还应进行特殊检查，例如对充满氮气的导引头应检查气密性，对作动筒、引信等火工品还要进行振动试验后电气性能测试和点火起爆性能检测。

2. 数据分析

由于随机振动在时域上是不确定的，在数学上只能用统计的方法进行研究。对于统计特性不随时间变化的平稳随机振动过程，在幅值域可以进行均值、均方根、方差和概率分布与概率密度函数的分析；在频域可以进行自谱、互谱、概率响应特性与相干函数的分析；在时差域可以进行自相关和互相关函数的分析。对于统计特性随时间变化的非平稳随机振动过程，由于各统计特性都是时间的函数，目前尚无一套完整的分析方法，在工程分析中往往按局部的假设进行近似

处理。

制导炸弹通常利用电磁振动试验系统开展试验，使用数据采集系统采集试验数据，并由振动控制器内置的数据分析模块进行数据分析，因此大多数时候是对已处理的时域、频域曲线进行分析。图 8－25 所示为固体火箭发动机振动试验曲线。

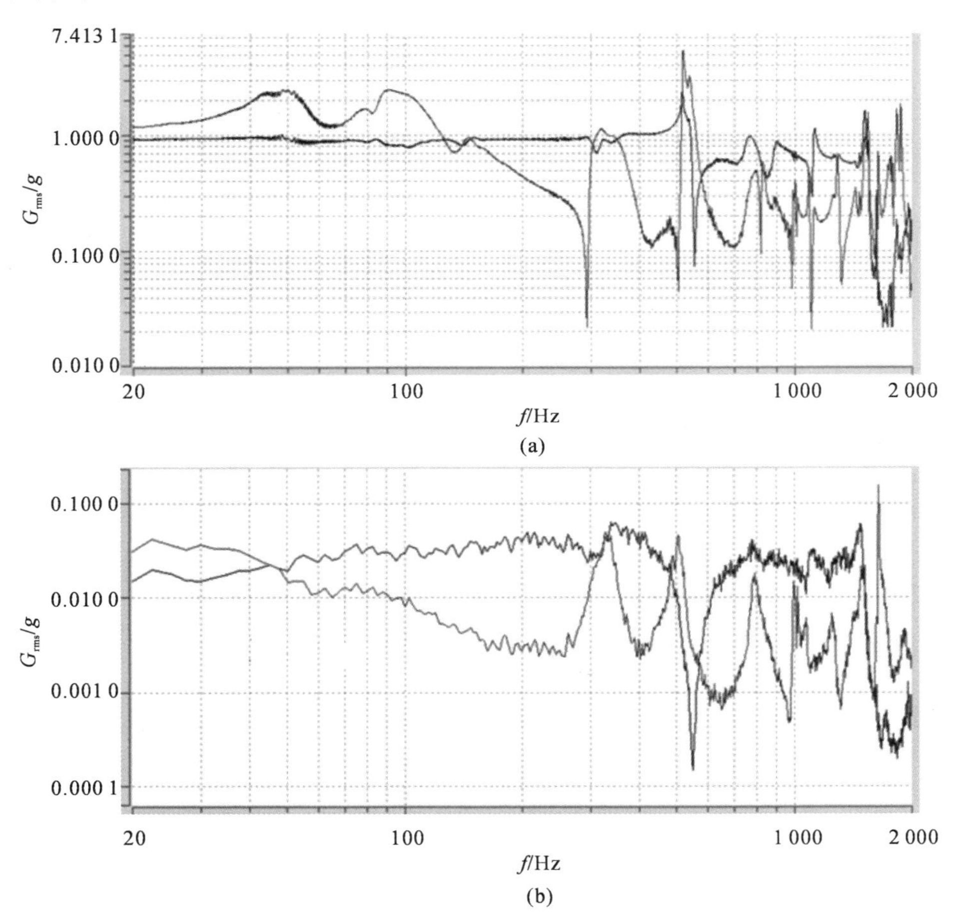

图 8－25 固体火箭发动机振动试验曲线

(a)正弦扫频响应； (b)随机振动响应

对于制导炸弹的振动试验来说，很重要的一点是分析频率成分，避开某些敏感特征频率点。随机振动信号是否混有特定周期性频率，可以根据其物理因素是否产生周期信号的可能性进行分析，也可用下述数据分析进行检验。

(1)自相关函数分析法。对于不含周期性信号的随机振动，其自相关函数在延迟时间很长时，总是趋于其均值的平方；而周期性信号的自相关函数曲线无论延迟时间多长，总是呈现周期性，而且波动的周期与试件历程信号的振动周期性相等。

(2)自功率谱密度函数图形判断法。对振动信号进行自功率谱分析，若自功率谱图的峰值随分析带宽的减少而成比例增加，则该振动信号中含有周期性频率成分。

8.4 冲击试验

8.4.1 试验目的与内容

制导炸弹在作战使用和运输过程中，车辆紧急制动和颠簸、载机强力投放、火工品爆炸作动、发动机点火、运动机构撞击都会冲击环境。冲击就是在一个较短的时间内将高量级的输入脉冲施加到产品上，冲击与振动一样具有连续的频谱，但又是一个瞬变过程，不具备稳态随机条件。通常来说，冲击有害影响的程度随冲击环境的幅值和持续时间的增大而加大。当冲击的持续时间与制导炸弹或弹载设备的固有周期一致，或输入冲击波形的主要频率与制导炸弹或弹载设备固有频率一致时，对结构和功能完整性的有害影响都将放大。

装备对机械冲击环境的响应具有以下特征：高频振荡、短持续时间、明显的初始上升时间和高量级的正负峰值。机械冲击的峰值响应一般可用一个随时间递减的指数函数包络。对于具有复杂多模态特性的装备，其冲击响应包括以下两种频率响应分量：施加在装备上的外部激励环境的强迫频率响应分量和激励施加期间或之后装备的固有频率响应分量。这些响应会导致：

(1)零件之间摩擦力的增加或减少，或相互干扰而引起的装备失效；

(2)装备的绝缘强度变化、绝缘设备的电阻抗下降、磁场和静电场强的变化；

(3)装备电路板故障、损坏和电连接器失效；

(4)由于装备结构或非结构的过应力引起装备的永久性机械变形；

(5)由于超过极限强度导致机械零件的损坏；

(6)材料加速疲劳(低周疲劳)；

(7)装备潜在的压电效应；

(8)由于晶体、陶瓷、环氧树脂或玻璃封装破裂引起的装备失效。

冲击试验技术发展到今天，除了几个能用函数准确定义的标准波形，例如半

正弦波、梯形波(方波)、三角波(前锋锯齿波和后锋锯齿波)、冲击响应谱等,能在实验室较为准确复现以外,要复现工程中真实的冲击环境并达到一定的精确度存在一定困难。理想的替代方法是采用人工方法产生的受控冲击环境,即模拟冲击环境(见表 8-7)。这种受控冲击环境的性质和严酷程度,必须使受到它的作用而导致设备的损伤状况与真实冲击环境后设备的损伤效果相当。这一点是冲击模拟试验的基本原则,否则冲击模拟环境将失去意义。

表 8-7 冲击试验台类型和特点

分类	名称		特点
按冲击方式	自由落体式	跌落式	工作台面借助导向装置自由落下与砧座碰撞产生冲击脉冲,其结构紧凑
		摆锤式	运动体提高到一定高度,使之自由摆落与砧座碰撞产生冲击脉冲,其结构庞大
	强迫驱动式	气动式	利用压缩空气推动活塞,活塞与工作台面及冲头连在一起,冲头与缓冲器相碰时产生冲击脉冲
		电动式	冲击信号从振动控制仪产生并经功率放大器放大后传到动圈绕组上,利用电能驱动磁感应动圈,这时就会产生所需要的冲击波形
		液压式	利用液压油推动活塞,使连在一起的冲头与缓冲器相碰产生冲击脉冲
		弹簧蓄能式	工作台面提升时压缩弹簧,跌落时弹簧释放能量,驱动工作台冲头与缓冲器相碰产生冲击脉冲
按缓冲器形式	弹性缓冲	橡皮缓冲	通过不同组合可得到不同的脉冲持续时间,其波形为半正弦
		气体缓冲	由一个大气压或一定压力的空气(或其他气体)形成
	非弹性缓冲		利用材料的塑性变形产生一定形状的冲击脉冲,如圆锥形铅块
	液体阻尼缓冲	液体	利用液体的阻尼作用,使冲头打击液面,改变液面流出面积大小以改变冲击脉冲持续时间
		电-黏性液体	通过改变电场强度改变液体黏度,以改变液体缓冲器的刚度

8.4.2 试验方法

对于制导炸弹常用的半正弦波、后峰锯齿波、矩形波等典型的冲击波形，试验规范规定了波形峰值、持续时间、冲击方向、冲击次数以及试验容差等要求，冲击波形的数学描述如5.7.1节所述。对于制导炸弹冲击试验来说，产生规定冲击波形的方法有很多，常用的有跌落冲击试验机和气动式冲击机。它们多用于高加速度、小型产品的冲击试验，比如弹载设备、轻小量级制导炸弹等。利用电动式振动台也可以产生规定的冲击波形，这在制导炸弹冲击试验中较为常见，其优点是可与振动试验一起进行，节省了试验夹具及周期，一般用于低量级的性能冲击试验。

对于飞行器和制导武器来说，在作战使用、运输阶段的冲击环境、规范、试验方法及试验设备的关系如表8-8所示。

表8-8　冲击环境与试验方法

冲击环境		冲击规范	冲击试验方法	冲击试验设备
飞行器	发动机点火、关机级间分离 飞机着陆 武器发射/投放 折叠机构作动	典型脉冲 冲击响应谱 炮震	半正弦、后峰锯齿波模拟 正弦扫描或瞬态波形的冲击响应谱模拟 炮震模拟	跌落式冲击机 气动冲击机 电动振动台及数控系统
制导武器	弹头再入 触地撞击 穿靶	撞击速度 撞击角度	模拟撞击速度	空气炮 火药枪
车辆运输	汽车碰撞 火车碰撞 运输及搬运	撞击波形或能量谱 典型脉冲序列	瞬态波形匹配能量谱 实测波形模拟	多用实物试验 跌落式冲击机 颠簸式冲击机

在制导炸弹冲击试验中最常用的经典冲击脉冲中，后峰锯齿波主要用于功能冲击和坠撞安全冲击，半正弦波主要用于功能冲击、武器投放和飞机着陆冲击，梯形脉冲的功能性冲击主要用于有包装设备的试验和易损性试验。

1. 试验条件

冲击试验条件最重要的三个组成要素为：冲击波形、持续时间、冲击次数与方向。对于冲击次数与冲击方向来说，由于冲击主要考虑的是对产品极限强度的影响，而不是考虑累积损伤，所以不用对产品进行多次重复试验，但为了避免偶然性，也需要一定的冲击次数。对于很少承受冲击的装备，一般在规定的每个

方向上冲击1次；对于经常承受冲击的装备，一般在规定的每个方向上连续冲击3次。由于冲击所造成的的最大响应可能发生在激励脉冲的相同方向或相反方向，因此，通常规定要在被试产品的三个正交轴向正负方向进行试验，所以冲击试验的次数规定为6次或18次。

对于冲击波形和持续时间来说，目前规定脉冲波形的冲击试验几乎被所有国内外的环境试验规范与标准所采用的，表8-9中给出了国内外主要标准中规定的冲击试验条件要求。

表8-9 国内外主要标准中规定的冲击试验条件

<table>
<tr><td colspan="3">GB/T 2423
IEC 60068-2-27</td><td colspan="3">GJB 150.18
MIL-STD-810C/D/E</td><td colspan="3">GJB 150.18A
MIL-STD-810F</td><td colspan="3">GJB 360A
MIL-STD-202F</td></tr>
<tr><td>g</td><td>ms</td><td>波形</td><td>g</td><td>ms</td><td>波形</td><td>g</td><td>ms</td><td>波形</td><td>g</td><td>ms</td><td>波形</td></tr>
<tr><td>15</td><td>11</td><td rowspan="9">半正弦、后峰锯齿、梯形</td><td colspan="6">飞行器设备-功能</td><td>—</td><td>—</td><td>—</td></tr>
<tr><td>30</td><td>6/11</td><td>15</td><td>11</td><td>半正弦</td><td>—</td><td>—</td><td>—</td><td>30</td><td>11</td><td rowspan="4">半正弦、后峰锯齿</td></tr>
<tr><td>30</td><td>18/40</td><td>20</td><td>11</td><td>后峰</td><td>20</td><td>11</td><td>后峰</td><td>50</td><td>11</td></tr>
<tr><td>50</td><td>3/11</td><td colspan="6">飞行器设备-坠撞安全</td><td>75</td><td>6</td></tr>
<tr><td>100</td><td>6</td><td>30</td><td>11</td><td>半正弦</td><td>40</td><td>11</td><td>后峰</td><td>100</td><td>6</td></tr>
<tr><td>100</td><td>11</td><td>40</td><td>11</td><td>后峰</td><td>30～50</td><td>$\frac{2\sqrt{2gh}}{A_m}$</td><td>梯形</td><td>—</td><td>—</td><td>—</td></tr>
<tr><td>200</td><td>3</td><td colspan="6">地面设备-功能</td><td>—</td><td>—</td><td>—</td></tr>
<tr><td>200</td><td>6</td><td>30</td><td>11</td><td>半正弦</td><td>40</td><td>11</td><td>后峰</td><td>—</td><td>—</td><td>—</td></tr>
<tr><td>500</td><td>1</td><td>40</td><td>11</td><td>后峰</td><td>—</td><td>—</td><td>—</td><td>500</td><td>1</td><td rowspan="3">半正弦</td></tr>
<tr><td>1 000</td><td>1</td><td rowspan="3">半正弦</td><td colspan="6">地面设备-坠撞安全</td><td>1000</td><td>0.5</td></tr>
<tr><td>1 500</td><td>0.5</td><td>60</td><td>11</td><td>半正弦</td><td>75</td><td>11</td><td>后峰</td><td>1500</td><td>0.5</td></tr>
<tr><td>3 000</td><td>0.2</td><td>75</td><td>11</td><td>后峰</td><td>30～50</td><td>$\frac{2\sqrt{2gh}}{A_m}$</td><td>梯形</td><td>—</td><td>—</td><td>—</td></tr>
</table>

如何正确地选择试验条件往往是件不太容易的事，最好的办法是以实际环境的数据为准。对于制导炸弹来说，最好的办法是在试验前由军方用户或载机总体单位提供使用环境资料，或对产品的使用环境进行实测，然后利用外部提供的数据或实测数据进行试验。然而，在制导炸弹研制过程中，外部往往无法及时提供冲击环境数据，而且在型号研制早期阶段，由于无模装弹，所以实测过程往往也无法实现。因此，对于制导炸弹通常是根据运输和挂机飞行的平台环境，通过工程方法判断，选用表8-9中的标准和规范规定的量级作为产品的设计和试验输入，选用原则如下。

(1)若运输环境比使用环境严酷,且在运输环境中会实现大部分作战功能,则应使用运输环境作为试验输入。如果产品仅承受运输环境而不在运输环境下工作,则先按运输环境进行结构完整性冲击试验,然后再按使用环境的要求进行功能冲击试验,而制导炸弹属于后者所描述的情形。

(2)对于制导炸弹这种一次性使用的产品,可使所选择的试验条件高于实际要求,对于弹载设备与整机还可以再次提高试验要求。一般来说 100g 以下的等级主要用于正常作战使用、运输和操作所经受到冲击;对剧烈的搬运、发动机点火、爆炸所引起的冲击,通常采用 100g 或 200g 等级;对直接与高速运动部件撞击部位连接的弹载设备,通常用 1 000g 或 2 000g 的等级,若高速撞击无缓冲效应,部分设备甚至会达到 5 000g 的等级。

(3)对制导炸弹适用的标准和规范规定的冲击量级而言,通常是比较保守的(即安全系数比较高),所以在具体选用时要多研究与被试产品更接近的标准和规范,以免造成过试验。例如表 8-9 中 GJB 150.18 规定飞行器上安装设备的功能冲击试验脉冲峰值为 15g,并无区分是用于战斗机作战挂飞或是运输机空中运输,在进行环境分析时,对于运输机的冲击环境可以从民用航空标准和规范中获取,这类标准和规范规定,运输机和民航机安装设备的功能冲击试验脉冲峰值为 6g。

2.试验顺序

在制导炸弹研制过程中,对于正常情况而言,冲击试验的顺序在环境试验中应靠前实施,但应在振动试验之后,综合来看冲击试验顺序的要求如下:

(1)如果认为冲击环境很严酷,在产品主要结构或功能不失效的条件下产品生存的概率较小,那么冲击试验应放在试验顺序的首位,以便在进行更多相对不是很严酷的环境试验前,有机会改进产品设计以满足抗冲击性能要求,同时节省研制与试验经费;

(2)如果认为冲击环境虽很严酷,但在产品主要结构或功能不失效的条件下产品生存的概率较大,那么就在振动试验和温度试验之后进行冲击试验,以暴露综合振动、温度和冲击环境下的失效;

(3)如果认为冲击试验量级与振动试验量级相比并不严重,那么应剪裁冲击试验项目;

(4)在气候试验前进行冲击试验常常是有利的,只要这个顺序代表了实际使用条件,而试验经验表明,对气候敏感的缺陷在施加冲击环境后会更加清晰地显示出来,内部或外部的热应力会永久地减弱产品对振动和冲击的阻抗力,如果冲击试验在气候试验之前进行,这些缺陷就不能被检测到。

3. 试验容差

在规定的经典冲击脉冲试验方法中，目前在军用装备领域对经典冲击脉冲的波形容差规定如图 8－26、图 8－27 所示。在冲击试验中，要使一个冲击波形符合容差要求，并控制在规定的容差带内，可通过调整冲击试验机、夹具、缓冲器和安装形式，使监测点的冲击脉冲波形落在容差界线内。

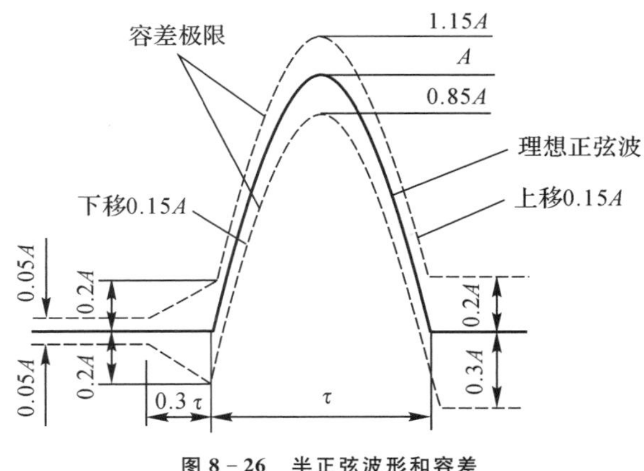

图 8－26　半正弦波形和容差

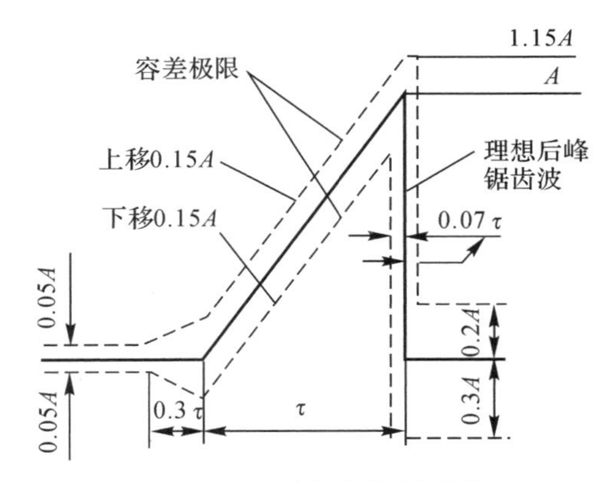

图 8－27　后峰锯齿波形和容差

在进行冲击响应谱试验时，往往有很宽的频率范围，此时要满足整个频率范围内的容差要求非常困难，因此在这种情况下的容差要求如下：

(1) 如果试件没有典型的低频模态响应，允许冲击响应谱的低频部分超出容差限，以满足冲击响应谱对高频部分的要求，高频部分至少应从低于试件第一阶固有频率的一个倍频程开始处开始，持续时间应保持在容差范围内；

(2) 如果试件没有典型的高频模态响应，那么为了满足冲击响应谱对低频部

分的要求，若复杂瞬态 脉冲持续时间不超过 $T_e+1/(2f_{min})$（T_e 为试验的有效持续时间，f_{min} 为冲击响应谱最低频率），则允许复杂瞬态脉冲的持续时间超出容差限，如果持续时间必定超出了 $T_e+1/(2f_{min})$，就应采用其他试验程序。

4. 跌落式冲击试验机法

将试件固定在一刚性试验台面上，将台面提升到一定高度 h，然后突然释放，使试件和试验台一起自由跌落在一个弹性或塑性体（称为波形发生器）上。从台面释放到接触波形发生器为止，此时跌落速度为$\sqrt{2gh}$，台面向下运动受阻从而产生一个很大的与重力方向相反的加速度。在此加速度下，速度减小至零，加速度达到峰值，运动体的动能完全转变为波形发生器的变形能，之后在该变形能作用下，使试验台面反弹向上运动，速度逐渐增加，反向加速度减小直至台面与波形发生器脱离接触为止，使试验台面及被试设备受到加速度脉冲的作用。若波形发生器为完全弹性体，则该脉冲为半正弦脉冲，但实际产生的是近似半正弦脉冲。

该脉冲峰值由台面跌落高度 h 决定，计算公式为

$$h=\frac{A^2\tau^2}{2g\pi^2}\approx\frac{A^2\tau^2}{2012} \tag{8-36}$$

式中：A 为加速度脉冲峰值，单位为 g；τ 为冲击持续时间，单位为 ms；h 为跌落高度，单位为 mm。

冲击持续时间由波形发生器的弹性系数决定

$$\tau=\sqrt{\frac{\pi^2 M}{K}} \tag{8-37}$$

式中：M 为试验件与试验台面质量之和；K 为弹性波形发生器的刚度系数。

5. 气动冲击试验机法

气动冲击机是由台面、活塞、高压室、低压室、外部气源、弹垫或其他形式的波形发生器所组成。试验开始前，由于活塞上下受压表面积比恰与高压室低压室压力比呈倒数关系，故活塞维持静平衡。试验时，给高压室增一微压作为启动压力，静平衡被破坏使活塞向下运动，该运动使活塞上表面完全暴露在高压下，从而产生了极高的不平衡力，加速活塞的运动，直至活塞带动台面碰撞到波形发生器，完成一次冲击。通过调整撞击面材料及形状的变化（橡胶垫、羊毛毡、铅堆等），可以实现不同冲击脉冲的试验。它可以产生的脉冲峰值加速度为 10^3g 的量级，持续时间为 ms 级，如图 8-28 所示。

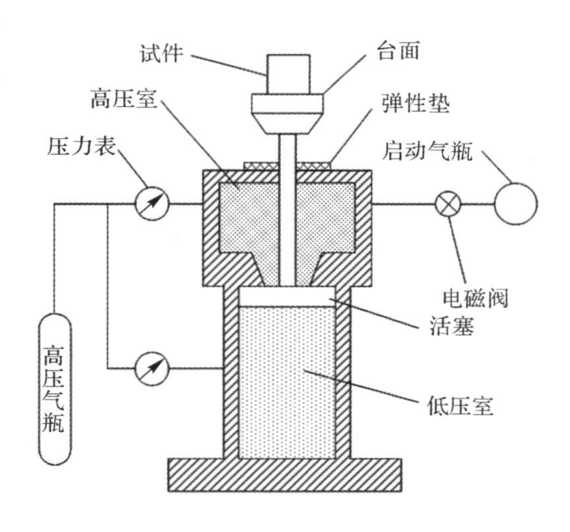

图 8－28　气动冲击机原理图

6. 振动台冲击试验机法

利用电动振动台可以通过数字控制系统完成各种经典冲击脉冲及其他冲击波形的冲击试验。现在常用的数字控制方法有三种，即复现规定的冲击波形，用复现的组合瞬态波形去匹配冲击响应谱，用复现的组合瞬态波形去匹配能量谱。这三种方法的实现都必须在台面上复现各种规定的波形，故本节首先介绍复现冲击波形的方法。

对频响函数为 $H(\omega)$ 的振动台系统，若要求在振动台上产生的冲击波形为 $x_R(t)$，其傅里叶变换为 $X_R(\omega)$，以 $X_R(\omega)/H(\omega)$ 作傅里叶变换所得到的时域信号 $x_D(t)$ 为振动台功率放大器的输入，显然在台面上所得到的信号即为 $x_R(t)$。

$H(\omega)$ 可由校准脉冲 $x_0(t)$ 及系统响应 $y_0(t)$ 求得，即

$$H(\omega)=\frac{\mathrm{FFT}y_0(t)}{\mathrm{FFT}x_0(t)} \tag{8-38}$$

在振动台上复现冲击波形，原理框图如图 8－29 所示。

在振动台上产生冲击波形的具体步骤如下，关键的一步是要得到 $H(\omega)$：

(1) 给系统输入一个校准信号，如后峰锯齿脉冲，测量响应以确定 $H(\omega)$；

(2) 求规定冲击波形 $x_R(t)$ 的傅里叶变换 $X_R(\omega)$；

(3) 求功率放大器驱动信号 $x_D(t)$ 的傅里叶变换谱：$X_D(\omega)=X_R(\omega)/H(\omega)$；

(4) 求 $x_D(t)=\mathrm{FFT}^{-1}X_D(\omega)$；

(5) 用信号 $x_D(t)$ 驱动功率放大器即可在台面上得到 $x_R(t)$。

为了复现半正弦、后峰锯齿等典型脉冲，应当注意的是，首先需要对所要求

的加速度脉冲进行适当修正，如图8-30所示，使其末位移和末速度均为零，因为振动台不允许末位移和末速度存在。

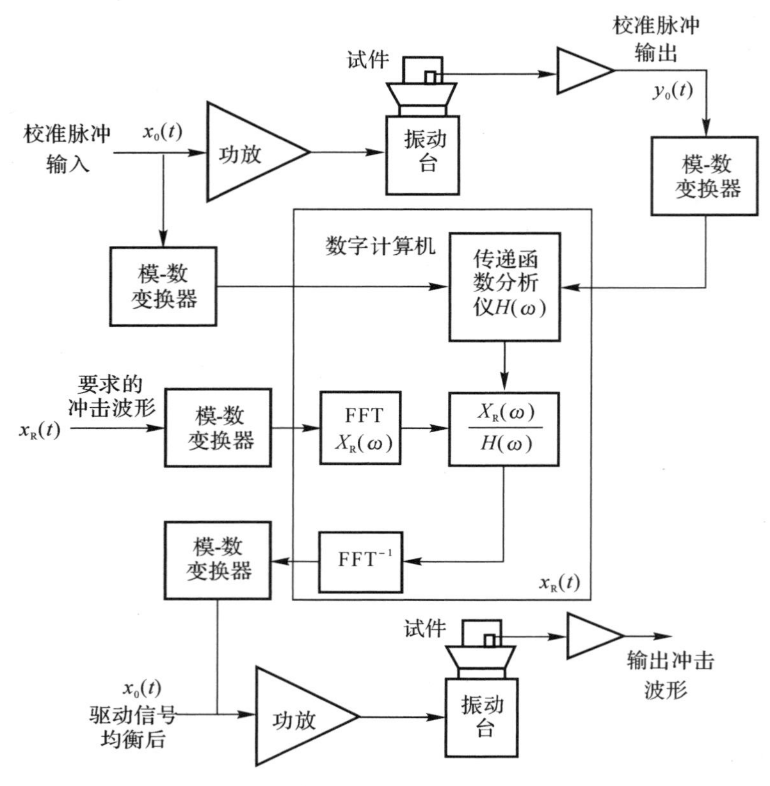

图8-29　在振动台上复现冲击波形原理图

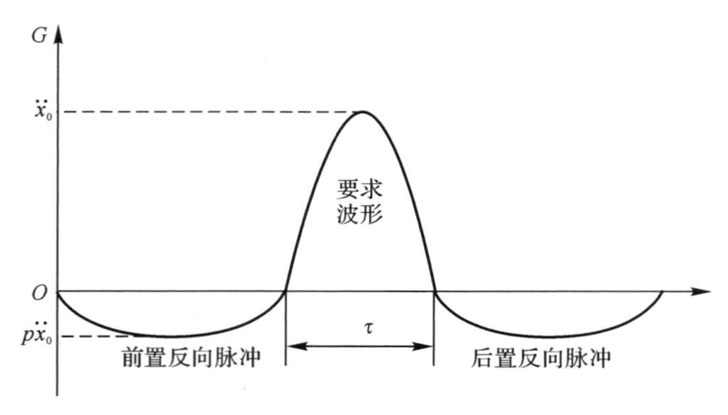

图8-30　修正的典型脉冲

此外，振动台复现典型冲击脉冲的能力要受到振动台最大速度和最大位移的限制，所以在复现冲击波形前，需要计算冲击脉冲的最大速度，特别是最大位移，判断是否超出振动台的极限能力。三种典型修正脉冲的最大速度与最大位移计算式如表8-10所示，其中p为反向脉冲与要求脉冲峰值之比，G_0是以重力加速度g为单位的脉冲加速度峰值，$G_0=\ddot{x}_0/g$。由表8-10可知，对给定的G_0，最大速度是τ的线性函数，而与p无关，最大位移则是两项之和，首项与τ^2成正比，后项与τ^2/p成正比。

表8-10　典型修正脉冲最大速度与最大位移

脉冲波形	最大速度/(cm·g^{-1})	最大位移/cm
半正弦	$\pm\dfrac{981G_0\tau}{\pi}$	$-\dfrac{981G_0\tau^2}{\pi}\left(\dfrac{1}{\pi}+\dfrac{1}{4p}\right)$
矩形	$\pm\dfrac{981G_0\tau}{2}$	$-\dfrac{981G_0\tau^2}{8}\left(1+\dfrac{\pi}{2p}\right)$
后峰锯齿	$\pm\dfrac{981G_0\tau}{4}$	$-\dfrac{981G_0\tau^2}{2}\left(235+\dfrac{1}{32p}\right)$

8.4.3　冲击测试技术

1. 冲击测量要求

表征冲击过程的基本量是加速度、速度、位移以及冲击过程中的冲击力。一个完整的冲击描述过程，需要精确记录所要研究对象的时间历程。冲击测量是采用软硬件设备测量冲击过程的时间历程、冲击峰值、冲击的傅里叶频谱、冲击的响应谱和冲击持续时间。图8-31所示为模型的冲击测量系统原理图。

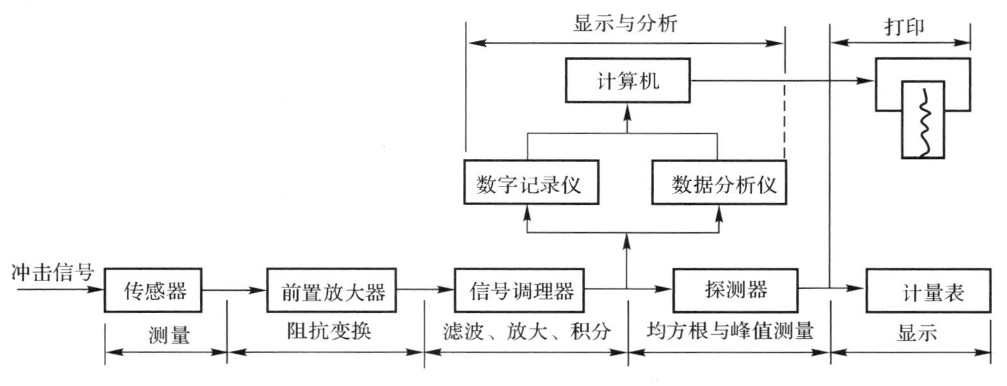

图8-31　典型的冲击测量系统原理图

一个冲击脉冲的频率范围很宽，理论上包含着由零频到接近无限大频率以内所有频率的能量，例如一个持续时间为 5 ms 的半正弦脉冲，其频率含量远高于正弦振动信号的频率 100 Hz，甚至在 1 000 Hz 以上仍有频率分量存在。因此，对于典型冲击脉冲，测量频率范围的经验公式为

$$\frac{0.008}{\tau}\leqslant f\leqslant\frac{10}{\tau} \tag{8-39}$$

式中：τ 为冲击持续时间，单位为 s；f 为测量频带，单位为 Hz。

冲击过程具有持续时间短和短时能量很大的特点，因此对测量系统要求较高。由于冲击信号的幅值变化范围远比振动大，故冲击的准确描述至少需要 40 dB以上的测量系统，通常可限定动态范围为 40～70 dB。由于冲击持续时间很短，一般为 ms 级的单次不重复冲击信号，这就要求测量系统能够准确捕捉信号点，避免漏测，可以利用奈奎斯特采样定理确定采样规则，其次要有抗干扰措施，防止冲击瞬间各种环境因素的干扰信号输入。由于冲击瞬时值较高，有时会达到 $10^5 g$ 的量级，因此需要解决传感器自身的安装强度、基座应变和接插头抖动等问题。

2. 冲击测量设备

冲击测量系统主要由测量传感器、信号调理器、存储与记录仪组成，必要时还可以增加探测器、数据分析仪和打印设备等。传感器是获得准确、真实数据的第一关，目的在于将所需测量的物理量转换为便于测量的物理量；信号调理器将冲击信号进行滤波、放大、隔离等；存储与记录仪对调理过的冲击信号进行采集、存储和数字处理。

(1)测量传感器。在冲击测量方面，目前广泛使用的是各种结构型式的压电式、压阻式和变电容式加速度传感器。

压电式加速度传感器是一种自发式传感器，其输出电荷与所感受的加速度成正比。它具有精确度高、频响宽、动态范围大、尺寸小、质量轻、寿命长、易于安装、稳定性好等特点。随着微电子学技术的发展，集成电路式压电(IEPE)加速度传感器应用越来越普遍，如图 8－32 所示。

在制导炸弹冲击试验中，压电式加速度传感器应用最为广泛，美国某传感器仪表公司典型的冲击传感器产品参数如表 8－11 所示。

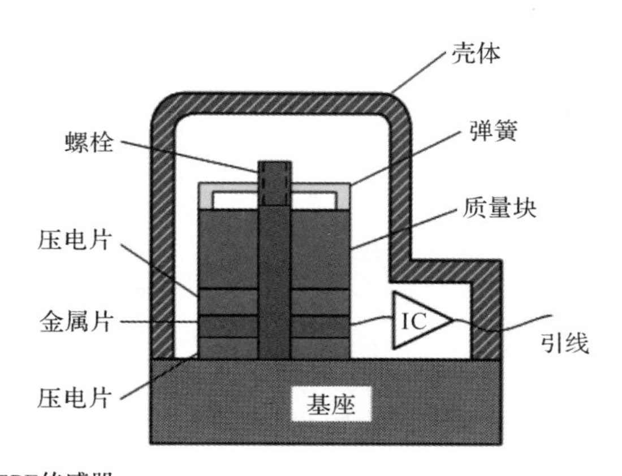

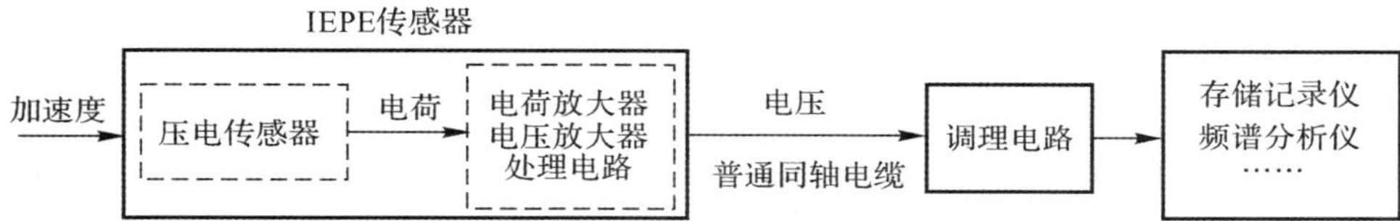

图 8-32 IEPE 加速度传感器作用原理图

表 8-11 典型的冲击传感器参数示例

参数	各型号参数值					
	3200B2	3200B3	3200B4	3200B5	3200B6	3056D8
量程/g	50 000	20 000	10 000	5 000	2 500	1 000
灵敏度/(mV·g^{-1})	0.1	0.25	0.5	1	2	5
横向灵敏度/(%)	3					5
共振频率/kHz	>90					>36
频率范围/Hz	0.49~10 000					1~10 000
幅值线性度/(%)	±1					±1
质量/g	6					10
供电电压/V	+18~+30					
输出阻抗/Ω	100					
温度范围/℃	−51~+121					−55~+121

压电传感器的测量上限频率，一般由传感器的固有频率决定，测量下限频率则由前置放大器决定。因此，加速度传感器的固有频率应尽可能高些，对于压电式加速度传感器要使其固有频率满足：

$$f_n \tau > 5 \sim 10 \tag{8-40}$$

式中：τ 为冲击持续时间，常取 $10^{-3} \sim 1$ s。

为了保证传感器有足够的低频测量下限，使振幅误差小于5%，则要求前置放大器的内部电容 C_s、放大器的输入阻抗 R_s 和持续时间 τ 满足下列关系式：

$$R_s C_s > (10 \sim 20)\tau \tag{8-41}$$

式中：R_s 的单位为 Ω；C_s 的单位为 F；τ 的单位为 s。

压阻式加速度传感器是由整块硅晶体制成的结构。这种传感器的特点是能测量频率低到直流的信号而不会产生相位失真。它的输出阻抗低，输出电平高，内在噪声低，对电磁和静电干扰的敏感度低，所以易于信号调适。某些压阻式加速度传感器的灵敏度高到足以直接驱动记录仪。它对底座应变和热瞬变不敏感，在承受大冲击加速度作用时没有零点飘移，因此广泛地用于低频振动和持续时间长的冲击测量中，例如运输过程中振动和冲击的测量、包装试验、冲击波研究、汽车碰撞试验、模态分析、颤振研究、生物医学现象的研究中。

变电容式加速度传感器是采用另一种物理原理制成的硅加速度传感器，与压阻式的相比，它有更高的灵敏度和抗环境振动和冲击的能力，对温度不敏感，稳定性好，线性度高。

(2)信号调理器。信号调理器是为了解决传感器与存储记录仪的阻抗匹配及信号放大问题而设置的，当然还可以为传感器提供正常工作所需的工作电源，同时对传感器输出的信号进行放大、滤波等处理。压电加速度传感器具有高输出阻抗特性，因此同它相联的放大器输入阻抗的大小将对测量系统的性能产生重大影响。测量系统的高阻抗前置放大器就是为此而设置的，它的作用有以下几方面：

1)将压电加速度传感器的高输出阻抗转换为前置放大器的低输出阻抗，以便同后续仪器相匹配；

2)放大从加速度传感器输出的微弱信号，使电荷信号转换成电压信号；

3)实现前置放大器输出电压归一化，与不同灵敏度的加速度传感器相配合，在相同的加速度输入值时，实现相同的输出电压。

目前前置放大器有两种基本类型：一种是前置放大器的输出电压正比于输入电压，称为电压放大器；另一种是前置放大器的输出电压正比于加速度传感器的输出电荷，称为电荷放大器。目前电压放大器已多被电荷放大器取代。电荷放大器是一个带积分反馈的运算放大器，因其输入电容远大于电缆电容，故传感器灵敏度原则上不受电缆长度的影响，解决了电压放大器灵敏度随电缆长度而变的问题。

(3)存储与记录仪。存储与记录仪的作用是把经过信号调理的物理量进行

采集和数字处理，将模拟输入转换成适于计算机作数字处理、运算和存储、记录的数字输出。对于冲击信号采集与存储设备来说，要求具有多路输入、高分辨率、高采样率、输入动态范围大、传输速度快的特点。无论是传感器、调理器，还是存储与记录仪均属于硬件产品，都需要相应的软件支持，使硬件发挥最大的作用。数据采集驱动程序、交互式图形编程软件、虚拟仪器概念等使冲击数据采集与存储获得了更大的灵活性和更好的性能。

8.4.4 数据分析与处理

对冲击测量数据在工程应用的研究表明，可以通过两种不同的方法来描述冲击：①在时域或频域内，对冲击信号的固有特性进行描述与分析，通常使用冲击测量系统通过模-数转换后采集到的数据均为时域信号；②把冲击作为激励时，通过冲击对结构的响应来描述，这叫做冲击响应域的处理。

1. 傅里叶谱

任何非周期函数都可以用带有特定幅值和相位特性的正弦波分量的叠加来表示，这种叠加即为傅里叶谱。只有在信号的数学表达式已知时，才可能通过直接积分得到它的傅里叶谱的精确表达式，例如对于经典冲击脉冲的傅里叶谱分析结果见5.7.1节。对于实际的振动与冲击信号，往往没有明显的周期性，除了信号中包含随机噪声的原因外，若信号是由两个以上不同频率的简谐振动组成，只要这两个谐振频率不存在一定的比例关系，它们就不是周期信号，只能对它的傅里叶谱进行估计，相关的方法有：

(1)滤波法，适合于模拟信号；

(2)快速傅里叶变换(FFT)，适合于数字信号；

(3)数字滤波法，适合于数字信号。

当分析拟周期信号和随机信号时，可以假定信号的周期 $T\to\infty$，则有傅里叶积分公式

$$X(\omega)=\int_{-\infty}^{+\infty}x(t)\,\mathrm{e}^{-\mathrm{j}\omega t}\,\mathrm{d}t \tag{8-42}$$

$$x(t)=\int_{-\infty}^{+\infty}X(\omega)\,\mathrm{e}^{\mathrm{j}\omega t}\,\mathrm{d}\omega \tag{8-43}$$

这两个傅里叶积分公式实现了 $x(t)$ 和 $X(\omega)$ 的对应关系，这种关系称为连续傅里叶变换。其中式(8-42)将时域信号变换成频域信号，称为傅里叶正变换；式(8-43)将频域信号变换成时域信号，则称为傅里叶逆变换。

快速傅里叶变换的应用和改进，可对冲击数据进行实时频谱分析。由于计

算机只能运算有限长度的、离散的信号序列，冲击信号测量系统数据采集与存储的数据形式也为数字式，所以真正在计算机上运算的是一种离散傅里叶变换(DFT)。基于冲击有效持续时间，对冲击测试信号截取一段等时间间隔 Δt 的有限离散时间序列，记为

$$x_0, x_1, x_2, \cdots, x_{N-1} \tag{8-44}$$

则它的离散傅里叶变换也是一个有限离散序列

$$X_0, X_1, X_2, \cdots, X_{N-1} \tag{8-45}$$

离散傅里叶变换正变换公式为

$$X_k = \sum_{n=0}^{N-1} x_n \mathrm{e}^{-\mathrm{j}2\pi kn/N}, \quad k = 0, 1, 2, \cdots, N-1 \tag{8-46}$$

离散傅里叶变换逆变换公式为

$$x_n = \frac{1}{N} \sum_{k=0}^{N-1} X_k \mathrm{e}^{\mathrm{j}2\pi kn/N}, \quad n = 0, 1, 2, \cdots, N-1 \tag{8-47}$$

2. 冲击响应谱

冲击响应谱分为最大冲击响应谱、初始冲击谱和冲击余谱三种，可利用下列方法计算冲击响应谱：①杜哈梅(Duhamel)直接积分或递归积分；②卷积或递归滤波方法。

响应谱的计算可以由杜哈梅(Duhamel)积分求单自由度系统的响应，即

$$y(t) = \int_0^t x(\tau) h(t-\tau) \mathrm{d}\tau \tag{8-48}$$

或写成

$$y(k) = \Delta t \sum_{i=0}^{N-1} x_i h(k-i), \quad k = 0, 1, \cdots, N-1 \tag{8-49}$$

式中：$x(t)$ 为冲击信号的时间历程；$h(t)$ 表示固有频率为 f_n、阻尼系数为 ζ 的单自由度系统的脉冲响应函数；Δt 为采样时间间隔；N 为采样点数，应满足 $N \geqslant \frac{\tau}{\Delta t} + \frac{3}{4}\frac{T_\mathrm{n}}{\Delta t}$；$\tau$ 为持续时间；T_n 为固有周期。

求上式的卷积，根据卷积的性质，可用 FFT 方法计算冲击谱，具体方法如图 8-33 所示。

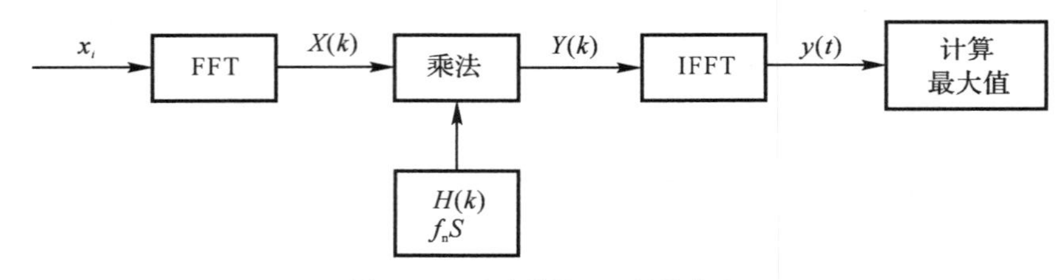

图 8-33　冲击谱的 FFT 计算方法

冲击响应谱还有很多其他的分析方法，包括数字滤波法，以及经典冲击脉冲的直接积分法详见 5.7 节。

8.5 模态试验

8.5.1 试验原理

模态分析是研究结构动力学的重要方法，是系统辨别方法在工程振动领域的应用，包括计算模态分析和试验模态分析。计算模态分析最常用的方法是建立分析对象的有限元模型，通过有限元分析得到结构的模态参数。试验模态分析建立在试验或实测基础之上，采用试验和理论相结合的方法来处理工程实际问题，通过实验测得系统的输入和输出，再识别出系统模态参数。目前，这一技术已经发展为解决工程实际问题的重要手段。

对于式(5－37)所示的振动系统，设振动系统的初始状态为零，对微分方程式两侧进行拉普拉斯变换可得

$$(\boldsymbol{M}s^2+\boldsymbol{C}s+\boldsymbol{K})\boldsymbol{X}(s)=\boldsymbol{F}(s) \tag{8-50}$$

令系统动态矩阵 $\boldsymbol{Z}(s)=\boldsymbol{M}s^2+\boldsymbol{C}s+\boldsymbol{K}$，其逆变换为

$$\boldsymbol{H}(s)=\boldsymbol{Z}(s)^{-1}=[\boldsymbol{M}s^2+\boldsymbol{C}s+\boldsymbol{K}]^{-1} \tag{8-51}$$

再令 $s=\mathrm{j}\omega$，可得

$$\boldsymbol{X}(\omega)=\boldsymbol{H}(\omega)\boldsymbol{F}(\omega) \tag{8-52}$$

式中：$\boldsymbol{H}(\omega)$ 为频响函数矩阵。

在振动分析中，经常采用动柔度矩阵来分析离散系统的振动，下面来讨论频响函数与系统模态参数的关系。将 $\boldsymbol{M}=\boldsymbol{\varphi}^{-\mathrm{T}}\overline{\boldsymbol{M}}\boldsymbol{\varphi}^{-1}$、$\boldsymbol{C}=\boldsymbol{\varphi}^{-\mathrm{T}}\overline{\boldsymbol{C}}\boldsymbol{\varphi}^{-1}$ 和 $\boldsymbol{K}=\boldsymbol{\varphi}^{-\mathrm{T}}\overline{\boldsymbol{K}}\boldsymbol{\varphi}^{-1}$ 代入式(8－51)，则有

$$\boldsymbol{Z}(\omega)=\boldsymbol{\varphi}^{-\mathrm{T}}(\overline{\boldsymbol{K}}-\omega^2\overline{\boldsymbol{M}}+\mathrm{j}\omega\overline{\boldsymbol{C}})\boldsymbol{\varphi}^{-1} \tag{8-53}$$

因此

$$\boldsymbol{H}(\omega)=\boldsymbol{Z}(\omega)^{-1}=\boldsymbol{\varphi}(\overline{\boldsymbol{K}}-\omega^2\overline{\boldsymbol{M}}+\mathrm{j}\omega\overline{\boldsymbol{C}})^{-1}\boldsymbol{\varphi}^{\mathrm{T}} \tag{8-54}$$

柔度矩阵可以写成模态叠加的形式，即

$$\boldsymbol{H}(\omega)=\sum_{i=1}^{n}\frac{\boldsymbol{\varphi}_i\boldsymbol{\varphi}_i^{T}}{\overline{K}_i-\overline{M}_i\omega^2+\mathrm{j}\omega\overline{C}_i} \tag{8-55}$$

它的元素为

$$H_{rq}=\sum_{i=1}^{n}\frac{\varphi_{ri}\varphi_{qi}}{\overline{K}_i-\overline{M}_i\omega^2+\mathrm{j}\omega\overline{C}_i} \tag{8-56}$$

基于上述模态理论，可以看出对于一个多自由度系统，其频率响应本质上就是各单自由度系统的频率响应的线性叠加。因此确定各阶次模态参数 ω_i、ζ_i 和 $\varphi_i(i=1,2,\cdots,n)$，只要求得频响函数矩阵的一列[单点激励多点测振 $\boldsymbol{H}(\omega)$]或一行[多点激励单点测振 $\boldsymbol{H}(\omega)^{\mathrm{T}}$]。因此，试验模态分析的主要目的就是通过模态试验获得结构一定频带内的实测频响函数数据，根据相应的时域频域等方法识别出结构的模态参数，即模态频率 ω_i、模态阻尼 ζ_i 和振型 $\boldsymbol{\varphi}_i=[\varphi_{i1}\quad\varphi_{i2}\quad\cdots\quad\varphi_{in}]^{\mathrm{T}}$（$n$ 为结构在相应频带内的模态阶数）。

8.5.2　试验目的与内容

对于制导炸弹来说，模态试验主要在于识别出结构的模态参数，为结构系统的振动控制、动态设计、损伤诊断、结构优化设计等提供依据，试验主要目的一般包括：

(1)为验证和修改结构动力学分析的数学模型提供依据；

(2)为控制系统设计、动态载荷识别和环境试验条件制定提供结构模型参数；

(3)为翼面、舵面与全弹颤振分析及动力响应分析提供模态模型；

(4)为检验制造和装配的工艺质量提供依据。

制导炸弹模态试验的试验内容一般包括：

(1)全弹模态试验，包括弹身横向弯曲模态、弹身扭转模态、弹身纵向模态；

(2)部件模态试验，包括弹翼模态试验、尾翼模态试验、舵面及伺服机构模态试验等，具体含弹翼(或舵面)对称和反对称弯曲模态、舵面转轴对称和反对称扭转模态、舵面转轴对称和反对称弯曲模态；

(3)根据不同试验项目和试验目的，确定振动模态的前若干阶固有频率、振型、阻尼比和模态质量。

8.5.3　试验方法

制导炸弹常用的模态试验方法主要分为锤击法和激振器法。

(1)锤击法。锤击法分为移动力锤-固定测点的方式、固定力锤-移动测点的方式，详细内容如下：

1)移动力锤方式比较简单，试验时优先选用移动力锤法；

2)若力锤无法在所需方向进行敲击,可选择移动测点法;

3)采用移动力锤法时,需将响应通道(响应加速度传感器所在的通道)的名称定义为模型名字和传感器所在测点编号方向;

4)为了尽可能消除噪声,同一激励点应至少敲击 3 次进行平均。

(2)激振器法。可按照锤击测试的方式启动和终止测量,激励方式为激振器,触发设置和数据处理设置不受限制。

模态参数识别方法主要有导纳圆拟合模态参数识别法、峰值法、多项式拟合法。峰值法和导纳圆拟合只适用于简单的结构和模态密度比较低的情况。

制导炸弹在开展模态试验时,应遵循图 8-34 所示的试验步骤。

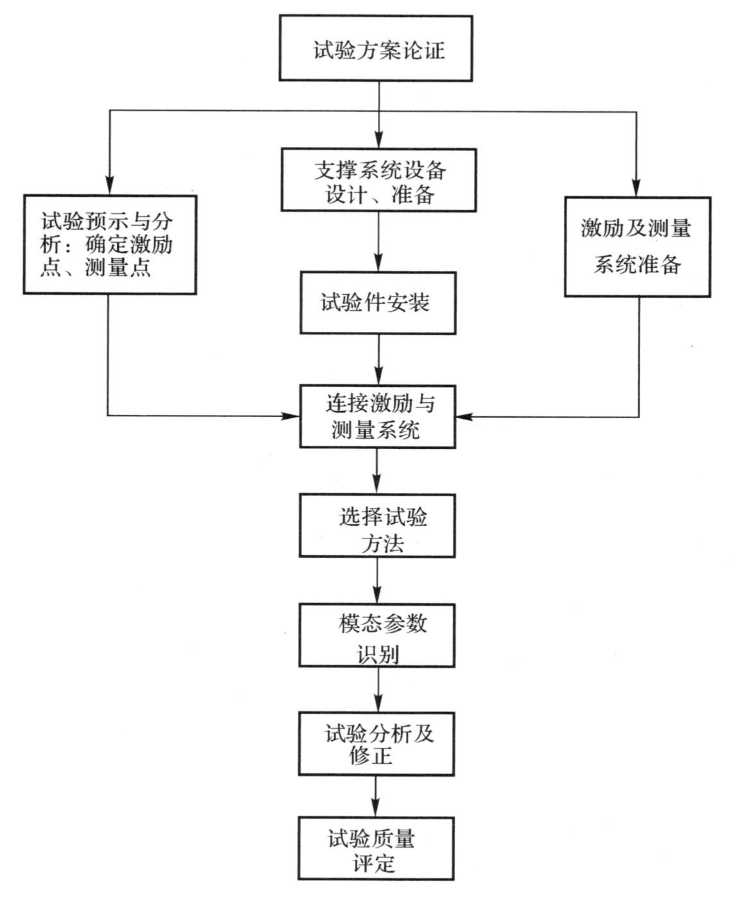

图 8-34 模态试验基本步骤

1. 边界条件

制导炸弹开展模态试验的边界条件如下：

(1)模拟飞行状态的全弹模态试验，由悬挂系统模拟自由-自由边界条件，悬挂系统刚性运动的固有频率应低于弹体弹性一阶固有频率 1/6；

(2)其他支持状态的全弹试验，弹体的边界条件应与实际使用中弹体的支持条件相同。

2. 试验件安装

制导炸弹的试验件安装状态应遵循以下原则：

(1)模拟飞行状态的全弹试验应采用水平悬挂状态，如图 8-35 所示；

(2)在全弹质心前后靠近一阶振型的节点处各安排一个悬挂点，用橡皮绳悬挂于试验架下。悬挂安装要保证弹体轴线处于水平位置，橡皮绳的拉伸率应在 40%～60%范围内，橡皮绳的直径和股数由单股的承载力和弹体质量确定；

(3)安装在弹身上的悬挂夹具总质量一般不超过全弹质量的 2%，否则应对全弹固有频率和模态质量的结果进行修正；

(4)安装后应检验悬挂系统刚体运动的固有频率是否低于弹体弹性一阶固有频率 1/6，若不满足，应重新调整悬挂系统安装状态或修改悬挂系统设计；

(5)其他支持状态的全弹模态试验一般利用真实的发射架或挂弹架、装填车或包装箱等，按实际使用条件支承弹体。

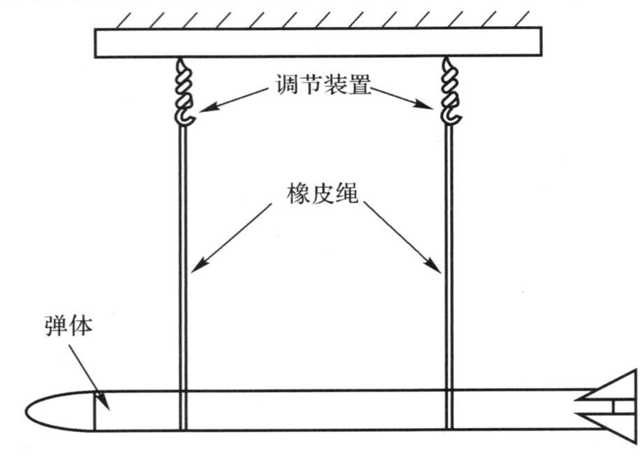

图 8-35 水平悬挂系统

8.5.4 试验测试技术

1. 试验系统组成

模态试验系统的基本组成包括激励设备、采集控制系统、数字信号处理、计算机、模态分析软件等，基本配置如图 8－36 所示，根据试验方法不同，可将图中力锤更换为激振器。

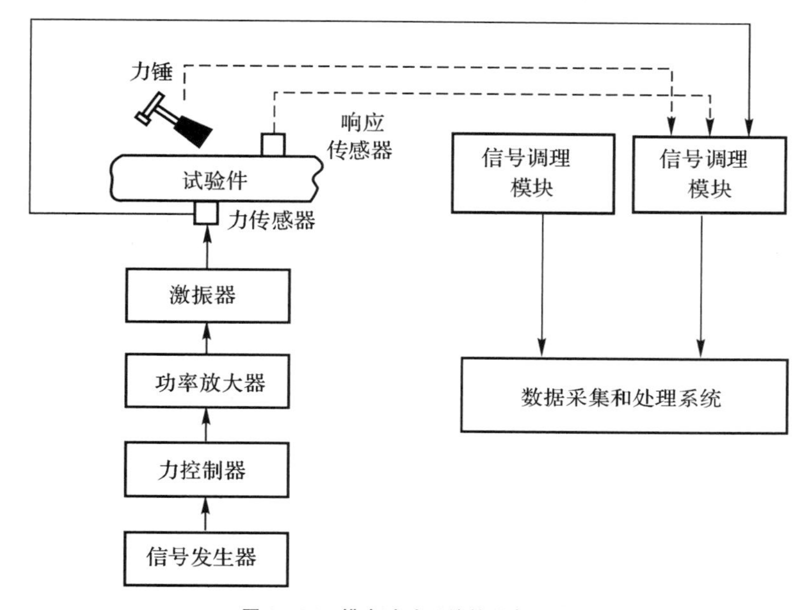

图 8－36　模态试验系统的设备配置

(1)激励设备。根据激励产生的途径，激励源可分如下 3 类：

1)激振器产生激励；

2)力锤产生激励；

3)释放产生激励。

(2)激振器激励。激振器激励系统通常由激振器、功率放大器、连接装置和力测量及控制系统等组成，可产生连续或瞬态激励信号。激振器应能够在试验要求的频率范围内按照控制信号要求提供足够的力和位移。激振器选择要求一般如下：

1)满足试验要求的频率范围；

2)波形失真度小于 2%；

3)相位失真不大于 1°；

4)运动部分质量尽量小。

(3)力锤激励。力锤激励系统通常由力锤、信号调理装置等组成，用于瞬态激励。力锤激励系统要求一般如下：

1)激励频率选择在力谱平直范围内，通过更换锤头材料和配重改变力脉冲宽度和频率范围；

2)激励方向应沿要求的施力方向，敲击时接触时间尽可能短，避免连击；

3)力信号加力窗，响应信号加指数窗；

4)激励应使力和响应信号输出不超载并满足信噪比的要求。

2.激励点的选取

开展模态试验时，需用激励设备来激励试验件，激励点选取要求如下：

(1)激励点不应靠节点或节线太近，选在振动幅值较大的区域；

(2)应选在结构比较刚硬、能承受和传递集中力的结构部位；

(3)激励点应能保证激发出弹体、弹翼和舵片的一阶弯曲、扭转；

(4)各阶模态不能兼顾时，应对不同模态选择不同激励点位置或增加激励点，分批进行试验。

3.测量点的选择

模态试验使用加速度传感器测量结构响应，应尽量采用小型化的三方向测量传感器，在布置测点时要遵循以下要求：

(1)加速度测量点应避免设在振型节点位置；

(2)单点敲击时，布置多个响应测量点；

(3)固定一个响应测量点时，在其余测量点位置分别敲击；

(4)刚度小的位置测量点应相对较密；

(5)舱段连接面前后要均布有测点，以便检测舱段的连续性；

(6)满足试验的频率响应范围，被测信号频率要小于传感器安装谐频率的1/10～1/5。

4.制导炸弹测点布置

某型制导炸弹的弯曲模态试验模型及试验测点布局图如图8-37所示。沿弹体侧面母线布置两排测点，对关心位置和连接面前后均布有测点，共36个测点。各测点均使用三轴向加速度传感器，试验时测量关心主振方向的响应。建立模型的坐标规定弹头指向弹尾为X轴正向，吊耳方向向上为Y轴正向，按直角坐标系规定另外一个方向为Z轴正向，坐标原点在弹头部截面的中心点。力锤激励点共4个，其中俯仰方向激励点有两点，为67号点和68号点，偏航方向激励点有两点，为20号点和34号点。

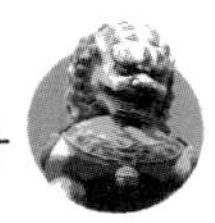

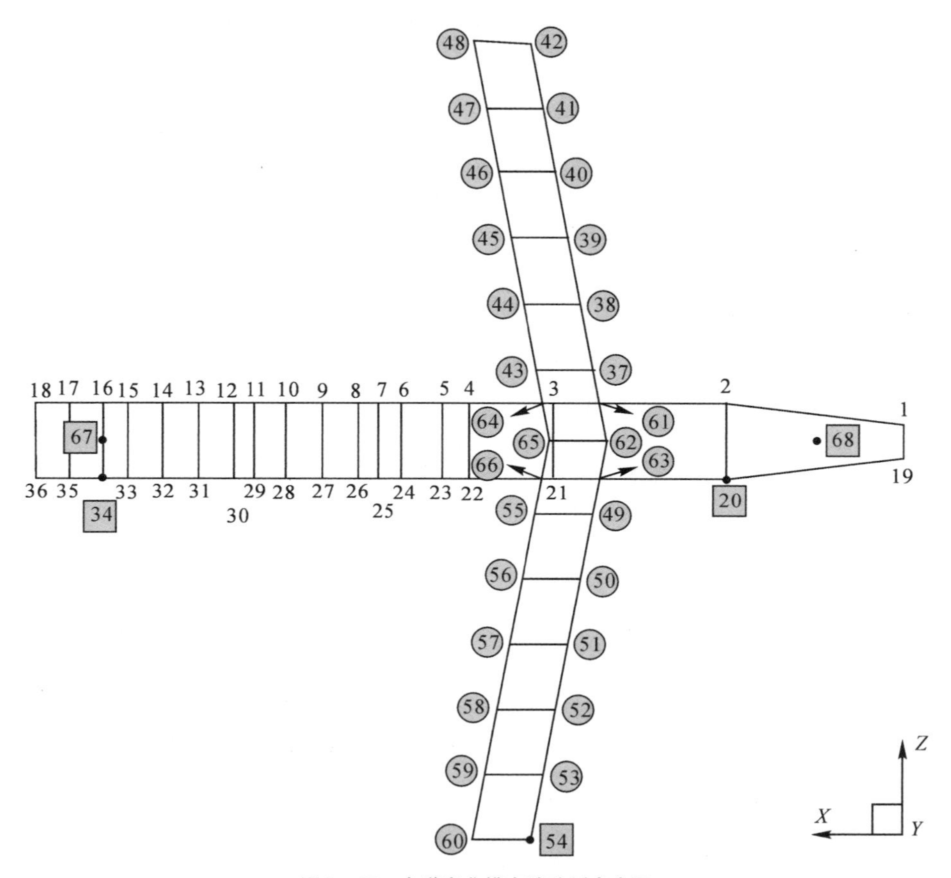

图 8－37　全弹弯曲模态试验测点布置

弹翼试验模型及测点编号如图 8－38 所示。其中激励点为 54 号点，敲击方向为垂直于翼面的 Y 轴负向。

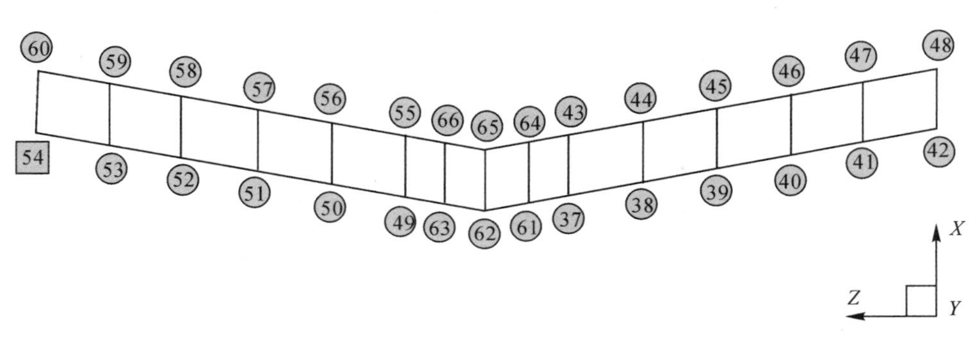

图 8－38　弹翼模态试验模型

舵片模态试验模型及测点编号如图 8－39 所示。其中激励点为 15a 号点，敲击方向为垂直于舵面的 Z 轴正向。

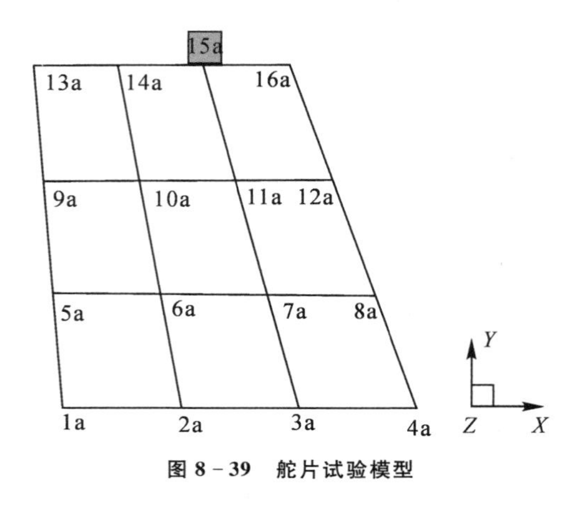

图 8－39　舵片试验模型

5. 数据采集

在数据采集前，通常应先设置采集通道的标识、量程、灵敏度等参数，采集的信号变换成物理量后再进行处理。采样频率应满足采样定理要求，即至少大于最高分析频率的 2 倍。对于模态试验，通常按以下经验关系选择采样频率 f_s（f_{max} 为信号最高分析频率）：

（1）正弦信号，$f_s=(5-100)f_{max}$，采样点数应保证每帧信号为整周期；

（2）随机信号，$f_s=2.56f_{max}$；

（3）瞬态信号，$f_s=(2.56-10)f_{max}$。

8.5.5　数据分析与处理

1. 数字信号处理

（1）正弦信号。正弦信号的处理一般利用三角函数的正交特性，采用实、虚部分离计算法，即数字相关滤波法，计算出信号的实、虚部，直接计算输入输出的比值得到频响函数。

（2）随机信号。随机信号首先进行加窗处理，一般选用海宁窗，再进行 FFT 自功率谱、互谱分析，经若干次平均后，最后计算出频响函数。

（3）瞬态信号。瞬态激励信号加力窗，响应信号加指数窗进行处理，再进行 FFT 自功率谱、匀谱分析，经若干次平均后，最后计算出频响函数。

2. 试验误差分析

(1)误差分类。按照引起误差的原因，试验误差分类如下：

1)系统误差：由试验系统各个组成部分自身的精度带来的误差；

2)状态模拟误差：由试件状态及边界条件与真实结构的差异带来的误差；

3)试验方法误差：由试验理论假定与实际结构不相符合引起的误差，主要表现为模态试验的线性结构假定与实际结构存在一定的非线性引起的误差；

4)试验设备能力误差：由于试验设备的限制，达不到较高的激振测量能力，造成试验精度较低而引起的误差。

(2)系统误差。系统误差产生的原因如下：

1)用于响应测量和输入力控制的测量传感器的精度；

2)按要求输入的力失真度；

3)模-数变换器的精度；

4)放大器/信号适调器的档差；

5)测量各个环节的信号衰减。

(3)状态模拟误差。状态模拟误差产生的原因如下：

1)模拟试验件结构部分与所要求的试验件状态质量分布不一致；

2)模拟试验件与所要求的试验件状态刚度分布或部件间的连接刚度不一致；

3)边界模拟引起的附加质量和附加刚度；

4)模拟发动机推进剂加注误差。

(4)试验方法误差。模态试验方法误差产生的原因如下：

1)结构非线性，主要来源于结构的间隙和材料的非线性；

2)非比例阻尼结构，结构的复模态特征与试验的实模态假定不符，该因素通常对导弹或火箭的高阶模态试验精度影响比较大。

(5)试验设备能力误差。在进行多点调谐试验时，由于激振点的数量的限制而使模态调谐纯度降低，造成试验结果的误差，此种情况多发生在在高阶模态的调谐或密集模态的调谐时。

3. 误差修正方法

系统误差直接给激励和响应信号的测量带来误差，这部分误差应通过对激振和测量系统各个环节进行统计分析得出；系统误差会通过一定的算法传递给最终得到的模态参数，传递后的误差将依据不同的试验方法和数据处理方法确定。

对于试验状态和工作状态的质量、刚度差别，推荐按以下方法进行分析：

(1)悬吊试验状态的吊具附加质量可按照集中质量和转动惯量施加；

(2)固支边界试验状态只需要考虑刚度的影响,在试验时,试验件固支边界边缘布置纵向测点,以便考察固支边界的影响;

(3)加注质量分布和实际质量分布的差别,按照实际差别进行考虑;

(4)误差分析包括试前估计和试后修正两个步骤。两个步骤所采用的方法基本相同,通常为有限元方法和摄动方法。

1)有限元方法。利用有限元方法,应按以下步骤进行误差修正:

a. 建立试件试验状态的有限元模型;

b. 用试验结果修正有限元模型,该步骤在试验前误差估计当中取消;

c. 按照试验状态和工作状态的刚度和质量的不同,将试验状态的模型推演到工作状态;

d. 利用试验状态和分析状态的模型进行分析,比较结果,得到二者的误差。

2)摄动法。摄动法不适用于固支边界条件情况,摄动法按以下步骤进行误差修正:

a. 建立试件试验状态的数学模型;

b. 用试验结果修正试验状态的数学模型,该步骤在试验前误差估计中取消;

c. 在试验状态模型的基础上,用工作状态和试验状态的质量、刚度差别作为摄动量,用摄动法计算两种状态的差别,作为状态模拟误差。

4. 制导炸弹模态结果

某型制导炸弹为动力助推滑翔增程型,全弹模态试验分为发动机满载(燃烧前)和空载(燃烧后)两种情况,且弹翼均为展开状态。模态试验结果如图 8-40~图 8-47 所示。

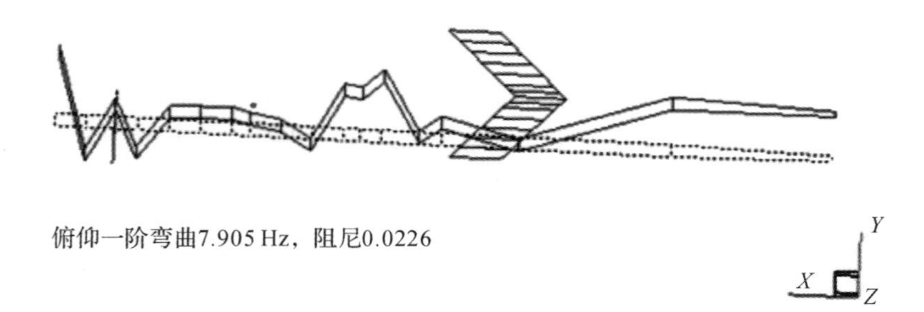

图 8-40 全弹俯仰一阶弯曲(满载)

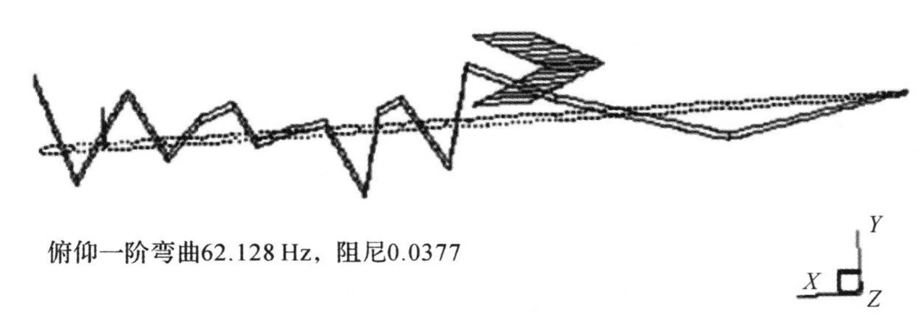

图 8－41　全弹俯仰一阶弯曲(空载)

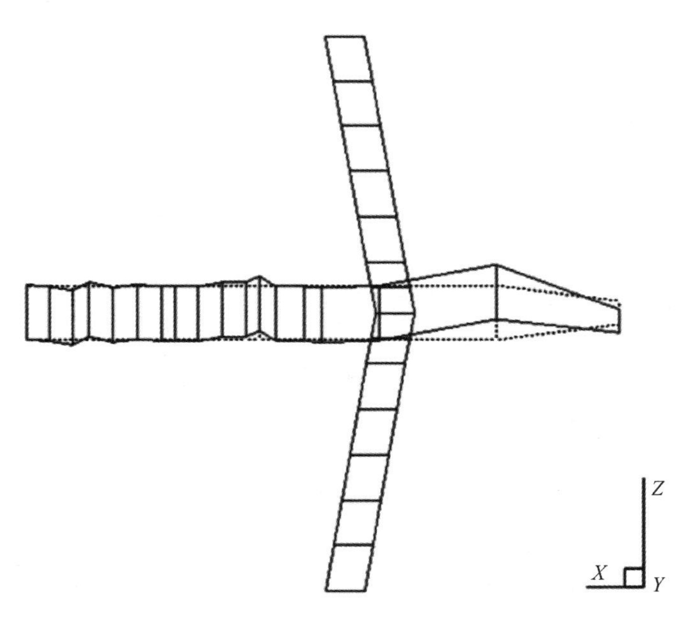

图 8－42　全弹偏航一阶弯曲(满载)

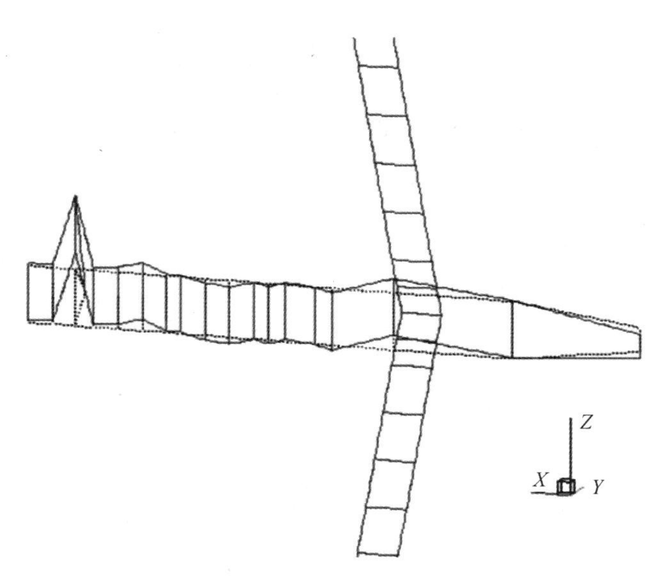

偏航一阶弯曲44.725 Hz，阻尼0.0152

图 8-43 全弹偏航一阶弯曲(空载)

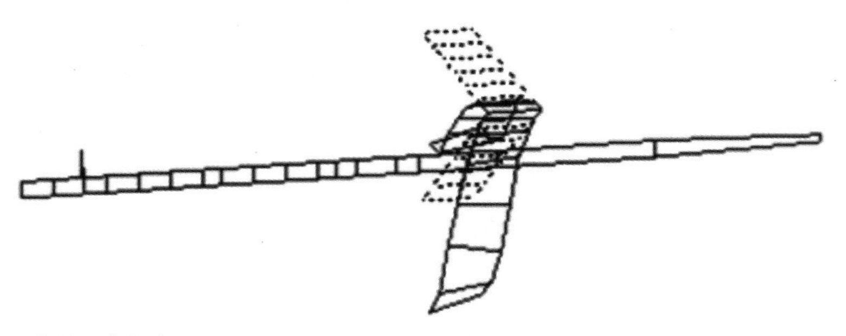

弹翼一阶频率5.914 Hz，阻尼0.0832

图 8-44 弹翼一阶弯曲

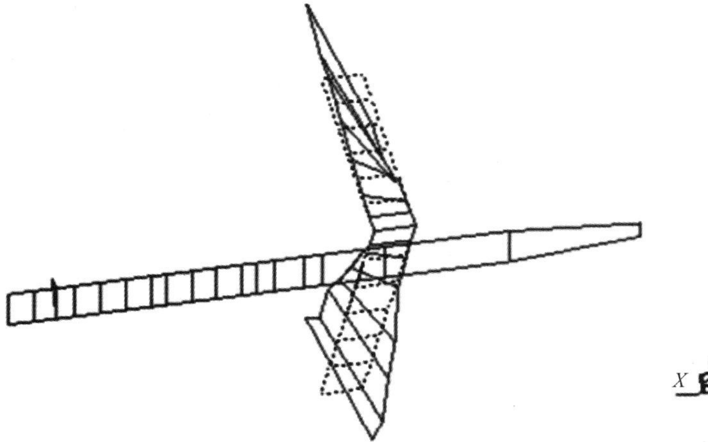

弹翼一阶频率20.00 Hz，阻尼0.0105

图 8－45　弹翼一阶扭转

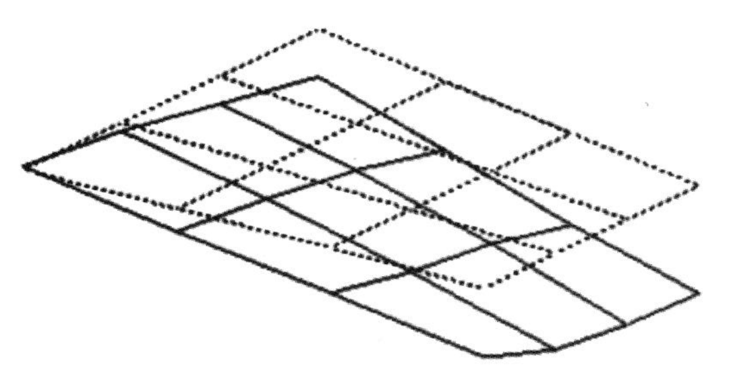

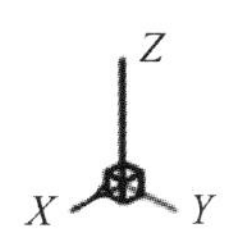

舵片一阶频率6.839 Hz，阻尼0.3822

图 8－46　舵片一阶弯曲

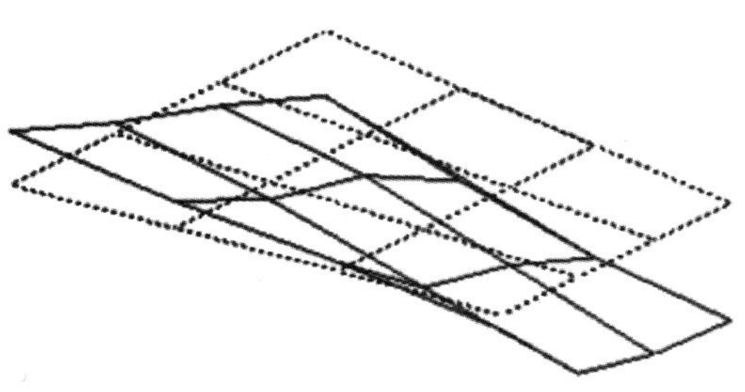

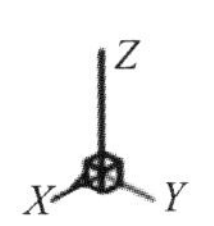

舵片一阶频率237.81 Hz，阻尼0.082

图 8－47　舵片一阶扭转

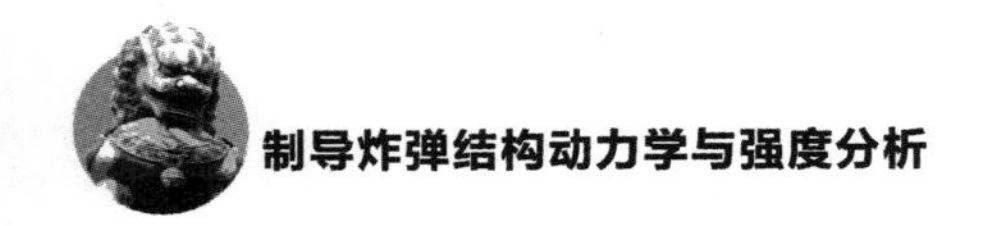

为了模拟制导炸弹自由飞行的边界条件，本次试验使用软性橡皮绳悬吊弹体的方法，通过单点激励多点输出(SIMO)试验模态法获得了弹体、弹翼和舵片的模态参数，由图8-40～图8-47可知最低频率满足控制系统对结构自振频率的要求。试验模态参数也可以作为振动和冲击响应分析、气动弹性分析的输入参数，并为有限元计算模型的参数修正提供了试验依据。

参考文献

[1] 唐照千,黄文虎,黄敦朴,等. 振动与冲击手册[M]. 北京:国防工业出版社,1992.

[2] CYRIL M H, ALLAN G P. 冲击与振动手册[M]. 刘树林,王金东,等译. 北京:中国石化出版社,2007.

[3] 余旭东,葛金玉,段德高,等. 导弹现代结构设计[M]. 北京:国防工业出版社,2007.

[4] 路史光. 飞航导弹总体设计[M]. 北京:宇航出版社,1990.

[5] 韩品尧. 战术导弹总体设计原理[M]. 哈尔滨:哈尔滨工业大学出版社,2000.

[6] 成楚之,高丹平. 火箭与导弹的静动力载荷设计[M]. 北京:宇航出版社,1994.

[7] 胡海岩. 机械振动基础[M]. 哈尔滨:哈尔滨工业大学出版社,2004.

[8] 张彦华. 焊接强度分析[M]. 西安:西北工业大学出版社,2011.

[9] 史耀武. 材料焊接工程[M]. 北京:化学工业出版社,2006.

[10] 沈观林,胡更开,刘彬. 复合材料力学[M]. 北京:清华大学出版社,2013.

[11] 成大先. 机械设计手册[M]. 5版. 北京:化学工业出版社,2010.

[12] 《飞机设计手册》总编委会. 飞机设计手册:第9册 载荷、强度和刚度[M]. 北京:航空工业出版社,2001.

[13] 张骏华.导弹和运载火箭复合材料结构设计指南[M]. 北京:宇航出版社,1999.

[14] 邢誉峰,李敏. 工程振动基础[M]. 北京:北京航空航天大学出版社,2011.

[15] 谷良贤,温炳恒. 导弹总体设计原理[M]. 西安:西北工业大学出版社,2004.

[16] 卞荫贵,徐立功. 气动热力学[M]. 合肥:中国科学技术大学出版

社,2001.
[17] 李宪珊. 动力学环境预示及试验条件制定技术[J]. 强度与环境,2004,(增刊):36-46.
[18] 姚卫星. 结构疲劳寿命分析[M]. 北京:国防工业出版社,2003.
[19] EWINS D J. Modal Testing: Theory and Practice[M]. Hertfordshire: Research Studies Press Ltd., 1984.
[20] 杨炳渊. 防空导弹结构强度专业发展初探[J]. 强度与环境,1991(4):1-9.
[21] SCHIJVE J. Fatigue of Structures and Materials[M]. Dordrecht, The Netherlands:Kluwer Academic Publishers, 2001.
[22] 李奇志,姜红波,万学仁. 导弹吊挂的应力分析和疲劳寿命计算[J]. 空军装备研究,2008,2(1):44-48.
[23] 陈桂彬,杨超,邹丛青. 气动弹性设计基础[M]. 北京:北京航空航天大学出版社,2010.
[24] 杨超,吴志刚. 飞行器气动弹性原理[M]. 北京:北京航空航天大学出版社,2011.
[25] 黄启珍. 导弹结构・材料・强度[M]. 北京:宇航出版社,1996.
[26] 汪凤泉. 电子设备振动与冲击手册[M]. 北京:科学出版社,1998.
[27] 李珂. 大展弦比飞翼布局飞机气动弹性特性研究[D]. 西安:西北工业大学,2007.
[28] 机载悬挂物和悬挂装置接合部位的通用设计准则:GJB 1C—2006 [S]. 北京:总装备部军标发行出版部,2006.
[29] 飞航导弹强度和刚度规范:飞行载荷:GJB 540.2—1991 [S]. 北京:国防科学技术委员会,1992.
[30] 军用飞机结构强度规范:第2部分飞行载荷:GJB 67.2A—2008 [S]. 北京:总装备部军标发行出版部,2008.
[31] 军用装备实验室环境试验方法:GJB 150A—2009 [S]. 北京:总装备部军标发行出版部,2009.
[32] 北半球标准大气(−2~80公里):GJB 365.1—1987 [S]. 北京:国防科学技术委员会,1988.
[33] 电子设备可靠性热设计手册:GJB/Z 27—1992 [S]. 北京:国防科学技术委员会,1993.
[34] NOAA, NASA, USAF. U.S. Standard atmosphere 1976[S]. Washington, D.C.: U.S. Government Printing Office, 1976.